液压元件与系统使用维修及故障诊断技术

张利平　编著

西北工业大学出版社

西　安

【内容简介】 本书首先介绍液压泵与液压马达、液压缸、液压控制阀和液压辅件等在内的液压元件(含液压油)的功用、共性原理、典型结构、使用维护要点与常见故障现象及其诊断排除方法,然后以较大篇幅介绍液压回路与液压系统的使用维修及故障诊断典型案例,最后阐述液压系统的安装调试及运转维护方法要点。

本书可供液压技术的加工制造者、安装调试者、现场操作者、使用维修者以及设备管理者等参阅,还可作为高职高专院校相关专业及方向的教材,供教师和学生在实践教学或实训、实验中参考,也可作为液压系统使用维护与故障诊断技术的短期培训、上岗培训教材及自学教材。

图书在版编目(CIP)数据

液压元件与系统使用维修及故障诊断技术/张利平编著.—西安:西北工业大学出版社,2019.10

ISBN 978-7-5612-6413-3

Ⅰ.①液… Ⅱ.①张… Ⅲ.①液压元件 ②液压系统 Ⅳ.①TH137

中国版本图书馆CIP数据核字(2019)第001667号

YEYA YUANJIAN YU XITONG SHIYONG WEIXIU JI GUZHANG ZHENDUAN JISHU

液压元件与系统使用维修及故障诊断技术

责任编辑: 卢颖慧　　**策划编辑:** 杨　军

责任校对: 胡莉巾　　**装帧设计:** 李　飞

出版发行: 西北工业大学出版社

通信地址: 西安市友谊西路127号　　邮编:710072

电　　话: (029)88491757,88493844

网　　址: www.nwpup.com

印 刷 者: 兴平市博闻印务有限公司

开　　本: 787 mm×1 092 mm　1/16

印　　张: 17.25

字　　数: 451千字

版　　次: 2019年10月第1版　　2019年10月第1次印刷

定　　价: 58.00元

前　言

本书可为制造加工、安装调试、操作维修等在内的液压技术现场工作人员提供正确合理使用液压元件与液压回路及系统的方法，避免或减少使用维修工作中的失误，提高故障诊断工作的效率、提高各类液压机械的技术经济性能和使用效益，以适应工业互联网、先进制造技术和人工智能技术的发展，满足液压技术工作者的需要。

全书共8章，首先介绍液压泵与液压马达、液压缸、液压控制阀和液压辅件等在内的液压元件(含液压油)的功用、共性原理、典型结构、使用维护要点与常见故障现象及其诊断排除方法，然后以较大篇幅介绍液压回路与液压系统的使用维修及故障诊断典型案例，最后介绍液压系统的安装调试及运转维护方法要点。书末摘录有现行液压气动图形符号国标 GB/T 786.1—2009。

全书选材和论述以先进、新颖、实用为目标，追求深入浅出及以点带面，强调从共性结构、原理及特点上去了解和把握各类液压元件及回路系统的使用维修方法要点，从而用节约出来的较大篇幅去关注和介绍更多来自工程实际的典型案例，也更加有利于本书读者花费较少时间，通过这些可操作性及可借鉴性很强的案例，取得举一反三、事半功倍之效。

本书由张利平编著。张津、山峻和张秀敏参与了本书素材及标准资料、文稿的整理，并提供了部分宝贵的国外液压技术应用素材。在此向为本书提供宝贵资料与现场案例的全国各地的企业界朋友、参与本书绘图工作的王金业、刘鹏程、向其兴、樊志涛、窦赵明等人及参考文献的作者一并表示诚挚谢意，欢迎同行专家对于书中的不当之处提出宝贵意见。

由于笔者水平有限，难免存在不足之处，恳请读者批评指正。

编著者

2018年3月

目　录

第1章 绪 论

1.1 传动类型及液压原理

一部完备的机器都是由原动机、传动机和工作机三部分组成的。原动机是机器的动力源，它把各种形式的能量转变为机械能；工作机是机器的工作装置，它利用机械能进行生产（施工作业）或实现其他预设目的；传动机设于原动机和工作机之间，用于进行动力的传递、转换和控制，以满足工作机对力、工作速度及位置的不同要求。机械传动、电气传动和流体传动等是目前机械设备常见的传动类型，其主要差别在于所采用的传动件（或工作介质）不同。液压传动属流体传动范畴，它是以液体（液压油）作为工作介质，利用压力能进行动力的传递、转换与控制的一种传动方式。

液压传动的应用相当广泛，而实际应用的液压传动装置大多较为复杂。现以图1-1所示的手动液压千斤顶为例，说明液压传动的基本工作原理。

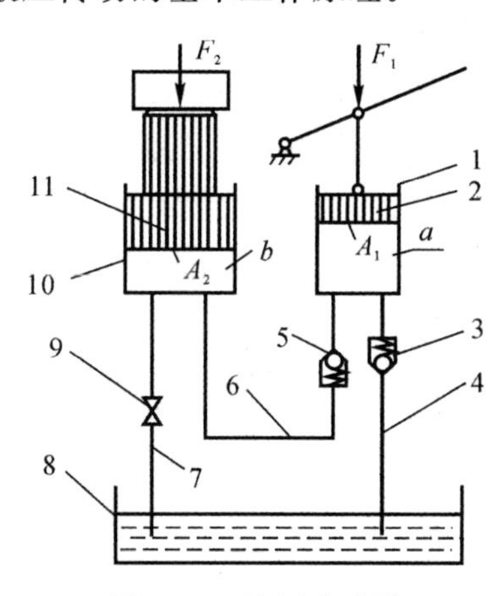

图1-1 液压千斤顶

1—小缸体；2—小活塞；3—吸油单向阀；4，6，7—油管；

5—排油单向阀；8—油箱；9—截止阀；10—大缸体；11—大活塞

当抬起杠杆使小活塞2向上运动时，小缸体1的容腔a的容积增大形成局部真空，致使吸油单向阀3打开，经吸油管4从油箱8中吸油。当小活塞受力F_1作用向下运动时，a腔的容积减小，油液因受挤压，压力升高，故被挤出的液体将吸油单向阀3关闭，而将排油单向阀5顶开，经油管6进入大缸体10的b腔，迫使大活塞11上移顶起重物（重力F_2）。当再次提起杠杆吸油时，单向阀5自动关闭，保证举升缸b腔的压力油不致倒流回手动泵内，从而保证了重物不会自行下落。通过不断往复扳动杠杆，小活塞不断上下往复运动，即能不断把油液压入举升缸 b 腔而使重物逐渐被升起。当重物上升到所需高度后，停止扳动杠杆及小活塞的运动，则举升缸的 b 腔内油液由排油单向阀 5 封死，大活塞 11 连同重物一起被闭锁不动。此时，截止阀 9 关闭。如打开截止阀 9，则举升缸 b 腔内液体便经截止阀和油管 7 排回油箱 8，于是大活塞将在重物和自重作用下，下移回复到原始位置。

工程实际中的液压传动装置，在液压泵、液压缸的基础上尚需设置控制液压缸的运动方向、速度和最大推力的装置。例如图 1－2 所示重物升降液压系统，液压泵 3 在原动机驱动下通过过滤器 2 从油箱 1 吸油，并通过压力管道和流量阀 5 及换向阀 6 向液压缸 7 提供压力油，液压缸的活塞(杆)在压力油作用下推动升降臂 8 实现重物的举升。通过操纵换向阀 6 可以实现液压缸的动作方向的变换即升降臂的升降，液压缸的伸缩速度可通过流量阀 5 的开度调节，系统压力可以根据负载大小通过溢流阀 4 调节。如将液压缸换为液压马达即可实现回转运动的控制。

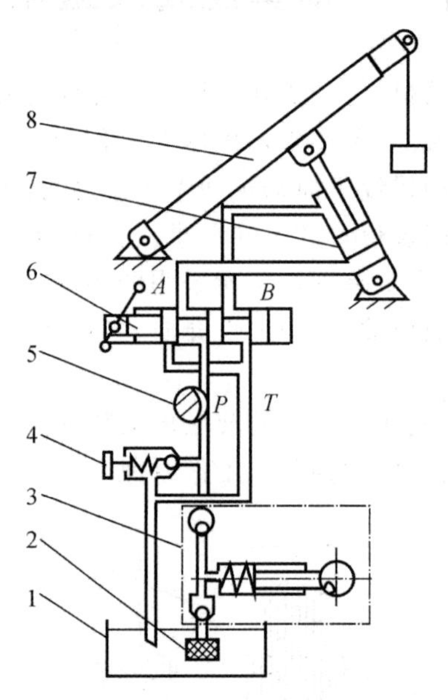

图 1－2　重物升降液压系统半结构原理图

1—油箱；2—过滤器；3—液压泵；4—溢流阀；5—流量阀；6—换向阀；7—液压缸；8—升降臂

综上可看出，液压传动是以受压液体为工作介质，通过液压泵将驱动泵的原动机的机械能转换成液体的压力能，然后经过封闭管路及液压控制阀，进入液压缸或液压马达，转换为机械能去推动工作机构实现所需的直线或旋转运动的传动装置。

1.2　液压系统的组成

液压系统通常都是由液压元件(包括能源元件、执行元件、控制元件、辅助元件)和工作介质等两大部分所组成的，各部分的功用见表 1－1。各类液压元件的型号、规格、特性、安装连接尺寸等可从液压工程手册或液压元件生产厂商处的产品样本中查得。一般来讲，能够实现某种功能的液压元件的组合，称为液压回路(按功能不同，有压力控制、速度控制、方向控制和多缸动作控制等多种回路)。为了实现对某一液压机械的工作要求，将若干特定液压回路按一定方式连接或复合而成的总体称为液压系统。液压系统种类繁多，其形式因主机类型及工艺目的不同而异。

表1-1　液压系统组成部分及功用

组成部分			作　用
液压元件	能源元件	液压泵及其原动机	将原动机(电动机或内燃机)供给的机械能转变为流体的压力能,输出具有一定压力的油液
液压元件	执行元件	液压缸、液压马达和摆动液压马达	将工作介质(液体)的压力能转变为机械能,用以驱动工作机构的负载做功,实现往复直线运动、连续回转运动或摆动
液压元件	控制调节元件	各种压力、流量、方向控制阀及其他控制元件	控制调节系统中从动力源到执行元件的液体压力、流量和方向,从而控制执行元件输出的力、速度和方向,以保证执行元件驱动的主机工作机构完成预定的运动规律
液压元件	辅助元件	油箱、过滤器、管件、热交换器、蓄能器及指示仪表等	用来存放、提供和回收工作介质(油液);滤除介质中的杂质、保持系统正常工作所需的介质清洁度;实现元件之间的连接及传输载能介质;显示系统压力、温度等
工作介质		油或油水混合物	传递能量和工作及故障信号,对管路和元件进行冷却、润滑等

注:(1)液压元件的基本参数有公称压力(MPa)、通径(mm)(主油口名义尺寸)或公称流量(L/min)。

(2)液压元件都已经系列化、通用化和标准化,为液压元件及系统的制造、选用和维护提供了方便。

(3)液压元件产品铭牌设计和包括的内容规定主要有:①元件铭牌设计应美观大方、线字清晰,并应符合产品铭牌的有关规定。②铭牌应端正、牢固地装于元件的明显部位。③铭牌内容至少应包括:元件名称、型号及图形符号,元件主要技术参数,制造厂名称,出厂年月。④对有方向要求的元件(如液压泵、马达的转向等)应在明显部位用箭头或相应记号标明。

图1-3所示为用标准图形符号(GB/T 786.1—2009《流体传动系统及元件图形符号和回路图 第1部分:用于常规用途和数据处理的图形符号》)绘制的重物升降液压系统原理图。

液压系统有多种类型,按照油液循环方式的不同,可分为开式系统和闭式系统。图1-3所示就是一个开式系统,其特点是液压泵3经过滤器2从油箱1吸油,经流量阀5、换向阀6进入液压缸7,液压缸回油经阀6排回油箱,工作油在油箱中冷却及沉淀后再进入工作循环。

图1-4是一个闭式系统,双向变量液压泵5的吸油管路13(或14)直接与双向定量液压马达12的回油管路相连通,形成一个闭式回路。马达12是通过改变液流方向与流量实现换向和调速的,故闭式系统常采用双向变量液压泵。溢流阀8和9用于系统的双向过载保护。单向定量液压泵3经单向阀6或7向低压侧补油,以补偿系统中各液压元件的泄漏损失。差动液控换向阀10用于系统热交换,当高、低压侧管路压力差大于一定数值时,该阀向低压侧移位切换,使低压管路与低压溢流阀11接通,则低压管路中部分热油经该溢流阀排回油箱,此时补油泵所供油液替换了排出的热油;当高、低压侧管路压力差很小时,换向阀10处于中位,补油泵供出的多余油液从溢流阀4溢回油箱;溢流阀4的设定压力应略比溢流阀11的设定压力高,以保证当高、低压管路压力差大于换向阀10动作压差时,阀10和11能将低压管路的热油放出一部分,新的冷油才能不断进入低压管路。

按控制与调节方式不同，液压系统可分为阀控系统和泵控系统。阀控系统是用液压阀来控制系统压力、流量和控制执行元件的运动方向及其速度或转速，图 1-3 所示就属于阀控系统。泵控系统是用变量泵来控制执行元件的运动方向及其速度或转速，图 1-4 所示就属于此类系统。阀控系统几乎用于各种液压机械，如由定量泵供油和双作用液压缸所组成的液压传动系统，其液压缸的运动方向及其速度只能用液压控制阀进行控制和调节；而泵控系统往往要和阀控方式结合，故实际上是泵控与阀控组合而成的复合系统。

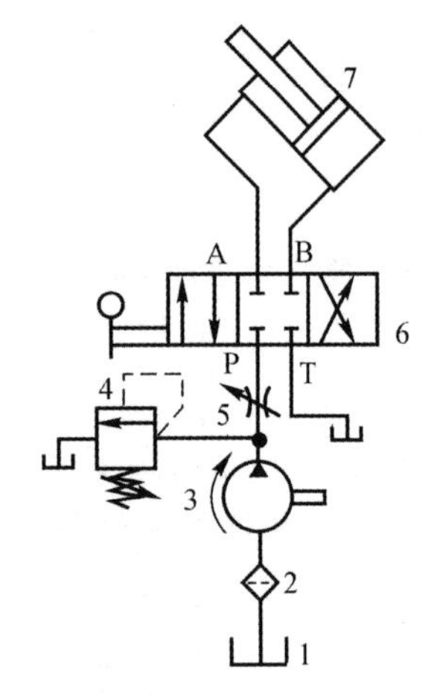

图 1-3　用标准图形符号绘制的重物升降液压系统原理图

1—油箱；2—过滤器；3—液压泵；4—溢流阀；5—流量阀；6—换向阀；7—液压缸

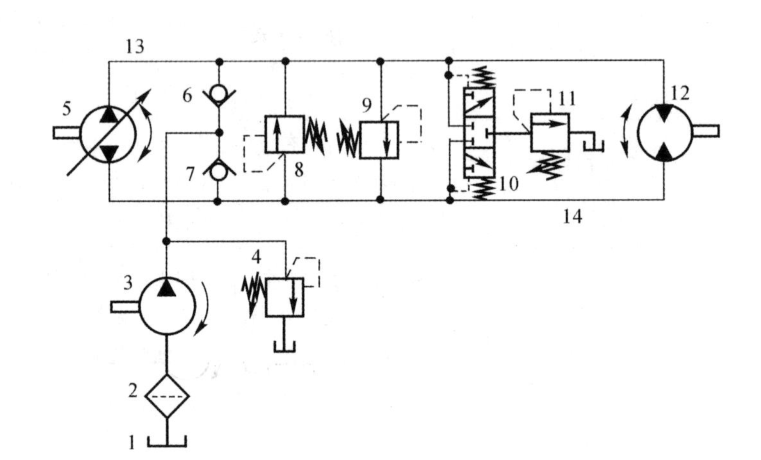

图 1-4　闭式液压系统原理图

1—油箱；2—过滤器；3—单向定量液压泵；4,8,9,11—溢流阀；5—双向变量液压泵；6,7—单向阀；10—梭阀式液控三位三通换向阀；12—双向定量液压马达；13,14—管路

按主换向阀在中位时液压泵的状态不同，液压系统可分为中开型系统和中闭型系统。中开型系统的主换向阀在中位时，换向阀使液压泵卸荷（泵在极低功率 P_p 下运转，即 $P_p = p_P \times q_P \approx 0$。$p_P$ 和 q_P 分别为泵的供油压力和供油流量），液体低压返回油箱（故系统的主换向阀通常为 M 型、H 型等中位机能）。通常在能满足同一功能情况下，中开型系统能耗较低，多用于需间歇运动或支承负载而又不希望频繁启停原动机等工况类型，图 1-5 所示即属中开型系统。中闭型系统的主换向阀在中位时，换向阀所有油口均封闭（O 型中位机能），如果采用定量泵供油，则液压泵的液体经溢流阀高压溢流回油箱。通常在能满足同一功能情况下，中闭型系统能耗较高，但如果增加中位卸荷措施（例如采用电磁溢流阀）或改用压力补偿式变量泵供油，则可大大降低中闭时的能耗。中闭型液压系统在多种主机设备中均有应用，图 1-4 所示就属于此类系统。

按所使用的主泵数目多少，液压系统可分为单泵系统及多泵系统。按液压泵向多个执行元件供油连接方式的不同，液压系统可分为串联系统和并联系统。按工作特征不同，液压系统还可分为液压传动系统和液压控制系统，液压传动系统以动力传递为主、信息传递为辅，图 1-3～图 1-5 所示即属液压传动系统；液压控制系统以信息传递控制为主、动力传递为辅，此类系统除了多数采用伺服阀等电液控制阀组成的带反馈的闭环系统外，尚有电液数字阀组成的液压控制系统，图 1-6 就属于此类系统，它是滚筒洗衣机玻璃门压力机（用于玻璃门的热压成型（即将从熔窑取出并放入模腔中的高温玻璃液，通过下压获得制品））液压系统，由于 4 个辅助液压缸和主液压缸的压力及流量要求不同，故系统采用了双联泵 3 分组供油，以隔离干扰。即泵 3 的左泵向 4 个辅助液压缸供油，系统压力设定与泵的卸荷由电磁溢流阀 5 实现，回路压力通过压力表及其开关 4 监测；由泵 3 的右泵单独向主液压缸供油，由于主缸要求 7 级不同压力，故采用了电液数字溢流阀 10 实施控制，并由压力表及其开关 9 进行监控，为了提高工作可靠性，此控制系统回油采用了带发讯回油过滤器 13 过滤并用水冷却器 14 进行冷却，以保证油液清洁度和降低因工件模腔高温引起的液压油液发热。按工程上应用场合的不同，液压系统的种类更是名目繁多。

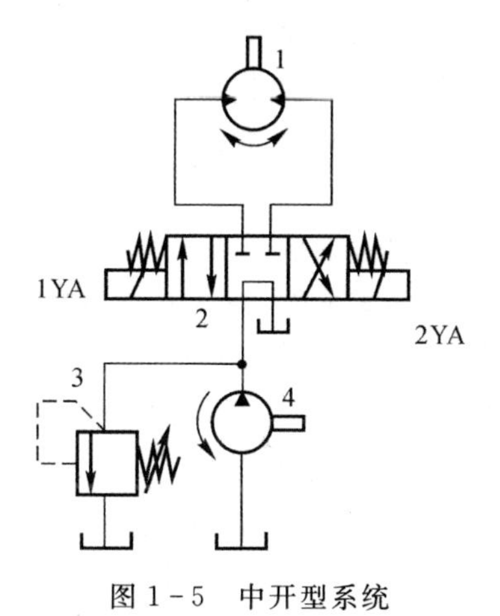

图 1-5 中开型系统

1—定量液压马达；2—三位四通电磁换向阀；3—溢流阀；4—定量液压泵

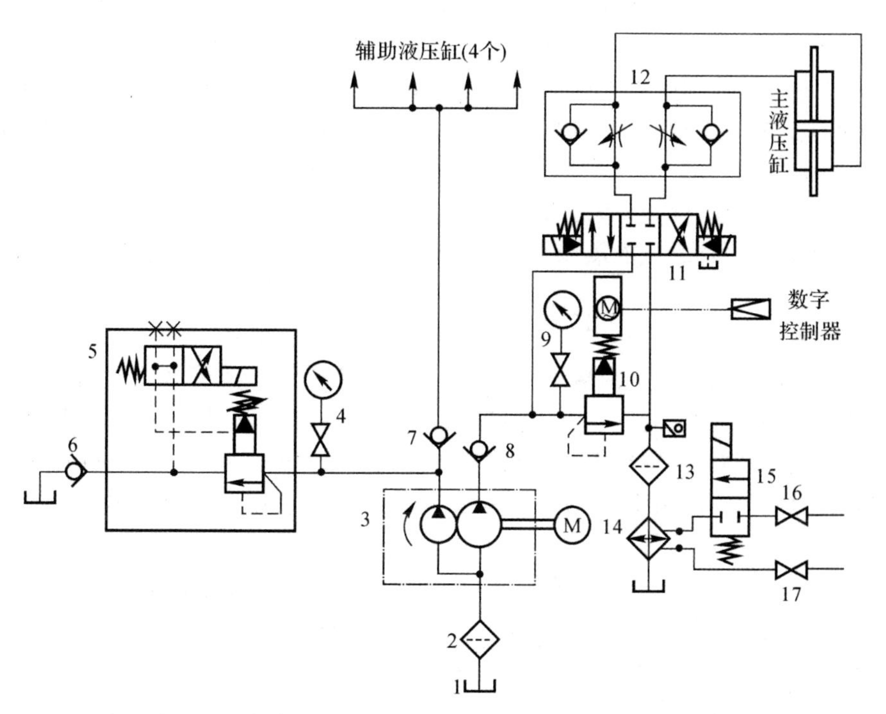

图 1-6 滚筒洗衣机门档玻璃压机液压系统原理图(部分)

1—油箱；2—吸油过滤器；3—双联泵；4，9—压力表及其开关；5—电磁溢流阀；6，7，8—单向阀；10—电液数字溢流阀；11—三位四通电液换向阀；12—双单向节流阀；13—带发讯回油过滤器；14—水冷却器；15—电磁水阀；16，17—截止阀

1.3 液压系统图的分析识读

识读意义并正确、迅速地分析和阅读液压系统原理图，对于液压机械的设计制造、安装调试、使用维修及故障诊断排除均具有重要的指导作用。识读方法步骤及注意事项如下：

(1)全面了解液压机械(主机)的功能、结构、工作循环及对液压系统的主要要求。例如组合机床动力滑台液压系统，它是以速度转换为主的系统，除了能实现滑台的快进→工进→快退的基本工作循环外，还要特别注意速度转换的平稳性等指标；再如液压机液压系统，它是以压力变换和控制为主的系统，其主缸除了能驱动滑块实现快进→慢速加压→保压释压→快退等基本工作循环外，还要了解其保压性能指标及主缸与顶出缸的动作互锁关系。同时要了解系统的控制信号源及其转换和电磁铁动作表等。

(2)查阅组成液压系统原理图中的所有元件及其连接关系，分析它们在系统中的具体作用及其组成回路的功能。对一些用半结构图表示的专用元件(如磨床液压系统中机-液换向阀组成的液压操纵箱)，要特别注意它们的结构及工作原理，要读懂各种控制装置及变量机构。

(3)分析液压系统工作原理，仔细分析并写出各执行元件的动作循环和各工况下系统的油液流动路线或油流表达式。为便于阅读，最好先对液压系统中的各个元件及各条油路分别进行编码，然后按执行元件划分读图单元，每个读图单元先看动作循环，再看控制回路、主油路。要特别注意系统从一种工作状态转换到另一种工作状态时，是由哪些元件发出的信号，又是使哪些控制元件动作并实现的。

(4)分析归纳出液压系统的特点。在读懂原理图基础上，还应进一步对系统做一些分析，以便评价液压系统的优缺点，使所使用或设计的液压系统不断完善。分析归纳时应考虑以下几个方面：液压基本功能回路是否符合主机的动作及性能要求；各主油路之间，主油路与控制油路之间有无矛盾和干涉现象；液压元件的代用、变换与合并是否合理、可行、经济；液压系统性能的改进方向。

(5)识读液压系统原理图时的注意事项。

1)应对液压泵、执行元件、液压控制阀及液压辅助元件等元件的结构原理有所了解或较为熟悉。

2)分清主油路和控制油路。主油路的进油路起始点为液压泵压油口，终点为执行元件的进油口；主油路的回油路起始点为执行元件的回油口，终点为油箱(开式循环油路)或执行元件的进油口(液压缸差动回路)或液压泵吸油口(闭式循环油路)。控制油路也应弄明来源(如主泵还是控制泵)与控制对象(如液控单向阀、换向阀和电液动换向阀等)。

3)可借助主机动作循环图和动作循环表，用文字描述或用油流表达式表示其油液流动路线。

例如图1-3所示液压系统在重臂举升时，用油流表达式写出的油液流动路线如下：

进油路：液压泵3→流量阀5→换向阀6(P→B)→ $\overrightarrow{\text{液压缸}}$7(下腔)。

回油路：$\overrightarrow{\text{液压缸}}$ 7(上腔)→换向阀6(A→T)→油箱1。

4)对于由插装阀组成的液压系统，应在逐一查明插件间的连接关系及相关联的先导控制阀组合成何种阀(方向阀、压力阀还是流量阀)基础上，再对各工况下的油液流动路线逐一进行分析。

5)对于由多路阀组成的液压系统,应在逐一查明各联阀中换向阀油口连通方式(并联、串联、串并联、复合油路等)之后,再对每个执行元件在各工况下的油液流动路线逐一进行分析。

1.4　液压传动的优势

与其他传动方式相比,尽管液压传动也存在因泄漏等难以保证严格传动比及传动效率低等缺点,并面临着来自电气传动及控制技术的新竞争和绿色环保的新挑战,但液压传动在拖动负载能力及操纵控制方面具有显著优势,例如出力大、功率密度大、力质量比大,操作方便、省力、便于大范围无级调速、易于自动化和过载保护等,因而使其应用几乎无处不在并将在工业互联网、“互联网+”先进制造业、人工智能发展中发挥不可替代的巨大作用。

1.5　液压系统基本参数

压力 p、流量 q 和功率 P 是液压系统的三个基本参数。

1.5.1　压力

液压系统中的压力是指液体在单位面积上所受的法向作用力。压力 p 的单位 $\mathrm{N/m^2}$ 称为帕(Pa);液压工程中常用兆帕(MPa)作为压力的计量单位,$1\ \mathrm{MPa}=10^6\ \mathrm{Pa}$。我国以前曾长期采用过的压力单位有 $\mathrm{kgf/cm^2}$(公斤力/厘米^2)、bar(巴)、大气压、水柱高或汞柱高等,而美国则一直采用英制的 $1\ \mathrm{lbf/in^2}$(磅力/英寸^2)。这些压力单位的换算关系如下:

$1\ \mathrm{kgf/cm^2}\approx 1\ \mathrm{bar}=10^5\ \mathrm{Pa}=0.1\ \mathrm{MPa}$

1标准大气压$\approx 1.013\ 25\times 10^5\ \mathrm{Pa}\approx 10.33$ m 水柱高≈ 760 mm 汞柱高

1工程大气压$\approx 1\ \mathrm{kgf/cm^2}\approx 98\ 066.5\ \mathrm{Pa}$

$1\ \mathrm{lbf/in^2}\approx 6\ 894.757\ 293\ \mathrm{Pa}\approx 0.068$ 工程大气压

为了便于液压元件及系统的制造及使用,工程上通常将压力分为低压($\leqslant 2.5$ MPa)、中压(2.5～8 MPa)、中高压(8～16 MPa)、高压(16～32 MPa)和超高压(>32 MPa)等几个不同等级。

由于1大气压≈ 0.1 MPa≈ 10 m 水柱高,故即便液压系统中元件安装高差达数十米,液体自重产生的压力与液压系统在外负载力作用下所产生的几个、几十个乃至上百个兆帕的工作压力相比也微不足道,所以在液压系统计算和分析中可以忽略不计。因而认为整个静止液体内部的压力近乎相等。

按照帕斯卡原理,静止液体内的压力等值地向液体中各点传递。

如图1-7所示,按度量起点的不同,液体中同一位置的液体压力分为绝对压力和相对压力。绝对压力是以绝对真空(绝对零压)为基准度量的液体压力,相对压力是以大气压力 p_a 为基准度量的压力。用普通压力表测出的压力数值是相对压力,故相对压力也常称为表压力。在液压技术中所提到的压力,如不特别指明,一般均为表压力。

由图1-7可见,绝对压力和相对压力的关系为

$$绝对压力=大气压+相对压力=大气压+表压力$$

当液压系统中的绝对压力小于大气压时,就说系统出现了真空,真空的程度用真空度表

示，其数值是绝对压力不足于大气压力的那部分压力值。此时相对压力为负值，即

真空度＝大气压－绝对压力

液压泵正是利用了工作时吸油腔容积增大产生真空而将油箱中的油液经管道吸入的。

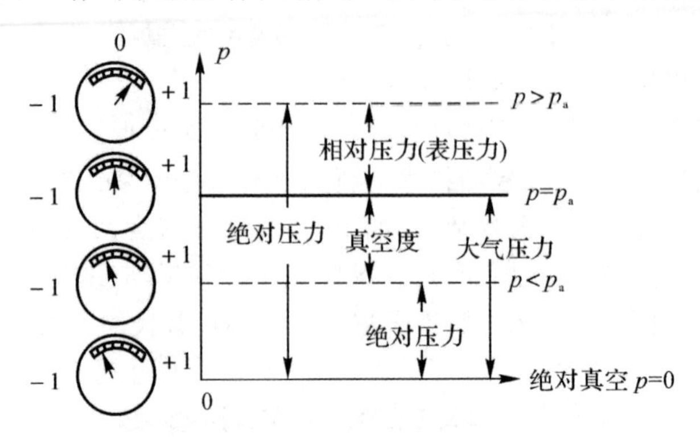

图 1-7　压力的度量

图 1-8 所示为压力与负载的关系图，作为输入装置的小缸（柱塞直径为 d_1，面积为 A_1）和输出装置的大缸（柱塞直径为 d_2，面积为 A_2）由中间的管道连接构成液压挤压装置，施加在小柱塞上的力为 F_1，由帕斯卡原理，两液压缸及其连接管路中的液体压力 p 相等，当忽略不计重力及摩擦力时，可获得大柱塞上较大的挤压力 F_2，即

$$p=\frac{F_2}{A_2}=\frac{F_1}{A_1} \tag{1-1}$$

改写为

$$F_2=F_1\frac{A_2}{A_1}=F_1\left(\frac{d_2}{d_1}\right)^2 \tag{1-2}$$

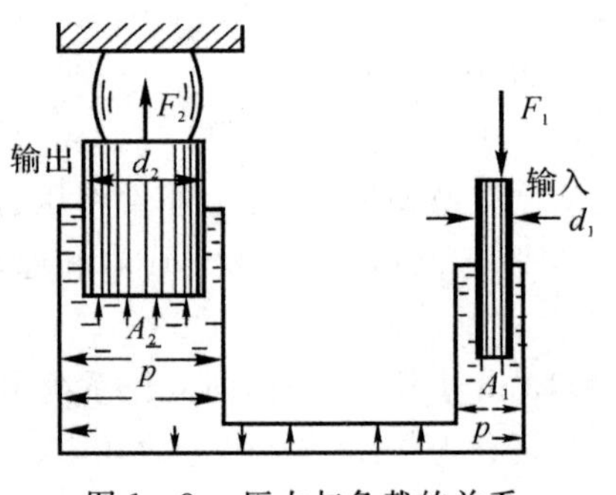

图 1-8　压力与负载的关系

由式(1-2) 可知：由于大、小柱塞面积比 $A_2/A_1>1$，故用一很小的输入力 F_1，即可推动一个比较大的负载 F_2，液压系统可看作一个力的放大机构。利用这个放大了的力 F_2 可以举升重物（液压千斤顶）、压力加工（液压机）和车辆刹车（液压制动闸）等；若只有外界负载 F_2 的作用，而没有小柱塞的输入力 F_1，即 $F_1=0$，则液体在失去“后推”的情况下，不论负载 F_2 多大，也不会产生压力；反之，若移去负载 F_2，即负载 $F_2=0$，不计柱塞自重及其他阻力，则液体在失去“前阻”的情况下，不论怎样推动小柱塞（即不论推力 F_1 多大），也不能在液体中产生压力，这说明液压系统中的压力是在“前阻后推”条件下产生的，而且系统压力大小取决于外界负载，即负载愈大，压力愈高；反之，压力愈低。

1.5.2　流量

在液压技术中，一般所说的油液流速都指平均流速(见图1-9)，即认为在通流截面上各点的流速相等。流速 v 和通流截面积 A 的乘积表示单位时间内流过通流截面的液体的体积，称为流量，用 q 表示，其单位是 m^3/s 或 L/min。即

$$q = vA \tag{1-3}$$

或写为

$$v = \frac{q}{A} \tag{1-4}$$

由上述可知：在流量一定情况下，通过不同截面的流速与其通流截面积的大小成反比(见图1-10)，即管子细的地方流速大，管子粗的地方流速小；由于液体的可压缩性很小，一般可忽略不计，故液体在连续管道内流动时(见图1-10)，通过每一截面的液体流量一定是相等的。即 $q = v_1A_1 = v_2A_2 = vA$；当流量为 q 的液体进入液压缸推动活塞运动时(见图1-11)，假设移动的活塞表面积为通流截面积 A，显然液压缸中液体的平均流速与活塞运动速度相等，即 $v = q/A$。一般情况下，一个已经存在的液压缸的活塞面积 A 是不变的，故液压缸的运动速度 v 取决于液压缸的流量 q，通过改变(调节)进入或流出液压缸的流量，即可实现液压缸速度的改变(调速)。

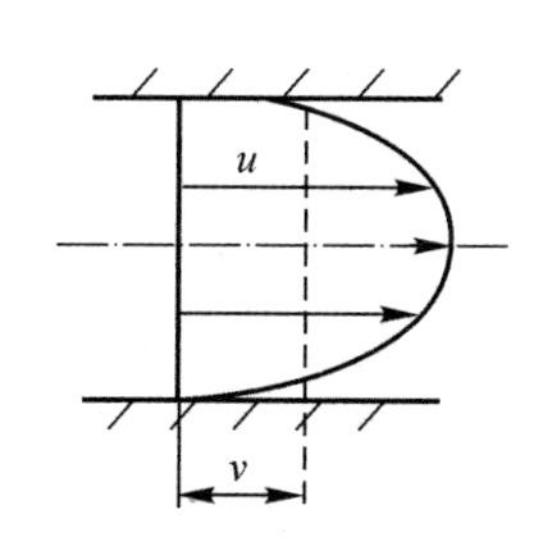

图1-9　管道中液体的流速

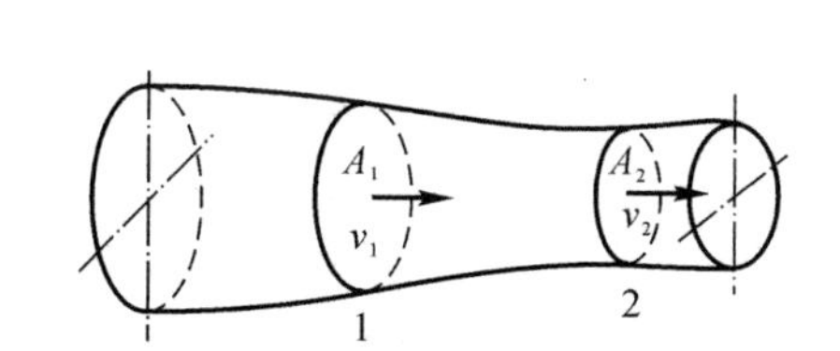

图1-10　管道中液体连续流动

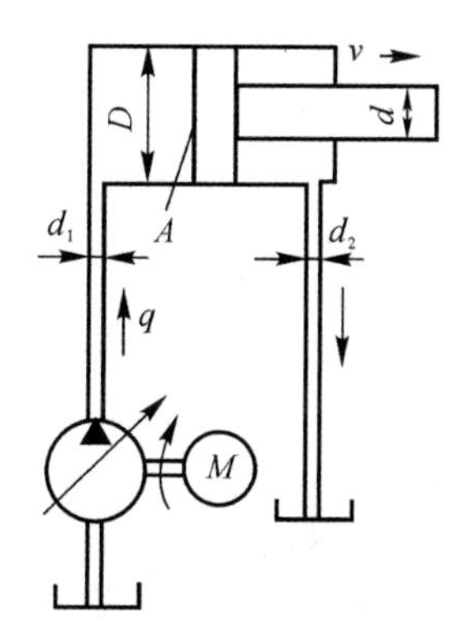

图1-11　流量与液压缸速度

1.5.3　液压功率

如图1-11所示，液压缸的活塞在时间 t 内，以力 F 推动工作机构移动距离 s，所做的功 W 为 $W = Fs$。单位时间内所做的功是功率 P，即

$$P = \frac{W}{t} = \frac{Fs}{t} = Fv$$

因为 $F = pA$，$v = q/A$，所以

$$P = \frac{pAq}{A} = pq$$

经单位换算后得到

$$P = \frac{pq}{60} \tag{1-5}$$

式中 P ——功率,kW;

p ——压力,MPa;

q ——流量,L/min。

1.6 液压系统使用维修(运转维护)的一般注意事项

液压系统使用维修(运转维护)的一般注意事项见表 1-2。

表 1-2 液压系统使用维修(运转维护)的一般注意事项

序号	运转维护中的注意事项
1	操作者应熟悉主机的用途和液压系统的原理,掌握系统动作顺序及液压元件的调节方法
2	开动设备前和设备运行中,应对机器的状态进行检查,检查内容:①开动前,要检查液位,行程开关和限位块,手动、自动循环,电磁阀状态;②设备运行中监视工况,包括压力、振动、噪声、油温、泄漏、电压等
3	正确选择、使用和维护液压工作介质
4	液压系统的油温应控制在一定范围内。低温下,油温应达到 20℃以上才准许顺序动作;油温高于 60℃时应注意系统的工作情况。为此,应注意:保持油箱中正确的液位,使系统中的工作介质具有足够的循环冷却条件;正确选择液压工作介质的黏度,并保持其干净;此外,系统间歇工作中,在等待期间应使液压泵卸荷;保持水冷却器内水量充足,管路通畅
5	停机 4 h 以上的设备,应先使液压泵空载运转 5 min,再启动执行元件工作

序号	故障诊断拆解时的注意事项
1	拆解检修的工作场所一定要保持清洁,最好在净化车间内进行
2	在检修时,要完全卸除液压系统内的液体压力,同时还要考虑好如何处理液压系统的油液问题,在特殊情况下,可将液压系统内油液排除干净
3	拆解时要用适当的工具,以免将如内六角和尖角弄破损或将螺钉拧断等
4	拆解时,各液压元件和其零部件应妥善保存和放置,不要丢失。对于液压技术的一般用户,建议记录拆卸顺序并绘制装配草图和关键零件的安装方位图
5	液压元件中精度高的加工表面较多,在拆解和装配时,不要被工具或其他东西将加工表面碰伤。要特别注意工作环境的布置和准备工作
6	在拆卸油管时,事先应将油管的连接部位周围清洗干净。拆解后,在油管的开口部位用干净的塑料制品或石蜡纸将油管包扎好。不能用棉纱或破布将油管堵塞住,同时注意避免杂质混入。在拆解比较复杂的管路时,应在每根油管的连接处扎上白铁皮片或塑料片并写上编号,以便于装配时不至于将油管装错
7	在更换橡胶密封件时,不要用锐利的工具,不要碰伤工作表面。在安装或检修时,应将与密封件相接触部件的尖角修钝,以免使密封圈被尖角或毛刺划伤

续　表

序号	运转维护中的注意事项	序号	故障诊断拆解时的注意事项
6	不许任意调整电气控制装置系统的互锁装置，随意移动各限位开关、挡块、行程撞块的位置	8	拆解后再装配时，各零部件必须清洗干净
7	各种液压元件未经主管部门同意，不准私自调节或拆换	9	在装配前，O形密封圈或其他密封件应浸放在油液中，以待使用，在装配时或装配好以后，密封圈不应有扭曲现象，而且要保证滑动过程中的润滑性能
8	各种液压元、辅件未经主管部门同意，不准私自调节或拆换	10	在安装液压元件或管接头时，拧紧力要适当。尤其要防止液压元件壳体变形、滑阀的阀芯滑动、接合部位漏油等现象
9	液压系统出现故障时，不准擅自乱动，应通知有关部门分析原因并排除	11	若在重力作用下，液压执行元件(如液压缸等)可动部件有可能下降，应当用支撑架将可动部件牢牢支撑住

注：(1)为了保证液压元件与系统乃至主机的可靠运行，降低故障发生率和维修成本，延长维修周期乃至设备的使用寿命，应注意本表所列各注意事项。

(2)在液压系统使用中，由于各种原因出现异常现象或发生故障后，除非被迫不得已，不应拆解元件；在未加分析或不明用途、原理情况下更不应拆解元件。一般应首先试用调整的方法解决问题。若不能奏效，则可考虑拆解修理或更换元件。除了清洗后再装配和更换密封件或弹簧这类简单修理之外，重大的拆解修理(如电液伺服阀、多功能泵)要十分小心，对于液压技术的一般用户，最好到液压元件制造厂或有关大修厂检修。

1.7　液压故障及其诊断技术

液压元件及系统在规定时间内、规定条件下丧失其规定(或降低)液压功能(失灵、失效、失调或功能不完全)的事件或现象称为液压故障。液压故障可能导致执行机构的某项技术、经济指标偏离正常值或正常状态，如：不能动作，输出力和运动速度不合要求或不稳定，爬行、运动方向不正确，动作顺序错乱甚至造成人身伤亡等。所以，出现故障必须进行诊断排除，以便使系统恢复正常状态。

1.7.1　液压故障常见类型及特点

液压系统故障最终主要表现在液压系统或其回路中的某个(些)元件损坏，并伴随漏油、发热、振动、噪声等不良现象，导致系统不能发挥正常功能。按发生时间的不同，液压故障可分为早期、中期和晚期故障；按故障发生原因，液压故障可分为自然故障和人为故障；按表现形式，液压故障分为实际故障和潜在故障；按故障特性，液压故障可分为共性、个性和理性故障；按存在时间，液压故障可分为暂时性、间歇性和永久性故障；按照严重程度，液压故障可分为破坏性和非破坏性故障。上述各类故障都有其表现特征。

由于液压故障一般具有因果关系的复合性、复杂性和交织性；故障点的隐蔽性和相关因素具有随机性，所以出现故障难以做出准确判断，在很大程度上取决于用户的知识水平与经验多寡。

1.7.2 液压故障诊断策略及方法技巧

液压系统故障诊断策略是弄清整个液压系统的工作原理和结构特点，根据故障现象利用知识和经验进行判断；逐步深入、有目的、有方向地逐步缩小范围，确定区域、部位，以至某个元件。

目前常用和发展中的液压系统的故障诊断方法有定性分析方法和定量分析法这两类基本方法，前者又可分为逻辑分析法、对比替换法、观察诊断法(简易故障诊断法)等；后者又可分为仪器专项检测法、智能诊断法等。根据具体故障现象及着眼点和实施策略的不同，这些方法在行业内有时又细分为所谓“感官诊断法”“参数测量法”“现场试验法”“截堵法”“化整为零层层深入法”及“取整为零综合评判法”等。

1. 定性分析法

(1)逻辑分析法。用此法诊断液压系统故障时，要区分两种情况：

1)对功能和油路结构较为简单的液压系统，可根据故障现象和液压系统的基本原理进行逻辑分析，按照“液压源→控制元件→执行元件”的顺序，逐项检查并根据已有检查结果，排除其他因素，逐渐缩小范围，逐步逼近，最终找出故障原因(部位)并排除之。

2)对于功能和油路结构较为复杂的液压系统，通常可根据故障现象按控制油路和主油路两大部分进行分析，逐一将故障排除。

逻辑分析法又可细分为列表法、框图法、因果图法和故障树分析法等。

(2)对比替换法。该方法有两种情况：一是用两台同型号和同规格的主机对同一系统进行对比试验，从中查找故障。试验过程中对可疑元件用新件或完好机械的元件进行替换，再开机试验，如性能变好，则故障所在便知。二是对于两台具有相同功能回路的液压系统，用软管分别连接同一主机进行试验，遇到可疑元件时，更换即可。

(3)直观检查法(简易故障诊断法)。此是目前液压系统故障诊断的一种方便易行、最普遍的方法。它是凭维修人员个人的经验，利用简单仪表，客观地按所谓“望→闻→问→切”的流程来进行(见表1-3)。此法既可在液压设备工作状态下进行，也可在停车状态下进行。此法简单易行，但需要一定的经验。

表1-3 液压故障诊断排除中的“望→闻→问→切”

项 目	说 明	
望(看)(看系统实际工作状态和技术资料)	①看速度	执行机构运动速度有无变化和异常现象？
	②看压力	液压系统中各测压点的压力值有无波动现象？
	③看油液	观察油液是否清洁，是否变质，油液表面是否有泡沫，油量是否在规定的油标线范围内，油液黏度是否符合要求？
	④看泄漏	液压缸端盖，液压泵轴端，液压管道各接头，油路块结合处等处是否有渗漏、滴漏等现象？
	⑤看振动	液压缸活塞杆、工作台等运动部件工作时有无因振动而跳动的现象

续　表

项　目	说　明	
望(看)(看系统实际工作状态和技术资料)	⑥看产品	根据液压机械加工出来的产品质量(如机械零件的表面粗糙度,卷纸机所卷纸品的平滑度等)判断运动机构的工作状态、系统的工作压力和流量的稳定性
	⑦看资料	查阅设备技术档案中的系统原理图、元件明细表、使用说明书,有关故障分析和修理记录,查阅日检和定检卡,查阅交接班记录和维修保养情况记录
闻(用听觉和嗅觉判断系统工作是否正常)	①听噪声	听液压泵和液压系统工作时的噪声是否过大?听噪声的特征。溢流阀、顺序阀等压力控制元件是否有尖叫声?
	②听冲击声	工作机构液压缸换向时冲击声是否过大?液压缸活塞是否有撞击缸底的声音?换向阀换向时是否有撞击端盖的现象?
	③听气蚀和困油的异常声	液压泵是否吸进空气?是否有严重困油现象?
	④听敲打声	液压泵运转时是否有因损坏引起的敲打声?
	⑤闻味道	用嗅觉器官辨别油液是否发臭变质,橡胶件是否因过热发出特殊气味等
问(访问设备操作者,了解设备平时运行状况)	①问液压系统工作是否正常,液压泵有无异常现象	
	②问液压油更换时间,过滤器是否清洁	
	③问发生事故前压力调节阀或速度调节阀是否调节过,有哪些不正常现象	
	④问发生事故前对密封件或液压件是否更换过	
	⑤问发生事故前后液压系统出现过哪些不正常现象	
	⑥问过去经常出现过哪些故障,是怎样排除的,哪位维修人员对故障原因与排除方法比较清楚	
切(摸)(用手摸允许摸的运动部件以便了解它们的工作状态)	①摸温升	摸液压泵、油箱和阀类元件外壳表面,若接触两秒钟感到烫手,就应检查温升过高的原因
	②摸振动	摸运动部件和管子的振动情况,若有高频振动应检查产生的原因
	③摸爬行	当工作台在轻载低速运动时,用手摸工作台有无爬行现象
	④摸松紧程度	用手拧一下挡铁、微动开关和紧固螺钉等松紧程度

注:对各种情况必须了解得尽可能清楚。判断结果会因每个人的感觉,判断能力和实践经验而异。但这种差异不会永远存在,它是暂时的,经过反复实践,故障原因是特定的,终究会被确认并予以排除。

2. 定量分析法

(1)仪器专项检查法。此法适用于某些重要的液压设备,它利用仪器仪表对系统的相关参数(如压力、流量、温度、振动、噪声、转矩和转速等)进行定量专项检测,将检测所得参数与系统正常工作参数进行比对,分析偏离正常数值的多少及原因,为故障排除提供可靠依据。此法有的须在试验台架上进行检测，而有的则可进行在线检测。通用诊断仪器、专用诊断仪器和综合诊断仪器是三类常用的现场快速诊断仪器。

(2)智能诊断法。此法是基于计算机的一种液压设备故障诊断专家系统(计算机系统)，它借助于计算机的强大的逻辑运算能力和记忆能力，将液压故障诊断知识系统化和数字化。图 1-12 所示为笔者研发的一种基于计算机的液压故障诊断查询软件系统，用于液压系统出现故障后现场可能原因及排除方法的快速查询，以提高故障诊断排除的效率和水平。该系统利用 Visual Basic 语言和 Access 数据库技术，对液压故障诊断知识进行了系统化和数字化处理，实现了液压故障诊断知识的快速查询，弥补了很多现场操作者和技术人员液压故障诊断知识的不足。

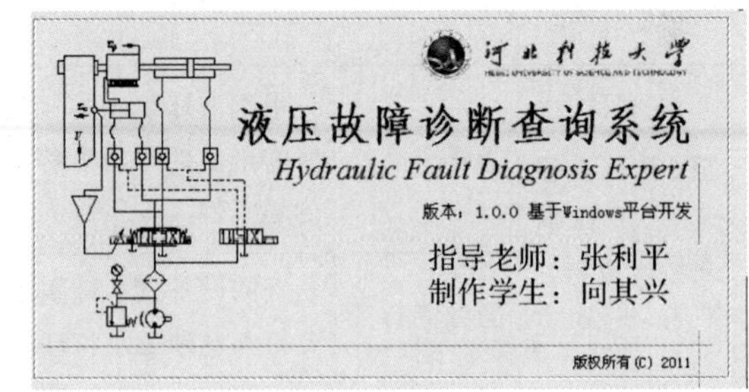

图 1-12　软件起始界面

1.7.3　液压系统故障排除一般注意事项(表 1-4)

液压系统故障排除一般注意事项见表 1-4。

表 1-4　液压系统故障排除一般注意事项

序号	项　目	说　　明
1	全面正确了解液压系统	为了准确、快速地进行故障诊断和排除，一般应首先通过观察和询问现场工作人员全面了解液压系统及主机的构成、功能、主要技术参数(如液压泵和液压马达的转速、转矩、压力、流量)、电源情况、正确的动作循环及状态等，并清楚地了解每个液压元件特别是电液伺服阀、比例阀、数字阀的结构、工作特性和技术参数，特别要询问故障现象。应索取并结合故障现象认真研究液压系统原理图和有关技术文件，并对上述工作做好记录和标记，以备参考。倾听液压系统启动、工作、制动和停车过程中系统的声音，感觉管内的流动或管子的温热，往往可以查明流动情况。务必不能在上述工作不够充分、毫无分析和把握的情况下，随意拆卸或打开某个元件。实践表明，全面正确地了解液压系统是故障诊断成功的重要基础
2	充分注意系统污染	液压系统出现的故障的 80% 与液压油液的污染有关，故在故障诊断和排除中应当首先从检查和分析液压油液的污染情况着手，然后再考虑其他可能因素，并采取相应的措施
3	容易忽视的细节	在液压系统故障诊断中，容易忽视的细节有：系统中的每个元件必须与系统适应并形成系统的一个整体部分。例如，泵进口装一个规格(尺寸)不正确的过滤器可能引起气蚀使泵损坏；所有管子必须有适当的口径，并且不能有扁弯管。口径不够或扁管造成管路本身压降。某些元件必须装在相对于其他元件或管路的指定位置，例如柱塞泵壳体必须保持充满油液，以提供润滑；足够的测压点可提供工作和故障信号，便于故障诊断等
4	重新启动的步骤	在液压系统的故障排除之后，不能操之过急，盲目启动，必须遵照一定的要求和程序启动，以免旧的故障排除了，新的故障会相继产生。重新启动的一般程序框图如图 1-13 所示
5	安全	在进行液压系统故障诊断时，应遵循安全第一的原则

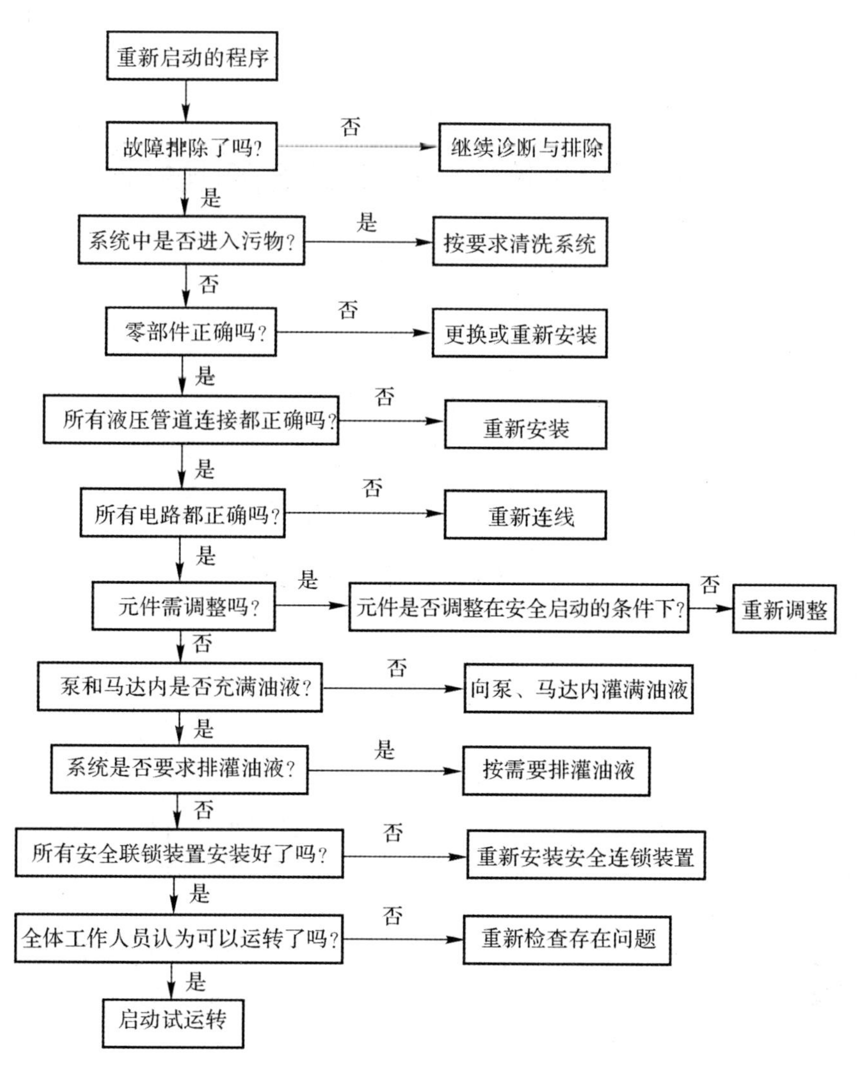

图 1-13　故障排除后重新启动液压系统的一般程序框图

第 2 章　液压油的使用维护

作为液压系统的“血液”，液压油的主要功用是传递能量和工作信号，对元件进行润滑、防锈，冲洗系统污染物质及带走热量，提供和传递元件及系统失效的诊断信息等。合理使用维护液压油液，是保证液压系统运转的可靠性、准确性和灵活性的重要条件之一。

2.1　液压油的性质

(1)密度 ρ。单位体积油液的质量称为密度，即

$$\rho=m/V \tag{2-1}$$

式中　m—— 液体的质量，kg；

V —— 液体体积，m^3。

液体的密度会随着温度的增加而略有减小，随着压力的增加略有增大。从工程使用角度可认为液压油液的密度不受温度和压力变化的影响。常温下矿物油型液压油的密度一般约为 900 kg/m^3。

(2) 可压缩性。液体受压力作用而使自身体积减小的性质称液体的可压缩性。可压缩性用体积压缩系数(单位压力变化下引起的体积相对变化量)k，或其倒数即体积弹性模量 K(液体产生单位体积相对量所需要的压力增量) 表示：

$$k=-\frac{1}{\Delta p}\frac{\Delta V}{V} \tag{2-2}$$

$$K=1/k \tag{2-3}$$

式中　Δp—— 压力的增量，MPa；

V —— 液体体积，m^3；

ΔV—— 体积的减小量，m^3。

式(2-2) 中的负号表示压力增加时油液体积减小，以使 k 为正值。k 值越大(即 K 值越小)，则油液的可压缩性越大。在常温下，矿物液压油的体积弹性模量为 $K=(1.2\sim2.0)\times10^3$ MPa，数值较大，故对于一般液压系统，可认为油液是不可压缩的。但若在油液中混入空气，其抗压缩能力会显著下降，从而影响液压系统的工作性能。因此，在考虑液体的可压缩性时(如高压系统和动态特性要求高的系统)，除了要考虑油液本身的可压缩性外，还要考虑混入液体中空气的可压缩性等因素的影响。

(3)黏性。油液在外力作用下流动时，液体分子间内聚力会阻碍分子相对运动而产生一种内摩擦力的特性，称为液体的黏性。黏性只有在液体流动时才呈现出来。

液体的黏性大小用黏度表示。黏度越大，液体层间的内摩擦力就大，油液就稠，流动性越差；反之，黏度越小，油液越稀。在动力黏度、运动黏度和相对黏度中，常用的黏度是运动黏度 ν，其法定计量单位是 m^2/s，它与工程上沿用的 St(斯)(cm^2/s)或 cSt(厘斯)(mm^2/s)的换算关系为

$$1\ m^2/s = 10^4\ St = 10^6\ cSt$$

液压油的牌号常用某一温度下的运动黏度的平均值来标志。油液黏度可用专门的仪器(例如恩氏黏度计或运动黏度自动测定仪等)进行测定。

通常，高压时液体黏度会随压力增大而增大，但增大数值很小，可忽略不计。油液黏度对温度变化极为敏感，温度升高，黏度显著降低，液体的流动性增高。液体黏度随温度变化的性质称为黏温特性。黏温特性随工作介质的不同而异，黏温特性好的工作介质，其黏度随温度变化较小，因而对液压系统的性能影响较小。

(4)其他性质。抗燃性、抗氧化性、抗凝性、抗泡沫性、抗乳化性、防锈性、润滑性、导热性和稳定性等是液压油的另外一些物理化学性质，都对液压系统工作性能有重要影响。这些特质，需要在精炼的矿物油中加入各种添加剂来获得，其含义较为明显，其指标可查阅相关手册。

2.2　对液压油的一般要求

不同的工作机械和液压系统，对油液的要求不同，其一般要求见表 2－1。

表 2－1　液压系统对工作油液的一般性能要求

性能要求	说　　明
合适的黏度；黏度－温度特性好	黏度确定的主要依据是液压系统中工作条件最为恶劣的液压泵等元件的类型、工作压力、使用温度及环境温度等。若油液的黏度太大，液压泵的吸油状况恶化，容易产生气穴和气蚀现象，使泵运转困难；系统的压力损失大，效率降低。若黏度太小，则系统泄漏太多，容积增加损失，降低系统效率，并使系统的刚性变差。为了使液压系统能够正常和稳定地工作，要求工作介质的黏度随温度的变化要小，即黏度-温度特性好
润滑性与抗磨性良好	油液对液压系统中的各运动部件起润滑作用，以降低摩擦和减少磨损，保证系统能够长时间正常工作。特别是液压系统和元件向高速、高性能化方向发展中，许多摩擦部件处于边界润滑状态，所以，要求液压油液具有良好的润滑性和抗磨性
防锈性和抗腐蚀性好	液压系统中许多金属零件长期与油液接触，其表面在溶解于介质中的水分和空气的作用下会发生锈蚀，使精度和表面质量受到破坏。锈蚀颗粒在系统中循环，还会引起元件加速磨损和系统故障。同时，也不允许介质自身对金属零件有腐蚀作用，或会缓慢分解产生酸等腐蚀性物质。所以，要求液压油液具有良好的保护金属、防锈性和抗腐蚀性
对密封材料及产品和生产作业环境的相容性好	油液必须同元件上的密封材料相容，不得引起溶胀、软化或硬化等尺寸及机械性能变化，否则，密封会失效，产生泄漏，使系统压力下降，工作不正常；与液压机械设备所生产的产品和机械的生产作业环境相容。液压系统的泄漏不应对产品造成污染和损坏，泄漏后不会对环境造成污染

续 表

性能要求	说　　明
抗氧化性好	油液与空气接触会产生氧化变质，高温、高压和某些物质（如铜、锌、铝等）会加速氧化过程。氧化后介质的酸值增加，腐蚀性增强，而且氧化生成的黏稠物会堵塞元件的小孔、缝隙，影响系统的正常工作，故要求油液具有良好的抗氧化性
剪切安定性好	油液在经过泵、阀和微孔元器件时，要经受剧烈的剪切。这种机械作用会使介质产生两种形式的黏度变化，即在高剪切速度下的暂时性黏度损失和聚合型增黏剂分子破坏后造成的永久性黏度下降。在高速、高压时这种情况尤为严重。黏度降低到一定程度后就不能够继续使用，故要求油液的剪切安定性好
抗乳化性好	水可能从不同途径混入油液。含水的液压油工作时受剧烈搅动极易乳化，乳化使油液劣化变质并生成沉淀物，妨碍冷却器的导热，阻滞管道和阀门，降低润滑性及腐蚀金属，故要求油液具有良好的抗乳化性
抗泡沫性好	混入和溶于油液的空气，常以气泡（直径大于 1.0 mm）和雾沫空气（直径小于 0.5 mm）两种形式析出，即起泡。起泡的介质使系统的压力降低，润滑条件恶化，动作刚性下降，并引起系统产生异常噪声、振动和气蚀。此外，空气泡和雾沫空气的表面积大，同介质接触使氧化加速，故要求油液具有良好的消泡和抗泡沫性
清净度高，可滤性好	油液中的机械杂质会堵塞液压元件通路，引起系统故障。机械杂质又会使液压元件加速磨损，影响设备正常工作，加大生产成本，各种液压油液都应符合相应清净度的要求。油液中的杂质经过一定精度过滤网时，容易被滤掉，即要求具有良好的可滤性。油液有良好的可滤性才能保证高的清洁度
其他要求	在工作压力下，具有充分的不可压缩性，具有良好化学稳定性、低温流动性、抗燃性，以及无毒性、无臭味，热导率和比热容要大

2.3 液压油液的种类及选用

2.3.1 液压油液的牌号

按照 GB/T 7631.2—2003 润滑剂和有关产品（L 类）的规定，液压油液的命名表示方法及代号含义如下：

产品名称一般形式：类 - 品种　数字

符号意义：

L- HL 32

32 —— 牌号：按照GB/T 3141—1994标准规定的黏度等级32（40℃时的运动黏度为32 mm^2/s）

HL —— 品种：H—液压油（液）组；L—防锈抗氧抗磨型

L —— 类别：润滑剂类和有关产品

命名：32 号防锈抗氧抗磨型液压油

简号:HL-32。

简名:32 号 HL 油,32 号普通液压油。

2.3.2　液压油液的种类

我国的液压油液品种繁多,可分为通用液压油液(包括矿物型液压油、环境可接受液压油液(含合成烃型液压油)及难燃液压油等三大组)及专用液压油液两大类。为了改善液压油液的物理或化学性能,在油液中往往加入各种添加剂。其中矿物型液压油的基础液为石油,包括用量较大的改善防锈和抗氧性的精制矿物油 L-HL(黏度 15,22,32,46,68,100)和改善抗磨性的抗磨液压油 L-HM(黏度 15,22,32,46,68,100,150)等;环境可接受的液压油其基础液(每个品种的基础液最小含量应不少于 70%)是植物油或合成酯类,故属于环保型液压油;难燃液压油液有含水 80%以上的水包油乳化液 L-HFAE(黏度 7,10,15, 22,32)、含油 60%以上的油包水乳化液 L-HFB(黏度 22,32,46,68,100)及水-乙二醇液 L-HFC(黏度 15,22,32,46,68,100)与磷酸酯液 L-HFDR(黏度同水-乙二醇液),它们适于高温和易燃场合的液压系统。专用液压油包括航空和炮用液压油等。各类液压油产品的组成、特性和主要应用场合可从 GB 11118.1—2011 和 GB/T 7631.2—2003 或液压手册查得。

2.3.3　液压油液的选用

液压油液的选用原则见表 2-2。

表 2-2　液压工作介质选用原则

选用原则	考虑因素
液压系统的环境条件	室内、露天、水上、地下;热带、寒区、严寒区;固定式、移动式;高温热源、火源、旺火等
液压系统的工作条件	使用压力范围(润滑性、承载能力);使用温度范围(黏度、黏-温特性、热氧化安定性、低温流动性);液压泵类型(抗磨性、防腐蚀性);水、空气进入状况(水解安定性、抗乳化性、抗泡性、空气释放性);转速(气蚀、对轴承面浸润力)
工作液体的质量	物理化学指标;对金属和密封件的适应性;防锈、防腐蚀能力;抗氧化安定性;剪切安定性
技术经济性	价格及使用寿命;维护保养的难易程度

1. 液压油的选择

(1)品种的选择。考虑到目前各类液压设备使用的液压介质中,液压油达 85%,具体选用时可从以下三方面入手:①按工作环境和使用工况(液压系统的工作压力及温度)选择液压油液(见表 2-3)。②按泵的结构类型选择液压油液。液压泵对抗磨性要求的高低顺序为叶片泵>柱塞泵>齿轮泵。对于以叶片泵为主泵的液压系统,无论压力高低,都应选用 HM 油;对于以柱塞泵为主泵的液压系统,一般应选用 HM 油,低压时可选用 HL 油。③检查液压油液与材料的相容性。初选液压油液品种后,应仔细检查所选油液及其中的添加剂对液压元件构件中的所有金属材料、非金属材料、密封材料、过滤材料及涂料的相容性。如发现有与油液不相容的材料,则应该变材料或改选油液品种。例如 HM 抗磨液压油除了与青铜、天然橡胶、丁基橡胶、乙丙橡胶不相容外，与大多数材料都相容。液压油液与常用材料的相容性可从液压手册查得。

表 2-3　根据工作环境和使用工况选择液压油(液)的品种

环境	工况			
	压力 7 MPa 以下 温度 50℃以下	压力 7～14 MPa 温度 50℃以下	压力 7～4 MPa 温度 50～80℃	压力 14 MPa 以上 温度 80～100℃
室内固定液压设备	HL 或 HM	HL 或 HM	HM	HM
寒区或严寒区	HV 或 HR	HV 或 HS	HV 或 HS	HV 或 HS
地下水上	HL 或 HM	HL 或 HM	HM	HM
高温热源 明火附近	HFAS HFAM	HFB HFC	HFDR	HFDR

(2)黏度等级(牌号)的选择。黏度等级(牌号)是液压油液选用中最重要的考虑因素，因黏度过大，将增大液压系统的压力损失和发热，降低系统效率，反之，将会使泄漏增大也使系统效率下降。尽管各种液压元件产品都指定了应使用的液压油(液)牌号，但考虑到液压泵是整个系统中工作条件最严峻的部分，故通常可根据泵的要求(类型、额定压力和系统工作温度范围)，确定液压油(液)黏度等级(牌号)(见表 2-4)，按照泵的要求选择的油液黏度，一般对液压阀和其他元件也适用(伺服阀和高性能比例阀等除外)。

表 2-4　按液压泵选用液压工作介质的黏度等级

液压泵类型	压力	40℃ 运动黏度 $\nu/(mm^2 \cdot s^{-1})$		适用品种
		液压系统温度 5～40℃	液压系统温度 40～80℃	
齿轮泵	—	30～70	65～165	HL 油
叶片泵	<7 MPa	30～50	40～75	HM 油
	≥7 MPa	50～70	55～90	
径向柱塞泵	—	30～50	65～240	HL 油或 HM 油
轴向柱塞泵	—	40	70～150	

2. 难燃液压液的选用

对于高温或明火附近及煤矿井下的液压设备，不能用矿物油，而应采用难燃液，以保证人身设备安全。一般而言，可按表 2-3 进行初选，然后再从环境条件、工作条件、使用成本及废液处理几方面进行综合分析，最终得出最佳选择。

(1)液压设备的环境条件。若环境温度低(达 0℃以下)，用水-乙二醇较好，磷酸酯也可用。若环境温度高，则用磷酸酯较好。对于工作环境较为恶劣的液压设备，最好选用价廉、污染小的液压介质(如一部分牌号的高水基液体)，以免因管道爆裂等原因导致外漏或排放时对环境造成污染。

此外，对于高温易燃场合，脂肪酸酯 HFD-U (黏度 46 及 68)抗燃液压油是目前一种可替代磷酸酯的产品，它能够有效地解决磷酸酯在某些应用方面的限制。脂肪酸酯以高质量的合成有机酯(90%)为基础油，并辅以经过仔细挑选的添加剂(10%)而化学合成；其本身不含水、矿物油及磷酸酯。专门适用于系统压力高、工作环境温度高、有着火隐患的液压系统，以及对环保要求有着较高标准的企业。按黏度可分为 VG46 及 VG68，它们能满足各种液压系统的工况要求。脂肪酸脂具有一系列特点：抗燃(具有良好的自熄能力，能有效地抑制火势的蔓延)；环保(独特的化学结构使其具有良好的生物降解能力，对水生物无害)；无毒(无毒、无刺激，不含磷酸酯 、氯化烃、硝酸盐、芳香剂或重金属等有害物质)；相容(与其他配件的相容性很好，可延长配件寿命)；通用(在为矿物油及水-乙二醇设计的液压系统中均可使用)。脂肪酸脂液压液使用寿命很长，其液体稳定，无需特殊日常维护，极少需要换液。安全使用寿命可达 20 000 h(40～50℃，NAS 9 级)，远高于水-乙二醇液压油，可达到矿物油的水平。此外，其润滑性能很好，能提供与抗磨液压油同等的卓越润滑性，各项实验数据说明它能有效地减少泵的磨损，延长其寿命，同时节省电力消耗。

(2)液压设备的工作条件。除了考虑液压介质与各类材料的相容性外，最主要要考虑液压泵的适应性与介质的润滑性。例如阀配流卧式柱塞泵，与所有水基难燃液均适应，但对于齿轮泵、叶片泵和轴向柱塞泵，因水基难燃液的润滑性较差，对泵的轴承寿命及摩擦副的磨损均有很大影响。从减少磨损、延长使用寿命考虑，对高压系统采用磷酸酯(其润滑性能接近矿物油)较好；对中高压及低压系统，采用油包水、水-乙二醇及高水基液体(其润滑性次于磷酸酯)为宜。通常，原有液压泵改用耐燃液压液时，应降低使用压力及转速。

(3)使用成本。主要应考虑设备改造、介质成本、维护监测及系统效率等因素。因油包水、水-乙二醇及磷酸酯的黏度较大，原有油压设备改用这些介质时，除了要更换不相容的材料及轴承外，其他变化不大。但对于高水基介质，则因黏度低，可能导致泄漏增大，原有元件应降压使用。关于介质的价格：磷酸酯价格最贵，其次是水-乙二醇、油包水，高水基介质最便宜(是油包水的 1/20)。关于系统的维护与检测：油包水要求最严，其次是磷酸酯和高水基介质，相对而言，水-乙二醇要求要低些。关于系统效率，高水基介质引起黏性阻力很小，系统效率最高；其他几种介质基本接近。

(4)废液处理。难燃液污染性强烈，不经处理不能排放。水-乙二醇对水中生物危害很大，故其废液须单独收集并进行氧化或分解处理后才能排放。磷酸酯(比水重)或油包水(比水轻)可轻易地从废液池底部或顶部分离出来进行处理。高水基液较易处理，有可能直接排放而不会造成污染。

2.4　液压油液的使用与更换(换油)

2.4.1　合理使用要点

液压油液选定之后，若使用不当，将会因液体的性质变化导致液压系统工作失常。

(1)要验明油液的品种和牌号(与出厂化验单与技术文件的规定进行对照，应相符)；

(2)使用前必须过滤(由于炼制、分装、运输及储存过程中可能的污染，新油并不清洁；新油的清洁度应比系统允许的清洁度高 1～2 级)。

(3)注液前要将液压系统彻底清洗干净。

(4)油液一般必须单独使用,不能随意混用。

(5)严格进行污染控制(要特别注意防止固体颗粒、水、空气及各种化学物质侵入液压系统)。

(6)在工作液体贮存、搬运及加注过程中,以及液压系统设计、制造中,应采取一定的防护、过滤措施防止油液被污染,使介质的清洁度符合有关规定。液压工作介质要在干净处存放,所用器具应保持干净;最好用丝绸或化纤面料擦洗,以免纤维堵塞元件的细小孔道,造成故障。油箱应加盖密封,过滤器的滤芯应经常检查、清洗和更换。

(7)要注意安全,油液要注意防火;磷酸酯液不要触及人的皮肤。

(8)注意工作条件的变化对其性能的影响。应参照相关标准对介质的一些主要性能参数进行定期、经常性地检测。当运行中的液压介质劣化并超出规定的技术要求(换油指标)时,应及时更换工作介质。

(9)加入系统的油液量应达到油箱最高油标线位置。正确的加油方法:先加到最高油标线,启动液压泵,使油供至各管路;再加油到油箱油标线,再启动液压泵,这样多次进行,直到油液保持在油标线附近为止。

例如某品牌注塑机液压系统加油方式如下:用专用滤油车经注油口注入全新清洁的液压油直至液位计的上限为止——电气布线完成后仔细检查机器各部位,确认无阻止部件运动的障碍、危险并安全后开动机器——检查油箱液。如果液位低于中间刻度,则需再注入液压油,使得液位高于液位计中间刻度,一般要求达到油箱容积的 3/4～4/5。并应注意:不同品牌、不同型号的液压油不能混用;液压泵电机在加入液压油之后 3 h 之内不能启动,以利于油液中的气体排出。

(10)要注意高、低温环境对于液压油性能的影响。

2.4.2 液压油液的更换(换油)

液压油液在使用过程中,由于外部因素(空气、水、杂质、热、光、辐射、机械的剪切、搅动作用等)和内部因素(精制深度、化学组成、添加剂性质等)的影响,导致介质或快或慢地发生物理、化学变化,逐步地老化变质。油液变化的几种可能表现有水分增加、机械杂质增加、黏度增加或减小、闪点降低、酸值显著变化、抗乳化性变差、抗泡沫性变差以及稳定性变差等。

为了保证液压系统工作的可靠性,要对油液的一些主要性能参数进行定期、经常性地检测。当液压油液劣化并超出规定的技术要求(换油指标)时,必须换油。按换油不同,有以下三种换油方式。

(1)定期换油法。根据主机工况条件、环境条件及液压系统所用油品,规定换油周期:按工作情况半年、一年或运转若干小时(例如 1 000 h)后换油一次。此种换油不够科学,例如油品可能变质或污染严重,但换油期未到而继续使用;也可能油品尚未变质,但换油期已到而换油造成浪费。

(2)目测检验换油法。定期从运行的液压系统中抽取油样,经与新油对比或滤纸分析,检测其状态变化(如油液变黑、发臭、变成乳白色等)或感觉油已很脏,决定换油。此法因个人经验和感觉不同,而有不同判断结果,故使用中有很大局限性。

(3)定期取样化验换油法。定期测定一些项目(称为换油指标(如黏度、酸值、水分及污染度、腐蚀性)),与规定的油液劣化指标进行比对,一旦一项或几项超过换油指标,就必须换油。换油指标因主机类型、工作条件及油品不同而异,但定期检测的项目大同小异。常用的 HL 和

HM 液压油的换油指标分别见表 2－5 和表 2－6。对于一般运行条件的液压装置，可在运转 6 个月后检验；苛刻运转条件的液压装置，应在运转 1～3 个月后进行检验。此法科学性好，可减少由于油液原因导致的系统故障，又能充分合理利用油液，减少浪费。在具备化验条件下，应尽量采用此法。

表 2－5　L－HL 液压油换油指标(NB/SH/T 0467 — 2010)

项　目	换油指标	试验方法
外观	不透明或浑浊	目测
40℃运动黏度变化率/(%)	超过±10	本标准 3.2 条
色度变化(比新油)/号	等于或大于 3	GB/T 6540
KOH 酸值/(mg/g)	大于 0.3	GB/T 264
水分/(%)	大于 0.1	GB/T 260
机械杂质/(%)	大于 0.1	GB/T 511
铜片腐蚀(100℃,3h)/级	等于或大于 2	GB/T 5096

注：设备技术状况正常，液压油中有一项指标达到换油指标时应更换新油。

表 2－6　L－HM 液压油换油指标(NB/SH/T 0599 — 2013)

项　目	换油指标	试验方法
40℃动黏度变化率/(%)	超过＋15 或－10	GB/T265 及本表所在标准 3.2 条
水分/(%)	大于 0.1	GB/T260
色度增加(比新油)/号	大于 2	GB/T6540
酸值降低/(%)	超过 35	GB/T 264 及本表所在标准 3.3 条
KOH 增加值/(mg/g)	大于 0.4	
正戊烷不溶物/(%)	大于 0.10	GB/T 8926A 法
铜片腐蚀(100℃,3h)/级	大于 2a	GB/T 5096

注：①允许采用 GB/T 511 方法，使用 60～90℃石油醚做溶剂，测定试样机械杂质。
②设备技术状况正常，液压油中有一项指标达到换油指标时应更换新油。

换油时的注意事项：换油时应将油箱清洗干净，再通过 120 μm 以上的过滤器向油箱注入新油；输油钢管要在油中浸泡 24 h，生成不活泼的薄膜后再使用；装拆元件一定要清洗干净，防止污物落入；油液污染严重时应及时查明原因并消除。

2.4.3　进口液压设备换用国产油液要点

液压技术用户常常会遇到是否可用国产液压油液替代国外液压油液的问题。考虑到我国液压油液的品种及黏度、分类和产品质量相关标准与 ISO 相关标准一致(相当)，因此在技术要求上相同。且迄今已生产出质量水平与国际上一致的系列液压油品，且其类别、品种、牌号、名称在国际上有共同语言，在质量技术的表达方式上也是国际通用的。故引进液压设备用油大多可找到国产的对应油品，表2-7给出了两类常用矿物型液压油的国内外产品对照。对某些液压设备推荐用油未在表中的情况，若示明了国际通用的品种牌号，则可套用国产油品。如果在产品保养说明书中未予推荐，则可按表2-2～表2-4从工况、温度、压力等选择。但应注意，如果推荐用油性能界于两个质量档次之间，则选用高一档次为宜；需要特别注意引进设备液压元件及系统的结构材料和有关参数，对含有青铜和镀银部件的要慎选HM油。

表2-7　两类常用矿物型液压油的国内外产品对照

ISO 6743/4 分类	ISO VG	中国 GB 11118.1	美国		英国壳牌公司	德国克虏伯公司	意大利石油公司	日本日石公司
			加德士公司	美孚公司				
HL	32	32 HL 液压油	Rando oilR & O 32	D.T.E oil light	Turbo 32	Forminol DS23K	QRM34	FBK L タービン油
	46	46 HL 液压油	Rando oilR & O 46	D.T.E oil medium	Turbo 46		QRM54	FBK L タービン油
	68	68 HL 液压油	Rando oilR & O 68	D. T. E. oil heavy medium	Turbo 68		QRM64	FBK L タービン油
	100	100HL 液压油	Rando oilR & O 100	D. T. E. heavy (N80)	Turbo 100		QRM94	FBK L タービン油
HM	22	22 HM 抗磨液压油	Rando oil HD 22	D.T.E22	Telus 22	Forminol DS6K Lamora	I.P. Hydrus22	Super Hyrando oil22
	32	32 HM 抗磨液压油	Rando oil HD 32	D.T.E24	Telus 32		I.P. Hydrus32	Super Hyrando oil32
	46	46HM 抗磨液压油	Rando oil HD 46	D.T.E25	Telus 46		I.P. Hydrus46	Super Hyrando oil46
	68	68HM 抗磨液压油	Rando oil HD 68	D.T.E26	Telus 68		I.P. Hydrus68	Super Hyrando oil68
	100	100HM 抗磨液压油	Rando oil HD 100	D.T.E27	Telus 100		I.P. Hydrus100	Super Hyrando oil 100
	150	150HM 抗磨液压油	Rando oil HD 150	—	Telus 150		I.P. Hydrus150	Super Hyrando oil 150

2.5　液压油液的污染控制

2.5.1　油液污染的危害

在液压油液中，油液成分以外的任何物质（如固体颗粒、水和空气等）都是污染物。这些污染物有的来自系统内部残留（如液压元件及系统加工和液压系统组装过程中未清除干净而残留的型砂、金属切屑等),有的来自系统外界侵入(如通过液压缸活塞杆或泵马达的传动轴侵入的固体颗粒物和水分等),还有的来自系统内部生成(如各类元件磨损产生的磨粒和油液氧化及分解产生的有害化学物质等)。

油液污染是造成液压故障的主要原因,其对液压系统的危害很多,例如颗粒污物会堵塞和淤积引起元件故障,加剧磨损,导致元件泄漏、性能衰降,加速油液性能劣化变质等。空气侵入会降低油液体积弹性模量,使系统刚性和响应特性变差。压缩过程消耗能量而使油温升高,导致气蚀,加剧元件损坏,引起振动噪声,加速油液氧化变质,降低油液的润滑性。气穴破坏摩擦副耦合件之间的油膜,加剧磨损。油液中侵入的水与油液中某些添加剂的金属硫化物(或氯化物)作用产生酸性物质而腐蚀元件;水与油液中某些添加剂作用产生沉淀物和胶质等有害污染物,加速油液劣化变质;水会使油液乳化而降低油液的润滑性;低温下油液中的微小水珠可能结成冰粒,堵塞元件间隙或小孔,导致元件或系统故障。

2.5.2　污染度及其测量

油液污染程度用污染度进行评定,它是指在单位容积油液中固体颗粒物的含量,即油液中固体颗粒污染物的浓度;对于其他污染物(如水和空气),则用水含量和空气含量表述。固体颗粒污染度常用颗粒污染度进行描述:即单位体积油液中所含各种尺寸范围的固体颗粒污染物数量,颗粒尺寸范围可用区间(如 5～15μm,15～25μm)表示,或用大于某一尺寸(如>5μm,>15μm等)表示。由于颗粒污染物对元件和系统的危害作用与其颗粒尺寸分布及数量密切相关,因而目前被普遍采用。

污染度测定有多种方法,应用较多的是显微镜计数法和自动颗粒计数器法。

(1)显微镜计数法。使用微孔滤膜(滤膜直径为 47 mm,孔径 0.8μm 或 1.2μm)过滤一定体积的样液,将样液中的颗粒污染物全部收集在滤膜表面,然后在显微镜下利用其测微尺测定颗粒大小,并按要求的尺寸范围计数。此法采用普通光学显微镜,设备简单,容易操作,能直接观察到污染物的形貌和大小并能大致判断污染颗粒的种类,但计数准确性受到操作者经验和主观性的影响,精度较差。

(2)自动颗粒计数器法。采用的自动颗粒计数器有遮光型、光散射型和电阻型等,遮光型应用较多,其工作原理如图 2-1(a)所示,主要特点是采用遮光型传感器(见图 2-1(b))。从光源发出的平行光束通过传感区的窗口射向一光电二极管。传感区部分由透明的光学材料制成,被测试样液沿垂直方向从中通过,在流经窗口时被来自光源的平行光束照射。光电二极管将接收的光转换为电压信号,经前置放大器放大后传输到计数器。当流经传感区的油液中没有任何颗粒时,前置放大器的输出电压为一定值。当油液中有一个颗粒进入传感区时,一部分光被颗粒遮挡,光电二极管接收的光量减弱,于是输出电压产生一个脉冲(见图 2-1(c)),其幅值与颗粒的投影面积成正比,由此可确定颗粒的尺寸。传感器的输出电压信号传输到计数器的模拟比较器后,与预先设置的阈值电压相比较。当电压脉冲幅值大于阈值电压时,计数器即计数。通过累计脉冲的次数,即可得出颗粒的数目。计数器设有若干个比较电路(或通道),如 6 个或 8 个。预先将各个通道的阈值电压设置在与要测定的颗粒尺寸相对应的值上。这样,每一个通道对大于该通道阈值电压的脉冲进行计数,因而计数器就可以同时测定各种尺寸范围的颗粒数。此法测量速度快,精确度高,操作简便,但设备投资较大。

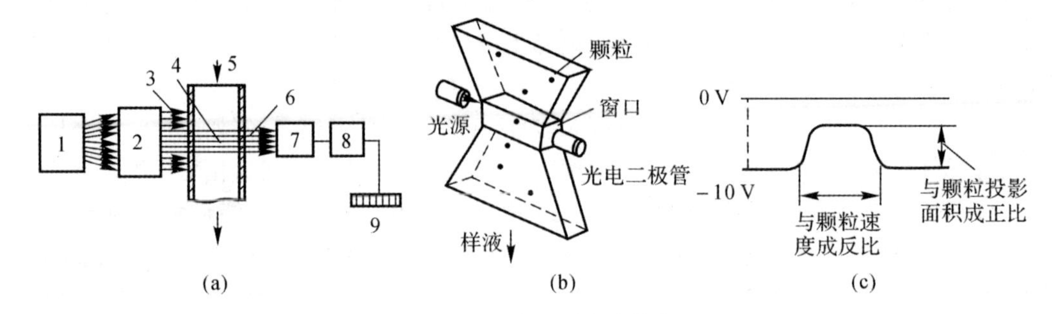

图 2-1 遮光型颗粒计数器

1—光源;2—平行光管;3—平行光束;4—传感区;

5—样液;6—透明窗口;7—光电二极管;8—前置放大器;9—计数器

目前国内已有多种油液污染度检测仪器可供选用。

2.5.3 污染度等级标准

为了便于液压油液污染度描述、评定和控制,需对油液污染度等级进行规定,常用油液污染度等级标准见表 2-8。

表 2-8 NASⅠ 638 污染度等级(100 mL 中的颗粒数)

污染度等级	颗粒尺寸范围/μm				
	5～10	10～25	25～50	50～100	>100
00	125	22	4	1	0
0	250	44	8	2	0
1	500	89	16	3	1
2	1 000	178	32	6	1
3	2 000	356	63	11	2
4	4 000	712	126	22	4
5	8 000	1 425	253	45	8
6	16 000	2 850	506	90	16
7	32 000	5 700	1 012	180	32
8	64 000	11 400	2 025	360	64
9	12 800	22 800	4 050	720	128
10	25 600	45 600	8 100	1 440	256
11	51 200	91 200	16 200	2 880	512
12	1 024 000	182 400	32 400	5 760	1 024

(1)美国宇航学会污染度等级标准:NASⅠ 638(见表 2-8)。该标准是按照 5～10 μm,10

~25 μm,25~50 μm,50~100 μm 和大于 100 μm 等 5 个尺寸范围的颗粒浓度划分等级(14 个等级),适应范围更广。可以看出,相邻两个等级颗粒浓度的比为 2,因此当油液污染度超过表中 11 级时,可用外推法确定其污染度等级。当采用此标准评定样液的污染度等级时,从测得的 5 个颗粒尺寸范围的污染度等级中取最高的一级定为样液的污染度等级。

(2)国际标准化组织(ISO)污染度等级标准:ISO4406 — 1999(见表 2-9)。该标准按每 1 mL油液中的颗粒数,将颗粒污染划分为 30 个等级,每个等级用一个数码表示,颗粒浓度越大,代表等级的数码越大。当采用自动颗粒计数器测量油液污染颗粒时,采用三个数码表示油液的污染度,三个数码采用一条斜线分割,其中第一个数码表示每毫升油液中尺寸大于 2 μm 的颗粒数等级,第二个数码表示尺寸大于 5 μm 的颗粒数等级,第三个数码表示尺寸大于 15 μm 的颗粒数等级。例如污染度等级 18/16/13 表示:油液中大于 2 μm 的颗粒数等级数码为 18,每 1 mL 油液中的颗粒数在 1 300~2 500 之间;油液中大于 5 μm 的颗粒数等级数码为 16,每 1 mL 油液中的颗粒数在 320~640 之间;油液中大于 15 μm 的颗粒数等级数码为 13,每 1 mL 油液中的颗粒数在 40~80 之间。如果采用显微镜测量油液污染颗粒时,仍用两个代码表示油液污染等级,为了与前述表达方式保持形式上的一致,缺少的一个代码以"—"表示。例如 —/16/13。

表 2-9　ISO4406 — 1999 污染度等级数码

1 mL 油液中的颗粒数		等级标号	1 mL 油液中的颗粒数		等级标号	1 mL 油液中的颗粒数		等级标号
大于	小于等于		大于	小于等于		大于	小于等于	
2 500 000	—	>28	2 500	5 000	19	2.5	5	9
1 300 000	2 500 000	28	1 300	2 500	18	1.3	2.5	8
640 000	1 300 000	27	640	1 300	17	0.64	1.3	7
320 000	640 000	26	320	640	16	0.32	0.64	6
160 000	320 000	25	160	320	15	0.16	0.32	5
80 000	160 000	24	80	160	14	0.08	0.16	4
40 000	80 000	23	40	80	13	0.04	0.08	3
20 000	40 000	22	20	40	12	0.02	0.04	2
10 000	20 000	21	10	20	11	0.01	0.02	1
5 000	10 000	20	5	10	10	0.005	0.01	0

注:(1)ISO4406 — 1987 标准选择 5 μm 和 15 μm 这两个特征尺寸(两个等级数码)代表油液污染度等级,是因为 5 μm 左右微小颗粒是引起淤积和堵塞故障的主要因素,而大于 15 μm 的颗粒对元件的污染磨损起着主导作用。因此,选择这两个尺寸的颗粒浓度作为划分等级的依据,能比较全面地反映不同尺寸的颗粒对元件的影响。

(2)由于现代液压和润滑元件的精密程度的提高,摩擦副间隙变小,对微细颗粒更敏感,因而对油液清洁度的要求越来越高。绝对精度 1~3 μm 的高精度过滤器早已应用于对油液清洁度要求高的液压系统。ISO4406 — 1987 标准已不能满足对油液高清洁度的要求,因此,ISO4406 — 1999 提出了修改意见,增加了一个反映大于 2 μm 颗粒污染等级的数码(即将等级标准的最小计数颗粒尺寸均规定为 2 μm),采用三个数码表示油液的污染度。

(3)目前 ISO4406 标准已被世界各国普遍采用,我国制定的 GB/T 14039 — 2002 也基于这一国际标准。

(3)中国《液压传动-油液-固体颗粒污染等级代号》国家标准：GB/T 14039 — 2002(见表2-10)。该标准基于 ISO4406 — 1999 对 GB/T 14039 — 1993 修订而来。GB/T 14039 — 2002 规定，当采用自动颗粒计数器测量油液污染颗粒时，采用≥4 μm，≥6 μm 和≥14 μm 三个尺寸范围的颗粒浓度代码表示油液污染度等级，每个代码间用一条斜线分割，代码总数为30个，例如污染度等级 18/16/13：第一个数码 18 表示每毫升油液中尺寸大于等于 4 μm 的颗粒数等级；第二个数码 16 表示每毫升油液中尺寸大于等于 6 μm 的颗粒数等级；第三个数码 13 表示每毫升油液中尺寸大于等于 14 μm 的颗粒数等级。当采用显微镜测量油液颗粒时，按照 ISO4406 — 1999 进行计数：第一部分用“—”表示，第一个代码用≥5 μm 的颗粒数确定，第二个代码用≥15 μm 的颗粒数确定，例如—/16/13。

在采用该标准时，在试验报告、产品样本及销售文件中应使用如下标注说明：油液的固体颗粒污染等级代号符合 GB/T 14039 — 2002《液压传动-油液-固体颗粒污染等级代号》(ISO4406 — 1999，MOD)。

表 2-10　典型液压系统清洁度等级

级别① / 清洁度等级② / 系统类型	4	5	6	7	8	9	10	11	12	13	14
	12/9	13/10	14/11	15/12	16/13	17/14	18/15	19/16	20/17	21/18	22/19
污染极敏感系统	—	—	—	—	—						
伺服系统		—	—	—	—	—					
高压系统			—	—	—	—	—				
中压系统					—	—	—	—	—		
低压系统						—	—	—	—	—	
低敏感系统							—	—	—	—	—
数控机床液压系统		—	—	—	—	—					
机床液压系统					—	—	—	—	—		
一般机器液压系统							—	—	—	—	
行走机械液压系统				—	—	—	—	—			
重型设备液压系统					—	—	—	—	—		
重型和行走设备传动系统						—	—	—	—	—	
冶金轧钢设备液压系统				—	—	—	—	—			

注：(1)①指 NAS1638；②相当于 ISO4406；

(2)采用此表确定系统目标清洁度时，需根据系统中对污染最敏感的元件进行。

2.5.4　液压元件及系统目标清洁度的确定

各种液压元件目标清洁度指标可参照 JB/T 7858 — 2006 确定；液压系统的目标清洁度可参照表 2 - 10 所列典型液压系统清洁度等级确定。

一个新制造的液压系统（元件）在运行前和正在运转的旧系统都需要按有关规定进行清洁度试验，试验的目的是对液压系统中的油液取样，确定油液的清洁度等级是否合格。试验时，一般先测定污染度等级，然后与典型液压系统的清洁度等级或液压元件清洁度指标进行比对，如果污染度等级在典型液压系统的清洁度等级或液压元件清洁度指标范围内，即认为合格，否则即为不合格。

2.5.5　污染控制措施

为了减少液压故障，保证所使用的液压元件及系统可靠工作，必须重视其清洁度，污染控制措施包括系统残留污染物的控制、系统外界侵入污染物的控制和系统内部生成污染物的控制，并在液压系统的相关部位采取密封及油液净化措施，防止污染物侵入系统而影响系统的正常运转。

第3章　液压泵及液压马达的使用维修

3.1　液压泵的使用维修

3.1.1　液压泵的基本原理

液压泵是液压系统的能源元件，它将原动机的机械能转变为液压能，给系统提供具有一定压力和流量的液压油。液压泵都是依靠密封工作腔容积的变化来实现吸油和压油的(容积式泵)，其模型及基本工作原理参见图3－1所示的单柱塞泵。图中点画线内为泵的组成部分。当原动机带动具有偏心e的传动轴(转子)1旋转时，柱塞(挤子)2受传动轴和弹簧4的联合作用在缸体3(定子)中往复移动。当传动轴在$0\sim\pi$范围内转动时，柱塞2右移，缸体中的密封工作腔5的容积变大，产生局部真空，油箱8中的油液在大气压作用下顶开吸油阀7进入工作腔而填充增大的容积，为吸油过程；当传动轴在$\pi\sim2\pi$范围内转动时，柱塞被压缩左移，工作腔的容积减小，腔内已有的油液受压缩而压力增大，通过压油阀6输出到系统，为压油过程。偏心传动轴转动一周，泵吸、压油各一次。原动机驱动偏心传动轴不断旋转，液压泵就不断吸油和压油。

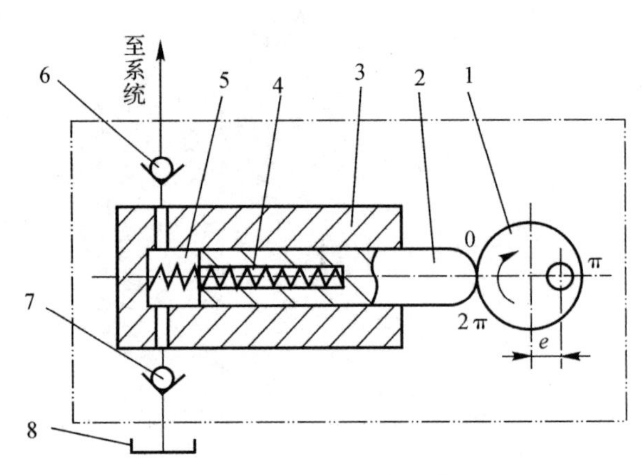

图3－1　液压泵的基本工作原理

1—传动轴；2—柱塞；3—缸体；4—弹簧；5—密封工作腔；6—压油阀；7—吸油阀；8—油箱

上述单柱塞液压泵具有容积式液压泵的基本结构原理特征，其构成条件如下：

(1)具有定子、转子和挤子，它们因液压泵的结构不同而异。

(2)具有若干个密封且又可周期性变化的空间;泵的排油量与此空间的容积变化量(此处为 $V=(\pi d^2/4)L$,其中 d,L 分别为柱塞直径和行程)和单位时间内变化的次数成正比,而与其他因素无关。

(3)具有相应的配油机构,将吸油腔和压油腔隔开,保证泵有规律地吸排液体。配油机构也因液压泵的结构不同而不同。图示单柱塞液压泵中的配油机构为两个止回单向阀(吸油阀 7 和压油阀 6)。

(4)油箱内液体的绝对压力必须恒等于或大于大气压力。为保证泵正常吸油,油箱必须与大气相通或采用密闭的充气油箱。

液压泵有多种类型,其详细分类见图 3-2。表 3-1 为常用液压泵图形符号,它由一个圆加上一个实心三角或两个实心三角来表示,三角箭头向外,表示排油的方向。一个实心三角为单向泵,两个实心三角为双向泵。圆上、下两垂直线段分别表示排油和吸油管路(油口)。图中无箭头的为定量泵,有箭头的为变量泵。圆侧面的两条横线和曲线箭头表示泵传动轴做旋转运动。

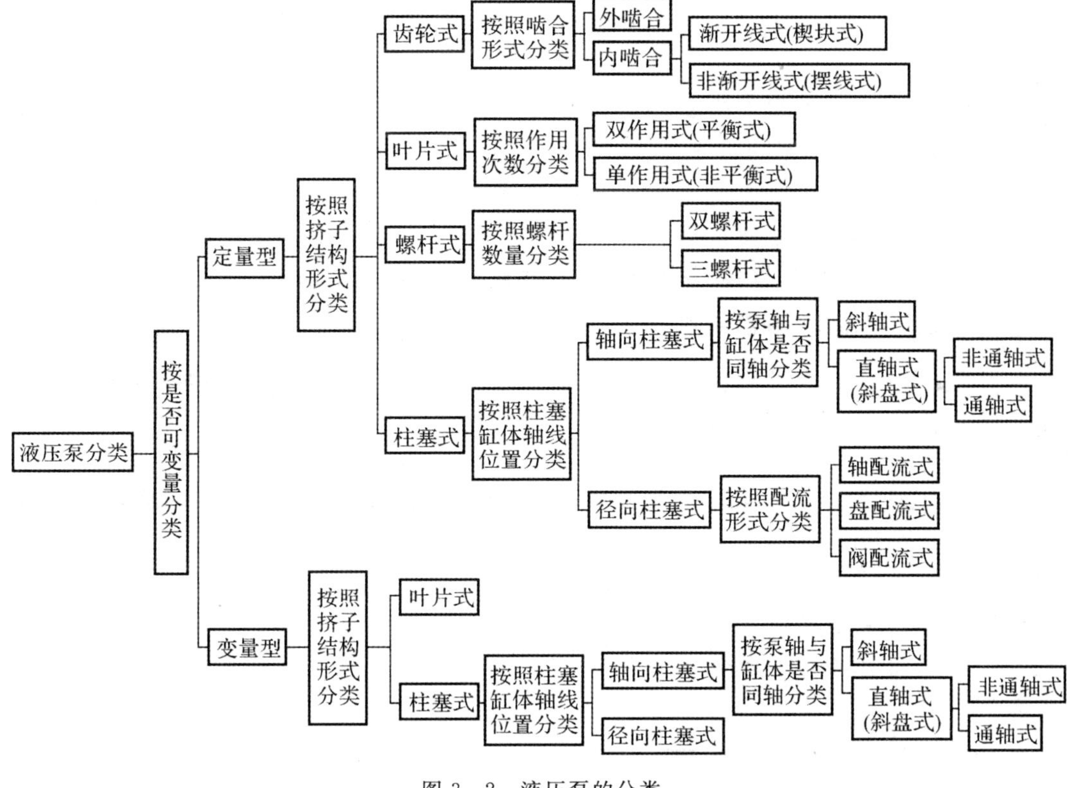

图 3-2　液压泵的分类

表 3-1　常用液压泵图形符号(GB/T 786.1—2009)

名　称	单向定量泵	双向定量泵	单向变量泵	双向变量泵	双联液压泵
图形符号					

3.1.2 液压泵主要性能参数

1. 工作压力、额定压力和最高允许压力

液压泵的工作压力 p 是指泵实际工作时的输出压力(单位为 MPa),其大小取决于外负载的大小和压油管路上的压力损失,与泵的流量无关。液压泵额定压力 p_s 是指泵在正常工作条件下按试验标准规定能连续运转的最高压力,超过此值就是过载。液压泵最高允许压力 p_{max} 是指泵在超过额定压力下,按试验标准规定,允许液压泵短暂运转的最高压力(亦称峰值压力),它受泵本身构件强度和密封性能等因素的制约。

2. 排量、转速和流量

液压泵的排量 V 是指泵的传动轴在无泄漏情况下每转一转,由其密封容腔几何尺寸变化所决定的排出液体的体积,其单位为 m^3/r 或 mL/r。

液压泵的公称转速 n 是指在额定压力下能连续运转的最高转速(单位为 r/min)。最高转速 n_{max} 是指在额定压力下超过公称转速而允许短暂运转的转速;最低转速 n_{min} 是指为保证使用性能所允许的转速。

液压泵在无泄漏的情况下单位时间内所能排出的液体体积称为泵的理论流量 q_t。当泵在公称转速为 n 下运转时,泵的理论流量(单位为 m^3/s 或 L/min) 为

$$q_t = Vn \tag{3-1}$$

液压泵的实际流量 q 指泵工作时实际输出的流量。液压泵的额定流量 q_s 指在正常工作条件下,按规定必须保证的流量,即泵在额定转速和额定压力下所能输出的实际流量。

3. 容积效率、机械效率和总效率

由于液压泵存在泄漏和各种摩擦,故泵在工作过程中会有能量损失,即输出功率小于输入功率,两者之差即为功率损失,功率损失表现为容积损失和机械损失两部分。功率损失的大小可用效率来表示。

容积损失是因泵存在内泄漏(泄漏流量为 Δq)所造成的,故泵的额定流量和实际流量都小于理论流量。实际流量可表示为

$$q = q_t - \Delta q \tag{3-2}$$

泄漏流量 Δq 和实际流量 q 都与泵的工作压力 p 有关(见图 3-3),工作压力增大时,泄漏量 Δq 大,而实际输出的流量 q 减小。

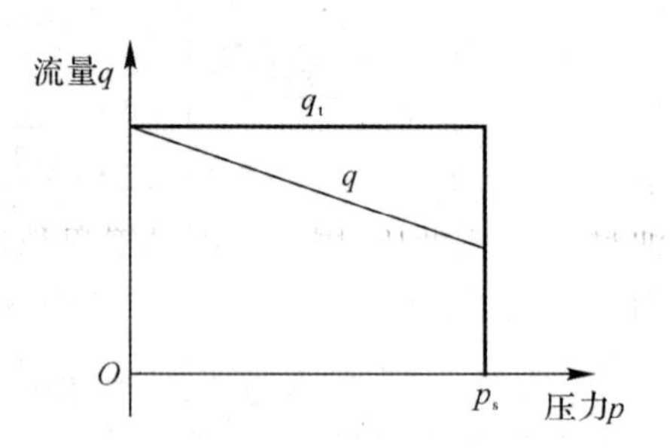

图 3-3 液压泵流量与压力的关系

容积损失用容积效率 η_V(实际流量与理论流量之比) 表示,即

$$\eta_V = \frac{q}{q_t} \tag{3-3}$$

容积效率大小反映了泵的密封性能好坏,亦即抗泄漏能力强弱。

机械损失是由于泵内运动机件间的摩擦和液体的黏性摩擦损失等所造成的,故驱动泵的实际输入转矩 T 总是大于其理论上需要的转矩 T_t。

机械损失用机械效率 η_m(理论转矩与实际输入转矩之比) 表示,即

$$\eta_m = \frac{T_t}{T} \tag{3-4}$$

机械效率大小反映了泵内机件的加工制造质量及泵工作状态的优劣。

液压泵的总损失用泵的总效率(输出功率 P_o 与输入功率 P_i 之比)η 表示,它是容积效率与机械效率之积,即

$$\eta = \frac{P_o}{P_i} = \eta_V \eta_m \tag{3-5}$$

在液压泵的产品铭牌上或产品样本上一般都标有额定压力下的容积效率和总效率的具体数值。

4. 驱动功率

考虑到液压泵在机械能(转速和转矩)转变为压力能(压力和流量)过程中的各种功率损失,所选定的驱动液压泵的原动机功率(即泵的输入功率)应大于泵的输出功率。所以工程实际中的常用单位表达的驱动功率计算公式如下:

$$P_i = \frac{pq}{60\eta} \tag{3-6}$$

式中　P_i——泵的输入功率,kW;

p——压力,MPa;

q——流量,L/min。

3.1.3　液压泵典型结构及其使用维修

1. 齿轮泵

齿轮泵是以成对齿轮啮合运动完成吸油和压油动作的一种壳体承压型定量液压泵,是液压系统中结构最简单、价格最低、产量及用量最大的泵,有外啮合和内啮合两类,而外啮合应用较多。为了解决齿轮泵存在的困油、轴向间隙泄漏及不平衡径向力问题,齿轮泵中相应地采取了开设卸荷槽、加设浮动侧板或浮动轴套及开设不对称进出油口等措施。

图 3-4 所示为国产 CB-B 型低压齿轮泵(额定压力为 2.5 MPa)的结构图,它是典型的泵盖-壳体-泵盖三片式结构。装在壳体 3 中的一对齿轮 7 由传动轴 5 驱动。在壳体 3 的左右断面各铣有卸荷槽 b,经壳体端面泄漏的油液经卸荷槽 b 流回吸油腔,以降低壳体与端结合面上的油压造成的轴向推力,减小螺钉载荷。在泵前后端盖上困油卸荷槽 e,以消除泵工作时的困油问题。孔道 a,c,d 可将轴向泄漏并润滑轴承的油液送回到吸油腔,使传动轴的密封圈(俗称油封)6 处于低压,因而不需设置单独的外泄漏油管。这种泵没有径向力平衡装置;轴向间隙固定,轴向间隙及其泄漏会因工作负载增大而增大,容积效率较低。

图 3-5 为采用浮动侧板实现轴向间隙自动补偿的 CB-F 型高压齿轮泵结构图。该泵在壳体 8 与前盖 9、后盖 7 之间设有垫板 2 和 3、浮动侧板 1 和 4 (垫板比浮动侧板厚 0.2 mm)以及密封圈 5 和 6(嵌在泵盖内侧压油区位置)。工作时,泵的压油区中一部分压力油通过浮动侧板上的两个小孔 b 作用在密封圈 5 和 6 包围的区域内,反向推动浮动侧板向内微量移动,可使轴向间隙保持在 0.03~0.04 mm 之间,从而控制 70%~80%以上的泄漏量。所以,泵的容积效率较高,压力较高(额定压力达 20 MPa)。

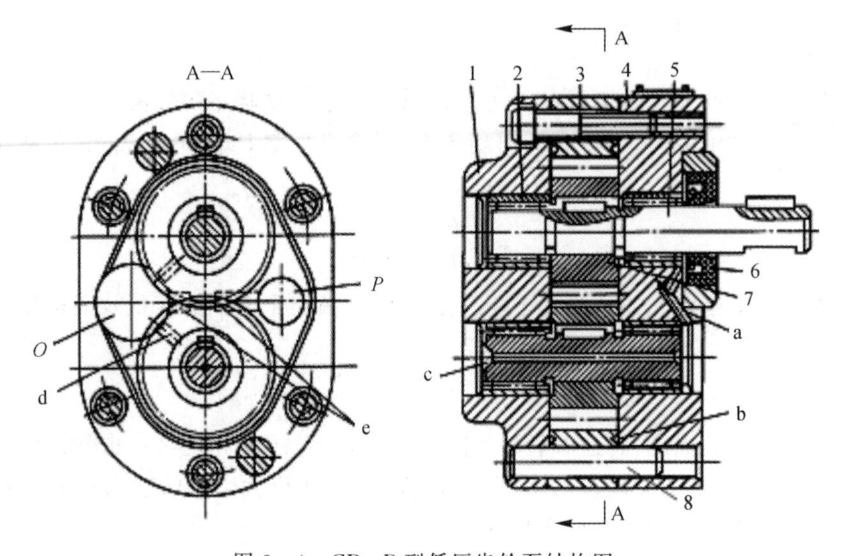

图 3-4　CB-B 型低压齿轮泵结构图

1—后泵盖；2—滚针轴承；3—壳体；4—前泵盖；5—传动轴；6—密封圈；7—齿轮；8—定位销

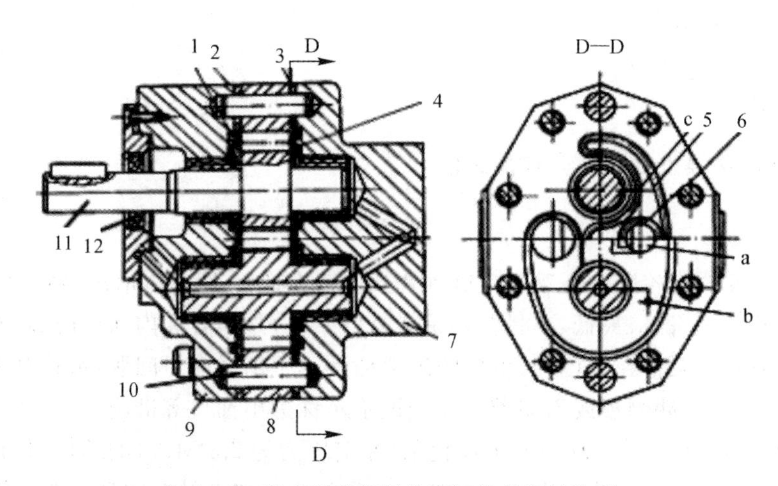

图 3-5　具有浮动侧板的高压齿轮泵结构图

1,4—浮动侧板；2,3—垫板；5,6—密封圈；7—后盖；8—壳体；9—前盖；10—定位销；11—轴封；12—传动轴

外啮合齿轮泵具有结构简单，价格低廉，体积小，重量轻，耐污染，工作可靠，使用维护方便等优点，适于工程机械、矿山机械、起重运输机械、农业机械、车辆及冶金机械等恶劣环境下工作的机械设备以及工业生产用机械设备的液压系统。

齿轮泵的使用维护要点见表 3-2。

表 3-2　齿轮泵的使用维护要点

序 号	项　目	序 号	项　目
1	齿轮泵在安装之前，应彻底清洗管道，去掉污物、氧化皮等；用油液将泵充满，通过泵的轴转动主动齿轮以使油液进入泵内各配合表面	5	应按泵的产品样本规定的牌号选用工作油液；油液应过滤，低压齿轮泵可选取过滤精度较低的过滤器，而高压齿轮泵应设置过滤精度较高的过滤器。工作油温通常在 35～55℃为好

续　表

序 号	项　目	序 号	项　目
2	安装时，要分清泵的进、出油口方向，不得装反；要拧紧进、出油口的管接头或法兰连接螺钉，密封要可靠，以免引起吸空或漏油，影响泵的性能	6	齿轮泵启动时，应首先点动检查泵的旋向和驱动轴的旋向是否一致。启动前必须检查系统中的安全阀是否在调定的压力值。第一次运行时建议断开泵的排油，以便将泵的壳体内空气排出。应避免泵带负荷启动，以及在有负荷情况下停车。泵在工作前应进行不少于 10 min 的空负荷运行和短时间的带负荷运行，然后检查泵的工作情况，泵不应有渗漏、过度发热和异常声响等；泵工作中发现异常应立即查明原因并排除故障
3	齿轮泵传动轴与原动机输出轴之间应采用联轴器连接，同心度偏差应小于 0.1 mm。若采用三角皮带或齿轮直接驱动齿轮泵，则齿轮泵应为前盖带滚动轴承支承的产品		
4	泵的安装位置应使其吸油口相对于油箱液面的高度不超过规定值，一般应在 0.5 m 以下；若进油管道较长，则应加大进油管径，以免流动阻力太大影响泵的顺畅吸油	7	泵如长期不用，最好将它和原动机分离保管。再度使用时，应有不少于 10 min 的空负荷运转，并进行以上试运转例行检查

齿轮泵使用一定时间后，齿轮的端面、齿顶圆及齿形等相对运动面如会发生磨损和刮伤，引起泄漏和噪声增大。若磨损拉伤严重，则需进行拆解检修，其方法要点见表 3－3。

表 3－3　齿轮泵的拆解修理与装配

(a)拆解

步骤	内　　容	步骤	内　　容
1	拧松并卸下泵盖及轴承端盖上的连接螺钉	5	取下浮动侧板及密封圈
2	卸下定位销及泵盖和轴承盖	6	检查轴端骨架油封，若阻油唇边良好则能继续使用，不必取出；反之，则应取出更换
3	从泵的壳体内取出传动轴及轴套	7	用煤油或柴油清洗拆下来的零件
4	从泵的壳体内取出两个齿轮	8	逐一检查拆下零件的状态并将已磨损和刮伤的零件进行修理

(b)修理

序号	项　　目		序号	项　　目	
1	齿轮端面修理	轻微磨损时，可将两齿轮同时放在砂布上擦磨抛光。磨损严重时，可将两齿轮同时放在平面磨床上磨去少许，再用金相砂纸抛光，但泵体也应磨去同样尺寸。修理后，两齿轮厚度差应≤0.005 mm，齿轮端面与孔的垂直度、两齿轮轴线的平行度都应≤0.005 mm	3	齿形修理	对于轮齿啮合造成的齿形磨损或拉伤，用细砂布或油石去除拉伤或已磨成多棱形的毛刺即可
			4	侧板或端盖修复	侧板或前后盖主要是装配后，与齿轮相滑动的接触端面的磨损与拉伤，轻度磨损和拉伤时，可研磨端面修复；磨损拉伤严重时，可在平面磨床上磨去端面上的沟痕
2	泵体修复	泵体的磨损主要是内腔与齿轮齿顶圆相接触面，且多发生在吸油侧。轻微磨损时，用细砂布修掉毛刺即可继续使用	5	泵轴修复	齿轮泵泵轴的失效形式主要是与滚针轴承相接触处磨损，有时会产生折断。轻微磨损时，可抛光修复，并更换滚针轴承

(c)装配

步骤	内　　容	步骤	内　　容
1	用煤油或轻柴油清洗全部零件	6	将轴套副与前后泵盖组装
2	在更换的骨架油封周边涂润滑油，用合适的芯轴和小锤轻轻打入主动轴轴头盖板盖板槽内，油封的唇口应向内，不得装反	7	将定位销装入定位孔中，轻轻击打到位
3	将各密封圈洗净后装入其油封槽内		将主动轴装入主动齿轮花键孔中，同时将轴承盖装上
4	将合格的轴承涂润滑油装入相应轴承孔内	9	安装连接两泵盖及壳体的紧固螺钉，所有螺钉拧紧后，应达到旋转均匀的要求
5	将轴套或侧板与主动、被动齿轮组装成齿轮轴套副，在运动表面加润滑油	10	用塑料填封好油口

注：在对泵检修时，首先应对照泵的装配图或使用说明书对泵进行拆解。检修与装配中应避免在对泵的结构原理不甚了解时就盲目拆解齿轮泵。在拆装泵的过程中，应注意保持清洁，以防泵被污染；不得用破布、棉纱等擦洗零件，以免脱落棉纱等混入液压系统；应当使用毛刷或绸布；不得用汽油清洗浸泡橡胶密封件；应轻拿轻放零件，切勿敲打撞击，以免影响其精度及工作可靠性甚者损坏泵内机件。

2. 叶片泵

叶片泵是靠叶片、定子和转子间构成的密闭工作腔容积变化而实现吸、压油的一类壳体承压型液压泵，其构造复杂程度和制造成本都介于齿轮泵和柱塞泵之间。按每转吸、压油次数，分为单作用式叶片泵和双作用式叶片泵。双作用式叶片泵和单作用式叶片泵的叶片要分别顺转向前倾一个角度安放和顺转向后倾一个角度安放，以保证叶片能在其槽内滑动自如，而不致因为摩擦力等被卡阻或折断并减少磨损或破坏吸、压油区的密封；双作用叶片泵的配油盘开有减振三角槽，以解决困油问题；单作用叶片泵的定子和转子之间为偏心安装，经常制成偏心距可调的变量泵，并通过改变泵的偏心距 e 调节泵的流量。

图 3－6 为国产 YB_1 系列双作用定量叶片泵的结构图。它由左壳体 2、右壳体 6、定子 9、转子 10、叶片 11、左配油盘 3、右配油盘 5、泵盖 7 及传动轴 8 等零件组成。叶片装在具有一定倾角的转子滑槽内。转动轴由左、右壳体内的两个径向球轴承 1 和 13 支承，传动轴带动转子回转。两个油封 12 用于泵盖与传动轴之间的密封，以防漏油和空气进入。由于左、右配油盘，定子，转子和叶片可先组装成一个部件（称为泵芯）后再装入壳体，所以装配维修方便。泵芯由两个紧固螺钉 4 紧定，提供初始预紧力，以便泵启动时能建立起压力。泵工作时，油液从吸油口经过空腔 a，再从左、右配油窗口 b 吸入，高压油从压油窗口 f 经右配油盘中的环槽 e 及右壳体中环槽 g，从压油口排出。泵建立压力后，泵芯靠右配油盘右侧的液压力压紧，压紧力随压力增大而增大，自动补偿轴向间隙，保证泵有较高的容积效率。泵芯两侧的微小泄漏油液通过传动轴与右配油盘孔中的间隙，从 d 孔流回吸油腔 b。YB_1 系列叶片泵可反转，任意两个不同排量的单泵可组成双联泵，单、双联泵共有 119 个不同规格，单泵最大排量为 100 mL/r，额定压力为 7 MPa。其结构简单，压力脉动和噪声小，寿命长。

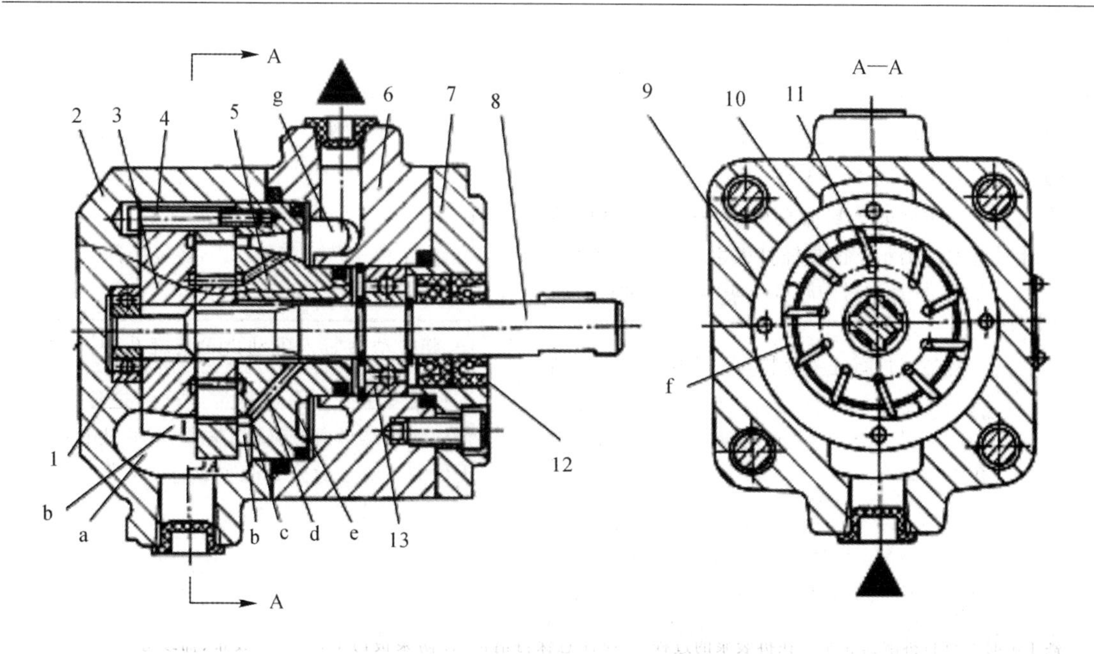

图 3－6　YB_1 系列双作用叶片泵结构图

1,13 —轴承;2 —左壳体;3 —左配油盘;4 —螺钉;5 —右配油盘;

6 —右壳体;7 —泵盖;8 —传动轴;9 —定子;10 —转子;11 —叶片;12 —油封

图 3－7 为国产 YBX 系列外反馈限压式变量叶片泵(压力调节范围为 2.0～6.3 MPa,排量调节范围为 0～40 mL/r,额定转速为 1 450 r/min)的结构图,泵的吸、压油腔对称分布在定子 3 和转子 5 中心线的两侧。外来控制压力通过泵腔外的控制活塞 7 克服限压弹簧 10 的弹力及定子移动的摩擦力推动定子,改变它对转子的偏心距,从而实现变量。调压螺钉 11 用来调节作用在定子上的弹簧力 F_s,即调节泵的限定压力。流量调节螺钉 6 用来调节定子环与转子间的最大偏心距 e_0,而 e_0 决定了泵的最大流量 q_{max}。定子外的衬圈 2 控制转子与侧板的合理间隙,以保证泵有较高的容积效率和机械效率,又可以使定子移动的调节灵敏度增加;压油侧外面用滑块 9 定位,滑块上设置有滚针轴承,可减小定子移动的摩擦力。

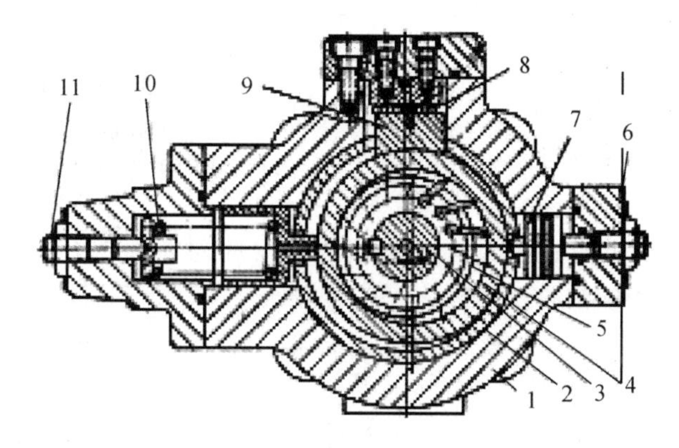

图 3－7　外反馈限压式变量叶片泵结构图

1 —壳体;2 —衬圈;3 —定子;4 —泵轴;5 —转子;6 —流量调节螺钉;

7 —控制活塞;8 —滚针轴承;9 —滑块;10 —限压弹簧;11 —压力调节螺钉

叶片泵结构紧凑，其中定量叶片泵的轴承受力平衡，流量均匀，噪声较低，寿命长；单作用叶片泵可制成变量泵；单作用和双作用叶片泵均可制成双联泵（两个或多个单级泵安装在一起，在油路上并联而成的液压泵），以满足液压系统对流量的不同需求等。叶片泵主要适于金属切削机床、轻工机械、橡塑机械、压力加工机械、冶金机械等工业机械乃至轿车及载重汽车助力转向及航空航天等设备的液压系统。

叶片泵的使用维护要点见表3-4。

表3-4　叶片泵的使用维护要点

序号	项　目	序号	项　目
1	泵的支架座要牢固，刚性好，并能充分吸收振动	9	在对变量叶片泵的排量进行调整时，应先拧松防松螺母，再旋转调整螺钉，并注意在增大或减小流量时旋转调整螺钉的方向。调毕应拧紧螺母
2	泵的传动轴和原动机轴同轴度误差应符合制造厂的规定（一般不大于0.1 mm），尽可能采用柔性联轴器，以免泵轴承受弯矩及轴向载荷。传动轴转向应符合产品要求	10	暂不使用的新泵，应将内部注入防锈油，并在外露表面涂防锈油脂，然后盖好油口防尘盖，妥善保存
3	泵的吸入管道通径应不小于泵入口通径，吸油过滤器通过流量应不小于泵额定流量的2倍	11	配管时，注意清除残留在油箱及管道中的铁屑、残渣及棉纱等异物，以免引起泵的故障
4	若泵安装高于油箱时，吸入口距油箱液面的高度应符合说明书的规定。若泵的工作转速较低，安装时，应将泵的吸入口向上，以便启动时易于吸油	12	液压系统中的安全阀压力不能调得过高，一般应不大于泵额定压力的1.25倍
5	油箱内应设有隔板，用来分隔回油带来的气泡与脏物。回油管应伸到液面以下（不得直接和泵的入口连接），防止回油飞溅引起气泡	13	应避免泵在过高或过低温度下连续运转，必要时应通过设置冷却器和加热器来调节油温
6	在泵启动前，应检查进、出口和转向，泵的旋转方向应与产品标牌指示方向一致	14	应保持正常的油箱液位高度，及时进行补油；要定期检查油液性能，达不到规定要求时要及时予以更换并清洗油箱；应经常检查和清洗过滤器，以保证泵能够通畅地吸入油液
7	初次启动最好向泵里注满油，并用手转动联轴器，旋转力量应感觉均匀、灵活	15	泵工作一段时间后，因为振动可能引起安装螺钉或进出油口法兰螺钉松动，要注意检查，并拧紧防松
8	在初次工作或长期停车后再启动时，会产生吸空现象，所以应在输出口端安装排气阀，或稍微松动出口法兰，以排除空气，并尽可能地在空载情况下进行试运转	16	对于有泵芯备件的叶片泵，正常维修只需要更换泵芯即可。更换时应注意检查密封圈是否平整，防止切边，拧紧外壳件连接螺钉时，应按对角线方向逐渐拧紧，用力要均匀

叶片泵使用一定时间后，定子的内表面、转子的两端面、叶片顶部及配油盘表面等相对运动面如会发生磨损和拉伤，引起泄漏和噪声增大。对于磨损拉伤严重者，应进行拆卸检修，其要点见表 3－5。

表 3－5　叶片泵的拆解修理与装配

(a)拆解

步骤	内　容	步骤	内　容
1	松开前、后盖各连接螺钉，取下各螺钉及泵盖	4	检查各密封圈和轴端骨架油封，已损坏或变形严重者必须更换
2	从泵体内取出泵的传动轴及轴承，卸下传动键	5	把拆下来的零件用清洗煤油或轻柴油清洗干净
3	取出用螺钉(或销钉)连接的泵芯(由左、右配油盘，定子和转子等组装成的部件)，将此部件解体后，妥善放置好各零件	6	逐一检查拆下零件的状态，将已磨损或失效的零件进行修理或更换

(b)修理

步骤	内　容		步骤	内　容	
1	定子	定子在吸油腔这一段内表面容易磨损。内表面磨损拉伤不严重时，可用细砂布(或油石)打磨后可继续使用	3	叶片	叶片的损坏形式主要是叶片顶部与定子内表面相接触处以及端面与配油盘平面相对滑动处的磨损拉伤，拉毛不严重时可稍加抛光再用
2	转子	转子的损坏形式主要是两端面磨损拉毛、叶片槽磨损变宽等。若只是两端面轻度磨损，抛光后可继续使用	4	配油盘	侧板或前后盖主要是装配后，与齿轮相滑动的接触端面的磨损与拉伤，轻度磨损和拉伤时，可研磨端面修复；磨损拉伤严重时，可在平面磨床上磨去端面上的沟痕

(c)装配

步骤	内　容	步骤	内　容
1	清除零件毛刺	4	把带叶片的转子与定子和左、右配油盘用销钉或螺钉组装成泵芯组合部件(应注意：①定子和转子与配油盘之间的轴向间隙应保证在 0.045～0.055 mm，以防止内泄漏过大。②叶片的的宽度应比转子的厚度小 0.05～0.01 mm。③叶片与转子在定子中应保持正确的装配方向，不得装错)
2	用煤油或轻柴油清洗干净全部零件		
3	将叶片涂上液压油装入各叶片槽(应注意叶片方向，有倒角的尖端应指向转子上叶片槽倾斜方向。叶片装配在转子槽内应移动灵活，手松开后由于油的张力叶片一般不应掉下，否则，说明配合过松。定量泵配合间隙为 0.02～0.025 mm，变量泵为 0.025～0.04 mm)	5	把泵轴及轴承装入泵体
		6	把各 O 形密封圈装入相应的密封沟槽内
		7	把泵芯组件穿入泵轴与泵体合装。此时，要特别注意泵轴转动方向与叶片倾角方向之间的关系(双作用叶片泵指向转动方向，单作用叶片泵背向转动方向)

注：叶片泵检修与装配中的注意事项与齿轮泵相同，见表 3－3。

3. 轴向柱塞泵

柱塞泵是靠柱塞在专门的缸体中往复运动进行吸油和压油的一类液压泵。其壳体只起连接和支承各工作部件的作用，故是一种壳体非承压型泵。柱塞泵的构造复杂程度和制造成本位于各类液压泵之首。按柱塞和缸体的位置关系，柱塞泵可分为轴向柱塞泵(直轴式(斜盘式)和斜轴式)和径向柱塞泵两大类，其中轴向柱塞泵应用较广。此类泵通过改变斜盘倾角 γ 可制成变量泵；柱塞-斜盘、缸体孔-柱塞及配油盘-缸体端面是柱塞泵的三对典型摩擦副，其关键零件均处于高相对速度、高接触比压的摩擦工况，其摩擦、磨损情况，直接影响着泵的容积效率、机械效率、工作压力以及使用寿命，所以其构件选材和制造工艺都会采取一些特殊措施；泵的柱塞的回程(外伸)目前多采用集中弹簧加回程盘结构；配油盘上一般开设减振三角槽以减小液压冲击。

图 3-8 为国产 SCY 系列手动变量轴向柱塞泵的结构图。它由主体部分＋变量头构成。在缸体 22 的轴向缸孔中装有柱塞 21，各柱塞的球形头部装有滑靴 20。回程机构由中心弹簧 6 和回程盘 8 等组成，将滑靴紧压在斜盘 10 的斜面上，使泵具有一定自吸能力。当缸体由传动轴 1 带动旋转时，柱塞相对缸体做往复运动，缸底的通油孔经配流盘 23 上的配油窗口完成吸、压油工作。缸体支撑在滚柱轴承 9 上，使斜盘给缸体的径向分力可由滚子轴承来承受，使传动轴和缸体只受转矩而没有弯矩的作用。柱塞和滑履中间的小孔可使缸孔中的压力油通至滑履和斜盘的接触平面间，形成一静压油膜，减小滑履和斜盘之间的磨损。在缸体的前端设置一个大直径的斜盘 10，用来直接承受侧向力，传动轴仅用来传递转矩。变量头是一个手动控制变量机构。调节手轮 11 使调节螺杆 14 转动，带动变量活塞 17 做轴向移动(侧面装有导向键防止转动，图中未画出)。通过中间销轴 15 使支撑在变量机构壳体上的斜盘绕球铰 7 的中心转动，从而改变斜盘的倾角，即改变了泵的排量，排量调节的百分值可粗略通过刻度盘 16 观测。调节完毕后可通过锁紧螺母 12 紧固。此变量机构结构简单，但操纵不轻便且工作过程中调节变量必须卸荷操作。该泵的容积效率高达 95%，额定压力达 31.5 MPa。

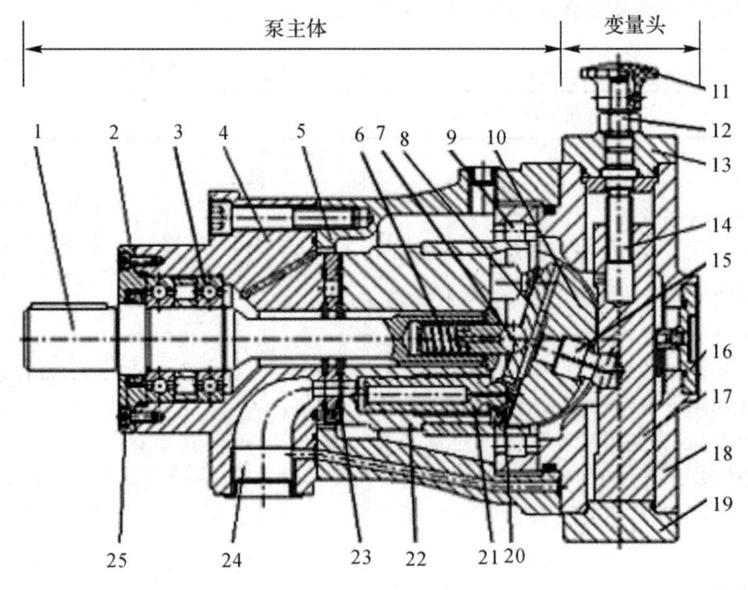

图 3-8　SCY 系列手动变量轴向柱塞泵结构图

1—传动轴；2—法兰盘；3—滚珠轴承；4—泵体；5—壳体；6—中心弹簧；7—球铰；8—回程盘；9—滚柱轴承；10—斜盘；11—调节手轮；12—锁紧螺母；13—上法兰；14—调节螺杆；15—销轴；16—刻度盘；17—变量活塞；18—变量壳体；19—下法兰；20—滑靴；21—柱塞；22—缸体；23—配流盘；24—压油口；25—骨架油封

柱塞泵的变量控制机构除了手动控制外，还有液压控制、电液控制、直流电机控制等，这些泵的主体结构相同，只要更换不同的变量头就能成为另一种变量泵。按控制特性变量柱塞泵有恒压控制、恒功率控制和功率传感控制等。

斜盘式轴向柱塞泵一般具有可逆性(既可作泵又可作马达)；可无级变量(利用斜盘的摆动实现流量和方向的变化)；压力高，排量大；变量动态特性好，响应时间可达 0.2 s；效率高；通轴泵可实现与阀组合，多泵串联；结构紧凑，功率密度大；适用于重型机床、液压机、工程机械等机械的高压大流量液压系统。但柱塞泵结构比较复杂，价格较高，对油液清洁度要求较高。

斜盘式轴向柱塞泵的使用维护要点见表 3-6。

表 3-6　斜盘式柱塞泵的使用维护要点

序号	项　目
1	由于斜盘式柱塞泵的传动轴上装有缸体，对其轴伸上受径向力很敏感，而且影响轴承寿命，因此一般不允许在轴伸处直接安装皮带轮、齿轮、链轮，如果非装不可，则也要增设过渡支架。原动机和泵的轴伸连接要求采用挠性联轴器，同轴度要求：一般轴线偏移量应不超过 0.05 mm，角度偏差不超过 0.5°。液压泵与原动机之间连接完毕后，应采用千分表等测量检查其安装精度(同轴度和垂直度)
2	泵的安装支架必须具有足够刚度，可设置防振垫，以减小振动和噪声
3	泵的吸、压油口和泄油口的配管通径应等于或大于产品规定值。为了避免钢管装配不妥，使泵产生强制偏移而引起轴伸上受径向力及噪声传递，应接一段软管。为了避免吸入空气，吸油管应插入油箱液面以下，插入液面深度应为离最低液面 $3d \sim 4d$(d 为管道通径)；油管口离油箱底面 150 mm 以上。管端切 45°剖口。对允许安装在油箱上的泵，通常泵轴线离液面不大于 500 mm。即使泵安装位置低于油箱液面，其管道也应尽可能短，尽量不接直角弯头。避免安装截止阀，以免因操纵失误而使泵吸空，并推荐采用箱侧吸油过滤器，因其带有自封阀，对更换滤芯及维修泵均无影响。泄油管的长度应尽量短，若超过 1～2 m，应增大通径，以保证壳体内压力不超过 0.03 MPa，以免轴头密封损坏。泄油管应单独直接回油箱，远离吸油管，插入液面以下。不得与系统回油管合用。对于配有几个泄油口的泵，应选最高位置的接口配管，配管的部分高度应高于泵体最高部位的高度。柱塞泵作马达使用时，其回油管应远离吸油管，插入液面以下，管端切 45°剖口，且剖口朝向油箱壁
4	在泵启动前，要检查管路连接是否正确，油箱里是否注满了油，吸油截止阀是否打开，有关螺钉是否拧紧等
5	对于要求注油的泵，应按产品说明书的规定在首次使用或启动前，向规定油口注油并打开放气塞：卧式安装的泵，从壳体最高处的注油口(若无注油口，则可用泄油口)向壳体内腔灌油，直到溢出为止。注油过程中缓慢转动传动轴以便排净空气；立式安装的泵，不管安装在油箱内或外，均应在安装泵之前，将其放在水平位置，以卧式安装方式注满油。注油结束后，再将放气塞拧紧
6	用手缓慢扳动联轴器，检查其受力是否均匀；系统是否处于卸载工况；管路接头是否漏气；点动泵的启动按钮，检查旋转方向是否符合规定等
7	在启动时不可急剧全速启动，而应在系统卸载状态下，点动原动机开、关数次之后，才能连续空载运转，以将管道中的空气尽可能排除干净。低速暖机运行或者空载跑合一段 1～2 min，检查系统在空载下功能一切正常后就可以逐渐增加负载。加载过程中应无异常振动、噪声、渗漏等，否则立即停车检查分析、排除故障
8	正常运行后，要防止泵吸空。要经常注意油箱油位、油温及油液是否清洁，要定期换油和过滤器

斜盘式轴向柱塞泵的拆解修理与装配见表 3－7。

表 3－7　斜盘式轴向柱塞泵的拆解修理与装配

(a)拆解

步　骤		内　　容
泵主体的拆卸	1	松开泵主体与变量头的连接螺钉，卸下变量头(参见图 3－8)并妥善放置和防尘
	2	取下柱塞与滑靴组件，如发现柱塞卡死在缸体中，已研伤缸体，则应报废此泵而换新
	3	从传动轴取出球铰、弹簧等组件并分解成单个零件
	4	取出缸体及其外镶缸套，两者为过盈配合不分解
	5	取出配油盘
	6	卸下传动键
	7	卸掉法兰盘螺钉及法兰盘和密封件
	8	卸下传动轴及二滚珠轴承组件
泵主体的拆卸	9	松开泵体与壳体的连接螺钉，将泵体与壳体分解(但泵体上配油盘的定位销不能取下)取下泵体
	10	卸下滚柱轴承
	11	清洗拆下的零件
	12	逐一检查拆下零件(包括各密封件及各轴承)的状态并对已磨损或失效的零件进行修理或更换
	13	拆下变量头组件，卸下止推板和销轴
	14	松开锁紧螺母，拆下上法兰，取出调节螺杆及变量活塞。(对于液压控制变量头，则应拆解变量控制阀后再取下调节螺杆及变量活塞)

(b)修理

序　号	项　　目	
1	柱塞滑靴组件	在柱塞泵工作中，由于柱塞滑靴组件被频繁推、拉，极易造成球窝处滚压球面脱落，或因滑靴球窝被拉长而造成“松靴”。由于修理需要专用胎具滚压压合包球，所以应和泵生产厂联系修理或更换。 滑靴端面若轻微磨损，只要抛光一下即可，然后再抛光至 Ra0.1 μm，表面平面度应不大于 0.005 mm。若磨损严重，则应和泵生产厂联系修理或更换。 对于柱塞表面产生的轻度拉伤或摩擦划痕，用极细的油石研去伤痕即可，但重度咬伤一般难以修复，且维修价格昂贵，则不如更换新泵
2		配油盘磨损、“咬毛”，甚至出现烧盘多是因油液不清洁所致。对于轻度磨损拉毛的配油盘，可将配油盘放在零级精度的平板上，用手工研磨加以修理。研磨所用磨料多为粒度号数 W10 的氧化铝系金刚石系微粉。研磨时，在磨料中直接加润滑油(一般用 10 号机械油)。在精研时，可用 1/3 机油与 2/3 煤油混合使用，也可用煤油和猪油混合使用。研磨时的压力不能太大，以免因被研磨掉的金属过多，加大工作表面粗糙度甚至划伤研磨表面。研磨后应在煤油中洗净，再抛光至 Ra0.1 μm，表面平面度应不大于 0.005 mm
3	缸体	缸体通常用青铜制造。缸体易磨损部位是与柱塞配合的柱塞孔内圆柱面和与配流油接触的端面。对于轻度端面磨损，研磨便可。重度磨损，可先在平面磨床上精磨端面，然后抛光至 Ra0.1 μm，表面平面度应不大于 0.005 mm(为了防止金刚砂嵌入青铜缸体表面，不准用研磨剂研磨该平面)
4	变量头	止推板若有磨损，其修理方法与配油盘相同。变量控制阀芯如有拉毛、划伤，可用细油石和细纱布修磨掉划痕。变量活塞一般不易磨损，如有磨痕，修磨即可

(c)装配

步骤		内容	步骤		内容
泵主体的装配	1	清洗干净全部零件	变量头的装配	1	清洗干净全部零件
	2	将泵体及壳体间密封圈装入相应沟槽中		2	将变量活塞装入变量壳体
	3	用连接螺钉合装泵体及壳体		3	将变量头销轴装入变量活塞
	4	将滚柱轴承装入壳体孔中		4	将止推板装入变量头销轴
	5	将传动轴及滚珠轴承组件装入泵体中		5	将变量壳体与壳体间的密封圈装入密封沟槽
	6	将轴封装入法兰盘沟槽中	泵的总装	1	准备好分装的泵主体与变量头
	7	将法兰盘与泵体合装并用螺钉紧固		2	把泵主体与变量头之间的密封圈装入壳体沟槽
	8	将配油盘装入泵体端面贴紧，用定位销定位(注意定位销不要装错)→将缸体装入壳体中(注意与配流盘端面贴紧)		3	合装泵主体部变量头(注意止推板要与各滑靴平面贴合)，均匀拧紧各连接螺钉
	9	将中心套、中心弹簧及球铰等组合后装入传动轴内孔			
	10	将滑靴柱塞组件装入回程盘孔中			
	11	将滑靴、柱塞和回程盘组件装入缸体孔中			
	12	装上传动键			

注:柱塞泵结构复杂、价昂，检修与装配较麻烦，大多数易损零件都有较高要求和加工难度，检修和装配往往需要丰富的经验及相应的专用设备及工夹具。故特别应避免在对泵的结构原理不甚了解又无现成的备用易损件时就盲目拆解柱塞泵。如要拆卸修理，其一般注意事项与齿轮泵和叶片泵相同。但检修应分泵主体和变量头进行;修理后的柱塞泵应分别对泵主体和变量头进行分装，然后再将二者进行总装。且在泵装配中要特别注意:谨防中心弹簧的钢球脱落如泵内，为此可先将钢球上涂上清洁黄油，使钢球粘在弹簧内套或回程盘上，再进行装配。否则落入泵内的钢球会在泵运转时打坏泵内所有零件，并使泵无法再修复。

图 3－9 为 Rexroth 公司的 A2F6.1 系列斜轴式定量轴向柱塞泵的产品结构图，它既可作液压泵使用，也可作液压马达使用。该泵由泵壳 2、后盖 8、传动主轴 1、芯轴 3、蝶形弹簧 4、球面配流盘 6、柱塞 10 和缸体 11 等构成，采用球面配流，圆锥滚子轴承组支承传动轴及驱动盘，其最大特点为采用锥形柱塞加活塞环密封结构;传动主轴与缸体轴线之间的夹角较大(40°)，故排量和转矩大;有利于简化结构和工艺，降低成本，减小体积和重量。但泵对油液清洁度要求较高，若油液清洁度不符合要求，则会缩短其使用寿命。国内已有多家企业引进了该系列柱塞泵的生产技术并已批量生产，产品分为Ⅰ，Ⅱ两个系列 14 个规格，最大压力达 45 MPa，排量 12～180 mL/r，适于工程、冶金、矿山、起重运输和石油等机械设备的液压系统采用。

图 3－10 所示为 Rexroth 公司 A7V 系列斜轴变量柱塞泵的产品结构图，其芯部零件结构与 A2F 泵/马达相同，都是传动主轴 18 旋转通过连杆柱塞副 17 带动缸体 1 旋转，使柱塞在缸体孔内做直线往复运动，实现吸油和压油动作。该泵有恒压变量、恒功率变量及电控比例变量等多种变量方式。

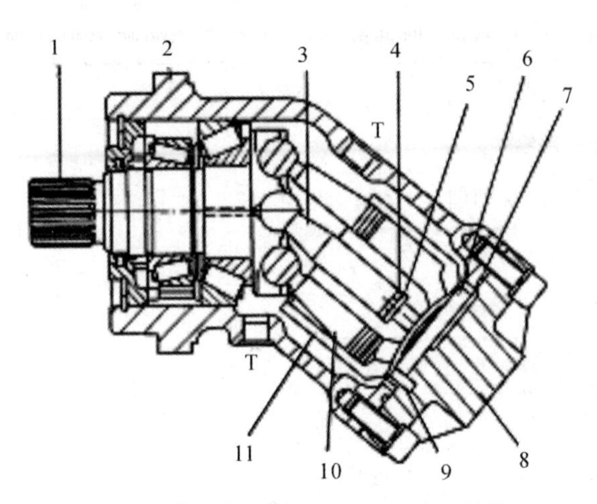

图 3-9　斜轴式定量轴向柱塞泵产品结构图

1 —传动主轴；2 —泵壳；3 —芯轴；4 —蝶形弹簧；5 —弹簧座；
6 —配油盘；7 — O 形圈；8 —后盖；9 —定位销；10 —柱塞；11 —缸体

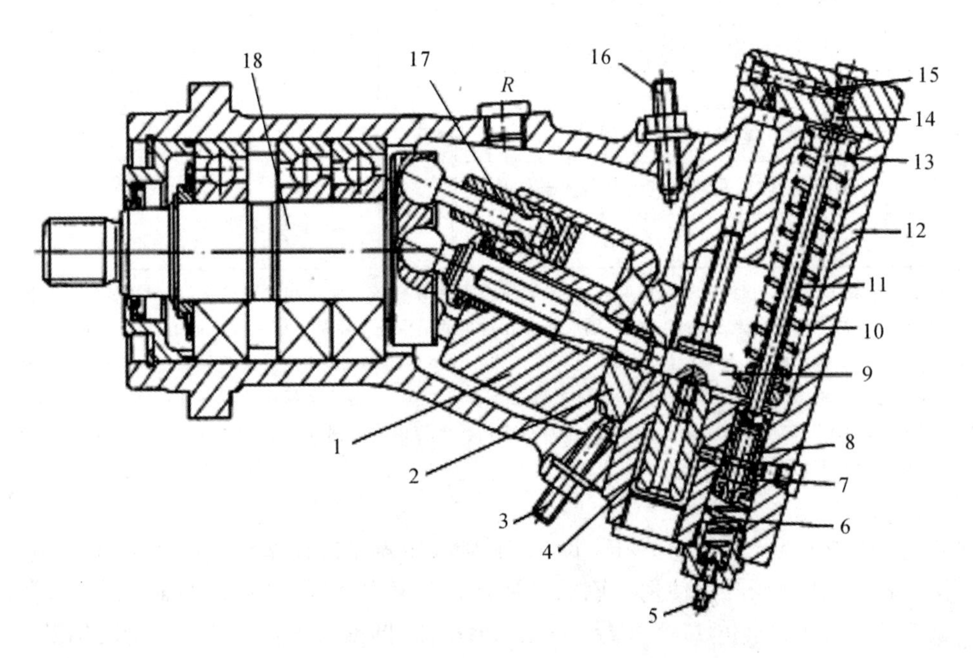

图 3-10　A7V 系列斜轴式变量柱塞泵的结构图

1 —缸体；2 —配油盘；3 —最大摆角限位螺钉；4 —变量活塞；5 —调节螺钉；
6 —调节弹簧；7 —阀套；8 —控制阀芯；9 —拔销；10 —大弹簧；11 —小弹簧；12 —后盖；
13 —导杆；14 —先导活塞；15 —喷嘴；16 —最小摆角限位螺钉；17 —连杆柱塞副；18 —传动主轴

图 3-9 所示泵的恒功率变量机构由装在后盖中的变量活塞 4、拔销 9、控制阀芯 8、阀套 7、调节弹簧 6、调节螺钉 5、喷嘴 15、先导活塞 14、导杆 13 与大弹簧 10 及小弹簧 11 等组成。传动轴及驱动盘采用球轴承组支承。变量活塞 4 为阶梯状的柱塞，其上端直径较细称为变量活塞小端，而下部直径较粗称变量活塞大端。变量活塞大端有一横孔，穿过一个拔销，拔销的左端与配流盘的中心孔相配合，拔销的右端套在导杆上。变量活塞上腔为高压，下腔为低压，

从而在两端压力差作用下上下滑动，带动配流盘沿着后盖的弧形滑道滑动，从而改变缸体轴线与主轴之间的夹角。故在主轴转数不变时就可通过压力的变化改变输出流量的大小。变量中，压力升高则流量减小，泵从大摆角向小摆角变化；反之，当压力减小时，则泵从小摆角向大摆角变化，流量增大。故可以始终大致保持流量与压力的乘积不变，即所谓恒功率变量(见图 3－11)。此种泵采用了重载长寿命轴承，广泛应用于行走机械及各种工业设备的液压系统。国内多家企业引进技术批量生产的此泵，压力达 40 MPa，排量范围为 20.5～500 mL/r，最高转速达 4 750 r/min。

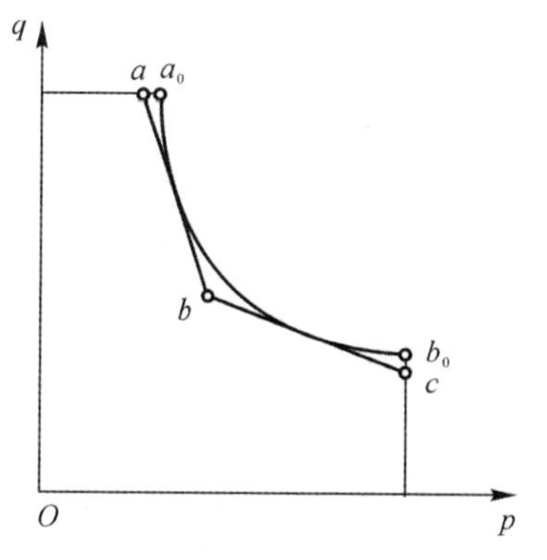

图 3－11　恒功率变量的 $q-p$ 特征曲线

q —流量；p —压力

3.1.4　液压泵常见故障及其诊断排除

液压泵在正常使用中出现的常见故障有不输油或油量不足，压力不能升高或压力不足，流量和压力失常，噪声过大，异常发热和外泄漏等，引起这些故障的原因无外乎是泵的三大组成部分摩擦磨损、疲劳破坏及油液污染，应针对具体情况及时进行诊断排除。液压泵常见故障及其诊断、排除方法见表 3－8。

表 3－8　液压泵常见故障及其诊断、排除方法

故障现象	原因分析			排除方法
A. 泵不输油	1. 泵不转	(1)电动机轴未转动	①未接通电源	检查电气及其控制系统并排除故障
			②电气线路及元件故障	
		(2)电动机发热跳闸	①电动机驱动功率不足	①加大电动机功率
			②系统溢流阀调压值过高或阀芯卡阻堵塞超载后闷泵	②调节溢流阀压力值检修阀
			③泵出口单向阀装反或阀芯卡阻而闷泵	③检修单向阀
			④电动机故障	④检修或更换电动机
		(3)泵轴或电动机轴上无连接键	①漏装	①补装键
			②折断	②更换键
		(4)泵内部滑动部卡死	①配合间隙太小	①拆开检修，按要求选配间隙
			②零件精度差，装配质量差，齿轮与轴同轴度偏差太大；柱塞头部卡死；叶片垂直度差；转子摆差太大，转子槽有伤口或叶片有伤痕受力后断裂而卡死	②更换零件，重新装配，使配合间隙达到要求
	2. 泵反转	电动机转向错误	①电气接线错误	①纠正电气接线
			②泵体上旋向箭头错误	②纠正泵体上旋向箭头
	3. 泵轴仍可转动	泵轴内部折断	①轴质量差	①检查原因，更换新轴
			②泵内滑动副卡死	②排除方法见本表 A.1(4)

续　表

故障现象	原因分析			排除方法
A. 泵不输油	4. 泵不吸油	(1)油箱油位过低		(1)加油至油位线
		(2)吸油过滤器堵塞		(2)检查滤芯包装是否拆除，清洗滤芯或更换
		(3)泵吸油管上阀门未打开		(3)检查打开阀门
		(4)泵或吸油管密封不严		(4)检查和紧固接头处，紧固泵盖螺钉，在泵盖结合处和接头连接处涂上油脂，或先向泵吸油口注油
		(5)泵吸油高度超标，吸油管细长且弯头太多		(5)降低吸油高度，更换管子，减少弯头
		(6)吸油过滤器过滤精度太高或通油面积太小		(6)选择合适的过滤精度，加大过滤器规格
		(7)油的黏度太高		(7)检查油的黏度，更换适宜的油液，冬季应检查加热器的效果
		(8)叶片泵叶片未伸出，或卡死		(8)拆开清洗，合理选配间隙，检查油质，过滤或更换油液
		(9)叶片泵变量机构动作不灵或磨损，使定子与转子偏心量为零		(9) 修复、调整或更换变量机构
		(10)叶片泵配油盘与泵体之间不密封		(10)拆开清洗重新装配
		(11)柱塞泵变量机构失灵或磨损，如加工精度差，装配不良，配合间隙太小，泵内部摩擦阻力太大，伺服活塞、变量活塞及弹簧芯轴卡死，通向变量机构的个别油道有堵塞以及油液太脏，油温过高，使零件热变形等		(11)拆开检查，修配或更换零件，合理选配间隙；过滤或更换油液；检查冷却器效果；检查油箱内的油位并加至油位线
		(12)柱塞泵缸体与配油盘之间不密封(如柱塞泵中心弹簧折断)		(12)更换弹簧
B. 泵出油量不足	1. 容积效率低	(1)泵内部滑动零件磨损严重	①齿轮端面与侧板磨损严重	①研磨修理或更换
			②齿轮泵轴承损坏使泵体孔磨损严重	②更换轴承并修理
			③叶片泵配油盘端面磨损严重	③研磨配油盘端面
			④柱塞泵柱塞与缸体孔磨损严重	④更换柱塞并配研，清洗后重装配
			⑤柱塞泵配油盘与缸体端面磨损严重	⑤研磨两端面达到要求，清洗后重新装配
		(2)泵装配不当	①齿轮与泵体、齿轮与侧板、定子与转子、柱塞与缸体之间的间隙太大	①重新装配，按技术要求选配间隙
			②齿轮泵、叶片泵的泵盖上螺钉拧紧力矩不均或有松动	②重新拧紧螺钉并达到受力均匀
			③叶片和转子反装	③纠正方向重新装配
		(3)油的黏度过低(如用错油或油温过高)		(3)更换油液，检查油温过高原因，采取降温措施

续　表

故障现象	原因分析		排除方法
B. 泵出油量不足	2.泵有吸气现象	参见本表 E.1.,E.2.	参见木表 E.1.,E.2.
	3.泵内部机构工作不良	参见本表 E.4.	参见本表 E.4.
	4.供油量不足	非自吸泵的辅助泵供油量不足或有故障	修复或更换辅助泵
C. 压力不足或压力不能升高	1.漏油严重	参见本表 B.1.	参见本表 B.1.
	2.驱动机构功率过小	(1)电动机输出功率过小：①设计不合理	①核算电动机功率,若不足应更换
		(1)电动机输出功率过小：②电动机有故障	②检查电动机并排除故障
		(2)机械驱动机构输出功率过小	(2)核算驱动功率并更换驱动机构
	3.泵排量选得过大或调压值过高	造成驱动机构或电动机功率不足	重新计算匹配流量、压力和功率,使之合理
D. 压力失常或流量失常	1.泵有吸气现象	参见本表 E.1.,E.2.	参见本表 E.1.,E.2.
	2.油液污染	个别叶片在转子槽内卡阻或伸缩困难	过滤或更换油液
	3.泵装配不良	(1)个别叶片在转子槽内间隙过大,造成高压油向低压腔流动	(1)拆洗、修配或更换叶片,合理选配间隙
		(2)个别叶片在转子槽内间隙过小,造成卡住或伸缩困难	(2)修配,使叶片运动灵活
		(3)个别柱塞与缸体孔配合间隙过大,造成内泄漏量大	(3)修配后使间隙达到要求
	4.泵的结构因素	参见本表 E.4.	参见本表 E.4.
	5.供油量波动	非自吸泵的辅助泵有故障	修理或更换辅助泵
E. 液压泵噪声大	1.吸空现象严重	(1)吸油过滤器有部分堵塞,吸油阻力大	(1)清洗或更换过滤器
		(2)吸油管距液面较近	(2)适当加长调整吸油管长度或位置
		(3)吸油位置太高或油箱液位太低	(3)降低泵的安装高度或提高液位高度
		(4)泵和吸油管口密封不严	(4)检查连接处和结合面的密封,并紧固
		(5)油液黏度过高	(5)检查油质,按要求选用适当黏度的油液
		(6)泵的转速太高(使用不当)	(6)控制在最高转速以下
		(7)吸油过滤器通流面积太小	(7)更换通流面积大的过滤器
		(8)非自吸泵的辅助泵供油量不足或有故障	(8)修理或更换辅助泵
		(9)油箱上的空气过滤器堵塞	(9)清洗或更换空气过滤器
		(10)泵轴油封失效	(10)更换泵轴油封

续　表

故障现象	原因分析			排除方法
E. 液压泵噪声大	2. 吸入气泡	(1)油液中溶解一定量的空气,在工作过程中又生成的气泡		(1)在油箱内增设隔板,将回油经过隔板消泡后再吸入,油液中加消泡剂
		(2)回油涡流强烈生成泡沫		(2)吸油管与回油管要隔开一定距离,回油管口要插入油面以下
		(3)管道内或泵壳内存有空气		(3)进行空载运转,排除空气
		(4)吸油管浸入油面的深度不够		(4)加长吸油管,向油箱中注油使其液面升高
	3.液压泵运转不良	(1)泵内轴承磨耗严重或破损		(1)拆开清洗,更换
		(2)泵内部零件破损或磨损	①齿轮精度低,摆差大	①研配修复或更换
			②定子环内表面磨损严重	②更换定子圈
	4.泵的结构因素	(1)困油严重产生较大的流量脉动和压力脉动	①卸荷槽设计不佳	①改进设计,提高卸荷能力
			②加工精度差	②提高加工精度
		(2)变量泵变量机构工作不良(间隙过小,加工精度差,油液污染严重等)		(2)拆洗,修理,重新装配达到性能要求;过滤或更换油液
		(3)双级叶片泵的压力分配阀工作不正常(间隙过小,加工精度差,油液太脏等)		(3)拆洗,修理,重新装配达到性能要求;过滤或更换油液
	5.泵安装不良	(1)泵轴与电动机轴同轴度差		(1)重新安装达到技术要求,同轴度一般应达到 0.1 mm 以内
		(2)联轴器安装不良,同轴度差并有松动		(2)重新安装达到技术要求,并用紧定螺钉紧固
F. 液压泵异常发热	1. 装配不良	(1)间隙选配不当(如齿轮与侧板、叶片与转子槽、定子与转子、柱塞与缸体等配合间隙过小,造成滑动部位过热烧伤)		(1)拆开清洗,测量间隙,重新配研达到规定间隙
		(2)装配质量差,传动部分同轴度未达到技术要求,运转不畅		(2)拆开清洗,重新装配,达到技术要求
		(3)轴承质量差或装配时被打坏,或安装时未清洗干净,造成运转不畅		(3)拆开检查,更换轴承,重新装配
		(4)经过轴承的润滑油排油口不畅通	①回油口螺塞未打开(未接管子)	①安装好回油管
			②安装时油道未清洗干净,有脏物堵住	②清洗管道
			③安装时回油管弯头太多或有压扁现象	③更换管子,减少弯头
	2. 油液质量差	(1)油液的黏-温特性差,黏度变化大		(1)按规定选用液压油
		(2)油中含有大量水分造成润滑不良		(2)更换合格的油液,清洗油箱内部
		(3)油液污染严重		(3)更换油液

续　表

故障现象	原因分析			排除方法
F.液压泵异常发热	3.管路故障	(1)泄油管变形或堵死		(1)清洗或更换
		(2)泄油管管径太细,不能满足排油要求		(2)更改设计,更换管子
		(3)吸油管径细,吸油阻力大		(3)加粗管径、减少弯头、降低吸油阻力
	4.受外界条件影响	外界热源高,散热条件差		清除外界影响,增设隔热措施
	5.内部泄漏大,容积效率过低而发热	参见本表B.1.		参见本表B.1.
G.液压泵轴封漏油	1.安装不良	(1)密封件唇口装反		(1)拆下重新安装,拆装时不要损坏唇部。若有变形或损伤应更换
		(2)骨架弹簧脱落	①轴的倒角不适当,密封唇口翻开,使弹簧脱落	①按加工图样要求重新加工
			②装轴时不小心,使弹簧脱落	②重新安装
		(3)密封唇部粘有异物		(3)取下清洗,重新装配
		(4)密封唇口通过花键轴时被拉伤		(4)更换后重新安装
		(5)油封装斜	①沟槽内径尺寸太小	①检查沟槽尺寸,按规定重新加工
			②沟槽倒角过小	②按规定重新加工
		(6)装配时造成油封严重变形		(6)检查沟槽尺寸及倒角
		(7)轴倒角太小或轴倒角处太粗糙使密封唇翻卷		(7)检查轴倒角尺寸和粗糙度,可用砂纸打磨倒角处,装配时在轴倒角处涂上油脂
	2.轴和沟槽加工不良	(1)轴加工错误	①轴颈不适宜,使油封唇口部位磨损,发热	①检查尺寸,换轴。油封处的公差常用h8
			②轴倒角不合要求,使油封唇口拉伤,弹簧脱落	②重新加工轴的倒角
			③轴颈外表有车削或磨削痕迹	③重新修磨,消除磨削痕迹
			④轴颈表面粗糙使油封唇边磨损加快	④重新加工达到图样要求
		(2)沟槽加工错误	①沟槽尺寸过小,使油封装斜	(2)更换泵盖,修配沟槽达到配合要求
			②沟槽尺寸过大,油从外周漏出	
			③沟槽表面有划伤或其他缺陷,油从外周漏出	
	3.油封有缺陷	油封质量不好,不耐油或对液压油相容性差,变质老化、失效造成漏油		更换相适应的橡胶油封件
	4.容积效率过低	参见本表B.1.		参见本表B.1.
	5.泄油孔被堵	泄油孔被堵后,泄油压力增加,造成密封唇口变形太大,接触面增加,摩擦产生热老化,使油封失效,引起漏油		清洗油孔,更换油封
	6.外接泄油管径过细或管道过长	泄油困难,泄油压力增加		适当加大管径或缩短泄油管长度
	7.未接泄油管	泄油管未打开或未接泄油管		打开螺塞接上泄油管

3.1.5 常用液压泵产品与使用维修中的选型及替代要点

液压泵产品及种类繁多，按目前的技术水平及统计资料，常用液压泵的主要性能比较、应用场合及生产厂商如表 3－9 所列。

在液压系统设计、使用和维护中，应根据所要求的工况对液压泵进行合理的选择或替代。通常首先是根据主机工况、功率大小和系统对其性能的要求及系统压力高低从齿轮泵、叶片泵和柱塞泵中选定泵的类型，然后根据系统计算得出的最大工作压力和最大流量等确定其具体规格型号。同时还要考虑定量或变量、原动机类型、转速、容积效率、总效率、自吸特性、噪声等因素。这些因素通常在产品样本或手册中均有反映，应逐一仔细研究，不明之处应向货源单位或制造厂咨询。

表 3－9　常用液压泵产品主要性能比较、应用范围及生产厂商

<table>
<tr><th rowspan="4">性能参数</th><th colspan="10">类　型</th></tr>
<tr><th colspan="3">齿轮泵</th><th colspan="2">叶片泵</th><th colspan="5">柱塞泵</th></tr>
<tr><th rowspan="2">外啮合</th><th colspan="2">内啮合</th><th rowspan="2">单作用</th><th rowspan="2">双作用</th><th colspan="3">轴　向</th><th rowspan="2">径向轴配油</th><th rowspan="2">卧式轴配油</th></tr>
<tr><th>渐开线式</th><th>摆　线转子式</th><th>直轴端面配油</th><th>斜轴端面配油</th><th>阀配油</th></tr>
<tr><td>压力范围 MPa</td><td>≤25.0</td><td>≤30.0</td><td>1.6～16.0</td><td>≤6.3</td><td>6.3～32</td><td>≤10.0</td><td>≤40.0</td><td>≤70.0</td><td>10.0～20.0</td><td>≤40.0</td></tr>
<tr><td>排量范围 mL/r</td><td>0.3～650</td><td>0.8～300</td><td>2.5～150</td><td>1～320</td><td>0.5～480</td><td>0.2～560</td><td>0.2～3 600</td><td>≤420</td><td>20～720</td><td>1～250</td></tr>
<tr><td>转速范围 r/min</td><td>300～7 000</td><td>1 500～2 000</td><td>1 000～4 500</td><td>500～2 000</td><td>500～4 000</td><td>600～2 200</td><td>600～1 800</td><td>≤1 800</td><td>700～1 800</td><td>200～2 200</td></tr>
<tr><td>最大功率/kW</td><td>120</td><td>350</td><td>120</td><td>30</td><td>320</td><td>730</td><td>2 660</td><td>750</td><td>250</td><td>260</td></tr>
<tr><td>容积效率/(%)</td><td>70～95</td><td>≤96</td><td>80～90</td><td>85～92</td><td>80～94</td><td>88～93</td><td>88～93</td><td>90～95</td><td>80～90</td><td>90～95</td></tr>
<tr><td>总效率/(%)</td><td>63～87</td><td>≤90</td><td>65～80</td><td>64～81</td><td>65～82</td><td>81～88</td><td>81～88</td><td>83～88</td><td>81～83</td><td>83～88</td></tr>
<tr><td>功率质量比 kW/kg</td><td>中</td><td>大</td><td>中</td><td>小</td><td>中</td><td colspan="3">大</td><td colspan="2">中</td></tr>
<tr><td>最高自吸能力 kPa</td><td>50</td><td>40</td><td>40</td><td>33.5</td><td>33.5</td><td>16.5</td><td>16.5</td><td>16.5</td><td>16.5</td><td>16.5</td></tr>
<tr><td>流量脉动/(%)</td><td>11～27</td><td>1～3</td><td>≤3</td><td>≤1</td><td>≤1</td><td>1～5</td><td>1～5</td><td><14</td><td><2</td><td>≤14</td></tr>
<tr><td>噪声</td><td>中</td><td colspan="2">小</td><td colspan="2">中</td><td colspan="3">大</td><td colspan="2">中</td></tr>
<tr><td>污染敏感度</td><td>小</td><td>中</td><td>中</td><td>中</td><td>中</td><td>大</td><td>中大</td><td>小</td><td>中</td><td>小</td></tr>
<tr><td>流量调节</td><td colspan="3">不能</td><td>能</td><td>不能</td><td colspan="5">能</td></tr>
<tr><td>价格</td><td>最低</td><td>中</td><td>低</td><td>中</td><td>中低</td><td colspan="5">高</td></tr>
<tr><td>应用范围</td><td colspan="3">机床、工程机械、农业机械、航空、船舶、一般机械等</td><td colspan="2">机床、注塑机、液压机、起重运输机械、工程机械、飞机等</td><td colspan="5">工程机械、锻压机械、运输机械、矿山机械、冶金机械、船舶、飞机等</td></tr>
</table>

续　表

性能参数		类型									
		齿轮泵			叶片泵		柱塞泵				
		外啮合	内啮合		单作用	双作用	轴向			径向轴配油	卧式轴配油
			渐开线式	摆线转子式			直轴端面配油	斜轴端面配油	阀配油		
部分生产厂商	国内	①四川长江液压件有限责任公司;②太重集团榆次液压有限公司;③上海大众液压技术有限公司;④合肥长源液压件股份有限公司			①上海液压件厂;②阜新液压件厂;③武汉液压件厂;④太重集团榆次液压有限公司;⑤大连液压件厂;⑥南京液压机械制造有限公司;⑦广东广液实业有限公司		①天津天高液压件有限公司(高压泵阀厂);②华德液压工业集团公司;③上海高压油泵厂有限公司;④江苏恒源液压有限公司;⑤贵州力源液压股份有限公司				
	国外	①意大利阿托斯(Atos);②德国博世-力士乐(Rexroth);③美国派克(Parker);④德国哈威(Hawe);⑤美国威格士(Vickers);⑥日本不二越(NACHI)			①意大利阿托斯(Atos);②德国博世-力士乐(Rexroth);③美国派克(Parker);④美国丹尼逊(Denison);⑤美国威格士(Vickers);⑥法国丹尼逊(Denison);⑦日本不二越(NACHI);⑧日本油研(Yuken);⑨日本大金(Daikin)		①意大利阿托斯(Atos);②德国博世-力士乐(Rexroth);③德国哈威(Hawe);④美国派克(Parker);⑤美国丹尼逊(Denison);⑥美国威格士(Vickers);⑦法国丹尼逊(Denison);⑧日本不二越(NACHI);⑨日本油研(Yuken);⑩日本大金(Daikin)				

注:各生产厂的品种、产品型号及规格参数等以其产品样本为准。

液压泵产品样本中,标明了额定压力和最高压力值,应按额定压力值来选定液压泵。只有在使用中有短暂超载场合,或样本中特殊说明的范围,才允许按最高压力值选取液压泵,否则将影响液压泵的效率和寿命。在液压泵产品样本中,标明了每种泵的额定流量(或排量)的数值。选择液压泵时,必须保证该泵对应于额定流量的规定转速,否则将得不到所需的流量。要尽量避免通过任意改变转速来实现液压泵输油量的增减,否则保证不了足够的容积效率,还会加快泵的磨损。

3.2 液压马达的使用维修及故障诊断

3.2.1 液压马达的基本结构原理

液压马达是将液压能转换为回转运动机械能的执行元件，它依靠液压能驱动与其外伸轴相连的工作机构运动而做功。液压马达与液压泵在结构上基本相同，就工作原理而言，都是依靠密封工作腔容积的变化而工作的，其基本构成也是定子、转子、挤子，密封工作腔和配油机构等三部分，故泵和马达是互逆的。但因二者的任务和要求有所不同，故在结构性能上存在某些差异，使之不能通用，只有少数泵能作马达使用。

按额定转速的不同，液压马达可分为高速（>500 r/min）和低速（<500 r/min）两类。高速液压马达有齿轮式、叶片式和轴向柱塞式等，其结构与同类型的液压泵类似，但工作原理可逆。由于马达使用的目的、要求和结构上的不同（例如需正反转，反转时高低压油腔互换，启动时马达转速为零等），故一般不能直接互逆通用。低速液压马达一般为径向柱塞式；按排量是否可变，液压马达又可分为定量式和变量式；按可供油液方向可分为单向式和双向式。

对于高速液压马达的结构原理，以轴向柱塞式液压马达（见图 3－12）为例简要说明如下：马达的缸体内柱塞轴向布置，当压力油经配流盘进入进油腔时，滑靴便受到作用力而压向斜盘，其反作用力 N 的轴向分力 F_x（平行于柱塞轴线）与柱塞所受液压力平衡，反作用力 N 的垂直分力（垂直于柱塞轴线）F_y 对缸体及马达输出轴产生转矩，驱动液压马达旋转，输出机械能。改变斜盘倾角 γ 的方向和大小，则可改变马达的旋转方向和转速。

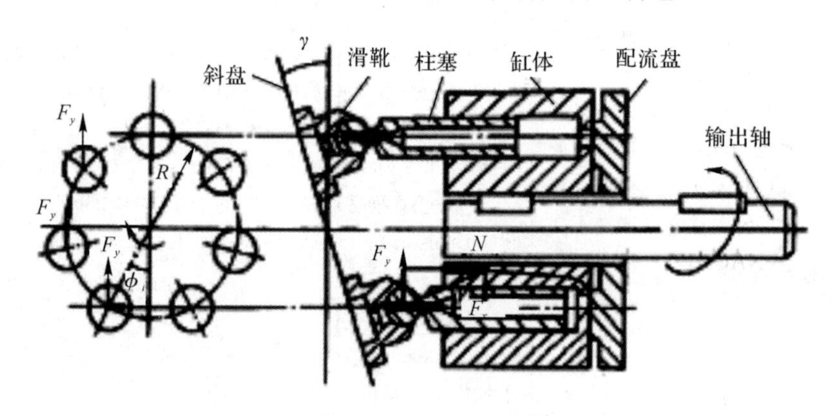

图 3－12　斜盘式轴向柱塞马达工作原理图

径向柱塞马达基本上都是低速大转矩液压马达，其品种繁多，按作用次数有单作用和多作用之分。前者的转子旋转一周，各柱塞往复工作一次，其主轴是偏心轴。后者以特殊内曲线的凸轮环作为导轨，转子旋转一周，各柱塞往复工作多次，曲线数目就是作用次数。此处以引进意大利技术生产的曲轴连杆式五星轮液压马达（NHM 型液压马达）为例作简介。该马达属于单作用马达（见图 3－13），其主要组成零件有曲轴 1、壳体 2、配流盘 4、柱塞缸 6、柱塞 7 和连杆 8 等。当经配流盘 4 的高压油进入柱塞缸 6 时，在柱塞 7 上产生液压推力 P，该推力通过连杆 8 作用于偏心曲轴 1 的中心，使输出轴 11 旋转，同时，配流盘 4 随之一起旋转；当柱塞位置到达下止点时，柱塞缸 6 便由配流盘接通马达的排油口，柱塞便被曲轴向上推，此时，做功后的油液通过配流盘排回油箱。各柱塞依次接通高、低压液压油，各柱塞对输出轴中心所产生的驱动转矩同向相加，使马达输出轴获得连续而平稳的转矩，改变液压油供油方向可使液压马达反向旋转；如将配流盘转 180°装配，也可以使马达反转。该马达额定压力达 25 MPa，排量高达 16 000 mL/r，具有噪声低、效率高、可靠性好的特点，是国内注塑机行业的首选产品。

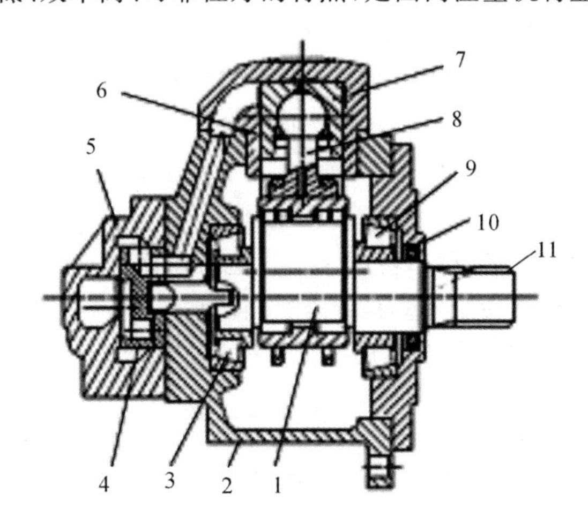

图 3－13　NHM 型曲轴连杆式五星轮液压马达结构图

1—曲轴；2—壳体；3、9—圆锥滚子轴承；4—配流盘；

5—端盖；6—柱塞缸；7—柱塞；8—连杆；10—轴封；11—输出轴

液压马达的图形符号见表 3－10。

表 3－10　液压马达图形符号（GB/T 786.1—2009）

液压马达类型	单向定量	双向定量	单向变量	双向变量
图形符号				

3.2.2　液压马达主要性能参数

1. 工作压力、额定压力和最高压力

输入液压马达油液的实际压力称为工作压力，与泵一样，工作压力也取决于负载（转矩）。液压马达进口压力与出口压力的差值称为工作压差。当液压马达出口直接通油箱时，马达的工作压力就近似等于工作压差 Δp。额定压力 p_s 是指马达在正常工作条件下能连续运转的最高压力。最高压力 p_{max} 是指马达按试验标准规定的超过额定压力的短暂运行压力。

2. 排量、转速、流量及容积效率

液压马达的排量 V 是指在无泄漏情况下，使液压马达轴转一圈所需要的液体体积，排量取决于密封工作腔的几何尺寸，而与转速 n 无关。

液压马达入口处的流量称为马达的实际流量 q。由于马达内部存在泄漏，因此实际输入马达的流量 q 大于理论流量 q_t，实际流量 q 与理论流量 q_t 之差即为马达的泄漏量 Δq。马达的理论流量与实际流量之比称为容积效率 η_V（它的大小反映了液压马达的密封性能优劣或抗泄漏能力的大小），即

$$\eta_V = \frac{q_t}{q} \tag{3-7}$$

液压马达的转速 n、排量 V、理论流量 q_t、实际流量 q 及容积效率 η_V 之间的关系式为

$$n = \frac{q_t}{V} = \frac{q\eta_V}{V} \tag{3-8}$$

3. 转矩与机械效率

液压马达输出转矩称为实际输出转矩 T。马达内部存在各种摩擦损失，使实际输出的转矩 T 小于理论转矩 T_t。理论转矩 T_t 与实际输出转矩 T 之差即为损失转矩 ΔT。实际输出转矩 T 与理论转矩 T_t 之比称为液压马达的机械效率 η_m，即

$$\eta_m = \frac{T}{T_t} \tag{3-9}$$

4. 功率与总效率

液压马达的实际输入功率 P_i 为

$$P_i = \Delta p q \tag{3-10}$$

马达的输出功率 P_o 与输入功率 P_i 之比即为液压马达的总效率 η，它等于容积效率与机械效率的乘积，这一点与液压泵相同。即

$$\eta = \frac{P_o}{P_i} = \eta_V \eta_m \tag{3-11}$$

液压马达的输出功率为

$$P_o = \Delta p q \eta \tag{3-12}$$

液压马达的转矩为

$$T = \frac{\Delta p q}{2\pi n}\eta = \frac{\Delta p_V}{2\pi}\eta_m \tag{3-13}$$

式(3-8)和式(3-13)表明：对于定量液压马达，排量 V 为定值，在 q 和 Δp 不变的情况下，输出转速 n 和转矩 T 皆不可变；对于变量液压马达，排量 V 的大小可以调节，因此其输出转速 n 和转矩 T 是可以改变的，在 q 和 Δp 不变的情况下，若使 V 增大，则 n 减小、T 增大。

3.2.3 液压马达的使用维修

在高速液压马达中，渐开线外啮合式齿轮马达与同类齿轮泵相同，但输出转矩脉动大、噪声高、效率低、低速稳定性差，主要用于钻床，通风设备及环保车辆等液压系统中。叶片马达结构紧凑、轮廓尺寸小、噪声低、脉动率小、寿命长，但叶片与定子间的磨损大、输出转矩较小、泄漏较大、耐污染能力差，主要适用于磨床回转工作台、机床操纵机构等液压系统。轴向柱塞马达结构紧凑、功率密度大、工作压力高、容易实现变量、效率高，但其结构较复杂、价昂、抗污染能力差、使用维护要求较高，因此主要适用于起重机、绞车、铲车、内燃叉车、数控机床、行走机械等液压系统。

与高速马达相比，低速液压马达的优点是轴向尺寸相对较小、排量大、转速低，低速稳定性好（可在10 r/min以下平稳运转，有的可低到0.5 r/min），输出转矩大（可达几千N·m至几万N·m），可直接与其拖动的工作机构连接而不需要减速装置。其缺点是径向尺寸大、结构复杂、体积较大、功率密度低。而单作用径向柱塞马达具有结构简单、工艺性好、成本低廉的优点，但在排量相同情况下，与多作用马达相比，结构尺寸较大且转子上作用有较大的非平衡径向力，需用容量更大的轴承；因为同时存在输出转速和转矩的脉动，所以其低速稳定性不如多作用马达，但一般允许比多作用马达有更高转速。低速马达适用于塑料机械、行走机械、挖掘机、拖拉机、起重机、采煤机等液压系统。

液压马达的使用维护要点见表3-11。

表3-11　液压马达使用维护要点

序号	安　装	序号	使　用
1	在安装前应检查马达的旋转方向是否与产品所标示的方向一致；应检查马达是否损坏。存放时间过长的马达内存油需排净冲洗，以防内部各运动件出现粘卡现象。马达安装支架必须有足够的刚度，以防转动时出现振动。安装螺栓必须均匀拧紧	1	启动前应检查马达安装、连接是否正确、牢固，系统配置是否无误；检查进出油方向与马达旋转方向是否符合工况要求；供油管路的溢流阀压力调节到最低值，运转后逐渐调到所需压力
2	应当注意，有的马达不能在泵工况下运转或不能作泵使用	2	马达在空载下跑合至少10 min后，再逐渐增压至工作压力，运转过程中随时观察马达运转是否正常。液压马达通常允许在短时间内超过额定压力20%～50%的压力下工作，但瞬时最高压力不能和最高转速同时出现
3	液压马达不能以敲击方式安装，也不能强行安装或扭曲地安装	3	液压马达的回油路背压有一定限制，在背压较大时，必须设置泄油管
4	马达的安装表面应平整。连接法兰、止口及输出轴伸的尺寸准确。应保证输出轴与其连接传动的装置有较好的同轴度。输出轴在安装的时候要防止输出轴与连接装置发生轴向顶死现象。安装过程中，应注意保护进出油口连接板部分的光洁度和平行度，防止碰伤而降低封油效果不好，进而导致漏油	4	通常不应使液压马达的最大转矩和最高转速同时出现。实际转速不应低于马达最低转速，以免出现爬行。当系统要求的转速较低，而在马达转速、转矩等性能参数不易满足工作要求时，可在马达及其驱动的主机间增设减速机构。为了在极低转速下平稳运行，马达的泄漏必须恒定，要有一定的回油背压和至少35 mm^2/s的油液黏度
		5	为了防止作为泵工作的制动马达发生气蚀或丧失制动能力，应保证马达的吸油口有足够的补油压力，它可以通过闭式回路中的补油泵或开式回路中的背压阀来实现；当液压马达驱动大惯量负载时，应在液压系统中设置与马达并联的旁通单向阀补油，以免停机过程中惯性运动的马达缺油

续　表

序号	安　装	序号	使　用
5	应按说明书的要求正确选择、加工和连接进、回油管及泄油管。拧紧进出油管及泄油管。在管路和油管未安装好之前不要取掉上面的塑料塞头。系统连接时应认准安装图上马达进、出油口的安装位置与马达的旋转关系。安装时发现进出油口不适合对应的输出轴正反旋转方向，可通过调换进出油管来改正	6	对于不能承受额外轴向和径向力的液压马达，或者液压马达可以承受额外轴向和径向力，但负载的实际轴向和径向力大于液压马达允许的轴向力或径向力时，应考虑采用弹性联轴器连接马达输出轴和工作机构。需要低速运转的马达，要核对其最低稳定转速
		7	需长时间锁紧马达以防负载运动时，应使用在马达轴上的液压释放机械制动器
6	使用马达的液压系统应按产品使用说明书配置相应的过滤器，保证系统所使用的工作介质的清洁度。液压回路必须设有冷却装置，以防油温过高。进油管路必须安装压力表和温度计	8	马达在运转中，工作压力、流量、输出功率以及油温不得超过产品说明书的规定值。运转中应经常检查马达和系统的工作情况，如发现异常的升温、渗漏、振动和噪声或压力异常脉动，应立即停机，查明原因。在使用过程中，当进油口温度超标时，应检查冷却器的工作是否正常，以保证马达表面的正常工作温度
7	对于径向柱塞马达，不论采用哪种安装方位，其泄油管最高水平位置应高于马达的最高水平位置(见图 3-14)，以防马达壳体内油液泄空。泄油管应单独回油箱，不允许接通主回油路管道，泄油管内压力一般不大于 0.2 MPa。首次启动前，应检查马达安装、连接是否正确、牢固，系统是否无误。为保证马达内各运动副的润滑，必须向马达壳体内注满液压油，防止烧坏。若马达轴垂直于水平方向安装，为确保壳体内充满油，应按图 3-15 所示方式注油	9	马达运输要根据马达大小配有适当的木箱、硬纸箱包装，并在马达表面有塑料纸包装，防止水气、潮气侵袭马达，导致马达生锈而引起故障。避免马达直接放置在地上。 长时间不用的马达需涂上防锈油。腔体内应充满油，并封住各油口；输出轴表面涂上油脂，用布或套子包好。马达存储在－20～65℃的干燥环境下。应尽可能避免水气、潮气和任何带腐蚀性的气体

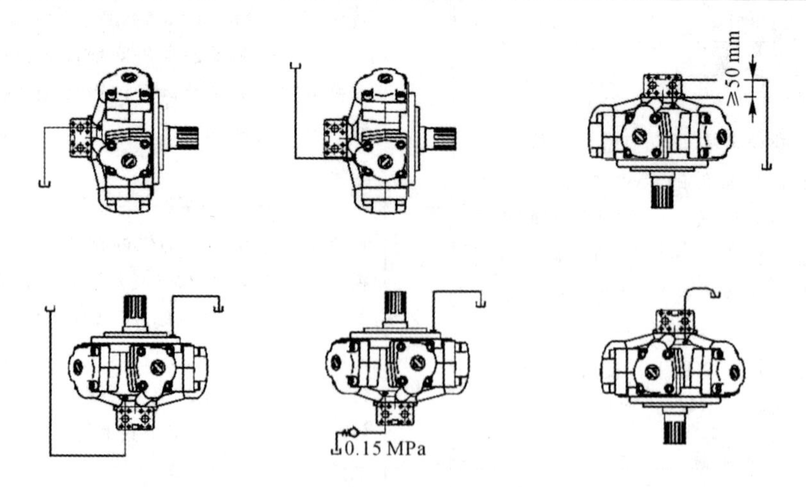

图 3-14　径向柱塞式液压马达泄油管的配置

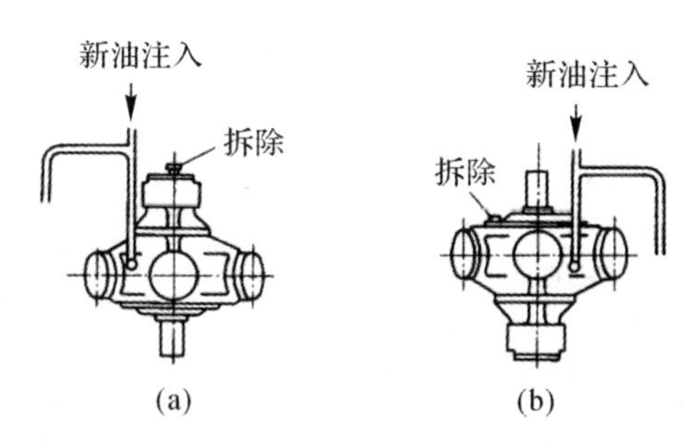

图 3 - 15　马达输出轴垂直安装时的注油方式

液压马达的安装调试和维修需由专业人员进行，用户一般不得自行拆解修理。具有拆解条件的，应在详细阅读使用说明书后进行，但必须注意以下事项：

(1)拆解时注意不要将零件敲毛碰伤，特别要保护好零件的运动表面和密封表面。拆解下来的零件应放于清洁的盛器内，要避免互相碰撞。拆解和装配时禁止用铁锤敲击。

(2)对拆下的零部件应进行仔细检查，对磨损零件基本上不自行修理而多作更换。密封件原则上全部更换。

(3)装配前应将全部零件清洗干净、吹干，不得使用棉纱、破布等擦抹零件。装配场所及使用的工具应清洁，装配后转动输出轴，应灵活无卡滞现象。

齿轮马达、叶片马达和轴向柱塞马达的拆解、装配步骤及注意事项，可参照同名液压泵(本章第 1 节)。

3.2.4　液压马达常见故障及其诊断排除

液压马达使用中出现的常见故障有转速和转矩失常(过小或过大)，泄漏大、噪声大等，引起这些故障的原因无外乎是马达组成机件的摩擦磨损、疲劳破坏及油液污染，应针对具体情况及时进行诊断排除。液压马达常见故障及其诊断排除方法见表 3 - 12。

表 3 - 12　液压马达常见故障及其诊断排除方法

故障现象	产生原因		排除方法
1. 转速过低和转矩小	(1)液压泵供油量不足	①原动机转速不够	找出原因，进行调整
		②吸油过滤器滤网堵塞	清洗或更换滤芯
		③油箱中油量不足或吸油管径过小造成吸油困难	加足油量、适当加大管径，使吸油通畅
		④密封不严，有泄漏，空气侵入内部	拧紧有关接头，防止泄漏或空气侵入
		⑤油的黏度过大	选择黏度小的油液
		⑥液压泵轴向及径向间隙过大，内泄增大	适当修复液压泵
		⑦变量机构失灵	检修或更换

续 表

故障现象	产生原因		排除方法
1. 转速过低和转矩小	(2)液压泵输出油压不足	①液压泵效率太低	检查并排除液压泵故障
		②溢流阀调整压力过低或发生故障	检查溢流阀故障，排除后重新调高压力
		③油管阻力过大(管道过长或过细)	更换孔径较大的管道或尽量减少长度
		④油的黏度较小，内部泄漏较大	检查内泄漏部位的密封情况，更换油液或密封
	(3)液压马达泄漏	①液压马达结合面没有拧紧或密封不好导致泄漏	拧紧接合面，检查密封情况或更换密封圈
		②液压马达内部零件磨损，泄漏严重	检查其损伤部位，并修磨或更换零件
	(4)液压马达损坏	配油盘的支承弹簧疲劳，失去作用	检查和更换支承弹簧
2. 转速过高	供油量过大	①液压泵原动机转速过高	更换或调整
		②变量泵流量设定值过大	重新调整
		③流量阀通流面积过大	重新调整
		④超越负载作用	平衡或布置其他约束
3. 泄漏大	(1)内部泄漏	①配油盘磨损严重	检查配油盘接触面并修复
		②轴向间隙过大	检查并将轴向间隙调至规定范围
		③配油盘与缸体端面磨损，轴向间隙过大	修磨缸体及配油盘端面
		④弹簧疲劳	更换弹簧
		⑤柱塞与缸体磨损严重	研磨缸体孔、重配柱塞
	(2)外部泄漏	①轴端密封损坏，磨损	更换密封圈并查明磨损原因
		②盖板处的密封圈损坏	更换密封圈
		③结合面有污物或螺栓未拧紧	检查、清除并拧紧螺栓
		④管接头密封不严	拧紧管接头
4. 噪声大		①密封不严，有空气侵入内部	检查有关部位的密封，紧固各连接处
		②液压油被污染，有气泡混入	更换清洁的液压油
		③油温过高或过低	检查温控组件工作状况
		④联轴器不同心	校正同心
		⑤液压油黏度过大	更换黏度较小的油液
		⑥液压马达的径向尺寸严重磨损	修磨缸孔，重配柱塞
		⑦叶片已磨损	尽可能修复或更换
		⑧叶片与定子接触不良，有冲撞现象	修整
		⑨定子磨损	修复或更换。如因弹簧过硬造成磨损加剧，则应更换刚度较小的弹簧

3.2.5　液压马达产品性能比较与使用维修中的选型及替代要点

常用液压马达产品主要性能比较及生产厂商见表3-13，在使用维修中选项及替代的主要依据是主机对液压系统的要求，如转矩、转速、工作压力、排量、外形及连接尺寸、容积效率、总效率以及重量、价格、货源和使用维护的便利性等。由于液压马达的种类较多，特性不同，应针对具体用途及其工况，参考表3-13并结合生产厂商产品样本选择合适的产品。低速运转工况可选低转速马达，也可以采用高速马达加减速装置。确定所采用马达的种类后，可根据所需的转速和转矩从液压马达产品系列中选出几种能满足需要的若干规格，然后进行综合分析，并用技术经济评价来确定具体规格。如果原始成本最重要，则应选择既满足转矩要求又使系统流量较小、压力较低的马达。这样可以使液压源、控制阀及管路规格都小。如果运行成本最重要，则应选择总效率高的马达；如果寿命最重要，则应选择压降最小的马达，最终的选择的产品多为上述方案的折中。

表3-13　常用液压马达的性能特征及生产厂商

类型		排量范围 mL·r^{-1}	压力 MPa	转速范围 r·min^{-1}	容积效率/(%)	总效率/(%)	启动转矩效率/(%)	噪声	抗污染敏感度	价格	生产厂
齿轮式	外啮合	5.2～160	20～25	150～2 500	85～94	77～85	75～80	较大	较好	最低	①②③④⑤⑥⑦⑧
	内啮合摆线	80～1 250	14～20	10～800	94	76	76	较小	较好	低	⑨⑩⑪⑫
叶片式	单作用	10～200	16～20	100～2 000	90	75	80	中	差	较低	②④⑬⑭
	双作用	50～220	16～25	100～2 000	90	75	80	较小	差	低	
	多作用	298～9 300	21～28	10～400	90	76	80～85	小	差	高	
轴向柱塞式	斜盘式	2.5～3 600	31.5～40	100～3 000	95	90	85～90	大	中	较高	⑬⑮⑯⑰⑱⑲⑳㉑
	斜轴式	2.5 ～3 600	31.5～40	100～4 000	95	90	90	较大	中	高	㉒㉓㉔㉕
	双斜盘式	36～3 150	25～31.5	10～600	95	90	90	较小	中	高	—
	钢球柱塞式	250～600	16～25	10～300	95	90	85	较小	较差	中	—
径向柱塞式 单作用	柱销连杆	126～5 275	25～31.5	5～800	>95	90	>90	较小	较好	高	⑪⑰㉑㉔㉖㉗㉘㉙
	静力平衡	360～5 500	17.5～28.5	3～750	95	90	90	较小	较好	较高	
	滚柱式	250～4 000	21～30	3～1 150	95	90	90	较小	较好	较高	
径向柱塞式 多作用	滚柱柱塞传力	215～12 500	30～40	1～310	95	90	90	较小	好	高	
	钢球柱塞传力	64～100 000	16～25	3～1 000	93	85	95	较小	中	较高	

注：(1)①四川长江液压件有限责任公司；②太重集团榆次液压有限公司；③合肥长源液压件有限责任公司；④山西长治液压件有限公司；⑤济南液压泵有限责任公司；⑥江苏泰兴市液压件厂；⑦泊姆克(天津)液压有限公司(美)；⑧天津市天机液压机械有限公司；⑨宁波华液机器制造有限公司；⑩江西华特液压科技有限公司；⑪宁波中意液压马达有限公司；⑫南京液压机械厂有限公司；⑬伊顿流体动力(上海)有限公司；⑭阜新液压件厂；⑮上海高压油泵厂有限公司；⑯沈阳工程液压件厂；⑰启东高压油泵有限公司；⑱上海精峰液压泵有限公司；⑲上海纳博特斯克液压有限公司；⑳宁波广天塞克斯液压有限公司；㉑日本川崎精机株式会社；㉒北京华德液压工业集团有限责任公司液压泵分公司；㉓上海玉峰高压油泵有限公司；㉔德国博世-力士乐公司；㉕贵州力源液压股份有限公司；㉖宁波英特姆液压马达有限公司；㉗宁波恒通液压科技有限公司；㉘太原矿山机器润滑液压设备有限公司；㉙上海电气液压气动有限公司。
(2)各类液压马达产品的具体型号、技术规格及其安装连接尺寸可从生产厂商的产品样本查得。

第4章 液压缸的使用维修

4.1 液压缸的工作原理

液压缸(油缸)是应用最广的执行元件，它将液压能转换为往复直线运动机械能，依靠压力油液驱动与其外伸杆相连的工作机构运动而做功。液压缸种类繁多，按其结构特点可分为活塞式、柱塞式和组合式三类。按作用方式又可分为单作用和双作用二种形式。常用液压缸图形符号见表4-1。

表4-1 常用液压缸图形符号(摘自GB/T 786.1—2009)

形式		活塞缸		柱塞缸	组合缸	
		双杆活塞缸	单杆活塞缸		增压缸	伸缩缸
单作用式	图形符号	—	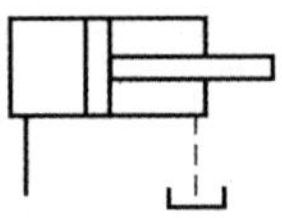	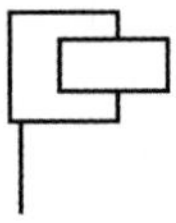	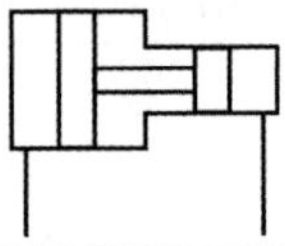	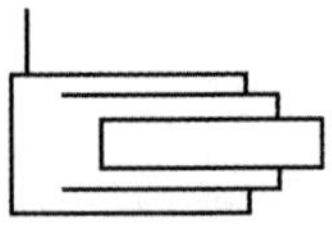
	特点	—	活塞仅能单向运动，反向运动需靠重力、弹簧等外力来完成	同左，但其行程一般较活塞式液压缸大	将输入的低压油转变为高压油供液压系统中的高压支路使用，只能在一次行程中连续输出高压液体	由多个依次运动的活塞套装而成，伸出时可获得很长的工作行程，缩回时可保持很小的结构尺寸。各活塞逐次运动时，按有效面积大小依次先后动作，输出推力逐级减小，速度逐级加大
双作用式	图形符号	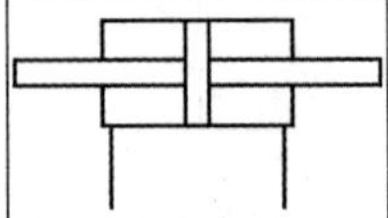	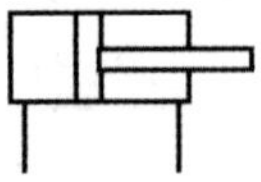	—	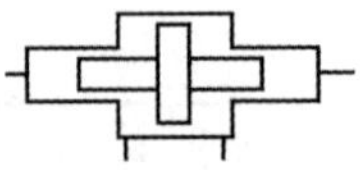	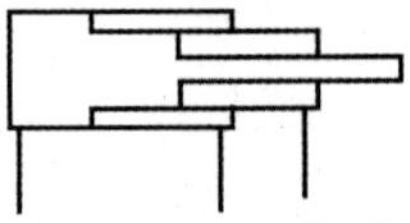
	特点	活塞两端杆径相同，活塞正、反向运动时输出推力和速度均相等	活塞双向运动产生推力和拉力(二者不相等)，活塞在行程终了时不减速	—	将输入的低压油转变为高压油供液压系统中的高压支路使用，可由两个高压端连续向系统提供高压油	有多个可依次动作的活塞，其行程可变，活塞可双向运动

图 4－1 为常用的活塞式单作用液压缸的原理图。活塞将缸分为两个腔，仅左腔为工作腔，故只在缸筒左端有压力油口（用实线画出）。活塞杆在油液压力驱动下伸出，返回时靠工作机构及活塞杆自重或弹簧力等外力作用实现。右端的虚线表示泄漏油口，它把工作腔经缸筒与活塞间的环形缝隙泄漏到非工作腔（右腔）的油液排回到油箱，以保证缸正常工作。表 4－1 中的柱塞式液压缸也是一种单作用缸。

图 4－2 为活塞式双作用液压缸原理图。缸筒两端都有压力油口，以便轮流进油和排油，即活塞的伸出和缩回均由油液压力驱动，故往复行程均可推动负载。因单杆活塞缸（简称单杆缸）的两工作腔的有效面积互不相等，故当输入相同压力和流量的压力油时，活塞在两个方向的输出推力和运动速度是不相等的。但双杆活塞缸（简称双杆缸）的两腔有效面积通常相等，故当输入相同压力和流量的压力油时，活塞在两个方向的输出推力和运动速度是相等的。

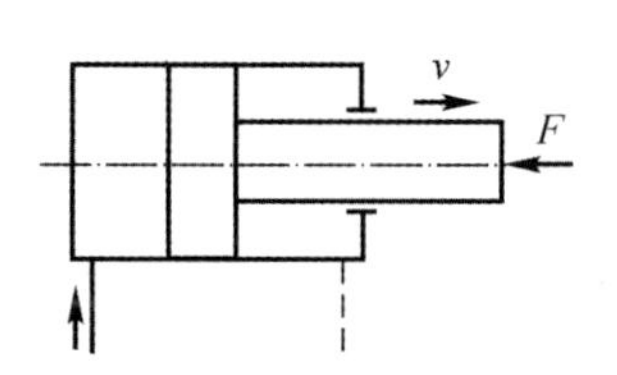

图 4－1　活塞式单作用缸

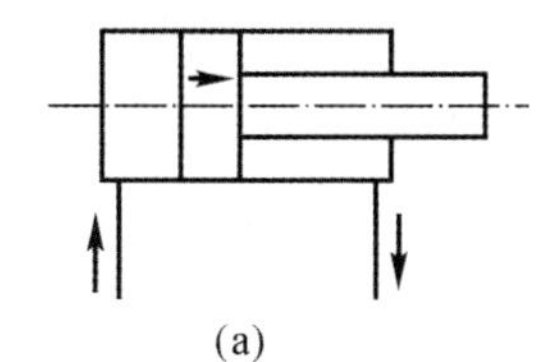

(a)

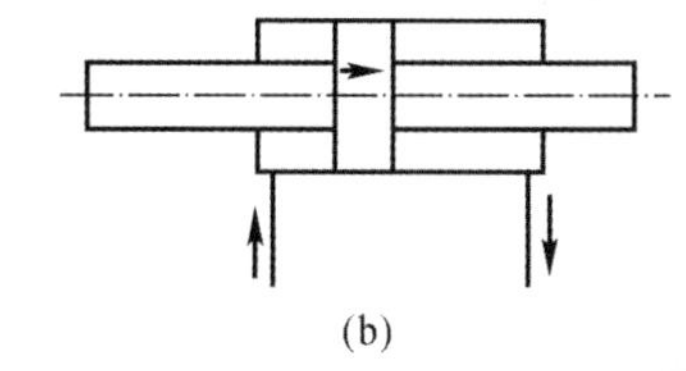

(b)

图 4－2　活塞式双作用缸

(a)单杆活塞缸；（b)双杆活塞缸

单杆缸在行走机械（如挖掘机和汽车起重机等）和固定机械（如机床和压力机等）中都有广泛应用，双杆缸则在固定机械特别是机床中应用较多。活塞式液压缸可以缸筒固定，由活塞杆带动工作机构运动；也可以活塞杆固定，由缸筒带动工作机构运动。

4.2　液压缸的主要参数

液压缸有三组主要参数：缸径（活塞直径）D 和活塞杆直径 d 是缸的结构参数（几何参数），压力 p 和流量 q 是缸的输入参数（液压参数），推力 F 和速度 v 是缸的输出参数（机械参数）。在结构参数一定的情形下，当输入相同液压参数时，其输出的机械参数会因工况不同而互不相同。以缸筒固定的单杆活塞缸常见的三种不同工况为例说明如下。

工况 1：无杆腔进油（见图 4－3(a)），有杆腔回油。此时，无杆腔面积（即活塞的大端面积）A_1 为有效作用面积，活塞向左运动的输出推力 F_1 为

$$F_1=(p_1A_1-p_2A_2)=\frac{\pi}{4}[(p_1-p_2)D^2+p_2d^2] \tag{4-1}$$

运动速度 v_1 为

$$v_1=\frac{q}{A_1}=\frac{4q}{\pi D^2} \tag{4-2}$$

式中　A_2—— 有杆腔的有效工作面积；

p_1—— 缸的进口压力；

p_2—— 缸的出口压力（也称为背压力）。

其余参数意义同前文。

工况 2：有杆腔进油（见图 4－3(b)），有杆腔回油。此时，有杆腔面积（即活塞的大端面积

减去活塞杆面积)A_2 为有效作用面积,活塞向右运动的输出推力 F_2 为

$$F_2=(p_1A_2-p_2A_1)=\frac{\pi}{4}[(p_1-p_2)D^2-p_1d^2] \tag{4-3}$$

运动速度 v_2 为

$$v_2=\frac{q}{A_2}=\frac{4q}{\pi(D^2-d^2)} \tag{4-4}$$

由于 $A_1>A_2$,所以 $v_1<v_2$,$F_1>F_2$。

工况 3:无杆腔和有杆腔同时进油(见图 4-3(c)),无回油。此时,缸的左右两腔同时接通压力油,压力相同,但由于无杆腔的有效工作面积大于有杆腔,可产生差动,即活塞杆向右伸出,并将有杆腔的油液挤出(流量为 q'),反馈流入无杆腔,加大了进入无杆腔的流量($q+q'$),从而加快了活塞的运动速度。活塞向右运动输出的推力 F_3 为

$$F_3=p_1(A_1-A_2)=p_1\frac{\pi}{4}d^2 \tag{4-5}$$

运动速度 v_3 为

$$v_3=(q+q')/A_1=\frac{q+\frac{\pi}{4}(D^2-d^2)v_3}{\frac{\pi}{4}D^2}$$

即

$$v_3=\frac{q}{\frac{\pi d^2}{4}}=\frac{q}{A_1-A_2}=\frac{4q}{\pi d^2} \tag{4-6}$$

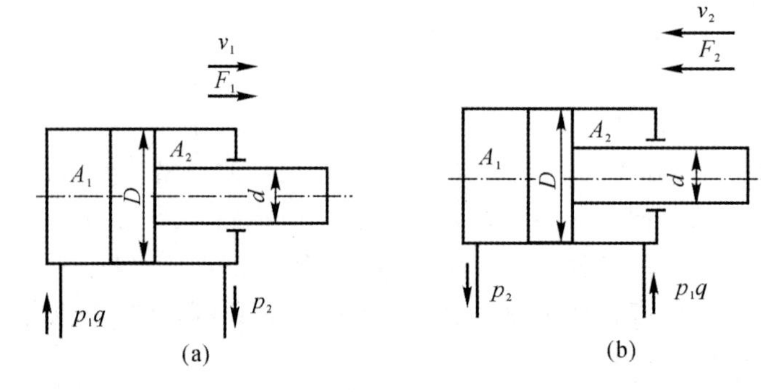

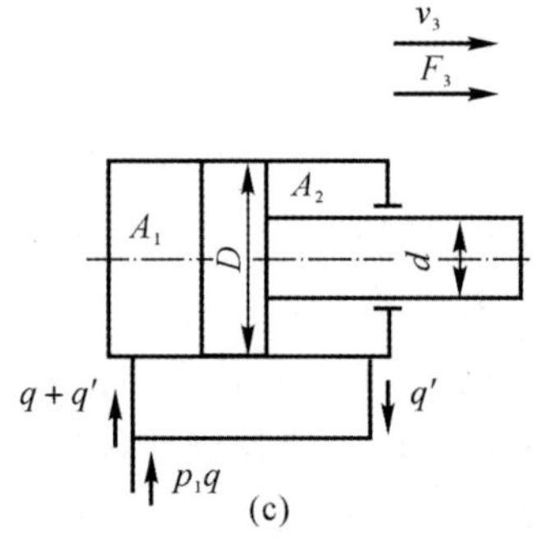

图 4-3　单杆活塞缸的三种工况

综合上述三种情况可看出:

(1) 在不加大油源流量前提下,单杆缸可获得两种不同的伸出速度 v_1、v_2 和一种快速退回速度 v_3,亦即可带动与之相连的工作机构完成图 4-4 所示的典型工作循环:当无杆腔进油,有杆腔回油时,推力最大,运动速度最慢,该动作适用于执行机构重载慢速的工作行程(工进);有杆腔进油,有杆腔回油时,推力较小,运动速度较快,该动作适用于执行机构轻载快速的退回行程(快退);无杆腔和有杆腔同时进油,无回油时,推力最小,运动速度最快,该动作适用于执行机构空载快速的进给行程(快进)。

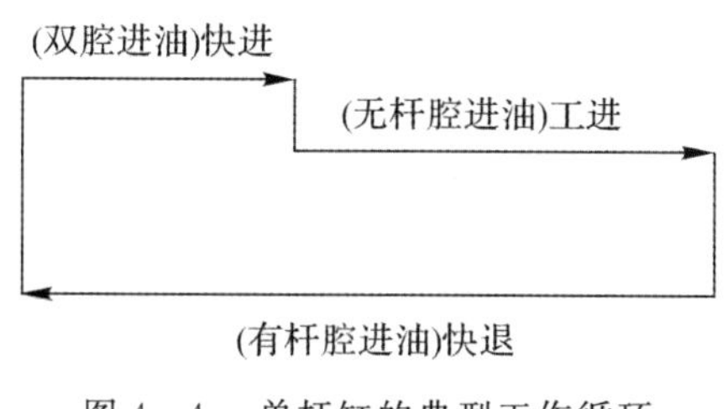

图 4－4　单杆缸的典型工作循环

(2) 若要求缸的快速往复运动速度相等,即 $v_2 = v_3$,则由式(4－4) 和式(4－6) 可知,取活塞杆的面积等于活塞面积的一半,$A = A_1/2$,即 $d = 0.7D$ 即可。

(3)单杆缸的非差动与差动连接方式的变换,很容易利用换向阀(参见第 5 章)工作位置的切换来实现。

4.3　液压缸的典型结构

图 4－5 为一种单杆活塞缸的结构图,它由无缝钢管缸筒 4、与活塞杆制成一体的整体式活塞 5、缸盖 2 及 7 等组成。两个油口分别开设在了缸盖 2 的圆周和缸盖 7 的后端面上。两端缸盖和缸筒间采用螺纹式连接,活塞与缸筒间用 O 形密封圈 6 密封,活塞杆和缸筒采用 Y 形密封圈 1 密封,缸盖和缸筒间采用铜垫 3 密封。

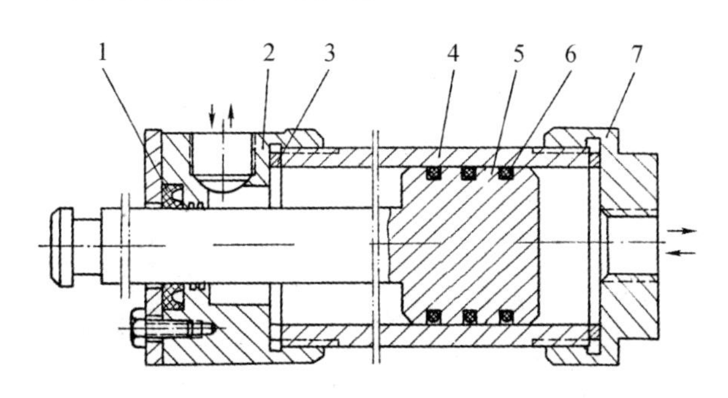

图 4－5　单杆液压缸结构图

1 — Y 形密封圈;2,7 —缸盖;3 —铜垫;4 —缸筒;5 —活塞(杆);6 — O 形密封圈

图 4－6 为耳环式双作用单杆活塞液压缸结构图,这种液压缸多用于车辆和工程机械中,它主要由缸底 2、活塞 8、缸筒 11、活塞杆 12、导向套 13 和端盖 15 等组成。此缸的结构特点是活塞和活塞杆用卡环连接,故拆装方便;活塞上的支承环 9 由聚四氟乙烯等耐磨材料制成,摩擦力较小;导向套可使活塞杆在轴向运动中不致歪斜,从而保护了密封件;缸的两端均有缝隙式缓冲装置,可减少活塞在运动到端部时的冲击和噪声。

图 4－7 为一种杆固定双杆液压缸结构图,它由缸筒 10、活塞 8、两空心活塞杆 1 和 15、缸盖 18 和 24、托架 3、导向套 6 和 19、压盖 16 和 25 以及密封圈 4、7、17 等零件组成。活塞杆固定在主机固定机架或机身上,缸筒固定在工作台或其他移动工作机构上。两缸盖通过螺钉(图中未画出)与压板相连,并经钢丝环 12 和 21 固定在缸筒上。由于液压缸工作中要发热伸长,它只与右缸盖和工作台固定相连,左缸盖空套在托架的孔内,使之可自由伸缩。活塞杆的

一端用堵头 2 堵死，并通过锥销 9 和 22 与活塞相连。活塞与缸筒之间、缸盖与活塞杆之间以及缸盖与缸筒之间分别用“O”形圈、“Y”形圈及纸垫 13 和 23 进行密封，以防止油液的内外泄漏。缸左右两腔是通过油口 b 和 d 经活塞杆中心孔与左右径向孔 a 和 c 相通的。当径向孔 c 接通压力油，径向孔 a 接通回油时，缸带动工作台向右移动；反之则向左移动。缸筒在接近行程的左右终端时，径向孔 a 和 c 的开口逐渐减小，对移动机构起制动缓冲作用。为了排除液压缸中剩留的空气，缸盖上设置有排气孔 5 和 14，经导向套环槽的侧面孔道（图中未画出）连通排气阀排出。

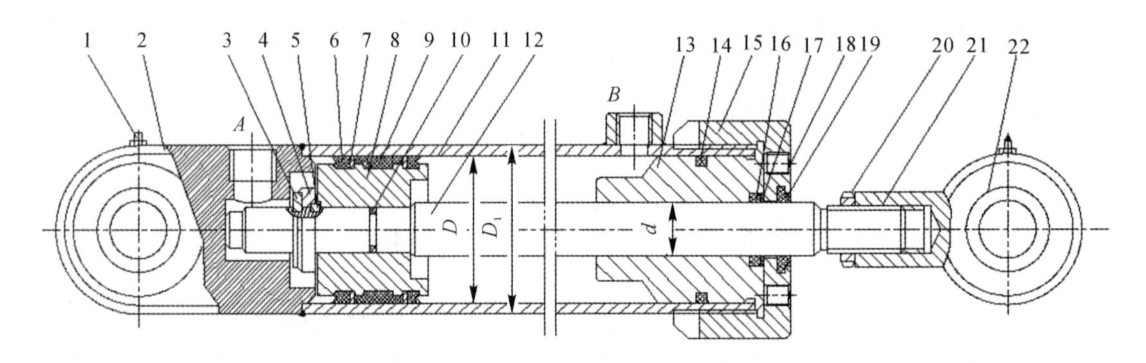

图 4-6 耳环式双作用单杆活塞缸结构图

1—螺钉；2—缸底；3—弹簧卡圈；4—挡环；5—卡环（由 2 个半圆组成）；6—密封圈；7—挡圈；8—活塞；9—支承环；10—活塞与活塞杆之间的密封圈；11—缸筒；12—活塞杆；13—导向套；14—导向套和缸筒之间的密封圈；15—端盖；16—导向套和活塞杆之间的密封圈；17—挡圈；18—锁紧螺钉；19—防尘圈；20—锁紧螺母；21—耳环；22—耳环衬套圈

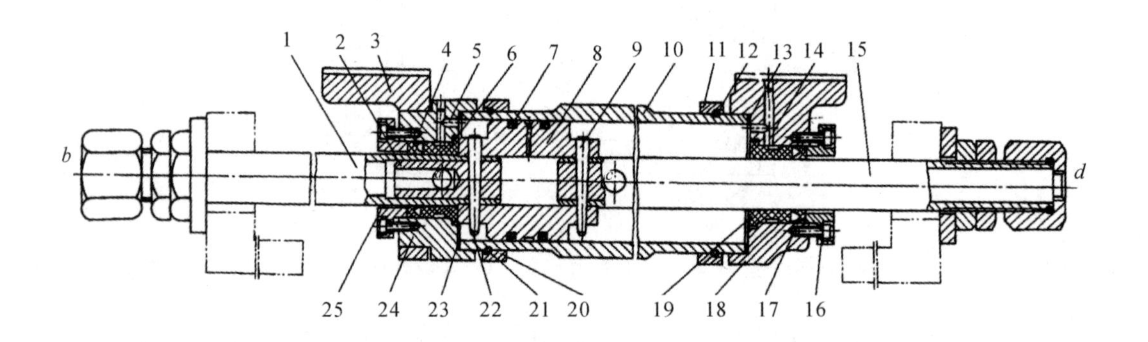

图 4-7 双杆液压缸结构图

1—活塞杆；2—堵头；3—托架；4—密封圈；5—排气孔；6—导向套；7—密封圈；8—活塞；9—锥销；10—缸筒；11—压板；12—钢丝环；13—纸垫；14—排气孔；15—活塞杆；16—压盖；17—密封圈；18—缸盖；19—导向套；20—压板；21—钢丝环；22—锥销；23—纸垫；24—缸盖；25—压盖

从上述液压缸典型结构可看出，任何液压缸基本上都由缸筒-缸盖组件、活塞-活塞杆组件、密封件、缓冲装置和排气装置等部分组成。缓冲装置和排气装置根据具体应用场合而定，其他部分则是必不可少的。

（1）缸筒-缸盖组件。由于缸筒和缸盖承受油液的压力，所以要求有足够的耐压性和耐磨性、较高的表面精度和可靠的密封性，一般用钢和优质铸铁制成。高压缸的缸筒采用冷拔无缝钢管，为了增加耐磨性和防止密封件的损伤，缸筒内表面可镀上 0.05 mm 厚度的硬铬。缸筒和缸盖之间可采用法兰、螺纹、拉杆和焊接等连接形式。

(2)活塞组件。活塞可与活塞杆做成整体的，但大多是分开的，此时，可采用螺纹式、锥销式和半环式等进行连接。活塞受油液的压力，并在缸筒内往复运动，因此也要求有一定的耐压性和良好的耐磨性。活塞一般用耐磨铸铁或缸制造。活塞杆是连接活塞和工作部件的传力零件，要求有足够的强度和刚度。活塞杆可制成实心或空心的，但不论空心与否，通常都用优质钢料制造。活塞杆表面最好镀上硬铬，以防损伤密封件。

(3)缓冲装置。缓冲装置用于防止缸在活塞行程终了时，活塞与缸盖发生撞击，引起破坏性事故或严重影响机械精度。高速(>0.2 m/s)运动的液压缸必须设置缓冲装置。缓冲装置的工作原理是使缸内低压腔中油液(全部或部分)通过小孔或缝隙节流把动能转换为热能，热能则由循环的油液带到缸外，即通过增大液压缸回油阻力，逐渐减慢运动速度，防止撞击。图 4-8(a)所示为圆柱形环隙式缓冲装置，当缓冲柱塞进入缸盖上的内孔时，缸盖和活塞间形成的油腔封住一部分油液，并使其从环形缝隙中排出，实现减速缓冲；图 4-8(b)所示为圆锥形环隙式缓冲装置，缓冲柱塞为圆锥形，故环形间隙的通流面积随位移量而改变；图 4-8(c)所示为节流口变化式缓冲装置，被封在活塞和缸盖间的油液经柱塞上的轴向三角节流槽流出而实现缓冲；图 4-8(d)所示为节流口可调式缓冲装置，被封在活塞和缸盖间的油液经可调节流阀的小孔排出而实现缓冲，图中的单向阀用于反向时快速启动。

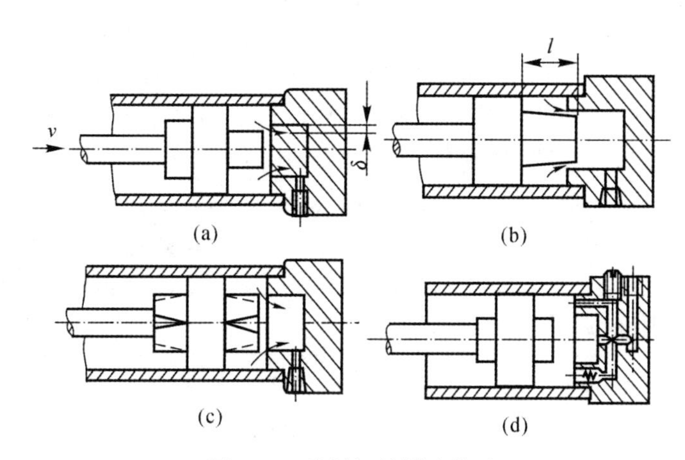

图 4-8　液压缸的缓冲装置

(a)圆柱形环隙式；(b)圆锥形环隙式；(c)节流口变化式；(d)节流口可调式

(4)排气装置。液压缸工作时会积留空气，从而影响液压缸及其带动的工作部件运动的平稳性甚至导致其无法正常工作。一般液压缸通常不设专门的排气装置，而是通过缸的空载往复运动，将空气随回油带入油箱分离出来，直至运动平稳。对于特殊液压缸，可在缸盖最高部位设置排气塞(见图 4-9)，排气时松开螺钉，使缸全行程往复移动数次直至可见油液排出，排气完毕后旋紧螺钉即可。

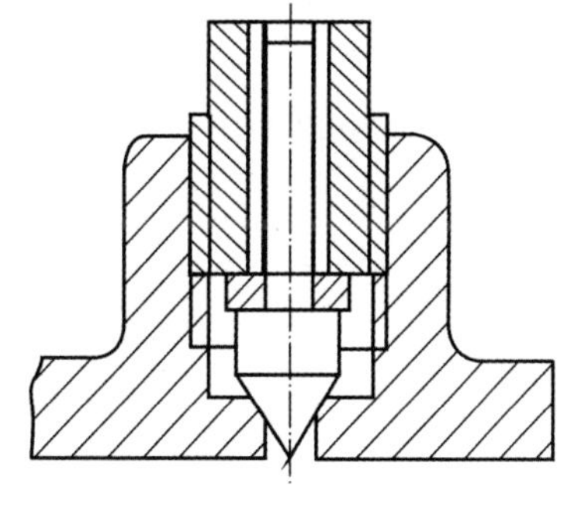

图 4-9　排气塞

液压缸具有结构简单、工作可靠、使用维护方便的优点，可广泛应用于各类机械的液压系统中。

4.4 液压缸的使用维护要点

液压缸的使用维护要点见表4-20。

表4-2 液压缸的使用维护要点

序号	项目
1	液压缸的安装必须符合设计图样和(或)制造厂的规定
2	安装前应仔细检查缸的活塞杆是否弯曲
3	安装液压缸时，应尽量使其进、出油口的位置在最上面
4	应使缸的轴线位置与运动方向一致；使缸所承受的负载尽量通过缸轴线，不产生偏心现象。避免安装螺栓直接承载
	对于基座式(底脚式)液压缸，可通过底座或法兰前设置挡块的方法，避免安装螺钉直接承受负载，以减小倾覆力矩。对于底脚式大直径、大行程液压缸，为避免底脚螺栓直接承受推力载荷，可在缸一个底脚的两侧安装止推挡块A、B(见图4-10(b))。活塞杆伸出(或缩回)时所产生的载荷由止推块B(或A)直接承受，而底脚螺栓2仅承受上、下方向的作用力。在液压缸拆卸后的再次安装过程中，止推块A、B还起到定位作用。在3、4处的压阪挡块C，只限制缸体上抬，不应限制缸体的轴向伸展。此外，缸的基座要有足够的刚性；有必要在对缸设置中间支座D，在活塞杆上设置活动支承台F。当活塞杆伸出时，支承台F也向左运动直至碰到限程挡块E后停止不动，从而保证支承台F停留在最佳位置；当活塞杆缩回时，最初支承台F仍留在最佳位置，当活塞杆越过一半时就带着支承台一起向右移动
	对于法兰式液压缸，当缸的有杆腔为主工作腔时，要按如图4-11(a)所示安装；当缸以无杆腔为主工作腔时，要按图4-10(b)安装，即保证载荷只能作用在支座B上，螺栓A仅起紧固作用。对于水平安装的大直径、大行程液压缸，则需利用支承挡块C(或定位销)来承受液压缸的重量，最好设置防止挠曲用的托架E
	对于轴销式或耳环式液压缸，销轴或耳环式液压缸以耳轴为支点，在与耳轴垂直的平面内摆动的同时做往复直线运动，所以活塞杆顶端的连接头方向应与耳轴方向一致(见图4-12(b))，否则将影响缸的稳定性、强度和寿命(见图4-12(a))
5	液压缸的安装应牢固可靠，为了防止热膨胀的影响，在行程大和工作时温差大的场合下，缸的一端必须保持浮动，以减小热膨胀的影响。为了适应热胀冷缩，固定点之间的直管段至少要有一个松弯，应该避免紧死的直管(见图4-13)
6	首次使用液压缸时，应松开排气塞(阀)螺钉排气，使缸全行程空载往复移动数次直至可见油液排出，排气完毕后旋紧螺钉即可
7	液压缸运行中，不得锤击其外表面及连接管道。如出现爬行等不良动作或振动、噪声及异常发热，应按使用说明书的要求对其进行检修
8	长期不用的缸，再度使用时，应检查其内部密封件等的完好状态及原内存油液质量，不合格的应予以更换，合格后再进行启动和使用

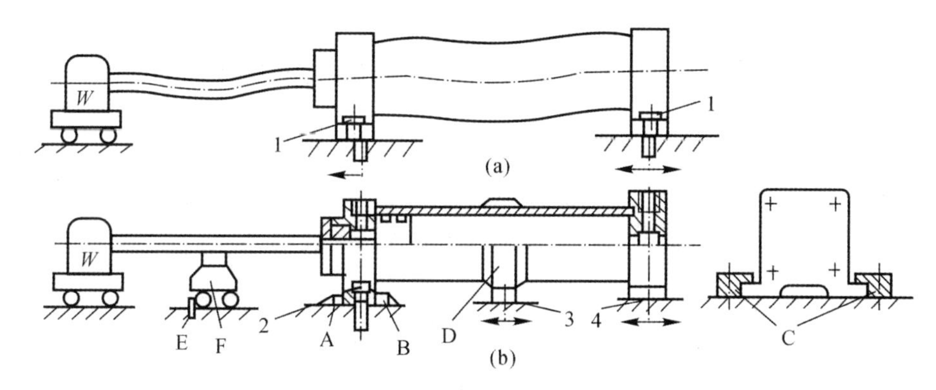

图 4-10　底脚式大直径大行程液压缸的安装方法

(a)不正确；(b)正确

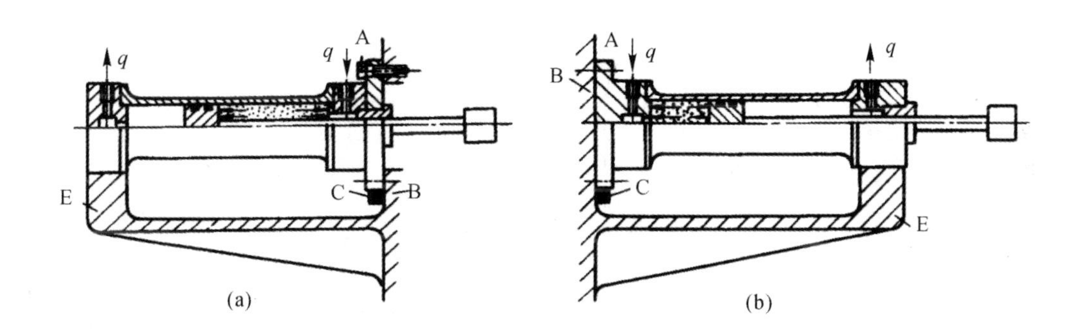

图 4-11　法兰式液压缸的安装方法

(a)有杆腔为主工作腔；(b)无杆腔为主工作腔

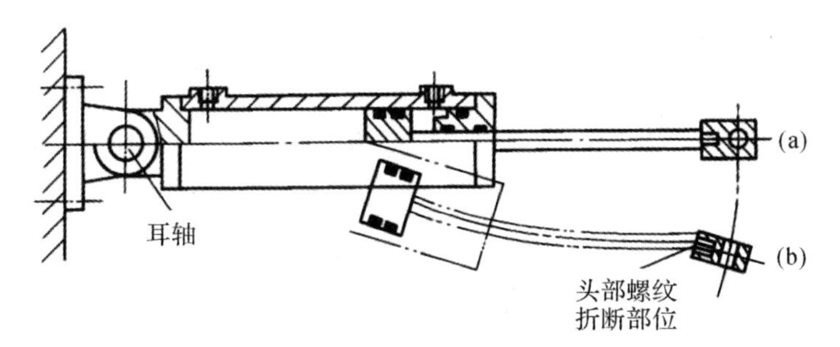

图 4-12　耳环式液压缸的安装方法

(a)有杆腔为主工作腔；(b)无杆腔为主工作腔

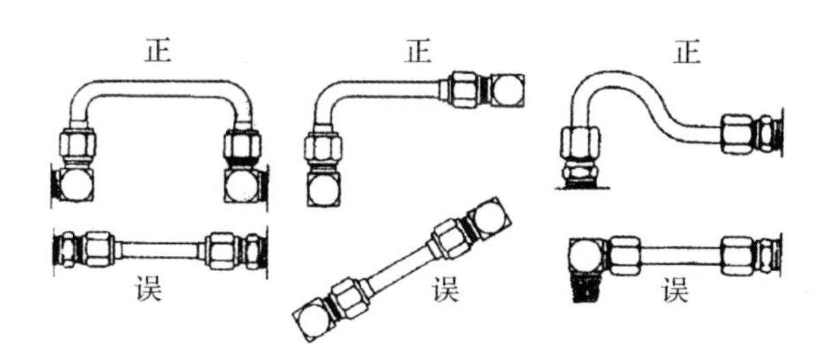

图 4-13　直管段的松弯

4.5 液压缸的拆解检修与装配

液压缸在使用一定时间后，缸筒与活塞、活塞杆与缸盖等相对运动面会发生磨损和拉伤，从而引起动作失常、泄漏增大等故障。若磨损拉伤严重，则需进行拆解检修，其要点见表4－3。

表 4－3 液压缸的拆解检修与装配

(a)拆解

步骤	内 容
1	开动液压系统，将活塞的位置移动到适于拆卸的一个顶端位置
2	在拆卸前，切断系统的电源，使液压装置停止运动
3	对缸的主要零部件的特征、安装方位如缸筒、活塞杆、活塞、导向套等，进行标记和记录
4	为了将液压缸从主机上卸下，应先将缸的进、出油口的配管卸下，活塞杆的外端连接头和安装螺栓等需要全部松开。拆卸时，应严防损伤活塞杆外端头部的螺纹、油口螺纹和活塞杆表面(例如，拆卸中，不合适的敲打以及突然的掉落，都会损坏螺纹，或在活塞杆表面产生打痕等)
5	因液压缸的结构和大小不同，其拆卸的顺序也略有不同。一般应先松开缸盖的紧固螺栓或连接杆，然后将缸盖、活塞杆、活塞和缸筒顺序拆下。在拆出活塞与活塞杆时，不应硬性将其从缸筒中敲出，以免损伤缸筒内表面

(b)检修

序号	项 目	
1	缸筒内表面	缸筒内表面有很浅的线状摩擦伤或点状伤痕，不会影响使用。但若有纵状拉伤深痕时，即便更换新的密封圈，也不可能防止漏油，必须对内孔进行研磨，或用极细的砂纸或油石修正。当纵状拉伤为深痕而无法修正时，就必须更换新缸筒
2	活塞杆滑动面	在与活塞杆密封圈做相对滑动的活塞杆滑动面上，产生纵状拉伤或打痕时，其判断与处理方法与缸筒内表面相同。但活塞杆的滑动表面一般镀有硬铬，若部分镀层因磨损产生剥离，形成纵状伤痕时，活塞杆密封处的漏油对运行影响很大。必须除去旧有的镀层，重新镀铬、抛光。镀铬厚度约为 0.05 mm
3	导向套内表面	活塞杆导向套的有些伤痕，对使用没有什么妨碍。若不均匀磨损的深度在 0.2～0.3 mm时，则应更换新的导向套
4	活塞表面	首先要检查活塞是否有端盖的碰撞、内压引起的裂缝，如有，则必须更换活塞，因为裂缝可能会引起内泄漏。活塞表面有轻微的伤痕，一般不影响使用。但若伤痕深度达 0.2～0.3 mm 时，就应更换新的活塞。另外还需检查密封沟槽是否受伤
5	密封	活塞和活塞杆上的密封件是防止液压缸内泄漏的关键零件。检查密封件时，对于唇形密封圈，应首先观察其唇边有无损伤，密封摩擦面的磨损情况。若密封件唇口有轻微的伤痕，摩擦面略有磨损时，最好能更换新的密封件。对使用日久、材质产生硬化脆变的密封件，也必须更换。密封件的安装方法请参见第 8 章相关内容
6	其他	其他部分的检查，因液压缸构造及用途而异。但检查时应留意缸盖，耳环、铰轴是否有裂纹，活塞杆顶端螺纹，油口螺纹有无异常，焊接部分是否有脱焊、裂缝现象

(c)装配

序号	注意事项	序号	注意事项
1	检修完毕的液压缸在装配前，首先要准备好装配所用工具、清洗油液、器皿，并对待装零件进行合格性检查，特别是运动副的配合精度和表面状态。注意去除所有零件上的毛刺、飞边、污垢，清洗干净。装配液压缸时，首先将各部分的密封件分别装入各相关部分，然后由内到外进行装配	3	密封圈的安装方向应正确，安装时不可产生拧扭挤出现象
		4	活塞与活塞杆装配以后，应采用百分表测量其同轴度和全长上的直线度，应使差值在允许范围之内
2	避免损伤密封件。装配密封圈时，要注意密封圈不可被毛刺或锐角刮损，特别是带有唇边的密封圈和新型同轴密封件应尤为注意。若缸筒内壁上开有排气孔或通油孔，应检查、去除孔边毛刺；缸筒上与油口孔、排气孔相贯通的部位，要用质地较软的材料塞平，再装活塞组件，以免密封件通过这些孔口时划伤或挤破。检查与密封圈接触或摩擦的相应表面，如有伤痕，则必须进行研磨、修正。当密封圈要经过螺纹部分时，可在螺纹上卷上一层密封带，在带上涂上些润滑脂再进行安装。 在液压缸装配过程中，用洗涤油或柴油将各部分洗净，再用压缩空气吹干，然后在缸筒内表面及密封圈上涂一些润滑脂。这样不仅容易装入密封件，而且能保护密封圈不受损坏，效果明显	5	组装之前，将活塞组件在液压缸内移动，应运动灵活，确认没有阻滞和轻重不均匀现象后，方可正式总装
		6	装配导向套、缸盖等零件有阻碍时，不能硬性压合或敲打，一定要查明原因，消除故障后再行装配
		7	拧紧缸盖连接螺钉时，要依次对角地施力且用力均匀，要使活塞杆在全长运动范围内，可灵活均匀运动。全部拧紧后，最好用扭力扳手再重复拧紧一遍，以达到合适的紧固扭力并确保各点扭力数值的一致性

注：在对液压缸检修时，首先应对照缸的装配图或使用说明书对其进行拆解。在液压缸拆解后，首先应对各零件外观进行检查，并判断哪些零件可以继续使用，哪些零件必须更换和修理。在液压缸拆修与装配中，要特别注意其清洁性，所有零件要用煤油或柴油清洗干净，不得有任何污物留存在液压缸内；禁用棉纱、破布等拆装清洗擦拭零件，以免脱落的棉纱头混入液压系统；在装配过程中，各运动副表面要涂润滑油；所有零件均应轻拿轻放，避免磕伤运动副表面。

4.6　液压缸常见故障及其诊断排除

作为液压系统的一个执行部分，液压缸运行中发生故障，往往与整个系统有关，不能孤立地看待，例如压力机液压缸不能动作，既可能是液压泵未供油所致，也有可能因换向阀未换向所致等。所以应从外部到内在仔细分析故障原因，从而找出适当的解决办法，应避免欠加分析地大拆大卸，造成停机停产。表 4－4 是液压缸在使用中的一些常见故障及其诊断排除方法。

表 4－4　液压缸常见故障及其诊断排除方法

<table>
<tr><th>故障现象</th><th colspan="3">产生原因</th><th>排除方法</th></tr>
<tr><td rowspan="20">1.活塞杆不能动作</td><td rowspan="9">A.压力不足</td><td rowspan="2">(1)油液未进入液压缸</td><td>①换向阀未换向</td><td>检查换向阀未换向的原因并排除</td></tr>
<tr><td>②系统未供油</td><td>检查液压泵和主要液压阀并排除故障</td></tr>
<tr><td rowspan="2">(2)有油，但无压力</td><td>①主要是泵或溢流阀有故障</td><td>更换泵或溢流阀，查出故障原因并排除</td></tr>
<tr><td>②内部泄漏，活塞与活塞杆松脱，密封件损坏严重</td><td>将活塞与活塞杆紧固牢靠，更换密封件</td></tr>
<tr><td rowspan="5">(3)压力达不到规定值</td><td>①密封件老化、失效，唇口装反或有破损</td><td>检查泵密封件，并正确安装</td></tr>
<tr><td>②活塞杆损坏</td><td>更换活塞杆</td></tr>
<tr><td>③系统压力过低</td><td>重新调整压力，达到要求值</td></tr>
<tr><td>④压力调节阀有故障</td><td>检查原因并排除</td></tr>
<tr><td>⑤压力补偿流量阀的流量过小，因液压缸内泄漏，当流量不足时会使压力不足</td><td>流量阀的通过流量必须大于液压缸的泄漏量</td></tr>
<tr><td rowspan="6">B.压力已达到要求，但仍不动作</td><td rowspan="2">(1)液压缸结构上的问题</td><td>①活塞端面与缸筒端面紧贴在一起，工作面积不足，不能启动</td><td>端面上要加一条通路，使工作油液流向活塞的工作端面，缸进出油口位置应与接触表面错开</td></tr>
<tr><td>②具有缓冲装置的缸筒上单向回路被活塞堵住</td><td>排除</td></tr>
<tr><td rowspan="3">(2)活塞杆移动“别劲”</td><td>①缸筒与活塞，导向套与活塞杆配合间隙过小</td><td>检查配合间隙，并配研到规定值</td></tr>
<tr><td>②活塞杆与夹布胶木导向套之间的配合间隙过小</td><td>检查配合间隙，修配导向套孔，达到要求的配合间隙</td></tr>
<tr><td>③液压缸装配不良(如活塞杆、活塞和缸盖之间同轴度差、液压缸与工作平台平行度差)</td><td>重新装配和安装，更换不合格零件</td></tr>
<tr><td colspan="2">(3)液压回路引起的原因主要是液压缸背压腔油液未与油箱相通，回油路上的调速节流口调节过小或换向阀未动作</td><td>检查原因并消除</td></tr>
<tr><td rowspan="3">C.内泄漏严重</td><td colspan="2">(1)密封件破损严重</td><td>更换密封件</td></tr>
<tr><td colspan="2">(2)油的黏度太低</td><td>更换适宜黏度的液压油</td></tr>
<tr><td colspan="2">(3)油温过高</td><td>检查原因并排除</td></tr>
<tr><td rowspan="2">D.外负载过大</td><td colspan="2">(1)选用压力过低</td><td>核算后更换元件，调大工作压力</td></tr>
<tr><td colspan="2">(2)工艺和使用错误，造成外负载比预定值大</td><td>按设备规定值使用</td></tr>
</table>

续　表

故障现象	产生原因			排除方法
2. 速度达不到规定	A.活塞移动时“别劲”	(1)加工质量差,缸筒孔锥度和圆度超差		检查零件尺寸,更换无法修复的零件
		(2)装配质量差	①活塞、活塞杆与缸盖之间同轴度差	按要求重新装配
			②液压缸与工作平台平行度差	按要求重新装配
			③活塞杆与导向套配合间隙小	检查配合间隙。修配导向套孔,达到要求的配合间隙
	B.脏物进入滑动部位	(1)油液过脏		过滤或更换油液
		(2)防尘圈破损		更换防尘圈
		(3)装配时未清洗干净或带入脏物		拆洗,装配时要注意清洁
	C.活塞在端部行程速度急剧下降	(1)缓冲节流阀的节流口调节过小,在进入缓冲行程时,活塞可能停止或速度急剧下降		缓冲节流阀的开口度要调节适宜,并能起缓冲作用
		(2)固定式缓冲装置中节流孔直径过小		适当加大节流孔直径
		(3)缸盖上固定式缓冲节流环与缓冲柱塞间间隙小		适当加大间隙
	D.活塞移动到中途速度较慢或停止	(1)缸壁内径加工精度差,表面粗糙,使内泄量增大		修复或更换缸筒
		(2)缸壁胀大使内泄量增大		更换缸筒
3. 液压缸爬行	A. 液压缸活塞杆运动“别劲”	(1)液压缸结构上有问题	①活塞端面与缸筒端面紧贴在一起,工作面积不足,不能启动	端面上加一条通路,使工作油液流向活塞的工作端面,缸筒的进出油口位置应与接触表面错开
			②具有缓冲装置的缸筒上单向回路被活塞堵住	排除
		(2)活塞杆移动“别劲”	①缸筒与活塞,导向套与活塞杆配合间隙过小	检查配合间隙,并配研到规定值
			②活塞杆与夹布胶木导向套之间的配合间隙过小	检查配合间隙,修配导向套孔,达到要求的配合间隙
			③液压缸装配不良(如活塞杆、活塞和缸盖之间同轴度差、液压缸与工作平台平行度差)	重新装配和安装,更换不合格零件
		(3)液压回路引起的原因主要是液压缸背压腔油液未与油箱相通,回油路上的调速节流口调节过小或换向阀未动作		检查原因并消除

续 表

故障现象	产生原因		排除方法
3. 液压缸爬行	B. 缸内进入空气	(1)新的或修理后的液压缸或设备停机时间过长的缸,缸内有气或液压缸管道中排气不净	空载大行程往复运动,直到把空气排净
		(2)缸内部形成负压,从外部吸入空气	先用油脂封住结合面和接头处,若吸空情况有好转,则将螺钉及接头紧固
		(3)从液压缸到换向阀之间的管道容积比液压缸内容积大得多,液压缸工作时,这段管道上油液未排完,所以空气也很难排净	在靠近液压缸管道的最高处加排气阀,活塞在全行程情况下运动多次,把气排净后,再关闭排气阀
		(4)泵吸入空气	拧紧泵的吸油管接头
		(5)油液中混入空气	液压缸排气阀放气,油质本身欠佳时换油
4. 缓冲装置故障	A. 缓冲作用过度	(1)缓冲节流阀的节流开口过小	将节流口调节到合适位置并紧固
		(2)缓冲柱塞“别劲”	拆开清洗,适当加大间隙,更换不合格零件
		(3)在斜柱塞头与缓冲环之间有脏物	修去毛刺并清洗干净
		(4)固定式缓冲装置柱塞头与衬套之间间隙太小	适当加大间隙
	B. 失去缓冲作用	(1)缓冲调节阀处于全开状态	调节到合适位置并紧固
		(2)惯性能量过大	设置合适的缓冲机构
		(3)缓冲节流阀不能调节	修复或更换
		(4)单向阀处于全开状态或单向阀阀座封闭不严	检查尺寸,更换锥阀芯和钢球,更换弹簧,并配研修复
		(5)活塞上的密封件破损,当缓冲腔压力升高时,工作液体从此腔向工作压力腔倒流,故活塞不减速	更换密封件
		(6)柱塞头或衬套内表面上有伤痕	修复或更换
		(7)镶在缸盖上的缓冲环脱落	修理换新缓冲环
		(8)缓冲柱塞锥面长度与角度不对	修正
	C. 缓冲行程段出现“爬行”	(1)加工不良,如缸盖、活塞端面不合要求,在全长上活塞与缸筒间隙不均匀,缸盖与缸筒不同轴,缸筒内径与缸盖中心线偏差大,活塞与螺母端面垂直度不合要求,造成活塞杆弯曲等	仔细检查每个零件,不合格者不许使用
		(2)装配不良,如缓冲柱塞与缓冲环相配合的孔有偏心或倾斜等	重新装配,确保质量

续　表

故障现象	产生原因			排除方法
5.泄漏过大	A.装配不良	(1)液压缸装配时端盖装偏，活塞杆与缸筒、定心不良，使活塞杆伸出困难，加速密封件磨损		拆检并重新装配
		(2)液压缸与工作台导轨面平行度差，使活塞杆伸出困难，加速密封件磨损		拆检，重新安装，并更换密封件
		(3)密封件安装差错，如密封件划伤、切断、密封唇装反，唇口破损或轴倒角尺寸不对，漏装或装错		更换并重新安装密封件
		(4)密封件压盖未装好	①压盖安装有偏差	重新安装
			②紧固螺钉受力不均	拧紧螺钉并使之受力均匀
			③紧固螺钉过长，使压盖不能压紧	按螺孔深度合理选配螺钉长度
	B.密封件质量不佳	(1)库存期过长，自然老化失效		更换密封件
		(2)保管不良，变形或损坏		
		(3)胶料性能差，不耐油或胶料与油液相容性差		
		(4)制品质量差，尺寸不对，公差不合要求		
	C.活塞杆和沟槽加工质量差	(1)活塞杆表面粗糙，活塞杆头上的倒角不合要求或未倒角		表面粗糙度应为 Ra0.2μm，并按要求倒角
		(2)沟槽尺寸及精度不合要求	①设计图样有错误	按有关标准设计沟槽
			②沟槽尺寸加工不合标准	检查尺寸，并修正到要求尺寸
			③沟槽精度差，毛刺多	修正并去毛刺
	D.油的黏度过低	(1)用错了油品		更换合适的油液
		(2)油液中渗有乳化液		
	E.油温过高	(1)液压缸进油口阻力过大		检查进油口是否通畅
		(2)周围环境温度太高		采取隔热措施
		(3)泵或冷却器有故障		检查原因并排除
	F.振动大	(1)紧固螺钉松动		定期紧固螺钉
		(2)管接头松动		定期紧固管接头
		(3)安装位置变动		应定期紧固安装螺钉
	G.活塞杆拉伤	(1)防尘圈老化，失效		更换防尘圈
		(2)防尘圈内侵入砂粒，切屑等脏物		清洗更换防尘圈，修复活塞杆表面拉伤处

4.7 液压缸标准系列产品与使用维修中的选型及替代要点

目前，由于液压缸产品已经标准化和系列化，因此用户在使用维修中一般可根据主机工况和使用要求，从现有产品系列（见表 4－5）中进行选型及替代。选型及替代的主要依据是液压缸的使用场合、安装形式、工作行程、推力和速度（速比）（或压力和流量）及结构参数等。当标准系列产品不能满足使用要求时，则需自行设计液压缸。

表 4－5 常用液压缸标准系列产品及其生产厂

标准系列		轻型拉杆式	工程	车辆用	冶金机械用	重载
结构性能参数	额定压力/MPa	约 21	16	约 16	约 25	约 35
	推力/kN	26.46～1 010.22	20.1～1 286.8	17.6～1 125.95	31.42～3 141.6	44～2 814.8
	缸筒内径/mm	40～250	40～320	40～320	40～400	40～320
	最大行程/mm	1 000～2 000	400～4 000	1 500～8 000	见生产厂产品样本	见生产厂产品样本
生产厂		①武汉油缸厂；②抚顺液压机械厂等	①四川长江液压件有限公司；②南京液压件厂；③天津工程液压件厂等	①四川长江液压件有限公司等	①天津优瑞纳斯液压机械有限公司；②上海优瑞纳斯液压机械有限公司；③武汉油缸厂等	①韶关液压件厂；②武汉油缸厂；③焦作气动液压件厂等

注：(1)液压缸产品的额定压力（公称压力）p_s 是液压缸能用以长期连续工作的压力；其最高允许压力 p_{max} 是液压缸在瞬间所能承受的极限压力；其工作压力 p 是由负载决定的液压缸实际运行压力。

(2)各产品详细结构及安装连接尺寸可从手册或生产厂产品样本查取。

第 5 章　液压控制阀的使用维修

5.1　液压阀的液流调控原理

5.1.1　液压阀的液流调控原理及分类

液压控制阀(简称液压阀)的功用是通过控制调节液压系统中油液的流向、压力和流量,使执行元件及其驱动的工作装置达到预定的运动位置、方向、推力(转矩)及速度(转速)等,满足不同的动作要求。任何一个液压系统,不论其如何简单,都不能缺少液压阀;通过选择不同液压阀可以为同一主机组成油路结构迥然不同的液压系统。

液压阀一般都由阀芯、阀体和操纵驱动阀芯在阀体内做相对运动的装置等三个主要部分组成:阀芯的结构形式多样;阀体上有与阀芯配合的阀体(套)孔或阀座孔,还有外接油管的主油口(进、出油口)以及控制油口和泄油口(按标准规定,主油口用实线表示及绘制,控制油口和泄油口用虚线表示和绘制);手调(动)、机动、弹簧、电磁铁、液压力、电液结合是阀芯常见的操纵驱动装置。

液压阀的分类方法很多(见图 5-1),一种阀在不同的场合,因出发点不同而有不同的名称。GB/T 786.1—2009 规定了各类液压阀的图形符号画法。

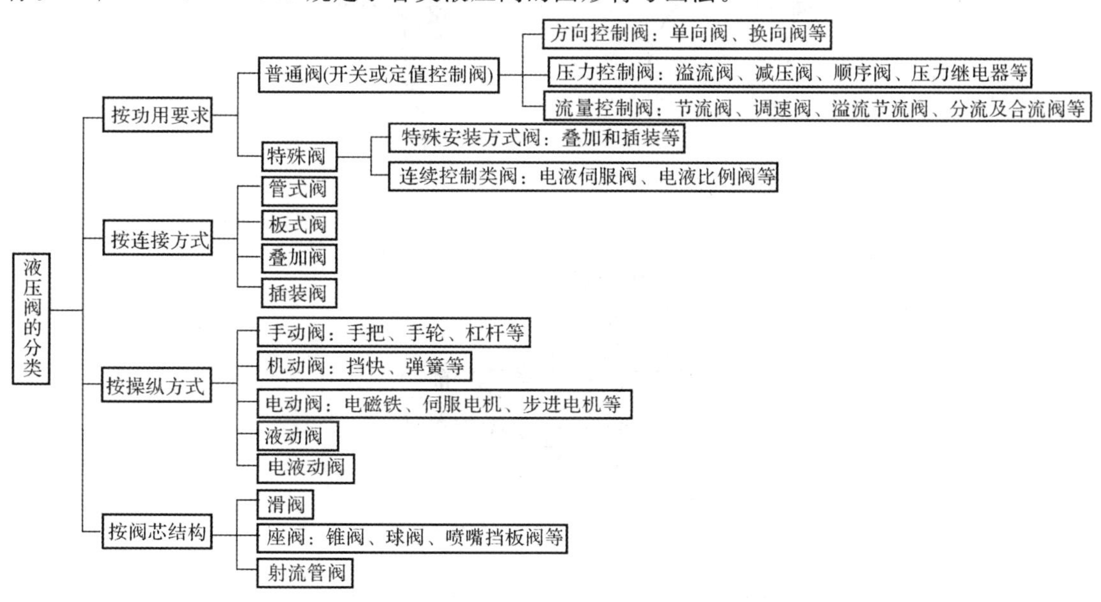

图 5-1　液压阀的分类

尽管液压阀种类繁多，但通常都是利用阀芯在阀体内的相对运动来控制阀口的通断及开口的大小，从而实现对方向、压力和流量的调节和控制的。阀在工作时，阀的开口面积 A、通过阀的流量 q 和液流经阀产生的压力差 Δp 之间的关系都符合孔口流量通用公式 $q = CA\Delta p^{\varphi}$（C 为由阀口形状、油液性质等决定的系数，A 为阀口通流面积，φ 为由阀口形状决定的指数，仅是参数因阀的不同而异）。这一公式在液压系统故障诊断中具有重要作用。

在管式阀上，阀体上的进出油口（加工出螺纹或光孔）通过管接头或法兰（大型阀用）与管路直接连接组成系统（见图 5－2），结构简单、重量轻，适合于移动式设备和流量较小的液压元件的连接，应用较广；但液压阀只能沿管路分散布置，可能的漏油环节多，装卸维护不方便。

板式阀需用螺钉固定在专门的过渡连接板（加工有与阀口对应的孔道的安装底板）上，阀的进、出油口通过连接板与管路相连接（见图 5－3）。制造商一般可随液压阀提供单个阀所对应的安装底板产品；如果自行制作连接板，则可根据该阀的安装面尺寸进行制造；各类液压阀的安装面均已标准化。如果欲在一块公共连接板上安装多个板式阀（见图 5－4），则应根据各标准板式阀的安装面尺寸和液压系统原理图的要求，在连接板上加工出与阀口对应的孔道以及阀间联系孔道，通过管接头连接管路，从而构成一个回路。此外，如图 5－5 所示，目前标准板式阀经常安装在六面体集成块上的每个侧面（每一个侧面相当于一个安装底板），阀与阀之间的油路通过块内流道沟通，从而减少连接管路。板式阀由于集中布置且装拆时不会影响系统管路，故操纵和维护极为方便，应用相当广泛。

叠加阀和插装阀是结构更为紧凑的阀类（详见本章 5.5 节）。

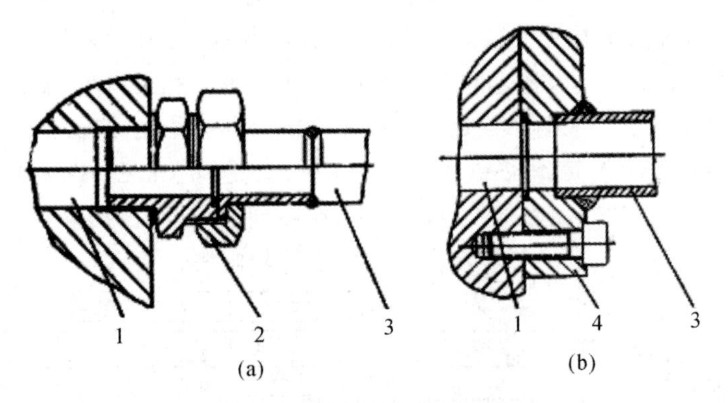

图 5－2　液压阀的管式连接

1—液压阀油口；2—管接头；3—系统管路；4—连接法兰

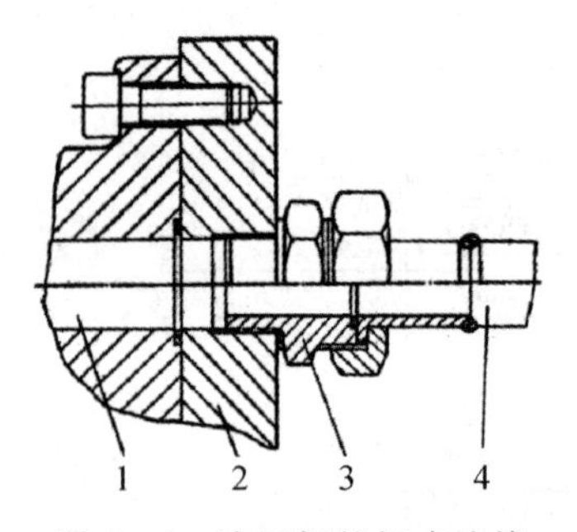

图 5－3　液压阀的板式连接

1—液压阀油口；2—过渡连接板；3—管接头；4—系统管路

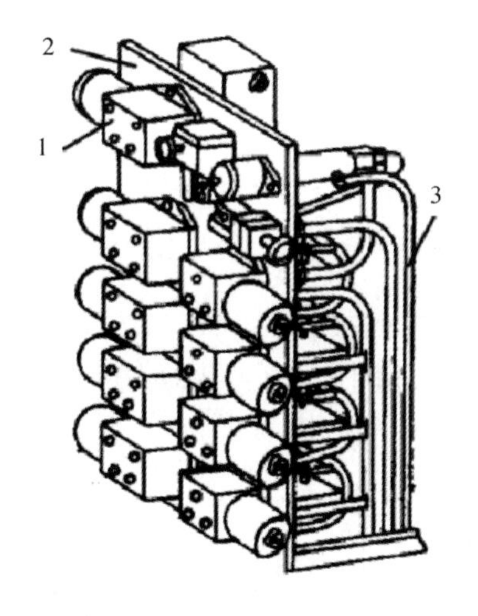

图 5-4　在一块公共连接板上安装多个板式阀

1—板式阀；2—公共连接板；3—管路

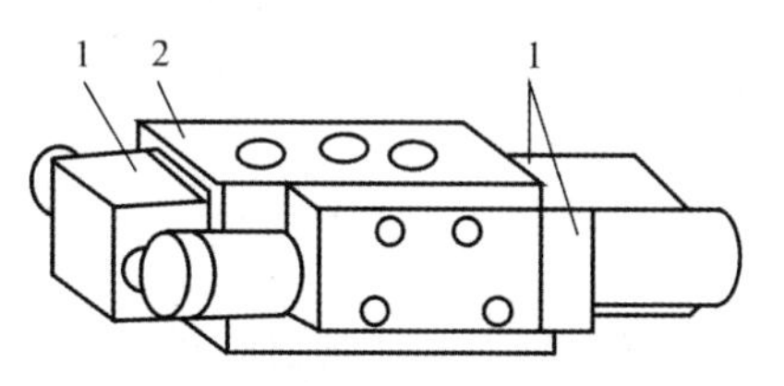

图 5-5　板式阀安装在六面体集成块上

1—板式阀；2—六面体集成块

滑阀类的阀芯多为圆柱形(见图 5-6(a))，阀体(或阀套)1 上有一个圆柱形孔，孔内开有环形沉割槽(通常为全圆周)，每一个沉割槽与相应的进、出油口相通。阀芯 2 上同样也有若干个环形槽，阀芯与环形槽之间的凸肩称为台肩，台肩的大、小直径为 D 和 d。通过阀芯相对于阀体(套)孔内的滑动使台肩遮盖(封油)或不遮盖(打开)沉割槽，即可实现所通油路(阀口)的切断或开启以及阀口开度 x 大小的改变，实现液流方向、压力及流量的控制。滑阀为间隙密封，因此，为保证工作中被封闭的油口的密封性，除了径向配合间隙应尽可能小以外，还需要适当的轴向密封长度，故阀口开启时阀芯需先位移一段距离(等于密封长度，俗称“死区”)。为了补偿由于液流速度变化作用在阀芯上的稳态液动力，在滑阀产品中，经常可以看到在将阀芯制成特种阀腔形状的负力窗口或在阀套上开斜孔等结构措施(见表 5-1)。

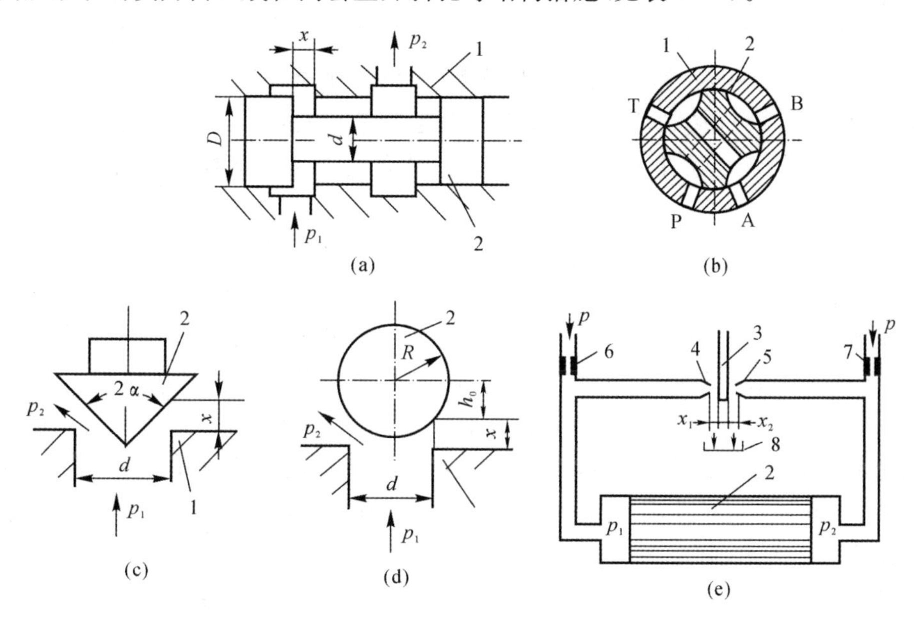

图 5-6　液压阀的阀芯结构

1—阀体；2—阀芯；3—挡板；4，5—喷嘴；6，7—固定节流孔；8—油箱

表 5-1　液压阀补偿稳态液动力的结构措施

结构措施	简　图	描　述
采用特种阀腔形状的负力窗口	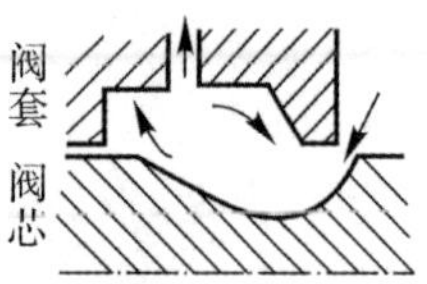 阀套 阀芯	出流对阀芯造成一个与稳态液动力反向的作用力；缺点是阀芯与阀体（套）形状复杂，不便加工
阀套上开斜孔	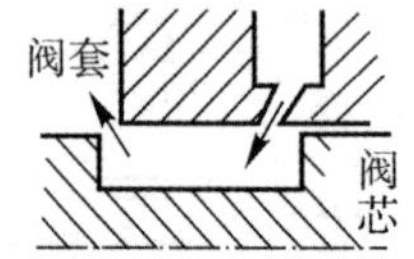 阀套 阀芯	使流出与流入阀腔的液体动量互相抵消，从而减小轴向液动力；缺点是斜孔布置、加工不便
改变阀芯的颈部尺寸	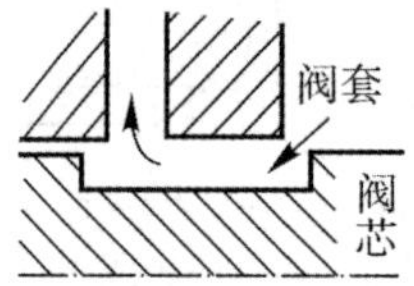 阀套 阀芯	使液流流过阀芯时有较大的压降，以便在阀芯两端面上产生不平衡液压力，抵消轴向液动力；缺点是流量较小时效果不佳

转阀类的阀芯为圆柱形（见图 5-6(b)），阀体 1 上开有进出油口（P、T、A、B），阀芯 2 上开有沟槽，通过控制旋转阀芯上的沟槽实现阀口的通断或开度大小的改变，以实现液流方向、压力及流量的控制。转阀类结构简单，但存在阀芯的径向力不平衡问题。目前，转阀式液压阀远不及滑阀式的品种多及应用广泛。

座阀中阀芯为圆锥形或球形的提升阀，利用锥形阀芯或圆球的位移来改变液流通路开口的大小，以实现液流方向、压力及流量的控制。锥阀（见图 5-6(c)）只能有进、出油口各一个，阀芯的半锥角 α 一般为 12°～40°；阀口关闭时为线密封，密封性能好，开启时无死区，动作灵敏，阀芯稍有位移即开启。球阀（见图 5-6(d)）实质上属于锥阀类，其性能与锥阀类似。喷嘴挡板阀有单喷嘴和双喷嘴两种，图 5-6(e)所示为双喷嘴挡板阀，通过改变喷嘴 4 及 5 与挡板 3 之间 2 个可变节流缝隙 x_1 和 x_2 的相对位移来改变它们所形成的节流阻力，从而改变控制油压 p_1 和 p_2 的大小，进而改变阀芯 2 的位置及液流通路开口的大小。喷嘴挡板阀精度和灵敏度高，动态响应好，但无功损耗大，抗污染能力差，常作为多级电液控制阀的先导级（前置级）使用。

5.1.2　液压阀的基本参数与使用要求

公称压力和公称通径是液压阀的两个基本参数。在液压阀产品铭牌上一般都应有这些参数（还包括型号（如 34E-B4BH 和 DB 20 G 5X-50 /315）及生产厂名称等）。液压阀的公称压力 p_s(MPa)是其长期连续工作所允许的最高工作压力，故又叫额定压力。公称压力标志着阀的承载能力大小。通常液压系统的工作压力小于阀的公称压力则是较为安全的。液压阀的主油口（进、出口）的名义尺寸叫作公称通径，用 D_g 表示，单位为 mm。公称通径标志着阀的规格或通流能力的大小，对应于阀的额定流量。阀工作时的实际流量应小于或等于其额定流量，最大一般不得大于额定流量的 1.1 倍。与阀进、出油口相连接的油管规格应与阀的通径相一致。液压阀主油口的实际尺寸不见得完全与公称通径一致。不同功能但通径规格相同的两种液压阀(如压力阀和方向阀),其主油口实际尺寸也不见得相同。为便于制造、选择及使用维护,公称通径已经系列化(见表 5-2)。

表 5-2　液压阀的公称通径及其推荐进、出口流量

公称通径 D_g/mm	4	6	8	10	15	16	20	25	32	40	50	65	80	100
推荐进出口通过流量/$(L \cdot min^{-1})$	2.5	6.3	25	40	—	63	100	160	250	400	630	1 000	1 250	2 500

对液压阀的基本要求:①动作灵敏,使用可靠,工作时冲击和振动小,噪声小,使用寿命长。②阀口打开时,液体通过阀的压力损失(压降)小;阀口关闭时,密封性能好(内泄漏少)。③控制压力或流量稳定。④结构紧凑,安装调试及使用维护方便,通用性好。

在液压系统使用维修中,对液压阀进行选型或替代时,其工作压力要小于额定压力;通过阀的实际流量要小于额定流量;注意电磁、电液控制阀的对电源的要求(如交流还是直流,额定电压、电流的大小)等。

液压阀在正常使用中出现的常见故障形式因阀的类型不同而异,例如方向阀的卡阻、压力阀的振动及流量阀失灵等,但导致这些故障多数与液压阀的三个组成部分(阀芯、阀体(阀套)和操纵装置)的摩擦磨损、疲劳破坏及油液污染有关,应针对具体情况及时进行诊断排除。

5.2　方向控制阀的使用维修

方向控制阀用于控制液流方向,以满足执行元件启动、停止及运动方向的变换等工作要求。它主要有单向阀和换向阀两类。

5.2.1　单向阀

1. 单向阀典型结构原理

单向阀有普通单向阀和液控单向阀两类。

(1)普通单向阀。普通单向阀的作用是只允许液流沿管道一个方向通过,反向流动则被截止(故又称止回阀)。图 5-7(a)所示为常用的普通单向阀,其锥阀芯 2 由弹簧 3 作用压在阀座上,使阀口关闭。阀的两端带有螺纹的油口 P_1 和 P_2 与系统管路相连(管式连接)。当液流从 P_1 口流入时,阀芯上的液压推力克服作用在阀芯 2 上的出口液压力、弹簧作用力及阀芯与阀体 1 之间的摩擦阻力,顶开阀芯,并通过阀芯上的径向孔 a 和轴向孔 b 从 P_2 口流出,构成通路,实现正向流动(阀口似开未开时的进口压力称开启压力)。当压力油液从 P_2 口流入时,在液体压力与弹簧力共同作用下,使阀芯紧紧压在阀体的阀座上,油口 P_1 和 P_2 被阀芯隔开,油液不能流过,即实现了反向截止。

锥阀式普通单向阀的密封性好,使用寿命长,在高压大流量系统中,工作可靠,应用广泛。此外,还有阀芯为钢球的球阀式普通单向阀,它仅适用于低压小流量场合。

普通单向阀有多种用途(见图 5-8):安装在液压泵出口,防止系统的压力冲击影响泵的正常工作,并防止泵检修及多泵合流系统停泵时油液倒灌;安装在多执行元件系统的不同油路之间，防止油路间压力及流量的不同而相互干扰；在系统中作背压阀用，提高执行元件的运动平稳性；与其他液压阀(如节流阀、顺序阀等)组合成单向节流阀、单向顺序阀等复合阀；用单向阀群组与流量阀构成桥式整流调速回路，实现用单一流量阀对执行元件双向运行速度的调节。

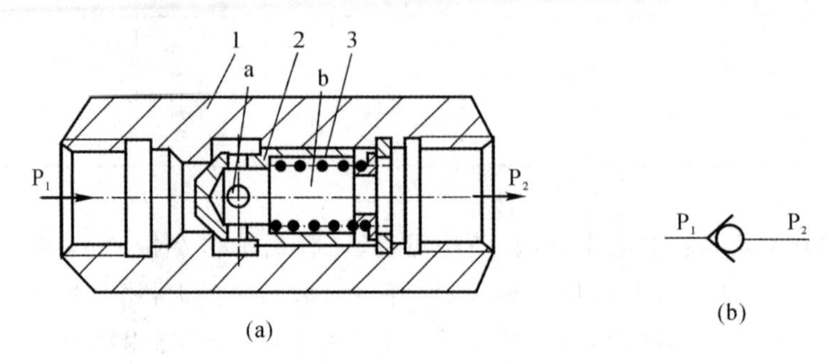

图 5-7 普通单向阀的工作原理及图形符号

1—阀体；2—阀芯；3—弹簧

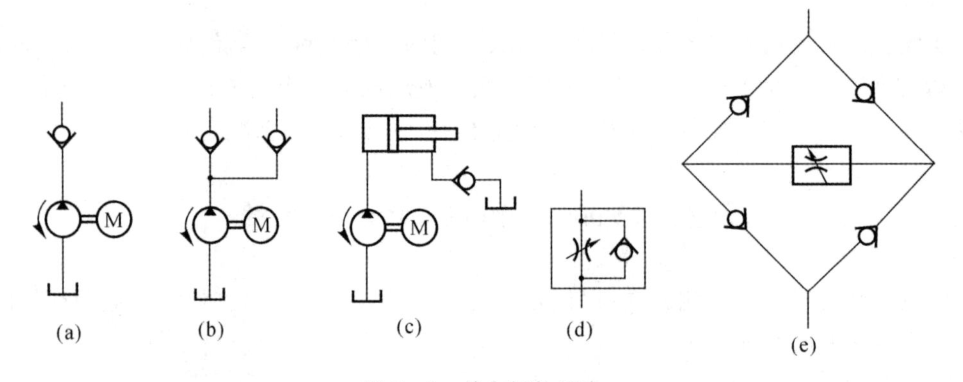

图 5-8 单向阀的用途

(a)安置在液压泵的出口处，防止液压冲击；(b)防止油路间相互干扰；

(c)作背压阀用；(d)单向节流阀；(e)与调速阀组成的桥式整流回路

(2)液控单向阀。此类阀不仅能实现普通单向阀的功能，还可由外部油压控制，实现反向接通功能。按阀芯结构的不同，液控单向阀有简式和复式两类；按照控制活塞泄油方式的不同，液控单向阀有内泄式和外泄式之分；还有两个同样结构的液控单向阀共用一个阀体的双液控单向阀(双向液压锁)。

简式液控单向阀(内泄式)的结构如图 5-9(a)所示，属管式阀，它比普通单向阀增加了一个控制活塞 1 及控制口 K。当 K 未通控制压力油时，其原理与普通单向阀完全相同，即油液从 P_1 口流向 P_2 口，为正向流动；当 K 中通入控制压力油时，使控制活塞顶开主阀芯(锥阀)2，实现油液从 P_2 口到 P_1 口的流动，为反向开启状态。之所以称为内泄，是因其控制活塞 1 的上腔与 P_1 口相通，结构简单、制造较方便，但其反向开启控制压力 p_K 较高，最小须为主油路压力的 30%～50%。

复式液控单向阀(外泄式)的结构原理如图 5-9(b)所示，属于板式阀，它带有卸载阀芯 3。主阀芯(锥阀)2 下端开有一个轴向小孔并由卸载阀芯封闭。当 P_2 口的高压油液需反向流过 P_1 口时(一般为液压缸保压结束后的工况)，控制压力油通过控制活塞 1 将卸载阀芯向上顶起一较小的距离，使 P_2 口的高压油瞬即从油道 e 及轴向小孔与卸载阀芯下端之间的环形缝隙流出，P_2 口的油液压力随即降低，实现泄压；然后，主阀芯被控制活塞顶开，使反向油流顺利通过。与内泄式阀不同的是，外泄式液控单向阀的控制活塞为两节同心配合式结构，使得控制活塞 1 上腔与 P_1 口隔开，并增设了外泄口 L（接油箱），减小了 P_1 口压力在控制活塞上的作用面积及其对反向开启控制压力的影响，加之由于卸载阀芯的控制面积较小，仅需要用较小的力即可顶开卸载阀芯，故大大降低了反向开启所需的控制压力，其控制压力仅约为工作压力的 5%，故特别适于高压大流量系统采用。

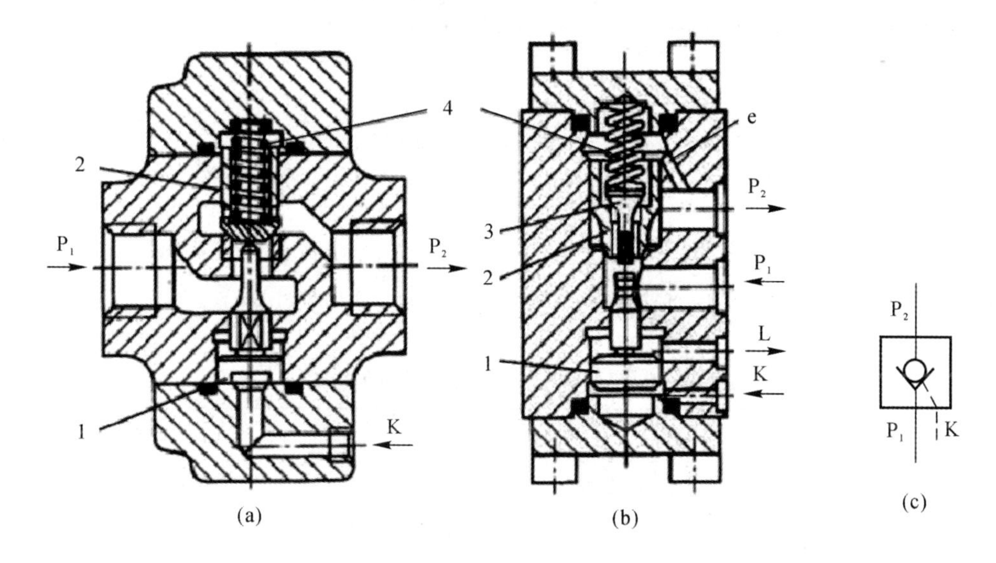

图 5-9　液控单向阀的结构原理及图形符号

1—控制活塞；2—主阀芯；3—卸载阀芯；4—弹簧

图 5-10(a)所示为双液控单向阀（双向液压锁）的结构原理，两个同结构的液控单向阀共用一个阀体，在阀体 6 上开设四个主油孔 A、A_1 和 B、B_1；主阀芯为锥阀（有的液压锁产品中为球阀结构）。当液压系统一条油路的液流从 A 腔正向进入该阀时，液流压力自动顶开左阀芯 2，使 A 腔与 A_1 腔沟通，油液从 A 腔向 A_1 腔正向流通；同时，液流压力将中间的控制活塞 3 右推，从而顶开右阀芯 4，使 B 腔与 B_1 腔沟通，将原来封闭在腔 B_1 通路上的油液经 B 腔排出。反之，当一条油路的液流从 B 腔正向进入该阀时，液流压力自动顶开右阀芯 4，使 B 腔与 B_1 腔沟通，油液从 B 腔向 B_1 腔正向流通；同时，液流压力将中间的控制活塞 3 左推，从而顶开左阀芯 2，使 A 腔与 A_1 腔沟通，将原来封闭在 A_1 腔通路上的油液经 A 腔排出。总之，双液控单向阀的工作原理是当一个油腔正向进油时，另一个油腔为反向出油，反之亦然。而当 A 腔或 B 腔都没有液流时，A_1 腔与 B_1 腔的反向油液被阀芯锥面与阀座的严密接触而封闭（液压锁作用）。

2. 单向阀的使用维护

对于普通单向阀，在安装时，须认清单向阀的进、出口方向，以免影响液压系统的正常工作。特别对于液压泵出口处安装的单向阀，若反向安装可能损坏液压泵及原动机。对于液控单向阀，在安装时，应正确区分主油口、控制油口和泄油口，并认清主油口的正、反方向，以免影响液压系统的正常工作。

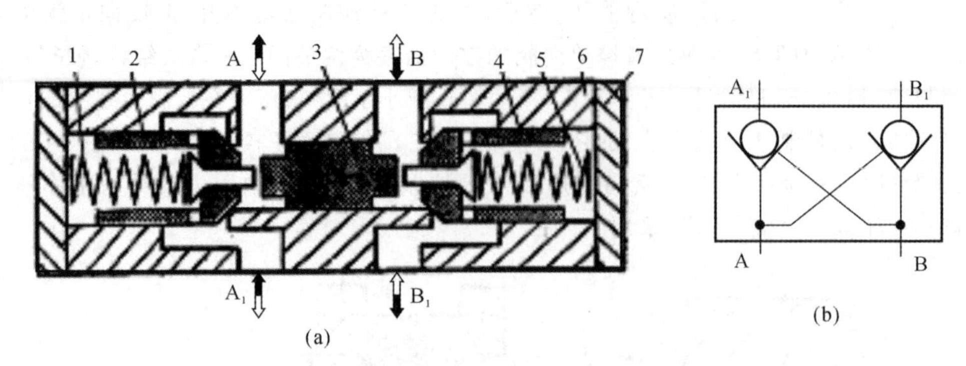

图 5－10　双液控单向阀的结构原理及图形符号

1—左弹簧；2—左阀芯；3—控制活塞；4—右阀芯；5—右弹簧；6—阀体；7—端盖

3. 单向阀的常见故障及其诊断排除

在单向阀使用中，常见故障有内外泄漏不能反向截断油流、启闭不灵活、噪声大等，其诊断排除方法见表 5－3。

表 5－3　单向阀常见故障及其诊断排除

类型	故障现象	产生原因	排除方法
普通单向阀	1. 反向截止时，阀芯不能将液流严格封闭而产生泄漏	(1)阀芯与阀座接触不紧密	重新研配阀芯与阀座
		(2)阀体孔与阀芯的不同轴度过大	检修或更换
		(3)阀座压入阀体孔有歪斜	拆下阀座重新压装
		(4)油液污染严重	过滤或更换油液
	2.启闭不灵活，阀芯卡阻	(1)阀体孔与阀芯的加工精度低，二者的配合间隙不当	修整
		(2)弹簧断裂或过分弯曲	更换弹簧
		(3)油液污染严重	过滤或更换油液
	3.外泄漏	(1)管式阀螺纹连接处螺纹配合不良或接头未拧紧	拧紧螺纹接头并在螺纹间缠绕聚四氟乙烯密封胶带
		(2)板式阀安装面密封圈漏装	补装密封圈
		(3)阀体有气孔砂眼	焊补或更换阀体
液控单向阀	4.反向截止时(即控制口不起作用时)，阀芯不能将液流严格封闭而产生泄漏	同本表中 1.	同本表中 1.
	5.复式液控单向阀不能反向卸载	阀芯孔与控制活塞孔的同轴度误差大、控制活塞端部弯曲，导致控制活塞顶杆顶不到卸载阀芯，使卸载阀芯不能开启	修整或更换

续　表

类型	故障现象	产生原因	排除方法
液控单向阀	6.阀关闭时不能回复到初始封油位置	同本表中 2.	同本表中 2.
	7.噪声大	(1)与其他阀共振	更换弹簧
		(2)选用错误	重新选择
	8.外泄漏	同本表中 3.	同本表中 3.

5.2.2　滑阀式换向阀

换向阀的作用是通过改变阀芯在阀体内的相对工作位置相对运动，实现使阀体上的油口连通或断开，从而改变液流的的方向，控制液压执行元件的启动、停止或换向。在滑阀式、转阀式和球阀式三大类换向阀中，滑阀式换向阀应用最广。

1. 换向阀结构原理

图 5－11(a)为滑阀式换向阀的结构原理图，阀体 1 与圆柱形阀芯 2 为阀的结构主体。阀芯可在阀体孔内轴向滑动。阀体孔里的环形沉割槽与阀体底面上所开的相应的主油口(P、A、B、T)相通。阀芯的台肩将沉割槽遮盖(封油)时，此槽所通油路(口)即被切断。当台肩不遮盖沉割槽(阀芯打开)时，此油路就与其他油路接通。沉割槽数目(与主油口不相通的沉割槽不计入槽数)及台肩的数目与阀的功能、性能、体积及工艺有直接关系。

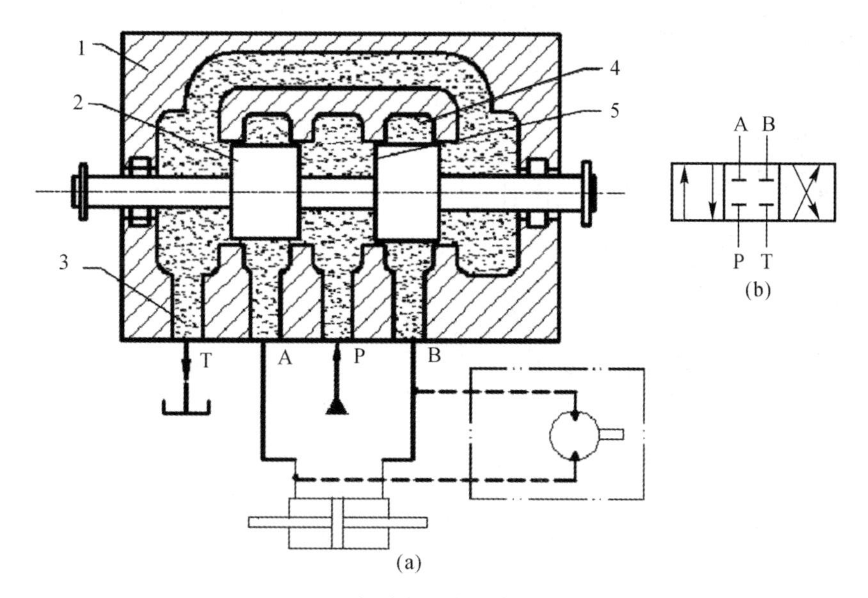

图 5－11　滑阀式换向阀结构原理及图形符号

1—阀体；2—滑动阀芯；3—主油口(通口)；4—沉割槽；5—台肩

依靠阀芯在阀孔中处于不同位置，便可以使一些油路接通而使另一些油路关闭。例如图 5－11(a)所示，阀芯有左、中、右三个工作位置，当阀芯 2 处于图示位置时，四个油口 P、A、B、T

都关闭，互不相通；当阀芯由驱动装置操纵移向左端一定距离时，油口 P 与 A 相通，B 与 T 相通，便使液压源▲的压力油从阀的 P 口经 A 口输向液压缸左腔；缸右腔的油液从阀的 B 口经 T 口流回油箱，缸的活塞向右运动；当阀芯移向右端一定距离时，油口 P 与 B 相通，A 与 T 相通，液流反向，活塞向左运动。

滑阀式换向阀的图形符号（以图 5－11(b)为例）由相互邻接的几个粗实线方框构成，其含义如下：①每一个方框代表换向阀的一个工作位置，表示阀芯可能实现的工作位置数目即方框数称为阀的位数；②方框中的箭头"↑"表示油路连通，短垂线"┬""┴"表示油路被封闭（堵塞）；③每一方框内箭头"↑"的首、尾及短垂线"┬""┴"与方框的交点数目表示阀的主油路通路数（不含控制油路和泄油路的通路数）；④字母 P、A、B、C、T 等分别表示主油口名称，通常 P 接液压泵或压力源，A 和 B 分别接执行元件的进口和出口，T 接油箱。综上可知，图 5－11 的换向阀是一个位数为 3、通路数为 4 的三位四通换向阀。表 5－4 为滑阀式换向阀的部分常见主体结构形式。

表 5－4　常见的滑阀式换向阀主体结构

<table>
<tr><th>名 称</th><th>原理图</th><th>图形符号</th><th colspan="3">适用场合</th></tr>
<tr><td>二位
二通阀</td><td> 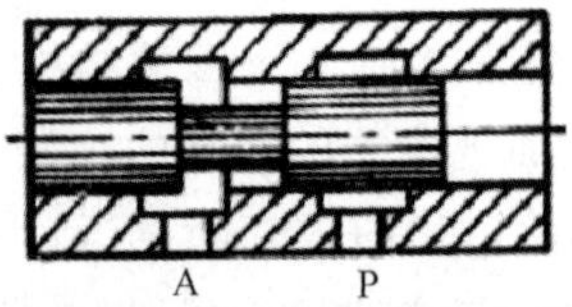A P</td><td> 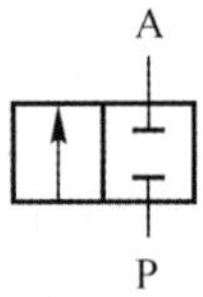A
P</td><td colspan="3">控制油路的接通与切断（相当于一个开关）</td></tr>
<tr><td>二位
三通阀</td><td> 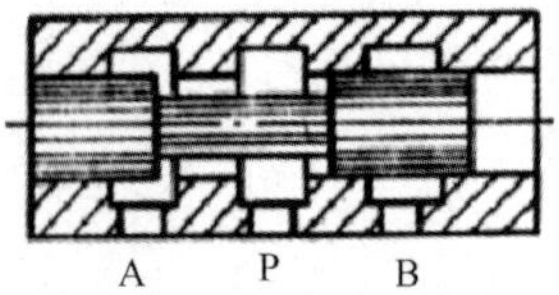A P B</td><td> 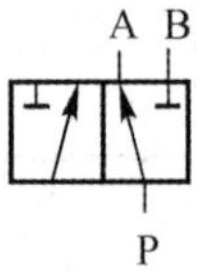A B
P</td><td colspan="3">控制液流方向（从一个方向变换成另一个方向）</td></tr>
<tr><td>二位
四通阀</td><td> 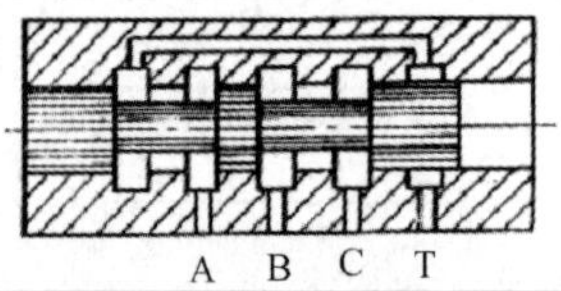A B C T</td><td> 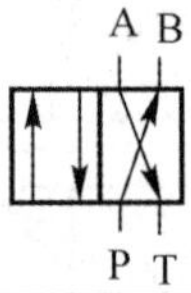A B
P T</td><td rowspan="4">控制
执行元
件换向</td><td>不能使执行元件在任一位置上停止运动</td><td rowspan="2">执行元件正反向运动时回油方式相同</td></tr>
<tr><td>三位
四通阀</td><td> 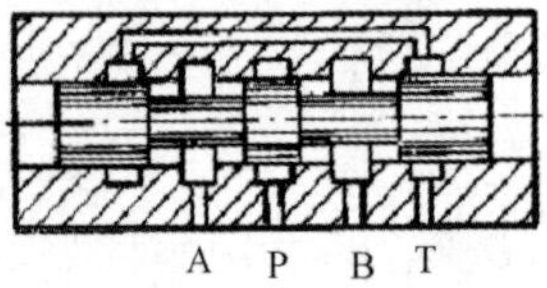A P B T</td><td> 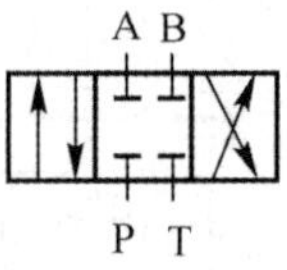A B
P T</td><td>能使执行元件在任一位置上停止运动</td></tr>
<tr><td>二位
五通阀</td><td>T_1 A P B T_2</td><td>A B
T_1PT_2</td><td>不能使执行元件在任一位置上停止运动</td><td rowspan="2">执行元件正反向运动时可以得到不同的回油方式</td></tr>
<tr><td>三位
五通阀</td><td>T_1 A P B T_2</td><td>A B
T_1PT_2</td><td>能使执行元件在任一位置上停止运动</td></tr>
</table>

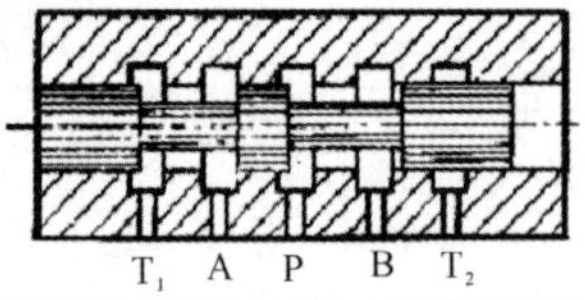

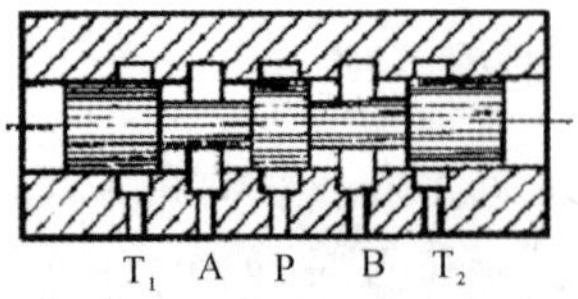

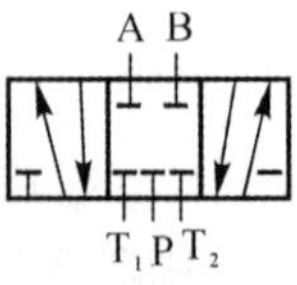

换向阀的阀芯处于不同工作位置时，主油路的连通方式和控制机能便不同。通常把滑阀主油路的这种连通方式称为滑阀机能。在三位换向阀中，把阀芯处于中间位置（也称停车位置）时，主油路各通口的连通方式称为阀的中位机能，把阀芯处于左位或右位的连通方式称为阀的左位或右位机能。阀的中位机能通常用一个字母表示，不同中位机能可满足不同的功能要求，不同的中位机能可通过改变阀芯形状和尺寸得到。三位四通换向阀常见的中位机能见表 5－5。

表 5－5　三位四通换向阀的常用中位机能

型 号	图形符号	油口情况	液压泵状态	执行元件状态	应用特点
O	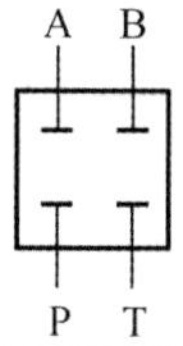 A B P T	P、T、A、B 互不连通	保压	停止	可组成并联系统
H	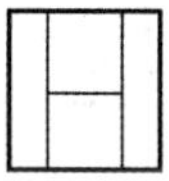	P、T、A、B 连通	卸荷	停止并浮动	可节能
M	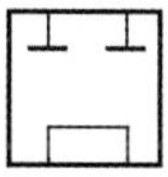	P、T 连通，A 与 B 封闭	卸荷	停止	可节能
P	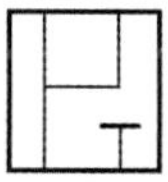	P、A、B 连通，T 封闭	与执行器两腔通	液压缸差动	组成差动回路，可作为电液动阀的先导阀
Y	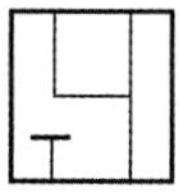	P 封闭，T、A、B 连通	保压	停止并浮动	可作为电液动阀的先导阀；可卸掉双向液压锁控制压力，能实现液压执行元件的锁紧
C	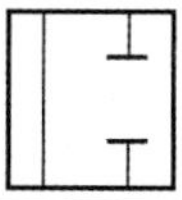	P、A 连通，B、T 封闭	保压	停止	
J	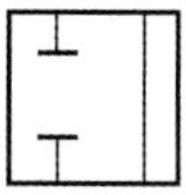	P、A 封闭，B、T 连通	保压	停止	

滑阀式换向阀可用不同的操纵控制方式进行换向，手动、机动（行程）、电磁、液动和电液动等是常用的操纵控制方式，操纵驱动机构及定位方式的符号画在整个阀长方形图形符号两端。不同的操纵控制方式与具有不同机能的主体结构进行组合即可得到不同的换向阀。滑阀式换向阀的操纵方式及其特点见表 5－6。

表 5－6　滑阀式换向阀的操纵方式

操纵方式	图形符号	结构应用特点	示　例
手动	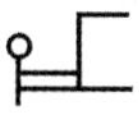	手动换向阀依靠手动杠杆操纵驱动阀芯运动而实现换向，主要用于动作简单、自动化程度要求不高的液压系统中。右图所示为三位四通手动换向阀，此阀为钢球定位，O 型中位机能	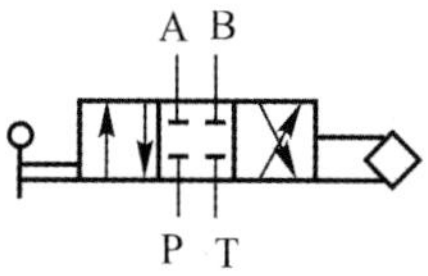 A B P T

续 表

操纵方式	图形符号	结构应用特点	示 例
机动（滚轮式）	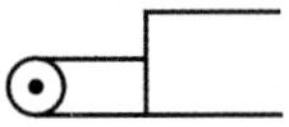	机动换向阀是借助机械运动部件上可以调整的凸轮或活动挡铁的驱动力，自动周期地压下或（依靠弹簧）抬起装在滑阀阀芯端部的滚轮，从而改变阀芯在阀体中的相对位置，实现换向。常用于控制机械运动部件的行程，故又叫行程阀。此类阀一般只有二位阀（可以是二通、三通、四通、五通等）。其中二位二通机动阀又分为常开（H型）和常闭（O型）两种。右图为二位二通O型机能的机动换向阀	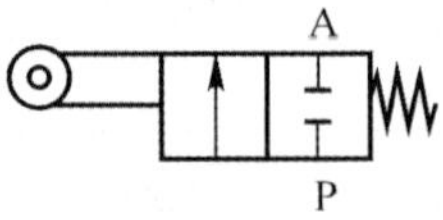 A P
电磁	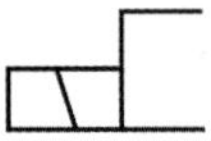	电磁换向阀简称电磁阀，它借助电磁铁通电时产生的推力使阀芯在阀体内做相对运动实现换向，电磁阀动作反应快，多用于自动化程度要求较高的各类液压机械中，但因受液流对阀芯液动力的影响及电磁铁吸力较小的限制，只适用于流量不大的场合。电磁阀中二位、三位及二通、三通、四通和五通阀居多。按用途不同，电磁阀有弹簧复位式和无弹簧式，三位阀有弹簧对中式和弹簧复位式；按电磁铁数目有单电磁铁和双电磁铁式；按电源的不同，电磁阀又可分为交流、直流和交流本整（本机整流）等三种形式。右上图为弹簧复位、单电磁铁的二位四通电磁阀，右下图为弹簧对中的三位四通电磁阀（O型中位机能）	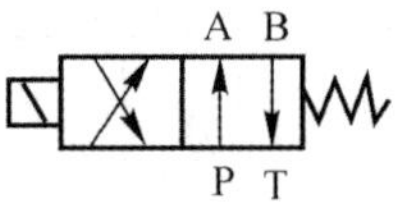 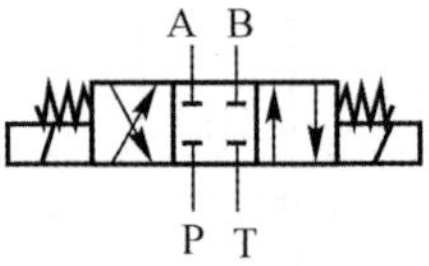 A B P T A B P T
液动	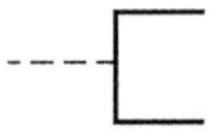	液动换向阀是通过外部（辅助泵或主泵减压后）提供的压力油作用使阀芯换向，通常用于大流量液压系统的换向。有换向时间不可调和可调两种结构形式。右上图所示为不可调式三位四通液动换向阀（O型中位机能）；右下图为可调式，在滑阀两端 K_1、K_2 控制油路中加装有阻尼调节器，通过调节节流阀开口大小即可调整阀芯的动作时间，用于换向平稳性要求高的场合	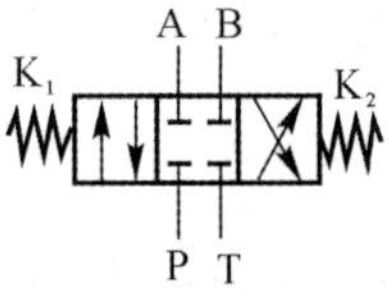 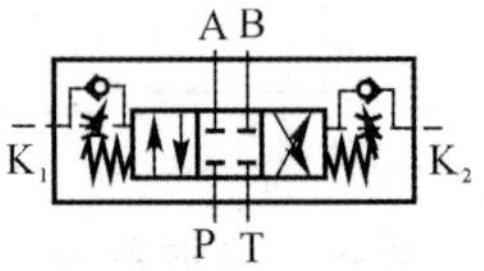 A B K_1 K_2 P T A B K_1 K_2 P T
电液动	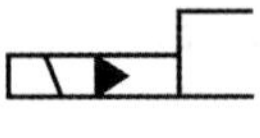	电液动换向阀通常用于大流量液压系统的换向。电液动换向阀由作为先导控制阀的小规格电磁换向阀和作主控制阀的大规格液动换向阀组合安装在一起而成，驱动主阀芯的信号来自于通过电磁阀的控制压力油（外部提供），由于控制压力油的流量较小，故实现了小规格电磁阀控制大规格液动换向阀的阀芯换向。右上图和右下图分别为三位四通电液动换向阀的详细和简化图形符号。	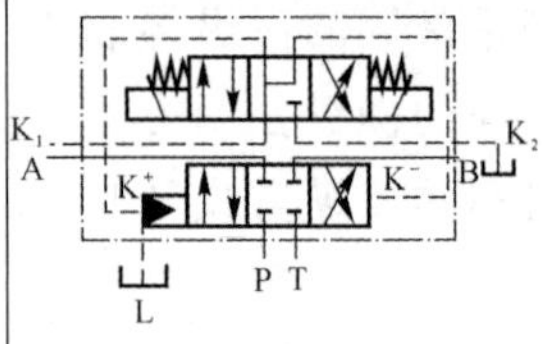 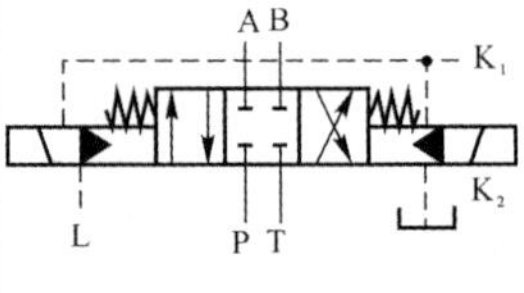 K_1 K_2 A B K^+ K^- L P T A B K_1 K_2 L P T

绘制换向阀的图形符号时，例如图 5－12 所示弹簧复位的二位四通电磁换向阀，一般将控制源（此例为电磁铁）画在阀的通路机能同侧，复位弹簧或定位机构等画在阀的另一侧。有多个工作位置的换向阀，其实际工作位置应根据液压系统的实际工作状态来判别。一般将阀两端的操纵驱动元件的驱动力视为推力，例如图 5－12 所示电磁阀，若电磁铁没有通电，此时的图形符号表示阀处于右位，四个油口互不相通；若电磁铁通电，则阀芯在电磁铁的作用下向右移动，称阀处于左位，此时 P 口与 A 口相通，B 口与 T 口相通。之所以称阀位于“左位”“右位”是指对于图形符号而言，并不指阀芯的实际位置。

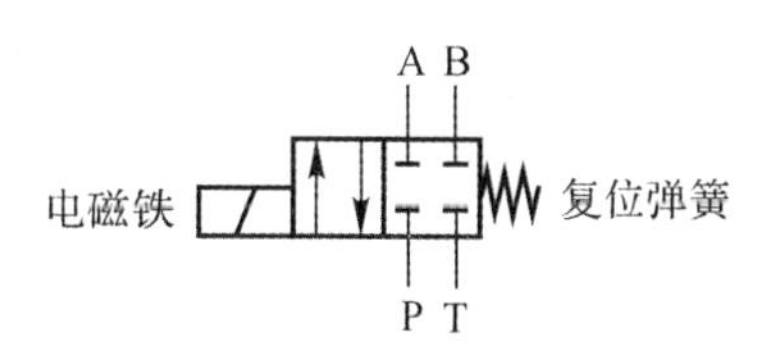

图 5－12　二位四通电磁换向阀

滑阀式换向阀的典型结构是图 5－13 的三位四通电液动换向阀，其图形符号见表 5－6。该阀由电磁滑阀（先导阀）和液动滑阀（主阀）复合而成。先导阀用以改变控制压力油流的方向，从而改变主阀的工作位置。主阀可视为先导阀的“负载”；主阀（其负载是液压执行元件），用来更换主油路压力油流的方向，从而改变执行元件的运动方向。当两个电磁铁都不通电时，先导阀阀芯在其对中弹簧作用下处于中位，来自主阀 P 口或外接油口的控制压力油不再进入主阀左右两端的弹簧腔，两弹簧腔的油液通过先导阀中位的 A、B 油口与先导阀 T 口相通，再经主阀 T 口或外接油口排回油箱。主阀芯在两端复位弹簧的作用下处于中位，主阀（即整个电液换向阀）的中位机能就由主阀芯的结构决定，图示为 O 型机能，故此时主阀的 P、A、B、T 口均不通。如果导阀左端电磁铁通电，则导阀芯右移，控制压力油经单向阀进入主阀芯左端弹簧腔，其右端弹簧腔的油经节流器和导阀接通油箱，于是主阀芯右移（移动速度取决于节流器），从而使主阀的 P→A 相通，B→T 相通；而当右端电磁铁通电时，先导阀芯左移，主阀芯也左移，主阀的 P→B 相通，A→T 相通。弹簧对中式三位四通电液动换向阀的先导阀中位机能应为 Y 型或 H 型的，只有这样，当先导阀处于中位时，主阀芯两端弹簧腔压力为零，主阀芯才能在复位弹簧的作用下可靠地保持在中位。

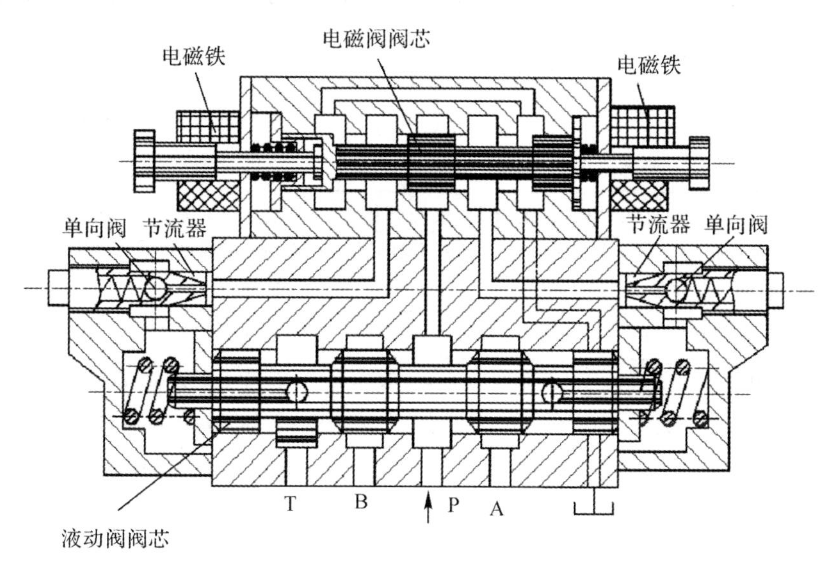

图 5－13　三位四通电液动换向阀

2. 换向阀的使用维护

双电磁铁电磁阀的两个电磁铁不能同时通电，两个电磁铁的动作应互锁。对于液动换向阀和电液动换向阀，应根据需要选择合适的控制供油方式。并根据要求决定所选择的阀是否带有阻尼调节器或行程调节装置。电液换向阀和液动换向阀在内部供油时，对于在中间位置使主油路卸荷的三位四通电液换向阀（如M、H、K等机能），应保证中位时的最低控制压力，如在回油口上加装背压阀等。

3. 换向阀常见故障及其诊断排除

在滑阀式换向阀使用中，其常见故障现象有阀芯不能移动、外泄漏、操纵机构失灵、噪声过大等，其诊断排除方法见表5-7。

表5-7 滑阀式换向阀常见故障及其诊断排除方法

故障现象	产生原因	排除方法
1. 阀芯不能移动	(1)换向阀阀芯表面划伤、阀体内孔划伤、油液污染使阀芯卡阻、阀芯弯曲	卸开换向阀，仔细清洗，研磨修复阀体，校直或更换阀芯
	(2)阀芯与阀体内孔配合间隙不当：间隙过大，阀芯在阀体内歪斜，使阀芯卡住；间隙过小，摩擦阻力增加，阀芯移不动	检查配合间隙。间隙太小，研磨阀芯，间隙太大，重配阀芯，也可以采用电镀工艺，增大阀芯直径，阀芯直径小于20 mm时，正常配合间隙在0.008～0.015 mm范围内；阀芯直径大于20 mm时，间隙在0.015～0.025 mm正常配合范围内
	(3)弹簧太软，阀芯不能自动复位；弹簧太硬，阀芯推不到位	更换弹簧
	(4)手动换向阀的连杆磨损或失灵	更换或修复连杆
	(5)电磁阀的电磁铁损坏	更换或修复电磁铁
	(6)液动换向阀或电液动换向阀两端的单向节流器失灵	仔细检查节流器是否堵塞、单向阀是否泄漏，并进行修复
	(7)液动或电液动换向阀的控制压力油压力过低	检查压力低的原因，对症解决
	(8)油液黏度太大	更换黏度适合的油液
	(9)油温太高，阀芯热变形卡住	查找油温高的原因并降低油温
	(10)连接螺钉有的过松，有的过紧，致使阀体变形，导致阀芯移下不动；另外，安装基面平面度超差，紧固后面体也会变形	松开全部螺钉，重新均匀拧紧。如果因安装基面平面度超差导致阀芯移不动，则重磨安装基面，使基面平面度达到规定要求
2.电磁铁线圈烧坏	(1)线圈绝缘不良	更换电磁铁线圈
	(2)电磁铁铁芯轴线与阀芯轴线同轴度不良	拆卸电磁铁重新装配
	(3)供电电压太高	按规定电压值纠正供电电压
	(4)阀芯被卡住，电磁力推不动阀芯	拆开换向阀，仔细检查弹簧是否太硬、阀芯是否被脏物卡住以及其他推不动阀芯的原因，进行修复并更换电磁铁线圈
	(5)回油口背压过高	检查背压过高原因，对症解决

续 表

故障现象	产生原因	排除方法
3. 外泄漏	(1)泄油腔压力过高或 O 形密封圈失效造成电磁阀推杆处外渗漏	检查泄油腔压力，如多个换向阀泄油腔串接在一起，则将它们分别接回油箱；更换密封圈
	(2)安装面粗糙、安装螺钉松动、漏装 O 形密封圈或密封圈失效	磨削安装面使其粗糙度符合产品要求(通常阀的安装面的粗糙度 Ra 不大于 0.8μm)，拧紧螺钉，补装或更换 O 型密封圈
4.噪声过大	(1)电磁铁推杆过长或过短	修整或更换推杆
	(2)电磁铁铁芯的吸合面不平或接触不良	拆开电磁铁，修整吸合面，清除污物

5.3　压力控制阀的使用维修

压力控制阀的功用是控制液压系统中的油液压力，以满足执行元件对输出力、输出转矩及运动状态的不同需求。压力阀主要有溢流阀、减压阀、顺序阀和压力继电器等，其共同特点是利用液压力和弹簧力的平衡原理进行工作，调节弹簧的预压缩量(预调力)即可获得不同的控制压力。

5.3.1　溢流阀

溢流阀的作用是调节、稳定或限定液压系统的工作压力，当液体压力超过溢流阀的调定压力值时，溢流阀阀口会自动打开，使油液溢回油箱(溢流)。

1. 溢流阀的典型结构原理

按结构溢流阀有直动式和先导式两类。图 5-14(a)所示为国产 P 型滑阀式直动溢流阀(公称压力 2.5 MPa)，它主要由阀体 5、阀芯(滑阀)4 及调压机构(调压螺母 1 和调压弹簧 2)等部分组成。阀体 5 左右两侧开有进油口 P(接液压泵或被控压力油路)和回油口 T(接油箱)，通过管接头与系统连接，该阀属管式阀。阀体中开有内泄孔道 e，滑阀芯 4 下部开有相互连通的径向小孔 f 和轴向小孔 g。这种阀是利用进油口的液压力直接与弹簧力相平衡来进行压力控制的。压力油从油口 P 进入阀体孔内的同时，经孔 g 进入阀芯底部，当作用于阀芯的向上的液压作用力较小时，阀芯在弹簧力作用下处于下端位置，油口 P 与 T 被截止。当油压升高致使阀芯底端向上的

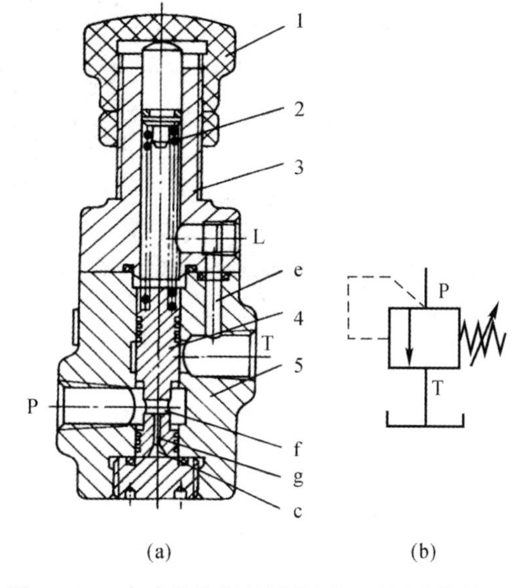

图 5-14　直动溢流阀的结构原理及图形符号
(a)结构图；(b)图形符号
1—调压螺母；2—调压弹簧；3—阀盖；4—阀芯；5—阀体

液压力大于弹簧预调力时，阀芯上升，直至阀口开启，油口P与T相通，压力油液经出油口T溢流回油箱，使油口P的压力稳定在溢流阀的调定值。通过螺塞1调节弹簧2的预调力即可调整溢流压力。经阀芯与阀体孔径向间隙泄漏到弹簧腔的油液直接通过内泄小孔e与溢流油液一并排回油箱(内泄)；如果将阀盖3旋转180°，卸掉L处螺塞，可在泄油口L外接油管将泄漏油直接通油箱，此时阀变为外泄。轴向小孔g的阻尼作用可防止和减缓阀芯振动。

图5-15(a)所示为德国力士乐(Rexroth)公司的DB型先导式溢流阀(公称压力为31.5 MPa)，该阀属板式阀。它由先导阀(导阀芯8和调压弹簧9)和主阀(主阀芯1和复位弹簧3)两大部分构成，先导阀用来控制主阀芯两端压差，主阀芯用于控制主油路的溢流。导阀芯8为锥阀；主阀芯1为套装在主阀套10内孔的外流式锥阀，锥阀芯的圆柱面与锥面两节同心；先导阀和主阀经油道b耦合。主阀芯1上有两个主油口(进油口P和出油口T)和一个远程控制口(又称遥控口)K，主阀内设压差阻尼孔a，先导阀内设动态阻尼孔c。工作时，主阀的启、闭受控于先导阀。压力油从进油口P进入，通过阻尼孔a后作用在导阀芯8上。当进油口的压力较低，导阀上的液压作用力不足以克服调压弹簧9的预调力时，导阀关闭，没有油液流过阻尼孔a，故主阀芯上、下两端的压力相等。在较软的复位弹簧3的作用下，主阀芯1处在最下端位置，溢流阀进油口P和回油口T隔断，没有溢流。当进油口压力升高到导阀上的液压作用力大于调压弹簧9的预调力时，导阀芯打开，压力油即通过阻尼孔a、导阀芯和油道d流回油箱。由于阻尼孔a(直径0.8～1.2 mm)的节流作用，主阀芯上端的压力小于下端的进口压力，当主阀上、下端压力差作用在主阀芯上的力超过主阀弹簧力、轴向稳态液动力、摩擦力和主阀芯自重G的合力时，主阀芯1抬起(打开)，油液从进油口P流入，经主阀口由出油口T流回油箱，实现溢流，且溢流阀进口压力维持在某调定值上。阻尼孔c起减振作用。

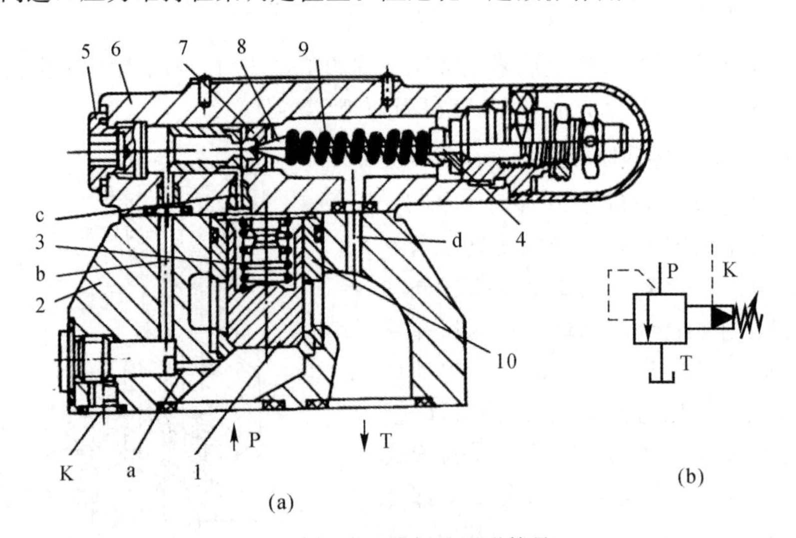

图5-15　先导式溢流阀及图形符号

(a)结构图；　(b)图形符号

1—主阀芯；2—主阀体；3—复位弹簧；4—弹簧座及调节杆；

5—螺堵；6—阀盖；7—锥阀座；8—导阀芯；9—调压弹簧；10—主阀套

阀中远程控制口K有三个作用：一是通过油管外接另一远程调压阀，调节远程调压阀的弹簧力，对先导式溢流阀的溢流压力实行远程调压，但是远程调压阀所能调节的最高压力不得超过先导式溢流阀中导阀的调整压力；二是通过电磁换向阀外接多个远程调压阀，实现多级调压；三是通过独立的电磁阀（或电磁阀与先导式溢流阀合而为一的电磁溢流阀）将远程控制口K 接通油箱时，主阀芯上端的压力极低，系统的油液在低压下通过溢流阀流回油箱，实现卸荷。

先导式溢流阀压力调整较为轻便，控制压力较高，一般大于等于 6.3 MPa，有的则高达 32 MPa甚至更高。但先导式溢流阀只有先导阀和主阀都动作后才能起控制作用，故反应不如直动式溢流阀灵敏。

2. 溢流阀的使用维护(见表 5－8)

表 5－8　溢流阀的使用维护要点

序 号	项　目
1	应正确使用溢流阀的连接方式，正确选用安装底板或管接头等连接件，并注意连接处的密封
2	阀的各个油口要正确接入系统，外部泄油口必须直接接回油箱
3	应根据溢流阀在系统中的用途和作用确定和调节调定压力，特别是对于作安全保护使用的溢流阀，其调定压力不得超过液压系统的最高压力。调压时应注意以正确旋转方向调节调压机构，调压结束时应将锁紧螺母固定。如果需通过先导式溢流阀的遥控口对系统进行远程调压、卸荷或多级压力控制，则应将遥控口的螺塞拧下，接入控制油路；否则应严密封堵遥控口
4	对于电磁溢流阀，必须正确使用其电压、电流和接线形式

3. 溢流阀常见故障及其诊断排除

溢流阀在使用中的常见故障有调不出所需压力，压力调节失灵或失常、振动噪声大等，其诊断排除方法见表 5－9。

表 5－9　溢流阀常见故障及其诊断排除方法

<table>
<tr><th>类 型</th><th>故障现象</th><th>故障原因</th><th>排除方法</th></tr>
<tr><td rowspan="8">普通溢流阀</td><td rowspan="7">1. 调紧调压机构，不能建立压力或压力不能达到额定值</td><td>(1)进出口装反</td><td>检查进出口方向并更正</td></tr>
<tr><td>(2)先导式溢流阀的导阀芯与阀座间密封不严，可能有异物（如棉丝）存在于导阀芯与阀座间</td><td>拆检并清洗导阀芯，同时检查油液污染情况，如污染严重，则应换油</td></tr>
<tr><td>(3)阻尼孔被堵塞</td><td>拆洗，同时检查油液污染情况，如污染严重，则应换油</td></tr>
<tr><td>(4)调压弹簧变形或折断</td><td>更换</td></tr>
<tr><td>(5)导阀芯过渡磨损，内泄漏过大</td><td>研修或更换导阀芯</td></tr>
<tr><td>(6)遥控口未封堵</td><td>封堵遥控口</td></tr>
<tr><td>(7)三节同心式溢流阀的主阀芯三部分圆柱不同心</td><td>重新组装三节同心式溢流阀的主阀芯</td></tr>
<tr><td>2. 调压过程中压力非连续上升，而是不均匀上升</td><td>调压弹簧弯曲或折断</td><td>拆检换新</td></tr>
</table>

续表

类 型	故障现象	故障原因	排除方法
普通溢流阀	3.调松调压机构,压力不下降甚至不断上升	(1)先导阀孔堵塞	检查导阀孔是否堵塞。如正常,再检查主阀芯卡阻情况
		(2)主阀芯卡阻	拆检主阀芯,若发现阀孔与主阀芯有划伤,则用油石和金相砂纸先磨后抛;如检查正常,则应检查主阀芯的同心度,如同心度差,则应拆下重新安装,并在试验台上调试正常后再装上系统
	4.噪声和振动	先导阀弹簧自振频率与调压过程中产生的压力-流量脉动合拍,产生共振	迅速拧调节螺杆,使之超过共振区,如无效或实际上不允许这样做(如压力值正在工作区,无法超过),则在先导阀高压油进口处增加阻尼,如在空腔内加一个松动的堵,缓冲先导阀的先导压力-流量脉动
电磁溢流阀	1.电磁阀工作失灵	参见表5-7中滑阀式换向阀相关内容	参见表5-7中电磁换向阀相关内容
	2.溢流阀调压失灵	见本表普通溢流阀部分	见本表普通溢流阀部分
	3.卸荷时噪声过大	(1)电磁溢流阀中缓冲阀失灵	检修或调整缓冲阀
		(2)溢流阀的溢流口背压过低	在溢流口加装背压阀(调压值一般为0.5 MPa)

5.3.2 减压阀

减压阀的主要用途是将较高的进口压力降低为所需的压力进行输出,并保持输出压力恒定。当液压系统中某个执行元件或某个分支油路所需压力比液压泵供油压力低时,可通过在回路中串联一个减压阀的方法获得。

1. 减压阀典型结构原理

减压阀也有直动式减压阀与先导式两类,并可与单向阀组合构成单向减压阀。

直动式减压阀(见图5-16(a))可通过输出的油液压力与弹簧预调力相比较,自动调节减压阀口的节流面积,使输出压力基本恒定。阀上开有进油口 P_1、出油口 P_2 和泄油口 L。来自高压油路的压力油从 P_1 口,经滑阀阀芯3的下端圆柱台肩与阀孔间形成常开阀口(开度 x),从 P_2 口流向低压支路,同时通过流道a流入阀芯3的底部,产生一向上的液压作用力,该力与调压弹簧4的预调力相比较。当输出压力低于阀的设定压力时,阀芯3处于最下端,阀口全开(x 最大);当输出压力达到阀的设定值时,阀芯3上移,开度 x 减小实现减压,并维持二次压力恒定,不随一次压力变化而变化。不同的输出压力可通过调节螺钉7改变弹簧4的预调力来设定。由于输出油口不接回油箱,故泄漏油口L必须单独接回油箱。直动式减压阀结构简单,只用于低压系统或用于产生低压控制油液,其性能也不如先导式减压阀。

图5-17(a)所示为先导式减压阀(管式阀),也由先导阀和主阀两部分组成。阀体6上开

有进油口 P_1 和出油口 P_2，阀盖 5 上开有外控口 K 和泄油口 L。主阀芯中部开有阻尼孔 9。减压阀工作时，输出压力油进入主阀芯底部，并经阻尼孔 9 进入主阀弹簧腔和先导阀芯 3 前腔，导阀上的液压力与调压弹簧 2 的设定力相平衡并使导阀开启，主阀芯上移，通过减压口实现减压和稳压。调节调压手轮 1 即可改变调压弹簧的设定力从而改变减压阀的输出压力设定值。导阀泄油通过泄油口 L 接回油箱；通过管路在外控口 K 外接电磁换向阀和远程调压阀，可以实现远程调压和多级减压。但远程调压阀所能调节的最高压力不得超过减压阀本身导阀的调整压力。由于先导式减压阀的导阀芯前端的孔道结构尺寸一般都较小，调压弹簧不必很强，故压力调整比较轻便，可用于高压系统。

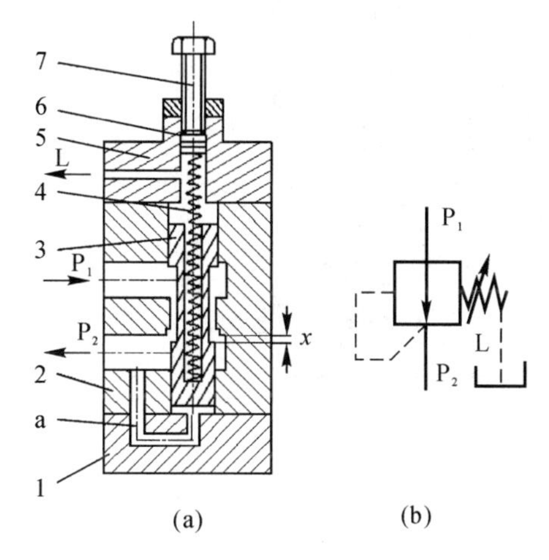

图 5-16　直动式减压阀

(a)结构图；(b)图形符号

1—下盖；2—阀体；3—阀芯；4—调压弹簧；5—上盖；6—弹簧座；7—调节螺钉

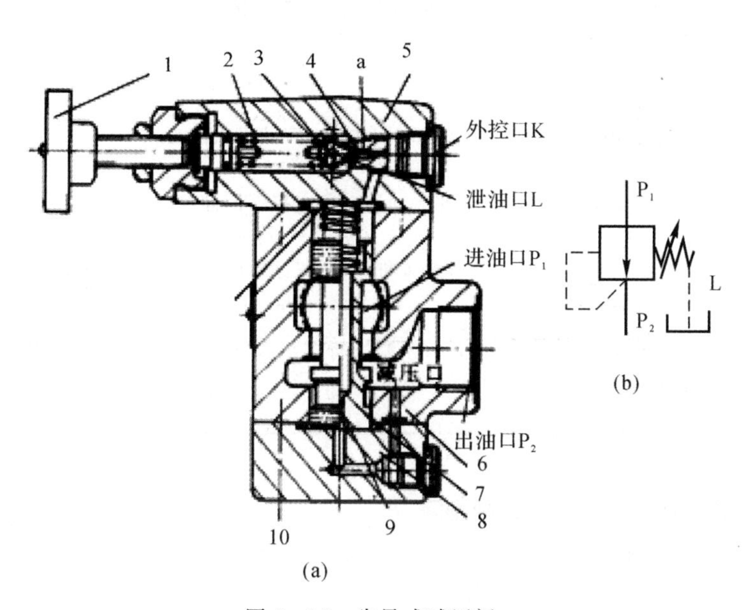

图 5-17　先导式减压阀

(a)结构原理；(b)图形符号

1—调压手轮；2—调压弹簧；3—先导阀芯；4—先导阀座；5—阀盖；6—阀体；7—主阀芯；8—端盖；9—阻尼孔；10—复位弹簧

图 5-18(a)所示为单向减压阀，它由图 5-17(a)所示的先导式减压阀加上单向阀构成。正向流动($P_1 \rightarrow P_2$)时起减压作用，反向流动($P_2 \rightarrow P_1$)时起单向阀作用。其减压阀部分的结构及工作原理与图 5-17 所示的先导式减压阀相同。当压力油从出油口 P_2 反向流入进油口 P_1 时，单向阀开启，减压阀不起作用。

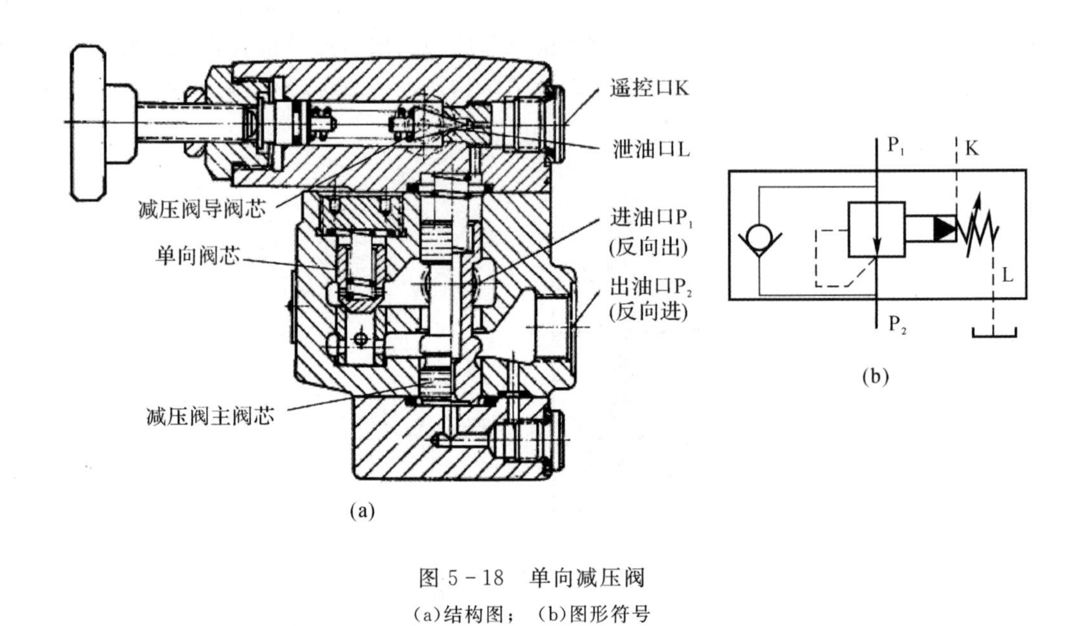

图 5-18　单向减压阀

(a)结构图；(b)图形符号

2. 减压阀的使用维护(见表 5-10)

表 5-10　减压阀的使用维护要点

序 号	项　目
1	应正确使用减压阀的连接方式，正确选用连接件(安装底板或管接头)，并注意连接处的密封
2	阀的各个油口要正确接入系统，外部泄油口必须直接接回油箱
3	调压时应注意以正确旋转方向调节调压机构，调压结束时应将锁紧螺母固定
4	如果需通过先导式减压阀的外控口对系统进行多级减压控制，则应将外控口的螺堵拧下，接入控制油路；否则应将外控口严密封堵

3. 减压阀的常见故障及其故障诊断排除

减压阀在使用中其常见故障现象有不能减压、压力升降异常、噪声振动大等，其诊断排除方法见表 5-11。

表 5-11　减压阀的常见故障及其诊断排除方法

故障现象	故障原因分析	诊断排除方法
1.不能减压或无输出压力	(1)泄油口不通或泄油通道堵塞,使主阀芯卡阻在原始位置,不能关闭	(1)检查拆洗泄油管路、泄油口,使其通畅,若油液污染,则应换油
	(2)无油源	(2)检查油路排除故障
	(3)主阀弹簧折断或弯曲变形	(3)拆检换新
2.输出压力不能继续升高或压力不稳定	(1)先导阀密封不严	(1)修理或更换先导阀或阀座
	(2)主阀芯卡阻在某一位置,负载有机械干扰	(2)同本表 1.(1),检查排除执行器机械干扰
	(3)单向减压阀中的单向阀泄漏过大	(3)拆检、更换单向阀零件
3.调压过程中压力非连续升降,而是不均匀下降	调压弹簧弯曲或折断	拆检换新
4.噪声和振动	同溢流阀(见表 5-9)	同溢流阀(见表 5-9)

5.3.3　顺序阀

顺序阀的主要用途是控制多个执行元件的先后顺序动作。通常顺序阀可看作二位二通液动换向阀,其开启和关闭压力可用调压弹簧设定,当控制压力(阀的进口压力或液压系统某处的压力)达到或低于设定值时,阀可以自动打开或关闭,实现进、出口间的通断,从而使多个执行元件按先后顺序动作。

1. 顺序阀典型结构原理

顺序阀也有直动式和先导式两类;按压力控制方式的不同,顺序阀有内控式和外控式之分。顺序阀与单向阀组合可以构成单向顺序阀(平衡阀),用于防止立置液压缸及其工作机构因自重下滑。

直动式内控顺序阀的结构原理如图 5-19(a)所示。与溢流阀类似,阀体 4 上开有主油口 P_1、P_2,但 P_2 不是接油箱,而是接二次工作油路,故在阀盖 3 上的泄油口 L 必须单独接回油箱。为了减小调压弹簧 2 的刚度,滑阀式阀芯 5 下方设置了控制活塞 6。系统工作时,进口压力油经内部流道 a 进入控制活塞 6 下端面,产生向上的液压作用力,当该力小于弹簧 2 的预调力时,阀芯 5 在弹簧作用下处于下方,进、出油口不相通(亦即阀常闭)。当进口压力 p_1 升高使柱塞 6 下端面上的液压力超过弹簧预调力时,阀芯 5 便上移,使进油口与出油口接通,油液便经顺序阀口从出油口流出,从而驱动另一执行元件或其他元件动作。顺序阀在阀开启后应尽可能减小阀口压力损失,力求使出口压力接近进口压力。这样,当驱动后动作执行元件所需 P_2 口的压力大于顺序阀的调定压力时,系统的压力略大于后动作执行元件的负载压力,因而压力损失较小。如果驱动后动作执行元件所需 P_2 口的压力小于阀的调定压力,则阀口开度较小,在阀口处造成一定的压差以保证阀的进口压力不小于调定压力,使阀打开,P_1 口与 P_2 口在一定的阻力下沟通。综上可知,内控式顺序阀开启与否,取决于其进口压力,只有在进口压力达到弹簧设定压力时,阀才开启。而进口压力可通过改变调压弹簧的预调力实现,更换调压弹簧即可得到不同的调压范围。

如果将底盖 7 转过 90°或 180°,并打开外控口 K 的螺塞(见图 5-19(a)),则上述内控式顺序阀就可变为外控式顺序阀,其图形符号见图 5-19(c)。外控式顺序阀是用液压系统其他部位的压力控制其启闭。阀启闭与否和一次压力油的压力无关,仅取决于外部控制压力的大小。因弹簧力只需克服阀芯摩擦副的摩擦力使阀芯复位,故外控油压可以较低。直动式顺序阀结构简单、动作灵敏,主要用于低压(低于 8 MPa)场合,高压场合应采用先导式顺序阀。

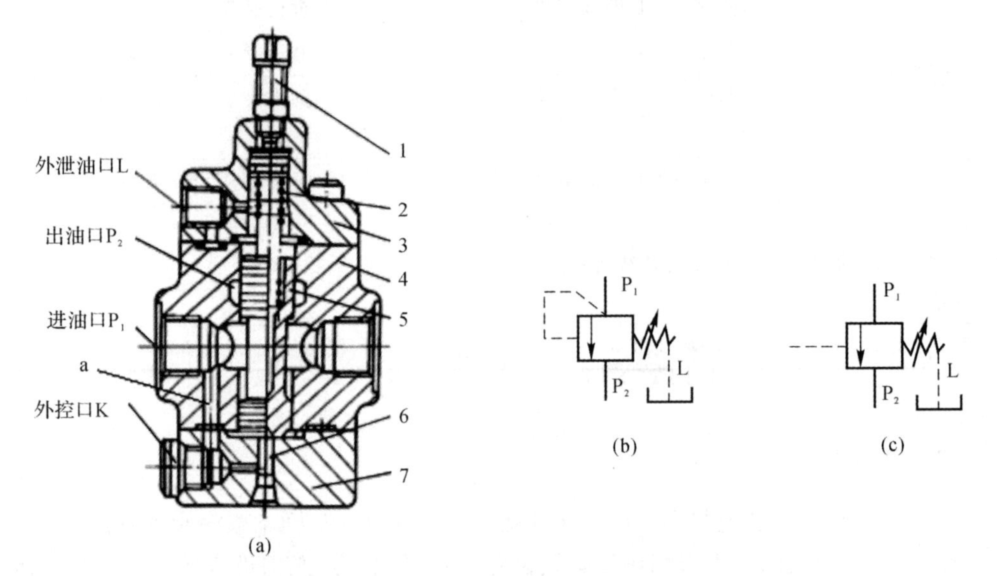

图 5-19 直动式顺序阀的结构(带控制活塞)

(a)结构原理图;(b)内控顺序阀图形符号;(c)外控顺序阀图形符号

1—调节螺钉;2—调压弹簧;3—阀盖;4—阀体;5—阀芯;6—控制活塞;7—底盖

通常只要将同系列的直动式顺序阀的阀盖和调压弹簧去除,换上先导阀和主阀芯复位弹簧,即可组成先导式顺序阀。图 5-20 所示是主阀为滑阀的先导式顺序阀,其结构原理与先导式溢流阀相仿,可仿前述先导式溢流阀进行分析。

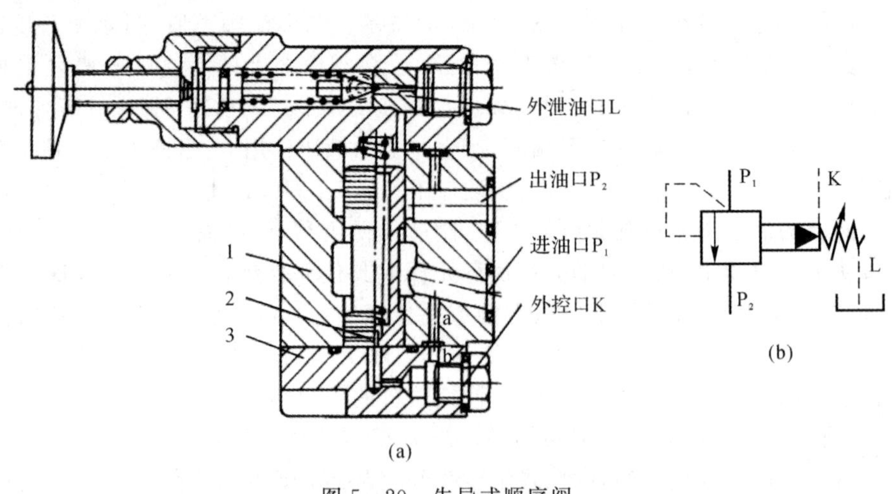

图 5-20 先导式顺序阀

(a)结构原理图;(b)图形符号

1—阀体;2—阻尼孔;3—底盖

图5-21所示为直动式单向顺序阀(管式阀),它由直动式顺序阀和单向阀两部分构成。其顺序阀部分的结构原理和图5-19所示顺序阀相仿,也为内控式。通过改变底盖的安装方向,也可变为外控方式。单向阀的阀芯为锥阀结构。当压力油从进油口 P_1 流入,从出油口 P_2 流出时,单向阀关闭,顺序阀工作。反之,当压力油从 P_2 流入,从 P_1 流出时,单向阀开启,顺序阀关闭。对于先导式顺序阀,通过增设可选单向阀,也容易构成先导式单向顺序阀。图5-22所示为单向顺序阀的图形符号。

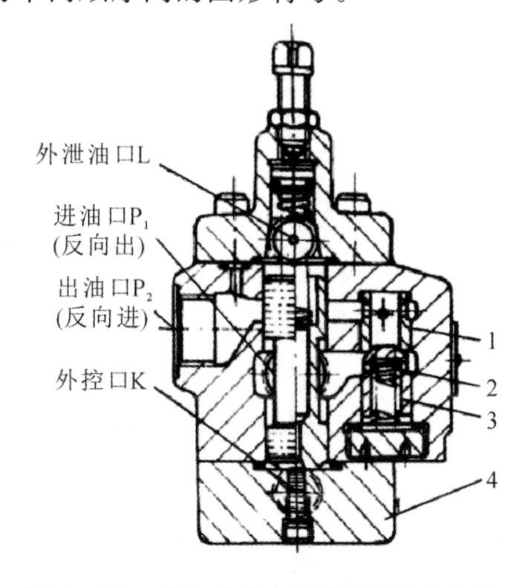

图5-21　直动式单向顺序阀(管式连接)

1—单向阀座;2—单向阀弹簧;3—单向阀芯;4—底盖

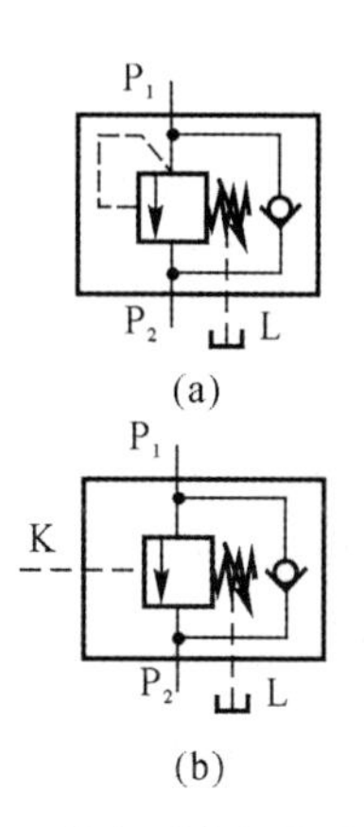

图5-22　单向顺序阀的图形符号

2. 顺序阀的使用维护

顺序阀的安装使用注意事项可参照溢流阀的相关内容(见表5-8),同时还应注意:由于顺序阀通常为外泄方式,故必须将卸油口接至油箱,并注意泄油路背压不能过高,以免影响顺序阀的正常工作;应根据液压系统的具体要求选用顺序阀的控制方式,对于外控式顺序阀应提供适当的控制压力油,以使阀可靠启闭。

3. 顺序阀常见故障及其诊断排除

顺序阀在使用中的常见故障现象有不能起顺序控制作用、执行元件不动作、卸荷异常等,其诊断排除方法见表5-12。

表5-12　顺序阀的常见故障及其诊断排除方法

故障现象	产生原因	排除方法
1.不能起顺序控制作用(子回路执行元件与主回路执行元件同时动作,非顺序动作)	(1)先导阀泄漏严重	拆检、清洗与修理
	(2)主阀芯卡阻在开启状态不能关闭	拆检、清洗与修理;过滤或更换油液
	(3)调压弹簧损坏或漏装	更换或补装调压弹簧
2.执行元件不动作	(1)先导阀不能打开、先导管路堵塞	拆检、清洗与修理;过滤或更换油液
	(2)主阀芯卡阻在关闭状态不能开启、复位弹簧卡死	拆检、清洗与修理;过滤或更换油液;修复或更换复位弹簧

续 表

故障现象	产生原因	排除方法
3.作卸荷阀时液压泵一启动就卸荷	(1)先导阀泄漏严重	同 1.(1)
	(2)主阀芯卡阻在开启状态不能关闭	同 1.(2)
4.作卸荷阀时不能卸荷	(1)先导阀不能打开、先导管路堵塞	同 2.
	(2)主阀芯卡阻在关闭状态不能开启、复位弹簧卡死	

5.3.4 压力继电器

压力继电器(压力开关)是利用液体压力与弹簧力的平衡关系来启闭内置的电气微动开关触点的液电转换元件。当液压系统的压力上升或下降到由弹簧力预先调定的启、闭压力时，使微动开关通、断，发出电信号，控制电气元件(如电动机、电磁铁、各类继电器等)动作，实现液压泵的加载或卸荷、执行元件的换向、顺序动作或系统的安全保护及互锁等功能。

1. 压力继电器的典型结构原理

压力继电器通常由压力-位移转换机构和电气微动开关两部分组成。按前者不同，压力继电器分为柱塞式、薄膜式和弹簧管式等类型，其中柱塞式应用较为普遍。按照微动开关的结构不同，压力继电器又分为单触点式和双触点式，其中单触点式应用较多。

图 5－52 所示为柱塞式压力继电器。当从控制油口 P 进入柱塞 1 下端的油液的压力达到弹簧 5 预调力设定的开启压力时，作用在柱塞上的液压力克服弹簧力，顶杆 2 上移，使微动开关 4 的触头闭合，发出相应电信号。同样当液压力下降到闭合压力时，柱塞 1 在弹簧力作用下复位，顶杆 2 则在微动开关 4 触点弹簧力作用下下移复位，微动开关也复位。调节螺钉 3 可调节弹簧预紧力即压力继电器的启、闭压力。图中 L 为外泄油口。柱塞式压力继电器结构简单，但灵敏度和动作可靠性较低。

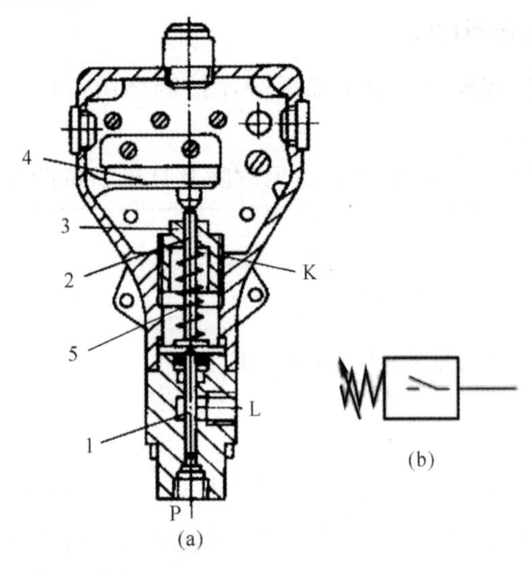

图 5－23　柱塞式压力继电器

1—柱塞；2—顶杆；3—调节螺钉；4—微动开关；5—弹簧

2. 压力继电器常见故障及其诊断排除方法(见表 5－13)

表 5－13　压力继电器常见故障及其诊断排除方法

故障现象	产生原因	排除方法
1. 压力继电器失灵	微动开关损坏不发信号	修复或更换
	微动开关发信号，但调节弹簧永久变形	更换弹簧
	微动开关发信号，但压力-位移机构卡阻	拆洗压力-位移机构
	微动开关发信号，但感压元件失效	拆检和更换失效的感压元件(如弹簧管、膜片、波纹管等)
2. 压力继电器灵敏度降低	(1)压力-位移机构卡阻	拆洗压力-位移机构
	(2)微动开关支架变形或零位可调部分松动引起微动开关空行程过大	拆检或更换微动开关支架
	(3)泄油背压过高	检查泄油路是否接至油箱或是否堵塞

5.4　流量控制阀的使用维修

流量控制阀的功用是通过改变阀芯与阀口之间的节流、通流面积的大小来控制阀的通过流量，从而调节和控制执行元件的运动速度。流量控制阀有节流阀、调速阀、溢流节流阀和分流集流阀等，而节流阀是结构最简单应用最广的流量阀。

5.4.1　节流阀

1. 节流阀的典型结构原理

图 5－24 为板式连接普通节流阀，阀体 5 上开有进油口 P_1 和出油口 P_2，阀芯 2 左端开有轴向三角槽式节流通道 6，阀芯在弹簧 1 的作用下始终贴紧在推杆 3 上。油液从进油口 P_1 流入，经孔道 a 和节流通道 6 进入孔道 b，再从出油口 P_2 流出(通向执行元件或油箱)。调节手把 4 通过推杆 3 使阀芯 2 做轴向移动，即可改变节流口的通流面积，实现流量的调节。

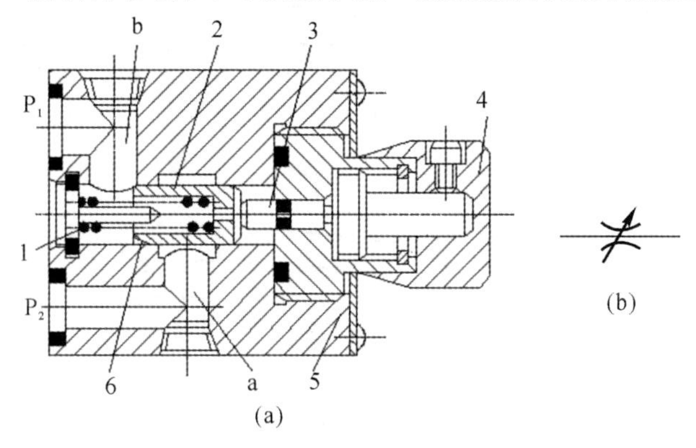

图 5－24　普通节流阀

1—弹簧；2—阀芯；3—推杆；4—调节手把；5—阀体；6—节流通道

图 5-25 为管式连接的滑阀型压差式单向节流阀。当压力油从 P_1 流向 P_2 时，阀起节流阀作用，反向时起单向阀作用。阀芯 4 的下端和上端分别受进、出油口压力油的作用，在进、出油口压差和复位弹簧 6 的作用下，阀芯紧压在调节螺钉 2 上，以保持原来调节好的节流口开度。

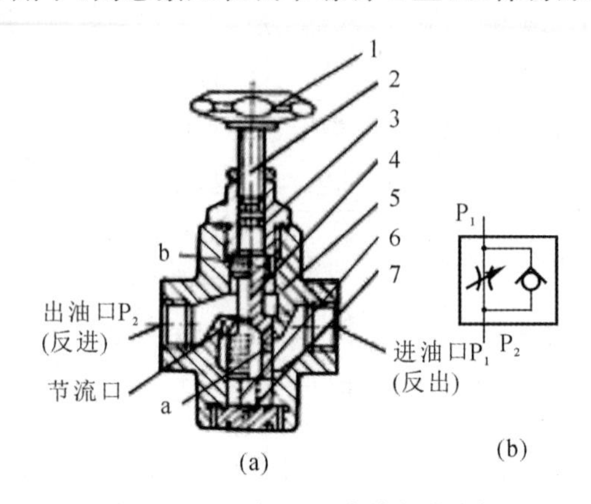

图 5-25　滑阀压差式单向节流阀

1—调节手轮；2—调节螺钉；3—螺盖；4—阀芯；5—阀体；6—复位弹簧；7—端盖

2. 节流阀的使用维护

通过节流阀的流量 q 通过调节节流口的通流面积 A 获得，A 越大，流量越大。由节流阀在不同通流面积下的流量-压差特性曲线(见图 5-26)容易看出，在通流面积调毕后，由于受工作负载变化(即节流阀出口压力)的影响，节流阀前后的压差 Δp 也在变化，使流量不稳定，不能保证执行元件运动速度的稳定，故节流阀只能用于工作负载变化不大和速度稳定性要求不高的场合。普通节流阀的使用维护要点见表 5-14。

表 5-14　节流阀的使用维护要点

序 号	项　目
1	普通节流阀的进口和出口，有的产品可以任意对调，但有的产品则不可以对调.具体使用时，应按照产品使用说明正确接入系统
2	节流阀不宜在较小开度下工作，否则容易造成阻塞和执行元件爬行
3	节流阀开度应按执行元件的速度要求进行调节，调毕后应锁紧，以防松动而改变调好的节流口开度

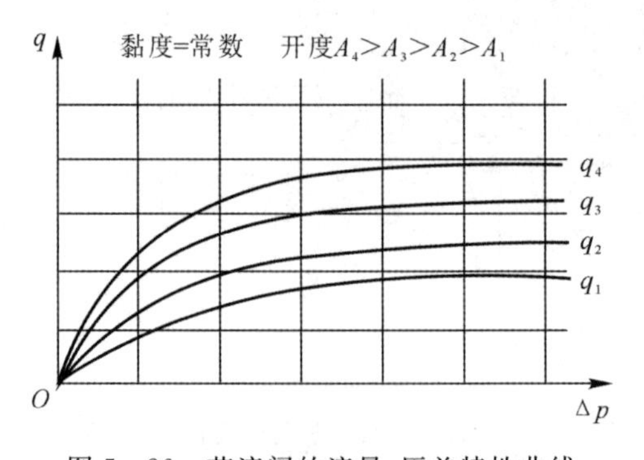

图 5-26　节流阀的流量-压差特性曲线

3. 常见故障及其诊断排除

节流阀在使用中，其常见故障现象有流量调节失灵或不稳定，其诊断排除方法见表 5－15。

表 5－15　节流阀常见故障及其诊断排除方法

故障现象	产生原因	排除方法
1.流量调节失灵	(1)密封失效	拆检或更换密封装置
	(2)弹簧失效	拆检或更换弹簧
	(3)油液污染致使阀芯卡阻	拆开并清洗阀或换油
2.流量不稳定	(1)锁紧装置松动	锁紧调节螺钉
	(2)节流口堵塞	拆洗节流阀
	(3)内泄漏量过大	拆检或更换阀芯与密封
	(4)油温过高	降低油温
	(5)负载压力变化过大	尽可能使负载不变化或少变化

5.4.2　调速阀

调速阀可以克服节流阀因前后压差变化影响流量稳定的缺陷。普通调速阀由节流阀与定差减压阀串联复合而成。前者用于调节通流面积(即通过流量)；后者用于压力补偿，以保证节流阀前后压差恒定，从而保证通过节流阀的流量亦即执行元件速度的恒定。通过增设温度补偿装置，还可形成温度补偿调速阀，它可使调速阀流量不受油温变化的影响。调速阀在结构上增加一个单向阀还可以组成单向调速阀，油液正向流动时起调速作用，反向流动时起单向阀作用。

1. 调速阀结构原理

在调速阀中，一般减压阀串接在节流阀之前。如图 5－27(a)中双点画线所示，调速阀有两个外接油口。调速阀的进口压力 p_1 亦即液压泵的供油压力由溢流阀 4 调定后基本不变，p_1 经开度为 x 的减压阀口降至 p_m，并分别经流道 f 和 e 进入 c 腔和 d 腔并作用在减压阀芯下端；节流阀阀口又将 p_m 降至 p_2，在进入液压缸 3 的无杆腔驱动负载 F 的同时，通过流道 a 进入弹簧腔 b 并作用在减压阀芯 1 上端。从而使作用在减压阀芯上、下两端的液压力与阀芯上的弹簧力 F_s 相比较。若忽略减压阀芯的摩擦力和自重等影响，则减压阀阀芯在其弹簧力 F_s 及油液压力 p_m、p_2 作用下处于某一平衡位置时，有

$$p_m(A_1 + A_2) = p_2 A + F_s \tag{5-1}$$

式中，A、A_1 和 A_2 分别为 b 腔、c 腔和 d 腔中减压阀芯的有效作用面积，且 $A_1 + A_2 = A$，所以节流阀压差有

$$p_m - p_2 = \Delta p = F_s / A \tag{5-2}$$

由于弹簧很软，且工作过程中减压阀芯位移很小，故可认为弹簧力 F_s 基本保持不变，所以节流阀压差 $\Delta p_2 = p_m - p_2$ 也基本不变，从而保证了节流阀开口面积 A_j 一定时流量 q 的稳

定。流量稳定过程如下：若 $p_2=F/A_C$（F 和 A_C 为液压缸 3 的负载和有效作用面积）随着 F 的增大而增大时，作用在减压阀芯上端的液压力也随之增大，使减压阀芯受力平衡破坏而下移，于是减压口 x 增大，使减压阀的减压作用减弱，从而使 p_m 相应增大，直到 $\Delta p_2=p_m-p_2$ 恢复到原来值，减压阀芯达到新的平衡位置；p_2 随 F 的减小而减小时的情况可作类似分析。总之，由于定差减压阀的自动调节（压力补偿）作用，无论 p_2 随液压缸负载如何变化，节流阀压差 Δp_2 总能保持不变，从而保证了调速阀的流量基本为调定值，最终也就保证了所要求的液压缸输出速度 $v=q/A_C$ 的稳定，不受负载变化之影响。

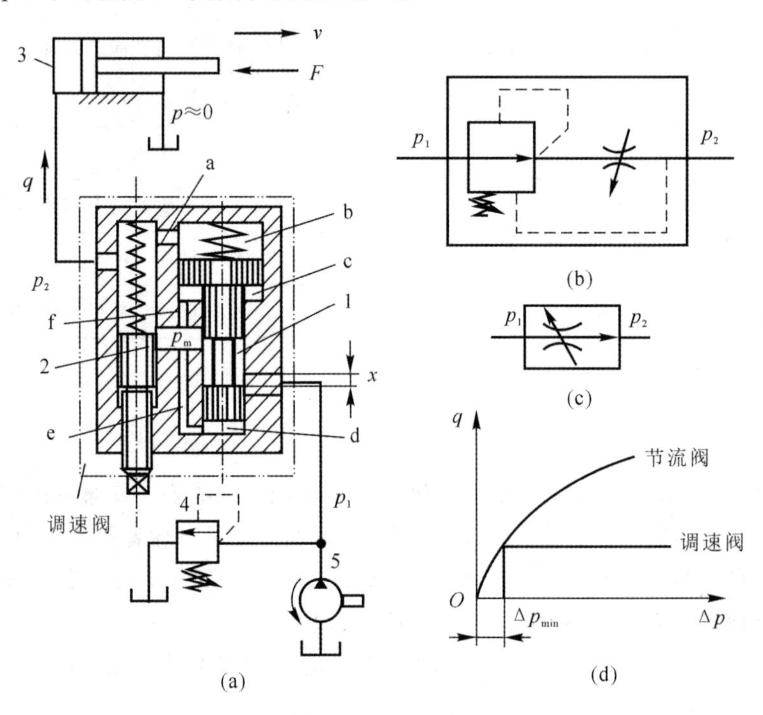

图 5－27　调速阀

(a)结构原理图；(b)详细图形符号；(c)简化图形符号；(d)流量-压差特性曲线

1—减压阀；2—节流阀；3—液压缸；4—溢流阀；5—液压泵

由图 5－27(d)所示调速阀流量-压差特性曲线可见，调速阀在压差大于其最小值 Δp_{min} 后，流量基本保持恒定。当压差 Δp 很小时，因减压阀阀芯被弹簧推至最下端，减压阀口全开，失去其减压稳压作用，故此时调速阀性能与节流阀相同（流量随压差变化较大），所以调速阀正常工作需有 0.5～1 MPa 的最小压差。

图 5－28 所示为一种板式连接的普通调速阀。调速阀中的减压阀和节流阀均采用阀芯、阀套式结构。流量通过节流阀调节部分调节，节流阀前后压差变化由减压阀补偿。在温度补偿调速阀中常用的温度补偿装置是一个温度补偿杆 2，如图 5－29(a)所示（图中未画出减压阀），它与节流阀阀芯 4 相连。当油温升高（或降低）时，温度补偿杆 2 受热伸长（或缩短），于是带着节流阀阀芯 4 移动，使节流开口 3 减小（或增大），保证流量的稳定。

图 5－30 为压力、温度补偿式单向调速阀，由于带有压力补偿的减压阀芯 3 和温度补偿杆 5，故由节流阀调定的流量不受负载压力及油温变化的影响。正向流动时，起调速阀作用，反向流动时，油液经单向阀芯 2 自由通过，调速阀不起作用。

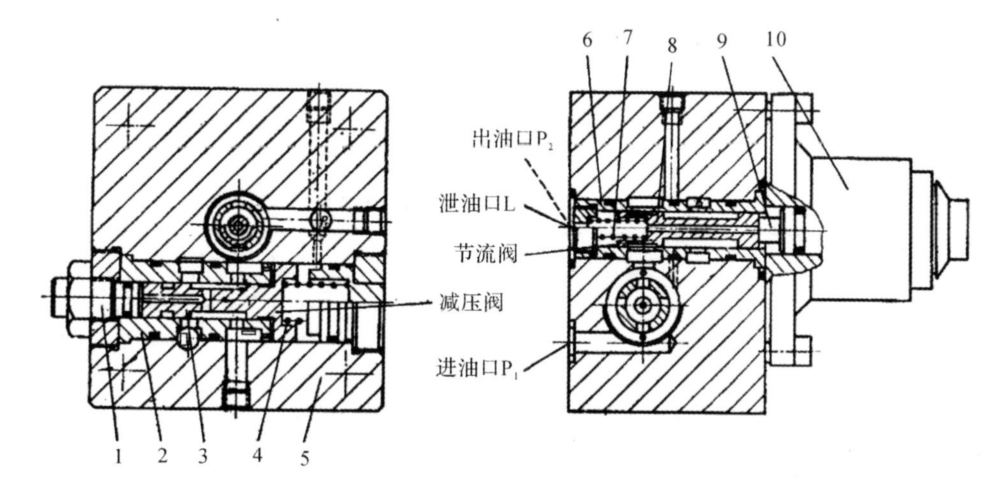

图 5-28　普通调速阀的结构图

1—调节螺钉；2—减压阀套；3—减压阀芯；4—减压阀弹簧；5—阀体；
6—节流阀套；7—节流阀弹簧；8—节流阀芯；9—调节螺杆；10—节流调节部分

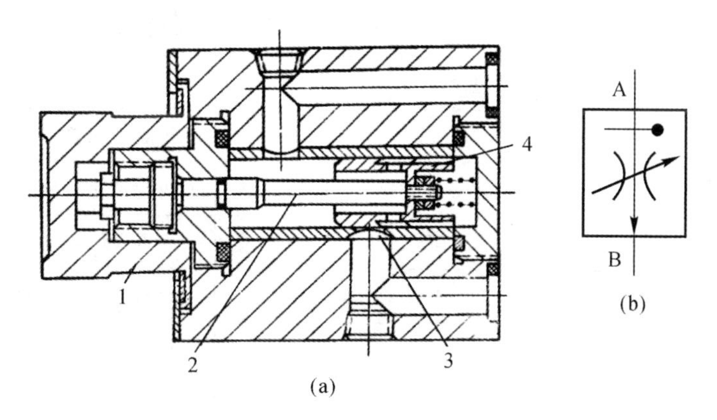

图 5-29　温度补偿调速阀

1—手柄；2—温度补偿杆；3—节流口；4—节流阀阀芯

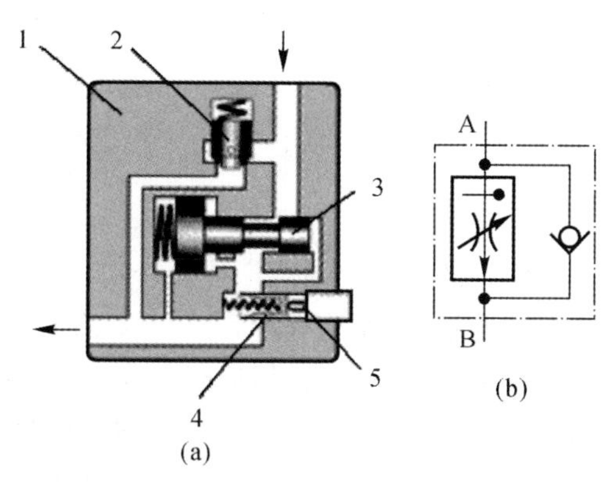

图 5-30　压力、温度补偿式单向调速阀

1—阀体；2—单向阀芯；3—减压阀芯；4—节流阀芯；5—温度补偿杆

2. 调速阀的使用维护

调速阀突出优点是流量稳定性好，但压力损失较大，价格较节流阀要高，可供负载变化较大而对速度稳定性又要求较高的定量泵供油节流调速液压回路或系统采用。调速阀使用维护要点见表 5-16。

表 5-16　调速阀的使用维护要点

序号	项目
1	调速阀(不带单向阀)通常不能反向使用，否则，定差减压阀将不起压力补偿器的作用
2	流量调整好后，应锁定位置，以免改变调好的流量
3	在接近最小流量工作时，建议在调速阀的进口侧设置管路过滤器，以免阀阻塞而影响流量的稳定性

3. 调速阀常见故障及其诊断排除

调速阀在使用中，其常见故障现象有流量调节失灵或不稳定，其诊断排除方法见表 5-17。

表 5-17　调速阀常见故障及其诊断排除方法

故障现象	产生原因	排除方法
1.流量调节失灵	(1)密封失效	拆检或更换密封装置
	(2)弹簧失效	拆检或更换弹簧
	(3)油液污染使阀芯卡阻	拆开并清洗阀或换油
2.流量不稳定	(1)调速阀进出口接反，压力补偿器不起作用	检查并正确连接进出口
	(2)锁紧装置松动	锁紧调节螺钉
	(3)节流口堵塞	拆洗阀
	(4)内泄漏量过大	拆检或更换阀芯与密封
	(5)油温过高	降低油温
	(6)负载压力变化过大	尽可能使负载不变化或少变化

5.4.3　分流集流阀(同步阀)

分流集流阀(同步阀)用来保证液压系统中两个或两个以上的执行元件，在承受不同负载时仍能获得相同或成一定比例的流量，从而使执行元件间以相同的位移或相同的速度运动(同步运动)。按液流方向的不同，同步阀有分流阀、集流阀和分流集流阀等类型，还可与单向阀组合构成单向分流阀、单向集流阀等复合阀。分流阀按固定的比例自动将输入的单一液流分成两股支流输出；集流阀按固定的比例自动将输入的两股液流合成单一液流输出；单向分流阀与单向集流阀使执行元件反向运动时，液流经过单向阀，以减小压力损失；分流阀及单向分流阀、集流阀及单向集流阀只能使执行元件在一个运动方向起同步作用，反向时不起同步作用。分流集流阀能使执行元件双向运动都起同步作用。按结构原理不同，分流集流阀又分为换向活塞式、挂钩式、可调式及自调式等多种形式。

1. 分流集流阀典型结构原理

图5-31所示为典型的换向活塞式分流集流阀，其右侧为分流工况，左侧为集流工况。在分流工况时，换向活塞5和6均处于离开中心的位置，高压油由P口进入阀内后，分两路流向两侧定节流孔 a_1 和 a_2，然后分别流经可变节流孔 b_{A1} 和 b_{A2} 再流入两个执行元件；如果当两个执行元件负载压力相等，即 $p_A=p_B$ 时，液流所遇的阻力相同，即 $q_A=q_B$。当负载压力 $p_A>p_B$ 时，产生 $p_1>p_2$，使阀芯4左、右两侧所受压力不等，阀芯向右运动，使可变节流孔 b_{A1} 逐渐增大，可变节流孔 b_{B1} 逐渐减小，则 p_1 下降，p_2 升高。当 p_2 升高到与 p_1 相等时，阀芯就停止移动，在新的平衡位置稳定下来。由于在新的位置上固定节流孔后的压力 $p_1=p_2$，所以流量 $q_A=q_B$。

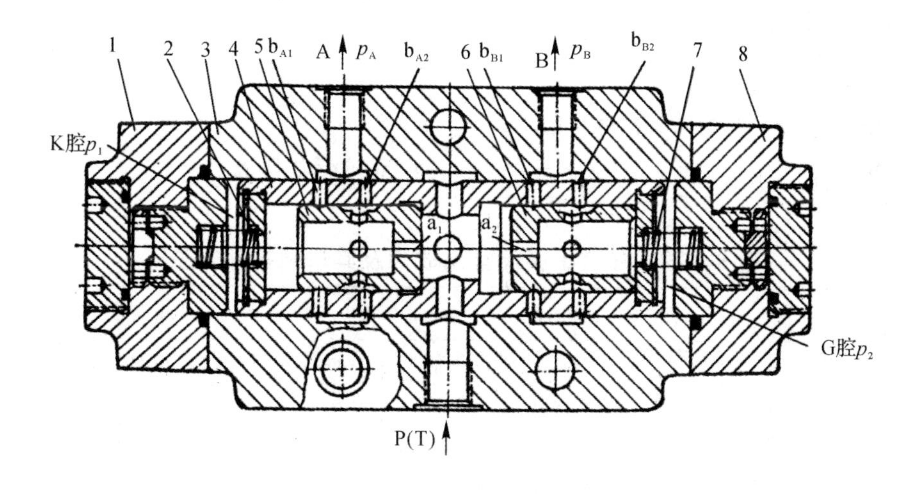

图5-31　换向活塞式分流集流阀

1,8—端盖；2,7—弹簧；3—阀体；4—阀芯；5,6—换向活塞

在集流工况时，两侧的换向活塞5和6均靠向中心，液流分别由A口和B口流入，经一对集流可变节流孔口 b_{A2} 和 b_{B2}，先流经中间油腔K和G，再流过固定节流孔 a_1 和 a_2，最后集中由T口流回油箱。当负载压力 $p_A>p_B$ 时，产生 $p_1>p_2$，使阀芯4左、右两侧所受压力不等，阀芯向右运动，使集流可变节流孔 b_{B1} 逐渐关小，b_{B2} 逐渐开大，压力 $p_1=p_2$，使阀芯在新的平衡位置稳定下来。两固定节流孔后两端的压力差相等，所以流量 $q_A=q_B$。

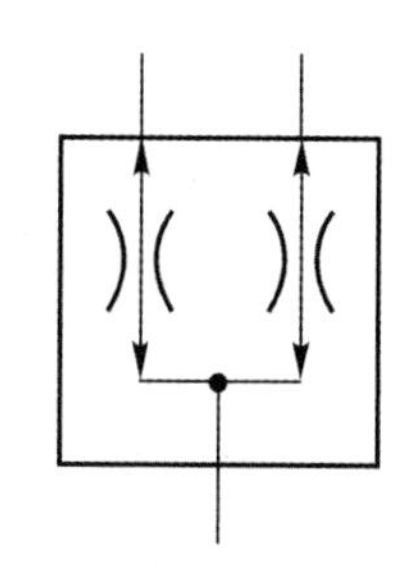

图5-32　分流集流阀图形符号

图5-32所示为分流集流阀的图形符号。

2. 分流集流阀的使用维护

分流集流阀主要可供液压系统中2～4个执行元件的速度同步或控制两个执行元件按一定的速度比例运动的场合采用，其使用维护要点见表5-18。

表 5-18　分流集流阀的使用维护要点

序 号	项　目
1	由于通过流量对分流集流阀的同步精度及压力损失影响很大，故应根据同步精度和压力损失的要求，正确选用分流集流阀的流量规格
2	为避免因泄漏量不同等原因引起同步误差，在分流集流阀与执行元件之间，尽量不接入其他控制元件。但当执行元件在行程中需停止时，为防止因两出口负载压力不相等窜油，应在同步回路中设置液控单向阀
3	分流集流阀在动态时，难于实现位置同步，因此在负载变化频繁或换向频繁的系统中，不适宜采用分流集流阀，此时可改用电液比例阀或伺服阀
4	应保证分流集流阀阀芯轴线为水平方向安装，以免引阀芯自垂影响同步精度
5	由于分流集流阀的左右两侧零件通常为选配组装方式，故为了保证同步精度，当出现故障清洗维修后，各零件应按原部位、方向安装

3. 分流集流阀常见故障及其诊断排除

在分流集流阀使用中，其常见故障现象为同步失灵或同步精度过低等，其诊断排除方法见表 5-19。

表 5-19　分流集流阀常见故障及其诊断排除方法

故障现象	产生原因	排除方法
1.同步失灵(几个执行元件不同时运动)	油液污染或油温过高致使阀芯和换向活塞径向卡阻	拆检或清洗阀芯和换向活塞；换油；采取降温措施
2.同步精度低	油液污染或油温过高致使阀芯和换向活塞轴向卡紧；使用流量过小和进出油口压差过小	拆检或清洗阀芯和换向活塞；换油；采取降温措施；使用流量应大于公称流量的25%；进出口压差不应小于 0.8～1 MPa
3.执行元件运动终点动作异常	常通小孔堵塞	拆检并清洗阀

5.5　叠加阀与插装阀的使用维修

5.5.1　叠加阀

1. 叠加阀结构原理

叠加阀是在板式阀集成化的基础上发展起来、以叠加方式连接的液压阀。此类阀不仅具有液压阀功能，还起油路通道的作用。故由叠加阀组成的液压系统，阀与阀之间不需要另外的连接体，而是以叠加阀阀体作为连接体，直接叠合再用螺栓结合而成。同一通径的各种叠加阀的油口和螺钉孔的大小、位置、数量都与相匹配的板式换向阀相同。因此，同一通径的叠加阀，只要按一定次序叠加起来，加上电磁控制换向阀，即可油路自行对接，组成各种典型液压系统。

通常一组叠加阀的液压回路只控制一个执行元件(见图 5－33)。若将几个安装底板块(也都具有相互连通的通道)横向叠加在一起,即可组成控制几个执行元件的液压系统。

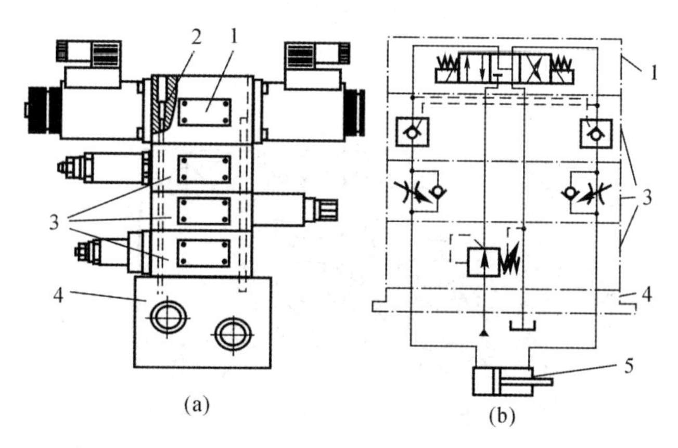

图 5－33　控制一个执行元件的叠加阀及其液压回路

1—板式电磁换向阀;2—螺栓;3—叠加阀;4—底板块;5—执行元件(液压缸)

叠加阀的工作原理与一般板式阀基本相同,但在结构和连接方式上有其特点,故自成体系。叠加阀的阀芯一般为滑阀式或锥阀式结构。每个叠加阀体上必须有 P、T、A、B 等规定用途的共用油道(口)(其例子如图 5－34 所示),这些油道(口)自阀的底面贯通到阀的顶面,而且同一通径的各类叠加阀的 P、A、B、T(即 O)油道(口)间的相对位置是和相匹配的标准板式换向阀相一致的。故同一种控制阀,如溢流阀,因在不同的油路上起控制作用,就派生出不同的品种。此外,由于结构的限制,叠加阀上的通道多数是采用精密铸造成型的异型孔。

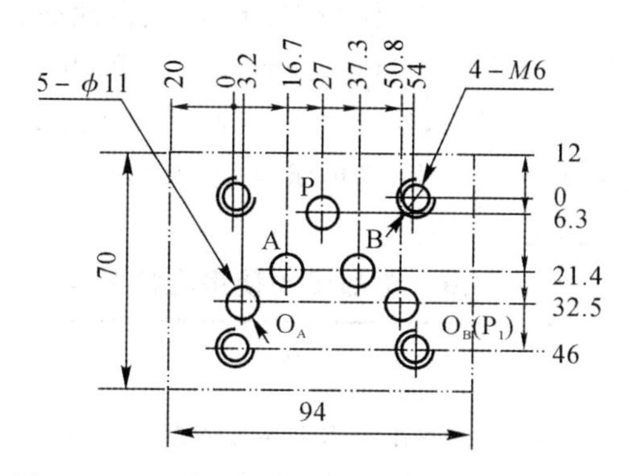

图 5－34　ϕ10 通径叠加阀连接尺寸(单位:mm)

按功能不同,叠加阀通常分为单功能阀和复合功能阀两大类型。此处仅以单功能的先导叠加式溢流阀为例,简介叠加阀的结构原理特点。如图 5－35(a)所示,该溢流阀由先导阀和主阀两部分组成。先导阀用于调节主阀压力,它由调节螺钉 1(或锁柄机构)、调压弹簧 2、锥阀芯 3 及锥阀座 4 等组成。主阀用于溢流,它由前端锥形面的圆柱形主阀芯 6、阀套 7、复位弹簧 5、主阀体 8 及密封圈等组成,构成一个插装单元。叠加式溢流阀在相似的阀体内不同油路,配上先导阀部分和主阀组件,即可实现 P、T_1、A、B、AB 等油路的溢流阀功能。该阀工作原理:压力油从 P 口进入主阀芯右端 e 腔,作用于主阀芯 6 右端,同时通过阻尼小孔 d 进入主阀芯左腔 b,再通过小孔 a 作用于先导锥阀芯 3 上。当进油口压力小于阀的调整压力时,先导锥阀芯关闭，主阀芯无溢流；当进油口压力升高，达到阀的调整压力后，锥阀芯开启，液流经小孔 d、a、c 到达出油口 T_1，液流流经阻尼孔 d 时产生压力降，使主阀芯两端产生压力差，此压力差克服弹簧力使主阀芯 6 向左移动，主阀芯开始溢流。通过调节螺钉 1 可压缩调压弹簧 2，从而调节阀的调定压力。

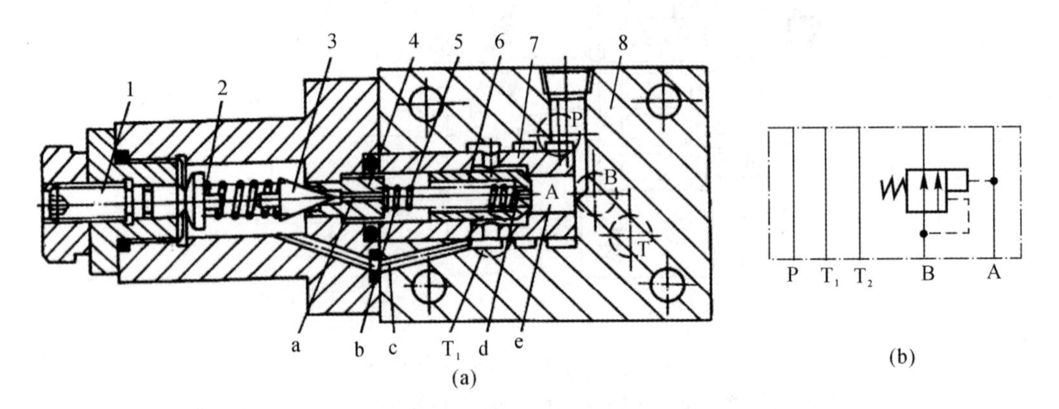

图 5-35　先导叠加式溢流阀

1—调节螺钉；2—调压弹簧；3—锥阀芯；4—锥阀座；5—复位弹簧；6—主阀芯；7—阀套；8—主阀体

2. 叠加阀的使用维护要点

由于叠加阀的连接尺寸及高度已经标准化(国际标准 ISO 4401(国家标准 GB/T 8099)和 ISO 7790)，从而叠加阀具有更广的通用性及互换性。叠加阀可供组合机床、化工与塑机、冶金机械、工程机械等机械设备的液压系统采用。叠加阀构成的液压系统，标准化、通用化、集成化程度高，设计、加工装配周期短；结构紧凑、体积小、重量轻、占地面积小；便于通过增减叠加阀实现液压原理的变更，系统重新组装方便迅速；配置形式灵活；由于属无管连接结构，故消除了因管件间连接引起的漏油、震动和噪声，外形整齐美观，系统使用安全可靠，维修容易。但叠加阀通径较小，可组成的液压回路形式较少，不能满足较复杂和大功率的液压系统的需要。

叠加阀的使用维护要点见表 5-20。

表 5-20　叠加阀的使用维护要点

序号	项目	
1	应优先选用型号新、性能稳定、品种齐全、质量可靠的叠加阀产品	
2	一组叠加阀回路中的换向阀、叠加阀及底板块的通径规格及安装连接尺寸必须一致，并符合相关标准规定	
3	合理进行组合配置，以防动作干扰	
	①液控单向阀与单向节流阀组合	如图 5-36(a)所示系统，液控单向阀 3 与单向节流阀 2 进行组合，这种系统应使单向节流阀靠近执行元件 1。反之，若按图 5-36(b)配置，则当 B 口进油、A 口回油时，由于单向节流阀 2 的节流效果，在回油路的 a～b 段会产生压力，当液压缸 1 需要停位时，液控单向阀 3 不能及时关闭，并且有时还会反复关、开，使液压缸产生冲击

续 表

序 号	项　目	
3	②减压阀和单向节流阀组合	如图 5－37(a)所示系统，在 A、B 油路中都采用单向节流阀 2，而 B 油路采用减压阀 3。这种系统应使节流阀靠近执行元件 1。若按图 5－37(b)配置，则当 A 口进油、B 口回油时，由于节流阀的节流作用，使液压缸 B 腔与单向节流阀之间这段油路的压力升高。这个压力又去控制减压阀，使减压阀减压口关小，出口压力变小，造成供给液压缸的压力不足。当液压缸的运动趋于停止时，液压缸 B 腔压力又会降下来，控制压力随之降低，减压阀口开度加大，出口压力又增加。这样反复变化，会使缸运动不稳定，还会产生振动
	③减压阀与液控单向阀组合	如图 5－38(a)所示，系统为 A、B 油路采用液控单向阀 2，B 油路采用减压阀 3。这种系统中的液控单向阀应靠近执行元件 1。若按图 5－38(b)布置，由于减压阀 3 的控制油路与液压缸 B 腔和液控单向阀之间的油路接通，这时缸 B 腔的油可经减压阀泄漏，使缸在停止时的位置无法保证，失去了设置液控单向阀的意义
	④回油路上调速阀、节流阀、电磁节流阀的位置	回油路上的出口调速阀、节流阀、电磁节流阀等，其安装位置应紧靠主换向阀，这样在调速阀等之后的回路上就不会有背压产生，有利于其他阀的回油或泄漏油畅通
	⑤压力测定	在叠加阀式液压系统中，若需要观察和测量压力，需采用压力表开关。压力表开关应安放在一组叠加阀的最下面，与底板块相连。单回路系统设置一个压力表开关；集中供液的多回路系统并不需要每个回路均设压力表开关。在有减压阀的回路中，可单独设置压力表开关，并置于该减压阀回路中
	⑥安装方向	叠加阀原则上应垂直安装，尽量避免水平安装方式。叠加阀叠加的元件越多，质量越大，安装用的贯通螺栓越长。水平安装时，在重力作用下，螺栓发生拉伸和弯曲变形，叠加阀间会产生渗油现象
4	由于叠加阀本身既是液压元件，又是通道，故本章 5.2～5.4 节所介绍的普通液压阀的常见故障及其诊断排除方法完全适用于叠加阀	

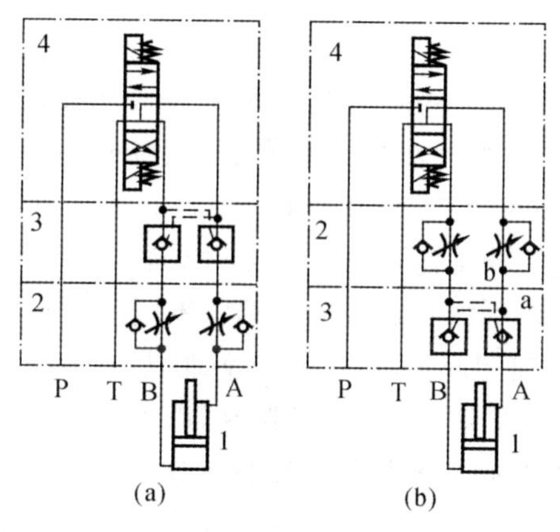

图 5－36　液控单向阀与单向节流阀组合

1—液压阀；2—单向节流阀；3—液控单向阀；4—三位四通电磁换向阀

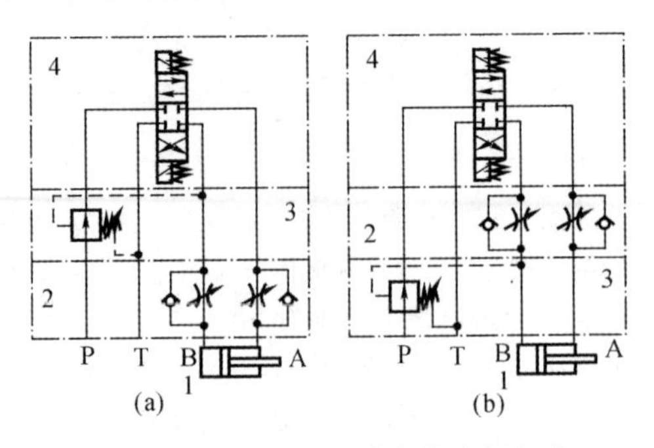

图 5-37　减压阀和单向节流阀组合

1—液压缸；2—单向节流阀；3—减压阀；4—三位四通电磁换向阀

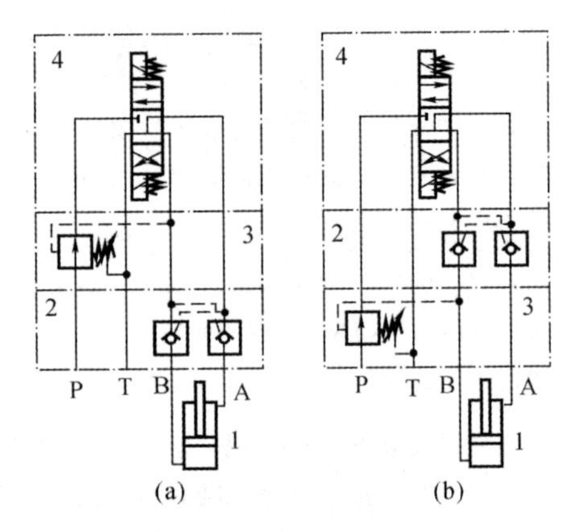

图 5-38　减压阀和液控单向阀组合

1—液压缸；2—液控单向阀；3—减压阀；4—三位四通电磁换向阀

5.5.2　插装阀

二通插装阀简称插装阀，基本核心元件是插装元件。将一个或若干个插装元件进行不同组合，并配以相应的先导控制级，可以组成方向控制、压力控制、流量控制或复合控制等控制单元(阀)。插装阀有螺纹式及盖板式两类，后者较为常用。

1. 插装阀的结构原理

图 5-39(a)为盖板式二通插装阀的结构图，阀本身无阀体，其主要构件有插装单元、控制盖板、先导控制阀(图中未画出)等三部分。插装单元(简称插件)(含阀套 4、阀芯(锥阀或滑阀)6、弹簧 5 及密封件 3 等)插装在有两个主油口 A 和 B 的通道块 7 标准化腔孔内，并由装在通道块上的控制盖板 2(通过螺栓 1 连接紧固)的下端面压住及保持到位，控制盖板上有控制口 X 与插装单元上腔相通。装在控制盖板 4 上端面不同的先导控制阀(图中未画出)发出的控制压力信号，对插装单元的启闭起控制作用，以实现具有两个主油口 A 和 B 的完整液压阀功能。插件上配置不同控制盖板和不同先导控制阀，即可实现不同的工作机能，构成大流量的插装方向控制阀、插装流量控制阀和插装压力控制阀等。插件、先导阀及控制盖板集成为一体的完整插装阀示例见图 5-40。通道块中的钻孔通道，将两个主油口连到其他插件或者连接到工作液压系统；通道块中的控制油路钻孔通道也按希望连接到控制油口 X 或其他信号源。

故将若干个不同工作机能的插件安装在同一通道块内，实现集成化（见图 5-41），即可组成所需的液压系统。

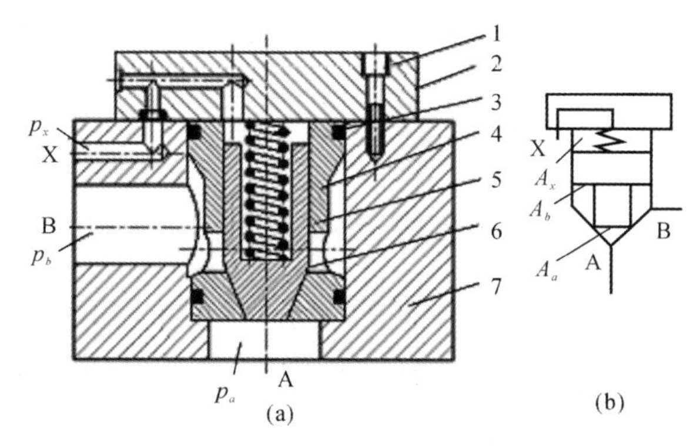

图 5-39　盖板式二通插装阀的结构组成

(a)结构图；（b)图形符号

1—螺栓；2—控制盖板；3—密封件；4—阀套；5—弹簧；6—阀芯；7—通道块(集成块)

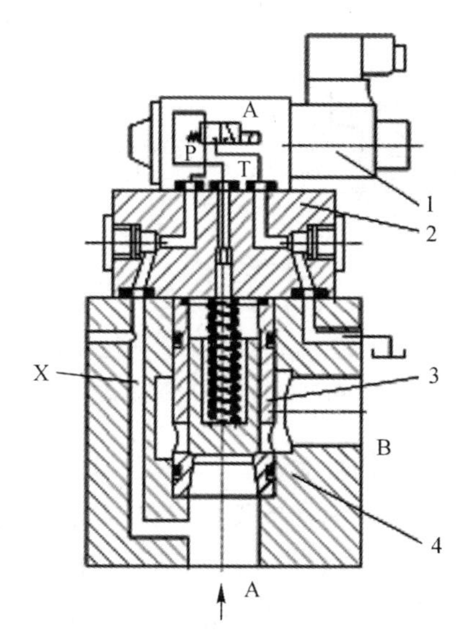

图 5-40　典型盖板式二通插装阀

1—先导控制阀；2—控制盖板；3—插入组件；4—通道块(集成块)

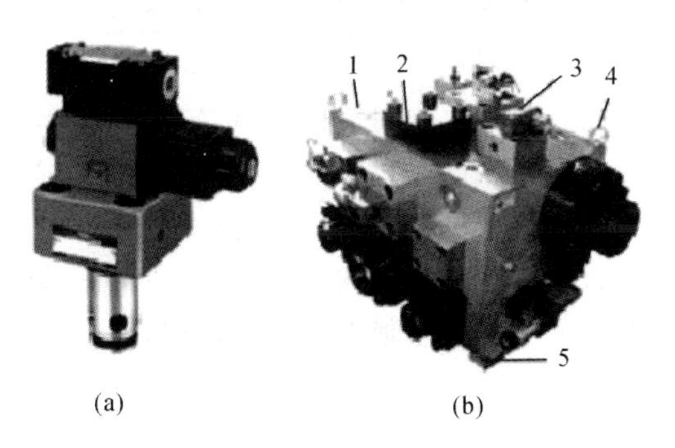

图 5-41　插装阀及其系统实物外形图

(a)单向插装阀(无集成块)；(b)集成后的系统

插装阀的基本动作原理是施加于控制口X的控制压力 p_x 作用于阀芯的大面积 A_x 上，通过与主油口 A 及 B 侧压力产生的力比较，实现阀的开关（启闭）动作，如图5-42所示（文字符号意义同图5-39）。设油口A、B、X的作用面积和油液压力分别为 A_a、A_b、A_x 和 p_a、p_b、p_x。面积关系 $A_x = A_a + A_b$。若只考虑复位弹簧力弹簧力 F_S，而忽略液动力、阀的重力、摩擦力等因素的影响，则阀芯上、下两端的作用力 F_x 和 F_W 为

$$F_x = F_S + p_x A_x \tag{5-3}$$

$$F_W = p_a A_a + p_b A_b \tag{5-4}$$

当 $F_x > F_W$ 时，即

$$p_x > (p_a A_a + p_b A_b - F_S)/A_x \tag{5-5}$$

时，插装阀口关闭（图5-42(a)所示的二位四通电磁换向先导阀断电处于左位时的状态），油路A、B不通。

当 $F_x < F_W$ 时，即

$$p_x < (p_a A_a + p_b A_b - F_S)/A_x \tag{5-6}$$

时，插装阀口开启（图5-42(b)所示的先导阀通电切换至右位时的状态），油路A、B接通。

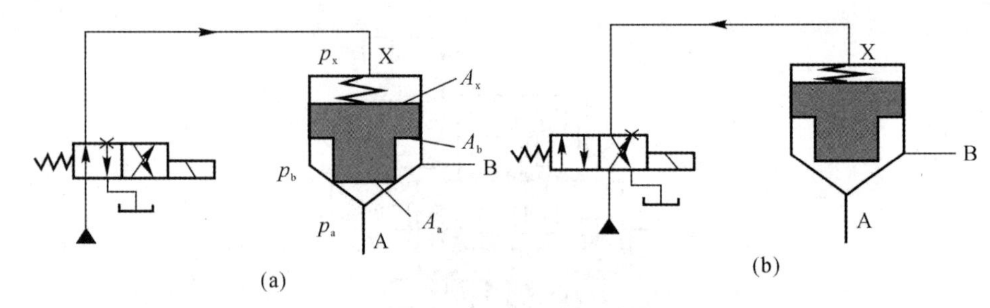

图5-42 插装阀基本原理示意图

(a)关闭状态；(b)开启状态

当 $F_x = F_W$ 时，阀芯处于某一平衡位置。

综上所述可见：①插装阀的工作原理是依靠控制口X的油液压力 p_x 的大小来启闭的，p_x 大时，阀口关闭；p_x 小时，阀口开启。②通过改变 p_x 即可控制油口A、B间的通断、液流方向和压力。当控制油口X接油箱（卸荷），阀芯下部的液压力超过上部弹簧力时，阀芯被顶开，此时液流的方向，视A、B口的压力大小而定。当 $p_a > p_b$ 时，液流流向为A→B；当 $p_a < p_b$ 时，流向为B→A。当控制口X接通压力油，且 $p_x \geqslant p_a$、$p_x \geqslant p_b$ 时，则阀芯在上、下端压力差和弹簧力的作用下关闭油口A和B。由图5-42看出，若采取机械或电气等方式控制阀芯的开启高度（即阀口开度），即可控制主油路流量。③由盖板引出的控制压力信号 p_x 控制着插装阀口的启闭状态。故通过插装单元与不同的控制盖板、各种先导控制阀进行组合，改变 p_x 的连接方式即可改变阀的功能，即可用于压力控制，也可用于方向和流量控制。在作压力阀用时，工作原理与普通压力阀相同。作方向阀时，因一个插件仅有两个通油口、两种工作状态（阀口开启或关闭），故实际使用时需两个插件并联组成三通回路，两个三通回路并联组成四通回路，至于回路的通断情况（机能）则取决于先导控制阀。作流量阀时，通过控制阀口开度大小来实现。

2. 插装阀的典型组合

(1)插装方向阀。插装方向阀由插件与换向导阀组合而成。

如图 5－43(a)所示，将控制腔 X 直接与 A 口或 B 口连通，即构成插装单向阀。连接方法不同其导通方式也不同：若 X 与 A 连接，则 B→A 导通，A→B 截止；若 X 与 B 连接，则 A→B 导通，B→A 截止。在控制盖板上接一个二位三通液动换向阀来变换 X 腔的压力，即成为液控单向阀(见图 5－43(b))。当液动阀 K 口未接控制油而使该阀处于图示左位时，X 与 B 连接，则 A→B 导通，实现正向流动；当液动阀 K 口接控制油而使该阀切换至右位时，X 接通油箱而卸荷，则 B→A 导通，实现反向或正向流动。

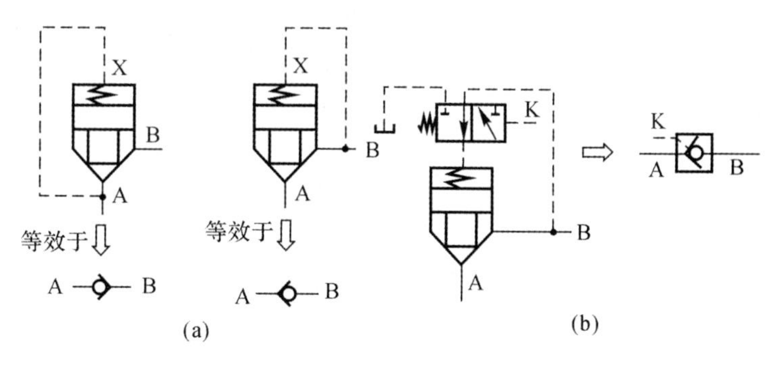

图 5－43　插装单向阀和液控单向阀

二位二通插装换向阀可由一个插件和一个二位三通电磁阀构成，其中电磁阀用来转换 X 腔压力。图 5－44 所示为单向截止的二位二通插装换向阀，在电磁阀断电处于图示左位时，X 与 B 连接，则 A→B 导通，B→A 截止。当电磁阀通电切换至右位时，因 X 腔接通油箱而卸荷，故B→A或 A→B 导通。

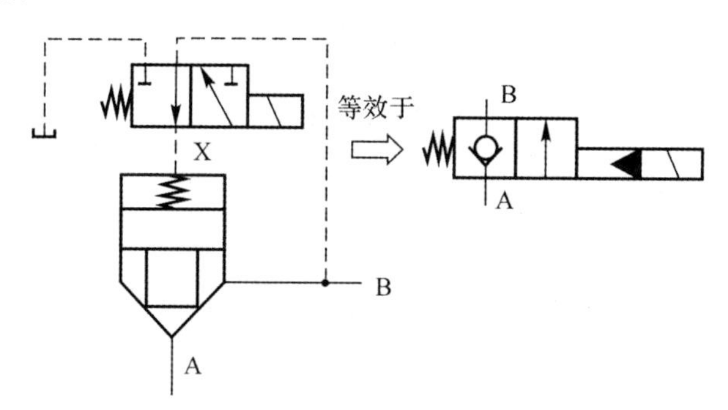

图 5－44　二位二通插装换向阀

若要使双向都能关闭，如图 5－45(a)所示，可通过在控制油路中加一个梭阀(结构原理和图形符号见图 5－45(b))来实现。此处梭阀的作用相当于两个单向阀，只要二位三通电磁阀不通电，则无论通过油口 A、B 哪个压力高，插装阀始终可靠地关闭。

三通换向阀由 2 个插件和一个电磁导阀构成，而四通阀由 4 个插件及相应的电磁先导阀组成。图 5－46 所示为用一个二位四通电磁先导阀来对四个插件进行控制，它等效于二位四通的电液换向阀。基于这一原理的三位四通的电液换向阀(O 型中位机能)见图 5－47，它用一个三位四通电磁先导阀来对四个插件进行控制。

(2)插装压力阀。插装式溢流阀由带阻尼孔的插件和先导压力阀组成(见图 5－48)。A 腔压力油经阻尼小孔进入控制腔 X，并与先导压力阀进口相通，B 腔接油箱，这样插件的开启压力可由先导压力阀来调节。其工作原理与先导式溢流阀完全相同，当 B 腔不接油箱而接负载时，即变成一个顺序阀了。图5-49所示为插装式减压阀，其阀芯采用常开的滑阀式阀芯，B和A分别为进、出油口，A口的压力油经阻尼小孔后与控制腔C及先导压力阀进口相通，其原理与普通先导式减压阀相通。

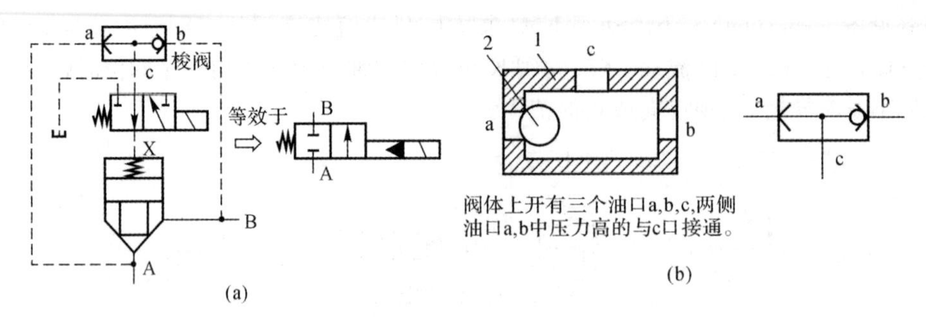

图5-45　双向都能关闭的二位二通插装换向阀

(a)插装换向阀；(b)梭阀的结构原理(1—阀体；2—阀芯)

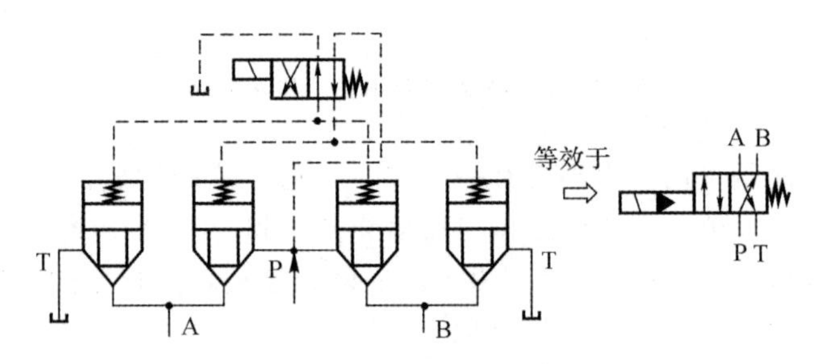

图5-46　二位四通插装换向阀

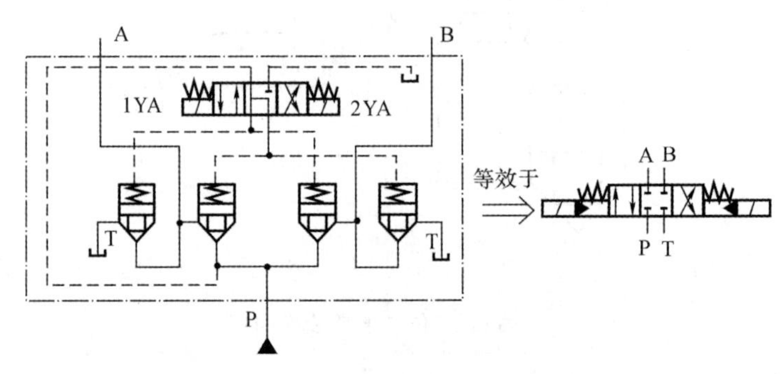

图5-47　三位四通插装换向阀

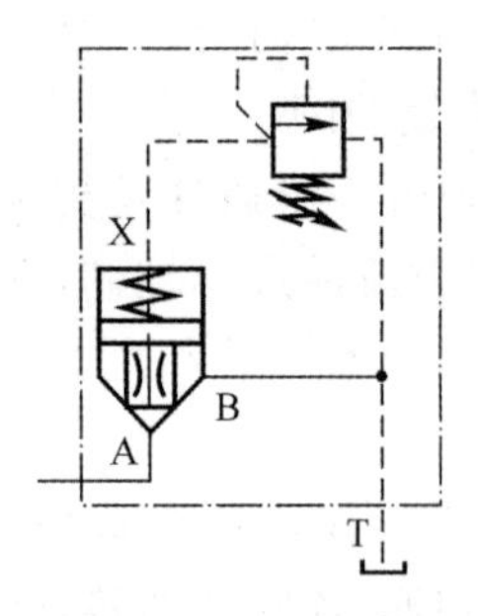

图5-48　插装溢流阀

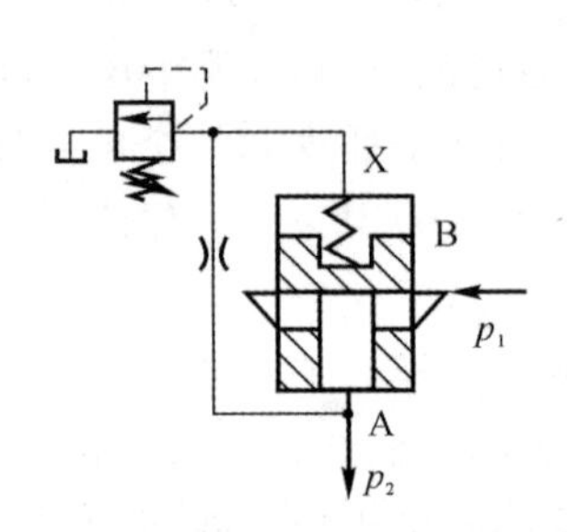

图5-49　插装减压阀

(3)插装流量阀。如前所述,若采取机械或电气等行程调节机构控制插件的开启高度(即阀口开度),以改变阀口的通流面积的大小,即可控制主油路流量,则插件可起流量控制阀的作用。图5-50(a)即为插装节流阀,图5-50(b)为在节流阀前串接一滑阀式减压阀,减压阀阀芯两端分别与节流阀进出油口相通,利用减压阀的压力补偿功能来保证节流阀两端的压差不随负载的变化而变化,这样就成为一个调速阀。

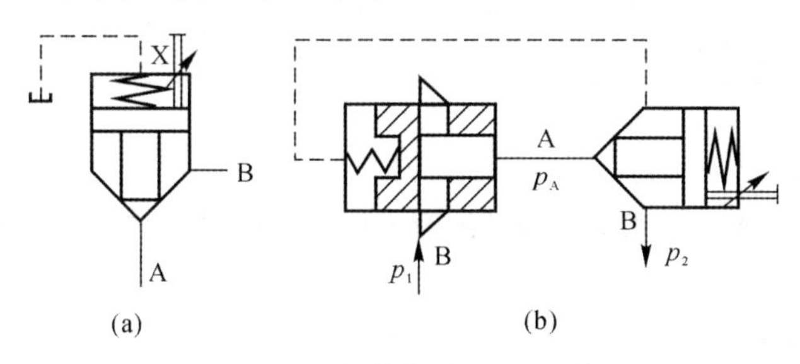

图5-50 插装节流阀和调速阀

3. 插装阀的使用维护

由于插装阀的基本构件标准化、通用化、模块化程度高,通流能力大(流量可达18 000 L/min及以上),故适用于高压(超过21 MPa)大流量(超过150 L/min)液压系统。二通插装阀的安装连接尺寸及其要求应符合相关标准(GB/T 2877 — 2007)。阀块可选用插装阀制造厂商的标准件,也可根据需要自行设计。

4. 插装阀的常见故障及其诊断排除

插装阀在使用中常见故障现象有失去开关作用,不能封闭保压,内、外泄漏严重等,其诊断排除方法见表5-21。其中,失去开关作用的主因是阀芯卡死在开启或关闭的位置上。

表5-21 插装阀常见故障及其诊断排除方法

故障现象	产生原因	排除方法
1. 失去“开”和“关”的作用,不动作	①油液中的污物进入阀芯与阀套的配合间隙中	过滤或更换液压油,保持油液清洁,处理阀芯和阀套的配合间隙至合理值,并注意检测阀芯和阀套的加工精度
	②阀芯棱边处有毛刺,或者阀芯外表面有损伤	
	③阀芯外圆和阀套内孔几何精度差,产生液压卡紧	
	④阀套嵌入集成块的过程中,内孔变形或者阀芯和阀套配合间隙过小而卡住阀芯	
2. 反向开启,不能可靠关闭	①控制油路无压力或压力突降	在控制油路上增加梭阀,确保控制油路的压力,使插装元件可靠关闭
	②控制油路的梭阀被污染或密封性差	控制油路上若有梭阀,清洗梭阀或更换密封件
3. 不能封闭保压	①普通电磁换向阀(滑阀式)作先导阀,由于该阀泄漏,造成插装单元不能保压	采用零泄漏电磁球阀或外控式液控单向阀为导阀
	②插装元件的阀芯与阀套的配合锥面不密合或阀套外圆柱面上的O形密封圈失效	提高阀芯与阀座的加工精度,确保良好的密封性或更换密封圈

续 表

故障现象	产生原因	排除方法
4. 内、外泄漏	①阀芯与阀套配合间隙超差或锥面密合不良造成内泄漏	提高阀芯与阀座的加工精度，确保良好的密封
	②先导控制阀与插装元件之间的结合面密封件损坏造成外泄漏	更换密封圈

5.6 电液伺服阀与电液比例阀的使用维修

5.6.1 电液伺服阀

电液伺服阀是一种自动控制阀，其功用是将小功率的电信号输入转换为大功率液压能（压力和流量）输出，从而实现对液压执行元件机械量（位移、速度和力等）的控制。所以，电液伺服阀既是电液转换元件，又是功率放大元件。电液伺服阀广泛用于高精度自动控制设备中，以实现位置、速度和力的自动控制。

1. 电液伺服阀的结构原理

电液伺服阀通常都是由电气-机械转换器、液压放大器（先导级阀和功率级主阀）和检测反馈机构等三部分组成的（见图 5－51）。电气-机械转换器用于将输入电信号转换为产生驱动先导级阀运动的位移或转角，前者称为力马达，后者称为力矩马达。先导级阀又称前置级（可以是滑阀、锥阀、喷嘴挡板阀和射流管式阀等），用于接受电气-机械转换器输入的小功率位移或转角信号，将机械量转换为液压力驱动主阀；主阀（滑阀等）将先导级阀的液压力转换为流量或压力输出，即液压放大器用来实现控制功率的转换与放大。设在阀内部的反馈机构（可以是液压、机械或电气反馈等）将先导阀或主阀控制口的压力、流量或阀芯的位移反馈到先导级阀的输入端或放大器的输入端，实现输入输出的比较，从而提高阀的控制性能。

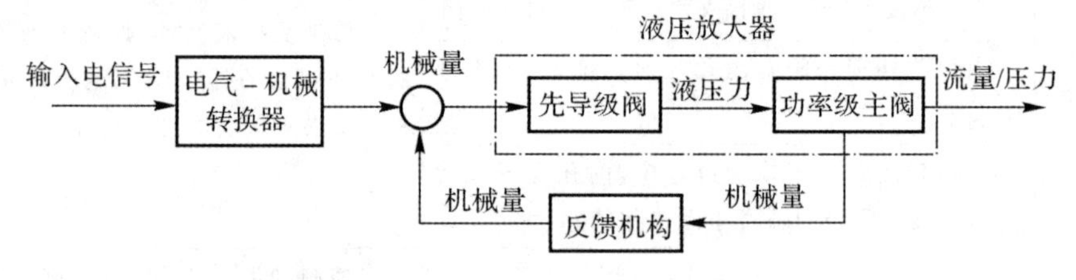

图 5－51　电液伺服阀组成框图

电液伺服阀种类繁多，按电气-机械转换器不同分为动铁式和动圈式；按液压放大器的级数不同分为单级阀、两级阀和三级阀；按先导级阀结构不同分为喷嘴挡板式、滑阀式和射流管式；按功率级主阀零位开口（预开口）不同，分为正开口（负遮盖或负重叠）阀、零开口（零遮盖或零重叠）阀和负开口（负遮盖或负重叠）阀；按功率级主阀主油口数目不同，分为三通阀和四通阀；按反馈形式分为位移反馈式、力反馈式、压力反馈式和电反馈阀式；按输出量不同分为流量伺服阀、压力伺服阀和压力流量伺服阀等。

(1)电气-机械转换器。动铁式力矩马达是常用的电气-机械转换器之一,其输入为电信号,输出为力矩。动铁式力矩马达(见图5-52)由左右两块永久磁铁7及3,上、下两块导磁体2及5,下端带弹簧杆8的衔铁及套在衔铁上的两个控制线圈4组成。衔铁固定在弹簧管(支承在上、下导磁体的中间位置上端)6上,可以绕弹簧管的转动中心做微小转动。衔铁两端与上、下导磁体(磁极)形成四个工作气隙①、②、③、④。上、下导磁体除作为磁极外,还为永久磁铁产生的极化磁通 Φ_g 和控制线圈的差动电流信号产生的控制磁通 Φ_c 提供磁路。永久磁铁将上、下导磁体磁化,一个为N极,另一个为S极。

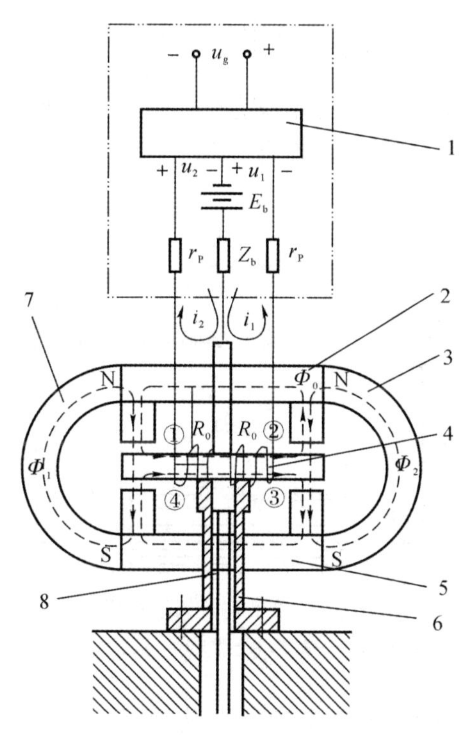

图5-52　动铁式力矩马达结构原理图

1—放大器;2—上导磁体;3,7—永久磁铁;4—衔铁线圈;5—下导磁体;6—弹簧管;8—弹簧杆

当无信号电流时,即 $i_1=i_2$,衔铁处于上、下导磁体的中间位置,永久磁铁在四个工作气隙中所产生的极化磁通相同,使衔铁两端所受的电磁吸力相同,力矩马达无力矩输出。

当有信号电流通过线圈时,控制线圈产生控制磁通 Φ_c,其大小和方向取决于信号电流的大小和方向。假设由放大器1输给控制线圈的信号电流 $i_1>i_2$,如图5-52所示,在气隙①、③中控制磁通 Φ_c 与极化磁通 Φ_g 同向,而在气隙②、④中控制磁通与极化磁通反向。故气隙①、③中的合成磁通大于气隙②、④中的合成磁通,于是在衔铁上产生顺时针方向的电磁力矩,使衔铁绕弹簧管转动中心顺时针方向转动。当弹簧管变形产生的反力矩与电磁力矩相平衡时,衔铁停止转动。如果信号电流反向,则电磁力矩也反向,衔铁向反方向转动,电磁力矩的大小与信号电流的大小成比例,衔铁的转角也与信号电流成比例。

动铁式力矩马达输出力矩较小,常用于控制喷嘴挡板之类的先导级阀。它具有动态响应快、功率重量比较大等优点。但限于气隙的形式,其转角和工作行程很小(通常小于0.2 mm),其材料性能及制造精度要求高,价昂;此外,其控制电流较小(仅几十毫安),故抗干扰能力较差。

(2)液压放大器。常用的先导级阀为双喷嘴挡板阀,其结构及组成原理如图 5-53 所示,喷嘴 2、4 与挡板 3 之间的环形面积构成可变节流缝隙 x_1 和 x_2,输入的压力油经固定节流孔 1、5 引至喷嘴和主阀芯 6 的控制腔,喷嘴处的油液经喷射后,流回油箱 7;输入油压 p_s 经节流孔产生压降,故进入控制腔的油液压力(亦即喷嘴前的压力)分别变为 p_1 和 p_2。显然,通过改变喷嘴与挡板之间的可变节流缝隙 x_1 和 x_2 的相对位移即可改变它们所形成的节流阻力,从而改变控制腔压力 p_1 和 p_2 的大小(缝隙减小,压力增大;缝隙增大,压力减小),进而改变阀芯的位置及液流通路开口的大小。例如当挡板左移减小喷嘴 4 处的缝隙 x_1 时,喷嘴 2 处的缝隙 x_2 增大,故压力 p_1 增大,压力 p_2 减小,主阀芯在两端压力差作用下右移。喷嘴挡板阀精度和灵敏度高,动态响应好,但无功损耗大,抗污染能力差。常作为多级电液控制阀先导级(前置级)使用,其中的挡板多用图 5-52 所示的力矩马达驱动。可变节流缝隙 x_1 和 x_2 的零位值仅约 0.025~0.125 mm。

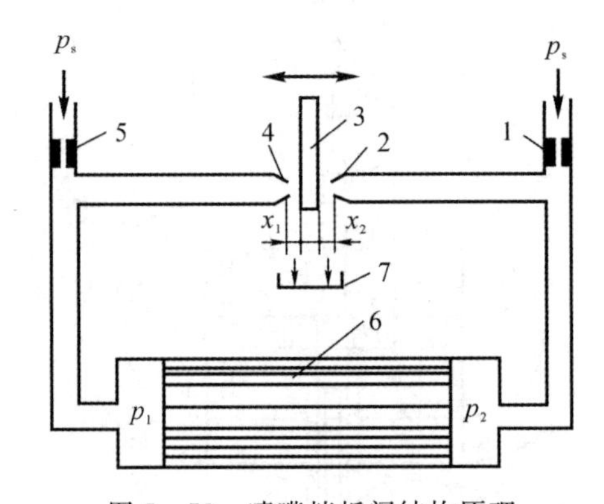

图 5-53　喷嘴挡板阀结构原理

1,5—固定节流孔;2,4—喷嘴;3—挡板;6—负载(主阀芯);7—油箱

电液伺服阀中的功率级主阀几乎均为滑阀,从伺服阀角度看,其主要结构要素及特点如下:

1)控制边数。滑阀有单边控制、双边控制和四边控制等三种类型(见图 5-54)。单边滑阀仅有一个控制边,控制边的开口量 x 控制了执行元件(此处为单杆液压缸)中的压力和流量,从而改变了缸的运动速度和方向。双边滑阀有两个控制边,压力油一路进入单杆液压缸有杆腔,另一路经滑阀控制边 x_1 的开口和无杆腔相通,并经控制边 x_2 的开口流回油箱;当滑阀移动时,x_1 增大,x_2 减小,或相反,从而控制了缸无杆腔的回油阻力,故改变了缸的运动速度和方向。四边滑阀有四个控制边,x_1 和 x_2 是用于控制压力油进入双杆缸的左、右腔,x_3 和 x_4 用于控制左、右腔通向油箱;当滑阀移动时,x_1 和 x_4 增大,x_2 和 x_3 减小,或相反,这样控制了进入缸左、右腔的油液压力和流量,从而控制了缸的运动速度和方向。综上,单边、双边和四边滑阀的控制作用相同。单边和双边滑阀用于控制单杆液压缸;四边滑阀可以控制双杆缸或单杆缸。四边滑阀的控制质量好,双边滑阀居中,单边滑阀最差。但单边滑阀无关键性的轴向尺寸,双边滑阀有一个关键性的轴向尺寸,而四边滑阀有三个关键性的轴向尺寸,所以单边滑阀易于制造、成本较低,而四边滑阀制造困难、成本较高。通常,单边和双边滑阀用于一般控制精度的液压系统,而四边滑阀则用于控制精度及稳定性要求较高的液压系统。

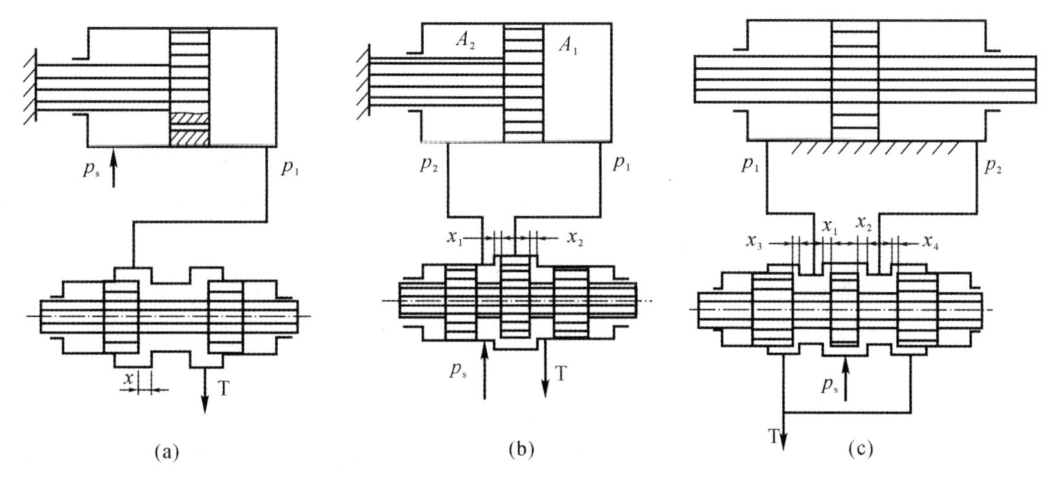

图 5－54　单边、双边和四边控制滑阀

(a)单边；(b)双边；(c)四边

2)零位开口(预开口)形式。按滑阀在零位(平衡位置)时的预开口量不同,滑阀有正开口、零开口和负开口三种形式(见图 5－55)。预开口量取决于阀套(体)的阀口宽度 h 与阀芯的凸肩宽度 t 的尺寸大小;不同的预开口形式对其零位附近(零区)的特性具有很大影响。正开口(负重叠)滑阀($t < h$)在阀芯处于零位时存在较大泄漏,其流量特性是非线性的,一般不用于大功率场合;负开口(又称正重叠)的滑阀($t > h$),在阀工作时存在一个死区且流量特性为非线性,故很少采用。零开口(零重叠)滑阀($t = h$),既无死区,泄漏也小,所以它是性能最好的滑阀,因此应用最多;但完全的零开口在加工制作工艺上较难达到,且价昂,所以实际的零开口允许不大于±0.025 mm 的微小开口量偏差。

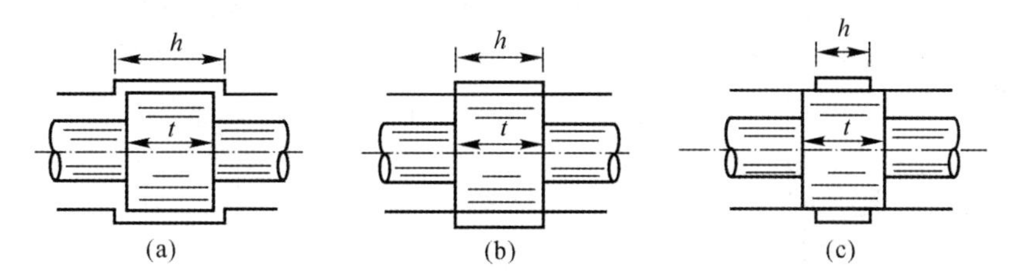

图 5－55　滑阀零位开口(预开口)形式

(a)正开口;(b)零开口;(c)负开口

3)通路数、凸肩数与阀口形状。按通路数滑阀有二通、三通和四通等几种。二通滑阀(单边阀)(见图 5－54(a)),它只有一个可变节流口(可变液阻),使用时必须和一个固定节流口配合,才能控制一腔的压力,用于控制差动液压缸。三通滑阀(见图 5－54(b))只有一个控制口,故只能用于控制差动液压缸,为实现液压缸反向运动,需在有杆腔设置固定偏压(可由供油压力产生)。四通滑阀(见图 5－54(c))有两个控制口,故能控制各种液压执行元件。

阀芯上的凸肩数与阀的通路数、供油及回油密封、控制边的布置等因素有关。二通阀一般为 2 个凸肩,三通阀为 2 个或 3 个凸肩,四通阀为 3 个或 4 个凸肩。三凸肩滑阀为最常用的结构形式。凸肩数过多将加大阀的结构复杂程度、长度和摩擦力,影响阀的成本和性能。滑阀的阀口形状有矩形、圆形等形式,矩形阀口又有全周开口和部分开口,其开口面积与阀芯位移成正比，具有线性流量增益，故应用较多。

2. 典型结构

在种类繁多的电液伺服阀中，喷嘴挡板式力反馈电液伺服阀是使用量大、面广的两级电液伺服阀(多用于控制流量较大(80～250 L/min)的场合)，如图 5-56(a)所示，它主要由力矩马达、双喷嘴挡板先导级阀和四凸肩的功率级滑阀三个主要部分组成。薄壁的弹簧管 4 支承衔铁 8 和挡板 3，并作为喷嘴挡板阀的液压密封。挡板的下端为带有球头(有时为红宝石轴承)的反馈弹簧杆 12，球头嵌入主滑阀阀芯 13 中间的凹槽内，构成阀芯对力矩马达的力反馈作用。两个喷嘴 2、10 及挡板 3 之间形成可变液阻节流孔，主阀左、右设有固定节流孔 1、14。阀内设有内置过滤器 15，以保证进入阀内油液的清洁。

当线圈 5 没有电流信号输入时，力矩马达无力矩输出，衔铁、挡板和主阀芯都处于中(零)位。液压源▲(设压力为 p_s)输出的压力油进入主滑阀口，并由内置过滤器 15 过滤。由于阀芯 13 两端台肩将阀口关闭，油液不能进入 A、B 口，但同时液流经固定节流孔 1 和 14 分别引到喷嘴 2 和 10，喷射后的液流排回油箱。因挡板处于中位，故两喷嘴与挡板的间隙相等，则主阀控制腔两侧的油液压力(亦即喷嘴前的压力)p_1 与 p_2 相等，滑阀处于中位(零位)。当线圈 5 通入信号电流后，力矩马达产生使衔铁转动的力矩，不妨假设该力矩为顺时针方向，则衔铁连同挡板一起绕弹簧管中的支点顺时针方向偏转，因挡板离开中位，造成它与两个喷嘴的间隙不等，左喷嘴 2 间隙减小，右喷嘴 10 间隙增大，即压力 p_1 增大，p_2 减小，故主滑阀在两端压力差作用下向右运动，开启控制口，P 口→B 口相通，压力油进入液压缸右腔(或液压马达上腔)，活塞左行；同时，A 口→T 口相通，液压缸左腔(或液压马达下腔)排油回油箱。在滑阀右移同时，弹簧杆 12 的力反馈作用(对挡板组件施加一逆时针方向的反力矩)使挡板逆时针偏转，使左喷嘴 2 的间隙增大、右喷嘴 10 的间隙减小，于是压力 p_1 减小，p_2 增大，滑阀两端的压差减小。当主滑阀阀芯向右移到某一位置时，由主两端压差 $p_1 - p_2$ 形成的通过反馈弹簧杆 12 作用在挡板上的力矩、喷嘴液流作用在挡板上的力矩及弹簧管的反力矩之和与力矩马达的电磁力矩相等，主滑阀阀芯 13 受力平衡，稳定在一定开口下工作。

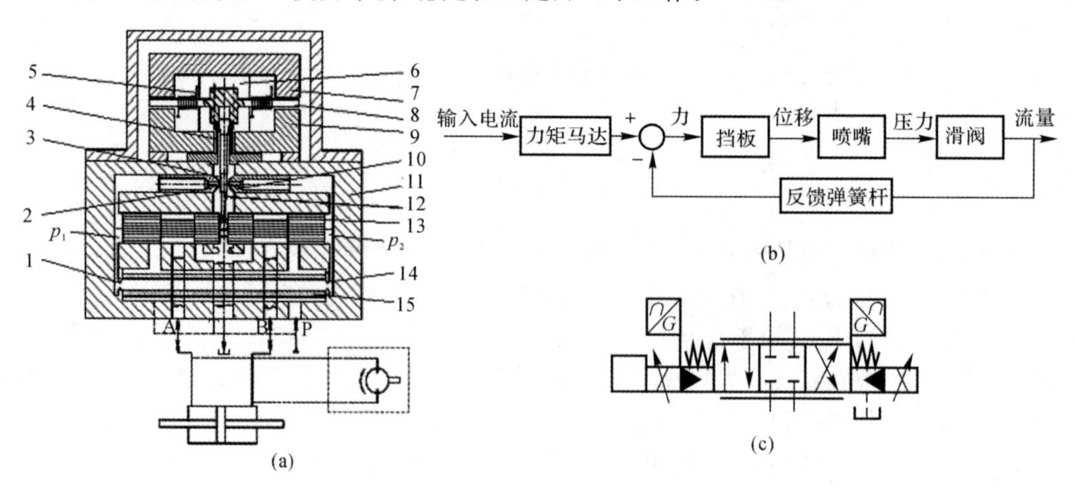

图 5-56　喷嘴挡板式力反馈两级电液伺服阀

(a)详细结构图；(b)原理方块图；(c)图形符号

1,14—固定节流孔；2,10—喷嘴；3—挡板；4—弹簧管；5—线圈；6—永久磁性；7—上导磁体；8—衔铁；9—下导磁体；11—阀座；12—反馈弹簧杆；13—主滑阀阀芯；15—内置过滤器

通过改变线圈输入电流的大小，就可成比例地调节力矩马达的电磁力矩，从而得到不同的主阀开口大小即流量大小。改变输入电流方向，就可改变力矩马达偏转方向以及主滑阀阀芯的方向，可实现液流方向的控制。

上述工作过程的综合表达见其原理方块图（见图 5-56(b)）。

除了上述力反馈型的电液伺服阀外，双喷嘴挡板式电液伺服阀还有直接位置反馈、电反馈、压力反馈、动压反馈与流量反馈等不同反馈形式。它们具有线性度好、动态响应快、压力灵敏度高、阀芯基本处于浮动不易卡阻、温度和压力零漂小等优点，其缺点是抗污染能力差（喷嘴挡板级零位间隙较小（仅 0.025～0.125 mm）），阀易堵塞，内泄漏较大、功率损失大、效率低，力反馈回路包围力矩马达，流量大时提高阀的频宽受到限制。

3. 电液伺服阀的技术性能

作为电液伺服控制系统中的关键元件，电液伺服阀与普通开关式液压阀相比，功能完备，但结构也异常复杂和精密，其性能对于系统的工作品质具有至关重要影响，故阀的性能指标参数非常繁多且要求严格。电液伺服阀的特性及参数在工程上精确的特性及参数多通过实际测试试验获得。

电液伺服阀的规格可由额定电流、额定压力和额定流量表示。额定电流 I_n 指产生额定流量对线圈任一极性所规定的输入电流（单位：A）；额定压力 p_n 指在规定的阀压降下，对应于额定电流的额定供油压力（单位：Pa）；额定流量 q_n 指在规定的阀压降下，对应于额定电流的负载流量（单位：m^3/s）。

电液伺服阀的主要技术性能包括静态特性、动态特性和输入特性等。静态特性可根据测试所得到的各种特性曲线及性能指标加以评定，包括负载流量特性、空载流量特性（含流量增益、线性度、对称度、滞环、分辨率、重叠等）、压力特性（压力增益）、内泄漏量、零漂（供油压力零漂、回油压力零漂、温度零漂、零值电流零漂）等。动态特性一般用频率响应（频宽等）表示。输入特性包括线圈接法、颤振信号（波形、频率和幅度）等。

不同的伺服阀产品，其性能指标不尽相同，使用时可从有关产品样本或设计手册中查阅。

4. 电液伺服阀的使用维护

电液伺服阀由于其高精度和快速控制能力，多用于高精度自动控制设备中，以实现位置、速度和力的自动控制。除了航空、航天和军事装备等普遍使用的领域外，在机床、塑机、冶金、车辆等各种工业设备的开环或闭环的电液控制系统中，特别是系统要求高的动态响应、大输出功率的场合获得了广泛应用。电液伺服阀的主要缺点是结构及加工工艺复杂，价格昂贵，对油液清洁度要求高，使用维护技术水平要求高。电液伺服阀的使用维护要点见表 5-22。

表 5-22　电液伺服阀的使用维护要点

序 号	项　目
1	①按照系统控制类型选定伺服阀类型：一般情况下，对于位置或速度伺服控制系统，应选用流量型伺服阀；对于力或压力伺服控制系统，应选用压力型伺服阀，也可选用流量型伺服阀
	②根据性能要求选择适当的电气-机械转换器的类型和液压放大器的级数
	③选择规格（额定压力、流量、电流）和静态指标、精度及寿命
	④最后选择动态指标（频宽）等。同时还要考虑抗污染能力、电功率、颤振信号、尺寸、质量、寿命和价格等因素

续表

序号	项目
2	在使用伺服阀时，应根据需要正确连接伺服阀线圈。伺服系统多采用定压液压源，几个伺服阀共用一个液压源时，要注意减少相互干扰
3	在使用中要特别注意防污染，油液清洁度（显微镜测量法）一般要求ISO4406标准的15/12级（5μm）、航空系统要求ISO4406标准的14/11级（3μm），否则容易因污染堵塞而使伺服阀及整个系统工作失常。向油箱注入新油时，一般要先经过一个过滤精度为5μm的过滤器
4	伺服阀通电前，务必按说明书检查控制线圈与插头线脚的连接是否正确
5	闲置未用的伺服阀，投入使用前应调整其零点，且必须在伺服阀试验台上调零；如装在系统上调零，则得到的实际上是系统零点
6	由于每台阀的制造及装配精度有差异，故使用时务必调整颤振信号的频率及振幅，以使伺服阀的分辨率处于最高状态
7	力矩马达式伺服阀内的弹簧管壁厚只有百分之几毫米，因此有一定的疲劳极限；反馈杆的球头与阀芯一般为间隙配合，容易磨损；其他各部分结构也有一定的使用寿命，故伺服阀必须定期检修或更换。工业控制系统连续工作情况下每3～5年应予更换

注：选择电液伺服阀规格型号的主要依据是控制功率及动态响应。

5. 电液伺服阀常见故障及其诊断排除

在电液伺服阀使用中，其常见故障现象有阀不工作、流量压力不可控制、响应变慢、系统振动、外泄漏大等，其断排除方法见表5-23。

表5-23 电液伺服阀常见故障及其诊断排除方法

故障现象	产生原因	排除方法
1. 阀不工作（伺服阀无流量或压力输出）	①外引线或线圈断路	接通引线
	②插头焊点脱焊	重新焊接
	③进、出油口接反或进出油口未接通	改变进、出油口方向或接通油路
2. 伺服阀输出流量或压力过大或不可控制	①阀控制级堵塞或阀芯被脏物卡住	过滤油液并清理堵塞处
	②阀体变形、阀芯卡死或底面密封不良	检查密封面，减小阀芯变形
3. 伺服阀输出流量或压力不能连续控制	①油液污染严重	更换或充分过滤
	②系统反馈断开或出现正反馈	接通反馈，改成负反馈
	③系统间隙、摩擦或其他非线性因素	设法减小
	④阀的分辨率差、滞环增大	提高阀的分辨率、减小滞环
4. 伺服阀反应迟钝，响应降低，零漂增大	①油液脏，阀控制级堵塞	过滤、清洗
	②系统供油压力低	提高系统供油压力低
	③调零机构或电气-机械转换器部分（如力矩马达）零组件松动	检查、拧紧

续 表

故障现象	产生原因	排除方法
5.系统出现抖动或振动	①油液污染严重或混入大量气体	更换或充分过滤、排空
	②系统开环增益太大、系统接地干扰	减小增益、消除接地干扰
	③伺服放大器电源滤波不良	处理电源
	④伺服放大器噪声大	处理放大器
	⑤阀线圈或插头绝缘变差	更换
	⑥阀控制级时通时堵	过滤油液、清理控制级
6.系统变慢	①油液污染严重	更换或充分过滤
	②系统极限环振荡	调整极限环参数
	③执行元件及工作机构阻力大	减小摩擦力、检查负载情况
	④伺服阀零位灵敏度差	更换或充分过滤油液，锁紧零位调整机构
	⑤阀的分辨率差	提高阀的分辨率
7.外泄漏	①安装面精度差或有污物	清理安装面
	②安装面密封件漏装或老化损坏	补装或更换
	③弹簧管损坏	更换

注：当电液伺服控制系统出现故障时，应首先检查和排除电路和伺服阀以外各组成部分的故障。当确认伺服阀有故障时，应按产品说明书的规定拆检清洗或更换伺服阀内的滤芯或按使用情况调节伺服阀零偏，除此之外用户一般不得拆解伺服阀。如故障仍未排除，则应妥善包装后返回制造商处修理排除。维修后的伺服阀，应妥善保管，以防二次污染。

5.6.2　电液比例阀

电液比例控制阀简称比例阀，是介于普通液压阀和电液伺服阀之间的一种液压阀。其功能与电液伺服阀类同，电液比例阀既是电液转换元件，又是功率放大元件，它能够按输入的电气信号连续、成比例地对油液压力、流量或方向进行远距离控制。

1. 结构原理

电液比例阀通常由电气-机械转换器、液压放大器和检测反馈机构等三部分组成(见图 5－57)。其中电气-机械转换器多为比例电磁铁，它是电子技术与比例液压技术的连接环节。先导级阀用于接受小功率的电气-机械转换器输入的位移或转角信号，将机械量转换为液压力驱动主阀；主阀用于将先导级阀的液压力转换为流量或压力输出；设在阀内部的机械、液压及电气式检测反馈机构将主阀控制口或先导级阀口的压力、流量或阀芯的位移反馈到先导级阀的输入端或比例放大器，实现输入输出的平衡。

电液比例阀有多种类型，按控制功率大小分为直控式阀和先导控制式阀；按是否带位移电反馈分类有不带和带位移电反馈式；按比例放大器比例阀体的安装关系分为分离型和整体型；按控制功能可分为比例压力阀(溢流阀和减压阀)、比例流量阀(节流阀和调速阀)、比例方向阀

(方向流量阀和伺服比例方向阀等)和比例压力流量复合控制阀等。

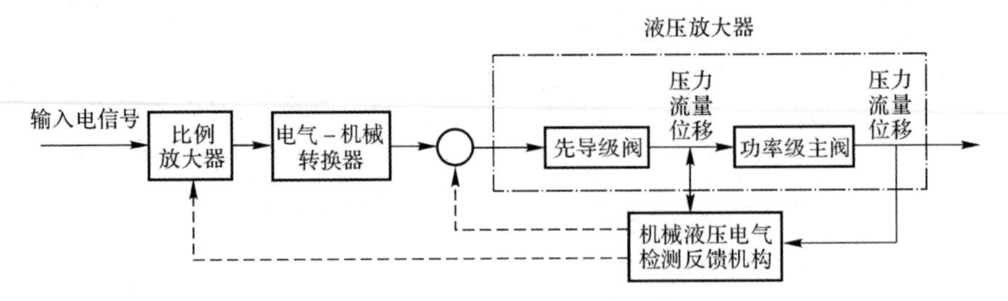

图 5-57 电液比例阀的组成

比例阀中的先导级阀和主阀的结构类型与伺服阀基本类同。

比例电磁铁属于直流行程式电磁铁,其功用是将比例控制放大器输给的电信号(模拟信号,通常为 24 V 直流,800 mA 或更大的额定电流)转换成力或位移信号(1.5～3.5 mm)输出,一般以输出推力为主。按输出位移的形式,比例电磁铁有单向和双向两种。常用的单向比例电磁铁(见图 5-58)由推杆 1、线圈 3、衔铁 7、导向套 10、壳体 11、轭铁 13 等部分组成。导向套 10 前后两段为导磁材料,其前段有特殊设计的锥形盘口,两段之间用非导磁的隔磁环 9 焊接为整体。壳体与导向套之间,配置同心螺线管式控制线圈 3。衔铁 7 前端所装的推杆 1 输出力或位移,后端所装的调节螺钉 5 和弹簧 6 为调零机构,可在一定范围内对比例电磁铁乃至整个比例阀的稳态特性进行调整,以增强其通用性(几种阀共用一种电磁铁)。衔铁支承在轴承上,以减小黏滞摩擦力。比例电磁铁的内腔通常要充入液压油,从而使其成为衔铁移动的一个阻尼器,以保证比例元件具有足够的动态稳定性。

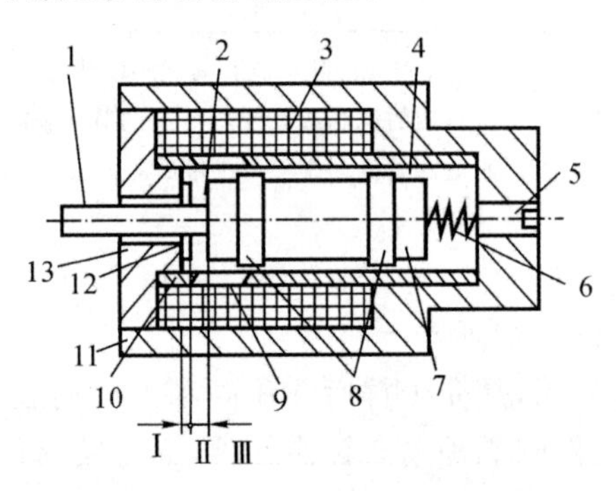

图 5-58 单向比例电磁铁结构原理图

1—推杆;2—工作气隙;3—线圈;4—非工作气隙;5—调节螺钉;6—弹簧;
7—衔铁;8—轴承环;9—隔磁环;10—导向套;11—壳体;12—限位片;13—轭铁

当线圈通入电流时,形成的磁路经壳体、导向套及衔铁后分为两路,一路由导向套前端到轭铁 13 而产生斜面吸力,另一路直接由衔铁断面到轭铁而产生表面吸力,二者的合成力即为比例电磁铁的输出力。比例电磁铁在有效行程区,具有基本水平的位移-力特性,而工作区的长度与电磁铁的类型等有关。由于比例电磁铁具有水平的位移-力特性,故一定的控制电流对应一定的输出力,即输出力与输入电流成比例,改变电流即可成比例地改变输出力。该输出力又作为输入量加给液压阀,后者产生一个与前者成比例的流量或压力。

比例电磁铁具有结构简单、成本低廉、输出推力和位移大、对油质要求不高、维护方便的优点,因而只要将比例电磁铁装到液压阀上,即构成电液比例阀。事实上,电液比例阀在结构上就是相当于在普通液压阀上装上一个比例电磁铁，以代替原操纵驱动部分。只要给电子放大器一个输入电信号，它就将电压值的大小转换成相应的电流信号(见图 5－59)，例如 1 mV→1 mA。给比例电磁铁的线圈，产生的推力就可操纵液压放大器(压力、流量、方向)，从而实现对液压缸、马达负载、速度和方向的连续比例控制。

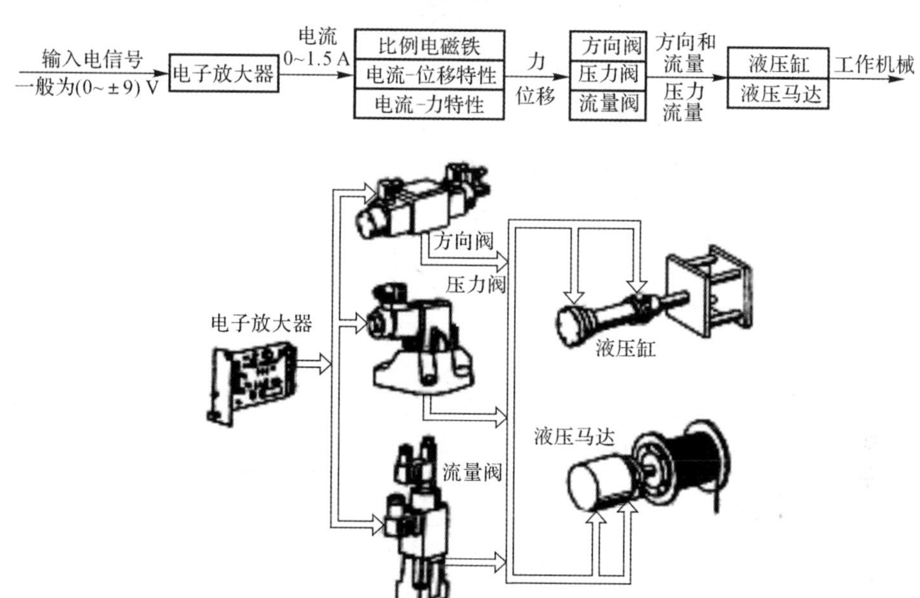

图 5－59　电液比例控制阀的信号流程

2. 电液比例阀的典型结构

图 5－60(a)所示为一种先导式比例溢流阀。其上部为直动式比例先导阀 6，下部为主阀 11，中部为手调限压阀 10。当比例电磁铁 9 通有输入电流信号时，它施加一个力直接作用在先导阀芯 8 上。先导压力油从内部先导油口或从外部先导油口 X 处进入，经先导油流道 1 和节流孔 3 后分成两股，一股经节流孔 5 作用在先导阀芯 8 上，另一股经节流孔 4 作用在主阀芯的上部。只要 P 口的压力不足以使导阀打开，主阀芯上、下腔的压力就保持相等，从而使主阀芯处于关闭状态。当系统压力超过比例电磁铁的设定值，先导阀芯开启，使先导阀的油液经油口 T 流回油箱。主阀芯上部的压力由于节流孔 3 的作用而降低，导致主阀开启，油液从压力口 P 经油口 T 回油箱，实现溢流作用。手调限压阀 10 起先导阀作用，与主阀一起构成一个普通的溢流阀，当出现系统压力过高或电控线路失效等情况时，它立即开启，使系统卸荷，保证系统安全。利用电液比例溢流阀构成的无级调压回路(见图 5－61)，通过调节泵出口电液比例溢流阀 2 的输入电流 i，即可实现系统压力的无级调节。与普通多级调压回路相比较，此种回路结构简单，压力切换平稳(见图 5－62)，无过高峰值压力，且便于实现遥控或程控。

图 5－63 所示为一种直动式电液比例调速阀。它由直动式比例节流阀与作为压力补偿器的定差减压阀等组成。比例电磁铁 1 的输出力作用在节流阀 2 上，与弹簧力、液动力、摩擦力相平衡，一定的控制电流对应一定的节流口开度。通过改变输入电流的大小，就可连续按比例地调节通过调速阀的流量。通过定差减压阀 3 的压力补偿作用来保持节流口前后压差基本不变。利用比例调速阀可以构成进口、出口和旁路等节流调速液压系统。

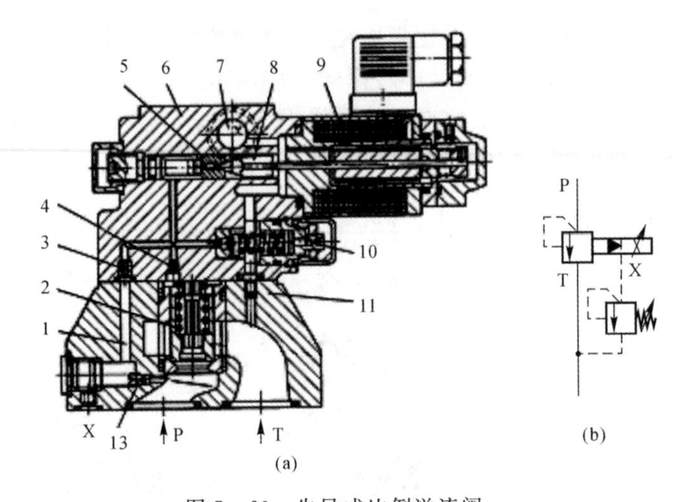

图 5-60　先导式比例溢流阀

(a)结构图；(b)图形符号

1—先导油流道；2—主阀弹簧；3，4，5—节流孔；6—先导阀；7—外泄口；8—先导阀芯；9—比例电磁铁；10—限压阀；11—主阀

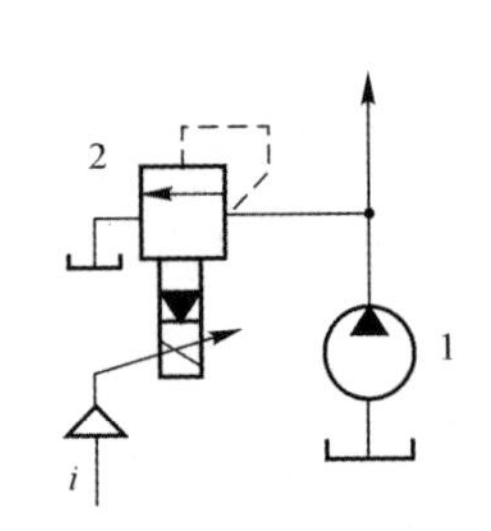

图 5-61　用电液比例溢流阀组成的无级调压回路

1—液压泵；2—电液比例溢流阀

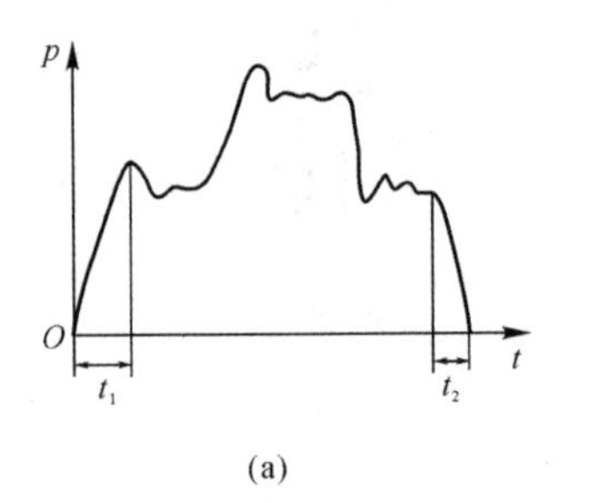

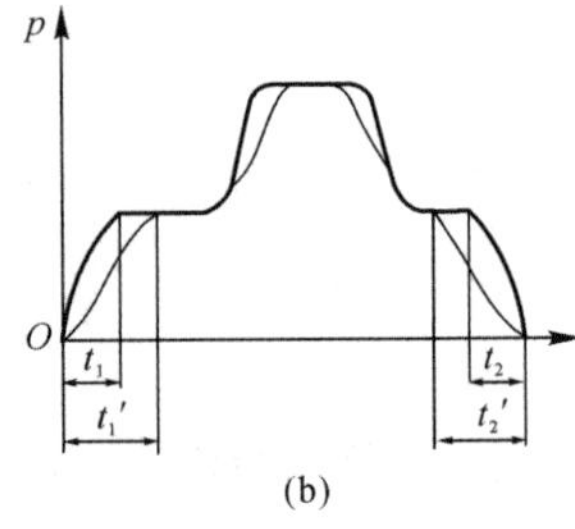

图 5-62　先导式比例溢流阀压力切换效果

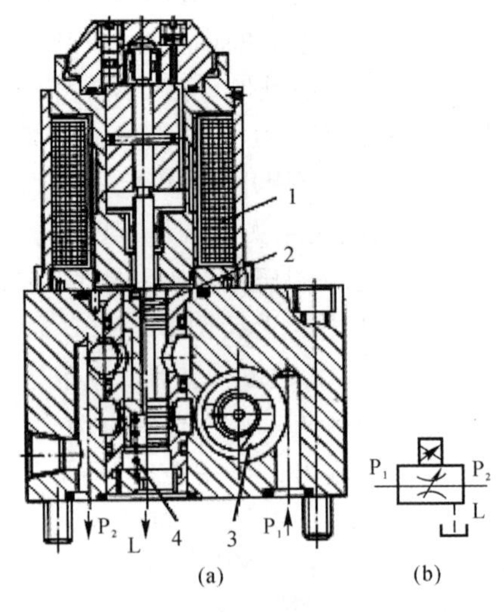

图 5-63　直动式电液比例调速阀

(a)结构图；(b)图形符号

1—比例电磁铁；2—节流阀；3—定差减压阀；4—弹簧

电液比例方向阀能按输入电信号的极性和幅值大小，同时对液流方向和流量进行控制，从而实现对执行元件运动方向和速度的控制。在压差恒定条件下，通过电液比例方向阀的流量与输入电信号的幅值成比例，而流动方向取决于比例电磁铁是否受到激励。图 5－64 所示为一种直动式电液比例方向节流阀，它主要由比例电磁铁 1、6，阀体 3，阀芯（四边滑阀）4，复位弹簧（对中弹簧）2、5 及电感式位移传感器 7 等组成。比例电磁铁直接驱动阀芯运动。当两比例电磁铁均不通电时，阀芯由复位弹簧保持在中位，P、A、B、T 之间互不相通；当比例电磁铁 1 通电时，阀芯右移，则油口 P 与 B 连通，A 与 T 连通，而来自放大器的电流信号值越大，阀芯向右的位移（即阀口的开度）也越大，即阀芯行程与电磁铁 1 的输入电流成正比，阀芯行程越大，通过的流量也越大；当电磁铁 6 通电时，阀芯向左移，油口 P 与 A 连通，而 B 与 T 连通，阀口开度及通过流量与电磁铁 6 的输入电流成比正比。阀左端电磁铁配置的电感式位移传感器 7，其量程按两倍阀芯行程设计，可检测出阀芯在两个方向上的实际位置，并把与之成正比的电压信号反馈至放大器 8，与设定值进行比较，检测出两者差值后，以相应电信号传输给对应的电磁铁，修正实际值，故构成了位置反馈闭环。以上过程使阀芯的位移仅取决于输入信号，而与流量、压力及摩擦力等干扰无关，从而提高了电液比例方向阀的控制精度。

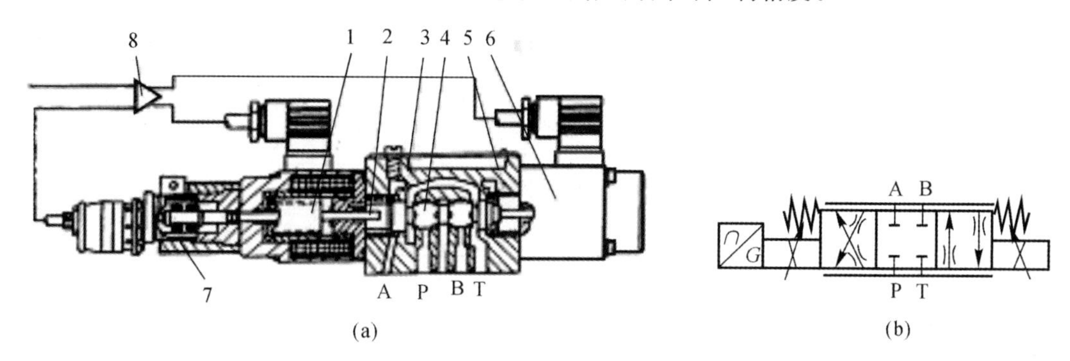

图 5－64　位移电反馈型电液比例方向节流阀

1，6—比例电磁铁；2，5—复位弹簧；3—阀体；4—阀芯；7—位移传感器；8—比例放大器

3. 电液比例阀的使用维护

电液比例阀多用于开环液压控制系统中，实现对液压参数的遥控，也可作为信号转换与放大元件用于闭环控制系统。与普通液压阀相比，比例阀位转换过程是受控的，设定值可无级调节，能实现复杂程序和运动规律控制，实现特定控制所需液压元件少，明显地简化液压系统并减少投资费用，便于机电一体化，通过电信号实现远距离控制，大大提高液压系统的控制水平；与电液伺服阀相比（见表 5－24），尽管其动静态性能有些逊色，但在结构与成本上具有明显优势，能够满足多数对动静态性能指标要求不高的场合。特别是随着电液伺服比例阀（亦称高性能比例阀）的出现，有的电液比例阀的性能已接近甚至超过了伺服阀，这体现了电液比例控制技术的生命力。

表 5－24　电液比例阀与电液伺服阀的比较

项 目	比例阀	伺服阀
功能	压力控制、流量控制、方向和流量同时控制、压力流量同时控制	多为四通阀，同时控制方向、流量和压力

续表

项目	比例阀	伺服阀
电气-机转换器	功率较大(50 W)的比例电磁铁,用来直接驱动主阀芯或先导阀芯	功率较小(约 0.1~0.3 W)的力矩马达,用来带动喷嘴挡板或射流管放大器。其先导级的输出功率为 100 W
过滤要求	约 25μm	1~5 μm
线性度	在低压降(0.8 MPa)下工作,通过较大流量时,阀体内部的阻力对线性度有影响(饱和)	在高压降(7 MPa)下工作,阀体内部的阻力对线性度影响较大
滞环	约 1%	约 0.1%
遮盖	一般不大于 20%	0
	一般精度,可以互换	极高精度
阶跃响应时间	40~60 ms	5~10 ms
频率响应	约 10 Hz	60~100 Hz 或更高,有的高达 1 000 Hz
控制放大器	比例放大器比较简单、与阀配套供应	伺服放大器在很多情况下需专门设计,包括整个闭环电路
应用领域	多用于开环控制,有时也用于闭环控制	闭环控制
价格	为普通阀的 3~6 倍	约为普通阀的 10 倍,甚至更高

电液比例阀的使用维护要点见表 5-25。

表 5-25　电液比例阀的使用维护要点

序号	项目
1	①一般而言,对于压力需要远程连续遥控、连续升降、多级调节或按某种特定规律调节控制的系统,应选用比例溢流阀或比例减压阀
	②对于执行元件速度需要进行遥控或在工作过程中速度按某种规律不断变换或调节的系统,应选用比例节流阀或比例调速阀
	③对于执行元件方向和速度需要复合控制的系统,则应选用比例方向阀,但要注意其进出口同时节流的特点
	④对于执行元件的力和速度需要复合控制的系统,则应选用比例压力流量复合控制阀
	⑤应根据性能要求选择适当的电气-机械转换器的类型、配套的比例放大器及液压放大器的级数(单级或两级)
2	在使用比例阀时,为了避免液动力的影响,选择和使用的比例节流阀或比例方向阀,其工况不能超出其压降与流量的乘积,即功率表示的面积范围(称功率域或工作极限)
3	比例阀对油液的污染度通常要求为 NAS1638 的 7~9 级(ISO4406 的 16/13,17/14,18/15 级),决定这一指标的主要环节是先导级。尽管电液比例阀较伺服阀的抗污染能力强,但也不能因此对油液污染掉以轻心,以免油液污染引起电液比例控制系统故障

续 表

序 号	项　目
4	比例阀与放大器必须配套使用。通常比例放大器能随比例阀配套供应，放大器一般有深度电流负反馈，并在信号电流中叠加着颤振电流。放大器设计成断电时或差动变压器断线时使阀芯处于原始位置或使系统压力最低，以保证安全。放大器中有时设置斜坡信号发生器，以便控制升压、降压时间或运动加速度或减速度。驱动比例方向阀的放大器往往还有函数发生器以便补偿比较大的死区特性。比例阀与比例放大器安置距离可达 60 m，信号源与放大器的距离可以是任意的
5	放大器接线要仔细，不要误接；比例阀的零位、增益调解均设置在放大器上
6	控制加速度和减速度的传统方法有：换向阀切换时间迟延、液压缸缸内端位缓冲、电子控制流量阀和变量泵等。用比例方向阀和斜坡信号发生器可提供很好地解决方案，这样就可提高机器的循环速度并防止惯性冲击
7	比例阀的泄油口要单独接回油箱
8	比例阀工作时，应先启动液压系统，然后施加控制信号

注：通常，液压系统的工作循环、速度及加速度、压力、流量等主要性能参数及其静态和动态性能是电液比例阀选择的依据。

4. 电液比例阀的常见故障及其诊断排除(见表 5 - 26)

表 5 - 26　电液比例阀常见故障及其诊断排除方法

序 号	故障现象	排除方法
1	放大器接线错误或电压过高烧损放大器	改正接线或更换放大器，合理选择电压
2	电气插头与阀连接不牢	进一步牢固连接或更换
3	使用不当致使电流过大烧坏比例电磁铁，或电流太小驱动力不够	正确使用与合理选择电流
4	比例阀安装错误、进出油口不在油路块的正确位置，或油路块安装面加工粗糙，底面外渗油液，漏装密封件	正确安装、处理安装面和补装密封件
5	油液污染致使阀芯卡死；杂质磨损零件使内泄漏增大	充分过滤或换油；更换磨损零件

注：电液比例阀中，其电气-机械转换器部分的常见故障及排除方法可参看相关产品说明书。

5.7　常用液压阀产品与使用维修中的选型及替代要点

按目前的技术水平及统计资料，表 5 - 27 列出了常用液压阀产品性能、产品系列及其适用场合等。由于液压阀属于标准化、系列化、通用化控制元件，故在实际工作中应根据主机类型及应用场合、工况特点和使用要求等并结合液压手册及生产厂产品样本，进行合理选择及替代。

表 5－27　常用液压控制阀产品

性能	普通液压阀（压力阀、方向阀、流量阀）	特殊液压阀			
		叠加阀	插装阀	电液伺服阀	电液比例阀
压力范围/MPa	2.5～70	20～31.5	31.5～42	2.5～31.5	约 32
公称通径/mm	6～80	6～32	16～160	—	6～63
额定流量/(L·min^{-1})	约 1 250	约 250	约 18 000	约 600	约 1 800
控制方式	开关控制			连续控制	
连接方式	管式、板式	叠加式	插装式	多为板式	
抗污染能力	最强			差	较强
价格	最低	比普通阀略高		普通阀的 10 倍	普通阀的 3～6 倍
货源	充足	较充足	较充足	较充足	较充足
常用产品系列	①②③④⑤⑥⑦⑧⑨⑩	①③④⑤⑥⑦⑧⑨⑩	⑤⑥⑦⑧⑨⑪⑫⑬	⑭⑮⑯⑦	①⑤⑦⑧⑨⑩⑱⑲
适用场合	一般液压传动系统	各类设备的中等流量液压传动系统	高压大流量液压传动系统	自动化程度和综合性能要求较高的液压控制系统	

注：①广研系列；②榆次中高压系列；③联合设计系列；④大连系列；⑤榆次 YUKEN 系列；⑥威格士（VICKERS）系列；⑦力士乐（REXROTH）系列；⑧阿托斯（ATOS）系列；⑨派克（PAIKER）系列；⑩北部精机系列；⑪济南铸锻所 Z 系列；⑫北京冶金液压机械厂 JK※系列；⑬上海七〇四所 TJ 系列；⑭中国航空研究院第六〇九所 FF 系列；⑮MOOG（穆格）系列；⑯英国道蒂（DOWTY）系列；⑰上海液二系列；⑱浙大系列；⑲伊顿 K 系列。

5.8　新型液压阀

随着科学技术及工程应用的发展进步，为了满足和适应各类液压主机产品节能环保、高效自动、安全可靠，以及工业互联网、人工智能、智能制造和节能环保的要求，近年来各厂商推出了电液数字阀、微型液压阀、水压液压阀等一些新型液压控制阀。电液数字阀是用数字信息直接控制的新型控制阀类，它可直接与计算机接口连接，不需要数/模（D/A）转换器，其优点是对油液污染不敏感，工作可靠，重复精度高，成批产品的性能一致性好，在计算机实时控制的电液系统中，是一种较理想的控制元件。水压液压阀是以水作为工作介质的阀类，与以油作为工作介质的液压阀相比，水压阀具有安全、卫生及环境友好等优点，它是构成水液压系统不可缺少的控制元件。微型液压阀是指通径不大于 4 mm 的液压阀，与同压力等级的大通径阀相比，其外形尺寸和质量减小了很多，故对于现代液压机械和设备（如航空器、科学仪器及医疗器械等）的小型化、轻量化和大功率密度具有重要作用及意义。

第 6 章　液压辅件的使用维修

液压辅助元件包括油箱、过滤器、热交换器、蓄能器、管件、压力表及其开关、密封件等，是液压系统不可缺少的重要部分。

6.1　过滤器的使用维修

6.1.1　过滤器的典型结构及原理

液压系统的故障大多数是因液压油液被污染所致。为了保持油液清洁，应尽可能防止或减少油液污染；同时要对已污染的油液进行净化。油液净化方法有离心、聚集、静电、真空和吸附等多种，而过滤是应用最广泛的方法。过滤的原理是采用多孔隙的可透性过滤材料（简称滤材）滤除悬浮在油液中的固体颗粒污染物，滤材对液流中颗粒污染物的滤除作用有直接阻截和吸附作用两种主要机制。油液过滤器（简称过滤器）正是滤去液压系统中的油液中的杂质，维护油液清洁，保证液压元件及系统工作可靠性的重要元件。

过滤精度是过滤器的一项重要性能指标，它是指过滤器能被过滤掉的杂质颗粒的公称尺寸（单位为 μm），按过滤精度不同，过滤器有粗过滤器、普通过滤器、精过滤器和特精过滤器四种，它们分别能滤去公称尺寸为 100μm 以上、10～100μm 、5～10μm 和 5μm 以下的杂质颗粒。油液的过滤精度要求随液压系统类型及其工作压力不同而不同，其推荐值见表 6-1。在液压系统中，按滤芯形式不同，常用的过滤器类型有网式、线隙式、纸芯式、烧结式和磁式等。

表 6-1　推荐过滤精度

系统类型	润滑系统	液压传动系统			液压伺服系统
系统工作压力/MPa	0～2.5	＜14	14～32	＞32	21
过滤精度/μm	＜100	25～50	＜25	＜10	＜5
过滤器种类	粗	普通	普通	普通	精

网式过滤器通常由上盖 1、下盖 3 和几块不同形状的金属丝编织方孔网或金属编织的特种网 2 组成（见图 6-1）。丝网包在四周都开有圆形窗口的金属和塑料圆筒芯架上。网式过滤器属于粗滤油器，其结构简单、通油能力大、阻力小、易清洗，一般装在液压泵吸油路入口上。

使用中应避免吸入较大的杂质，以保护液压泵。

线隙式滤油器由端盖1、壳体2、带有孔眼的筒型芯架3和绕在芯架外部的铜线或铝线4等组成(见图6-2)。过滤器利用线间缝隙过滤油液，其结构较简单，过滤精度较高，通油性能好，但不易清洗，滤材强度较低，通常用于回油路或液压泵吸油口处的油液过滤。

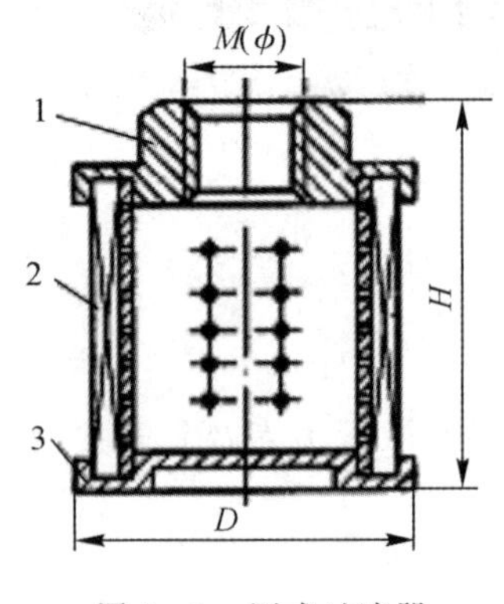

图6-1 网式过滤器

1—上盖；2—滤网；3—下盖

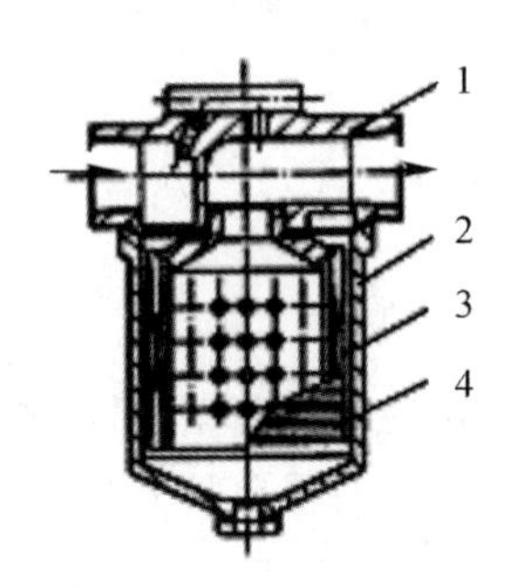

图6-2 线隙式过滤器

1—端盖；2—壳体；3—芯架；4—铜线或铝线

图6-3为一种带有磁环的金属烧结式过滤器，它由端盖1、壳体2、滤芯3、磁环4等组成，磁环用来吸附油液中的铁质微粒。滤芯通常由颗粒状青铜粉压制后烧结而成，它利用铜颗粒的微孔过滤杂质，选择不同粒度的粉末可获得不同的过滤精度。目前常用的过滤精度为0.01～0.1 mm。该过滤器的特点是滤芯能烧结成杯状、管状、板状等不同形状，制造简单、强度大、性能稳定、抗腐蚀性好、过滤精度高，适用于精过滤，在液压系统使用日趋广泛。

纸芯过滤器(见图6-4)与线隙式过滤器结构类同，区别仅在于用纸质滤芯代替了线隙式滤芯，纸芯部分是把平纹或波纹的酚醛树脂或木浆微孔滤纸绕在带孔的镀锡铁片骨架上。为了增大过滤面积，滤纸成折叠形状。这种过滤器的过滤精度高达0.005～0.03 mm，属精过滤器。但纸芯耐压强度低，易堵塞，无法清洗，需经常更换纸芯，故费用较高。

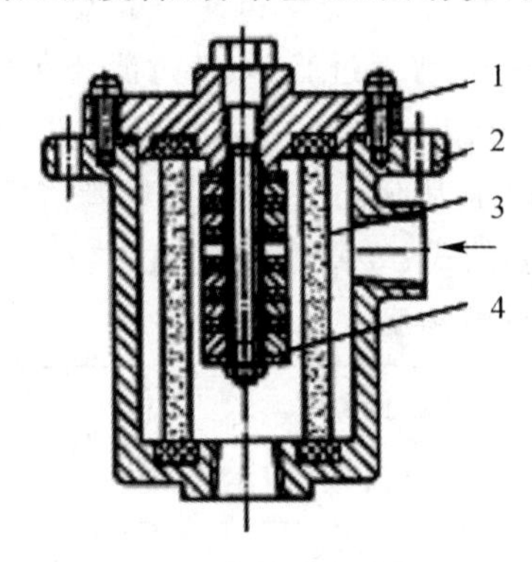

图6-3 烧结式过滤器

1—端盖；2—壳体；3—滤芯；4—磁环

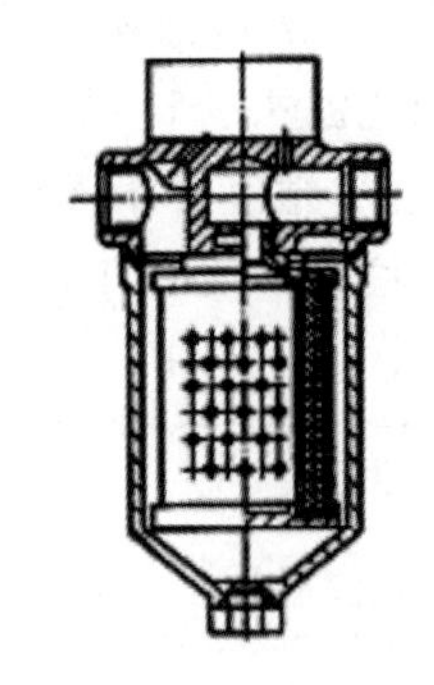

图6-4 纸芯过滤器

磁式过滤器是利用磁性材料将混在油液中的铁屑、带磁性的磨料之类杂质吸住，过滤效果好。这种过滤器常与其他种类的过滤器配合使用。

图6-5(a)所示为过滤器的一般图形符号，带附属磁性滤芯的过滤器图形符号见图6-5(b)。有些过滤器还带有污染指示和发信的电气装置，以便在液压系统工作中出现滤芯堵塞超过规

定状态等情况时，通过电气装置发出灯光或音响报警信号，或切断液压系统的电控回路使系统停止工作，带光学阻塞指示器的过滤器的图形符号见图 6－5(c)。

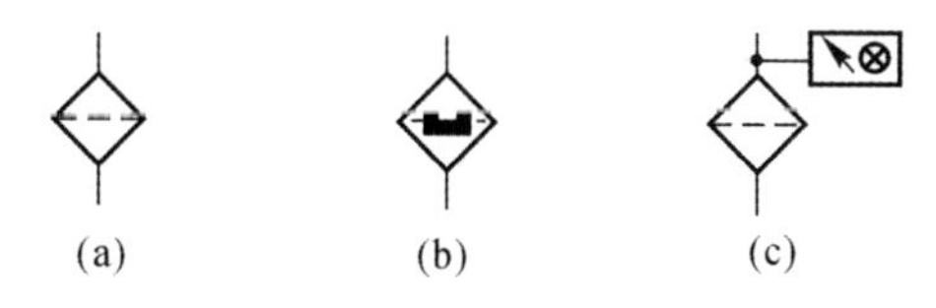

图 6－5　过滤器的图形符号

(a)一般图形符号；(b)带附属磁性滤芯的过滤器图形符号；(c)带光学阻塞指示器的过滤器图形符号

6.1.2　过滤器的使用维护

在液压系统中可能安装过滤器的位置如图 6－6 所示，其作用及要求等有关说明见表 6－2，应根据系统工况和要求进行合理设置。

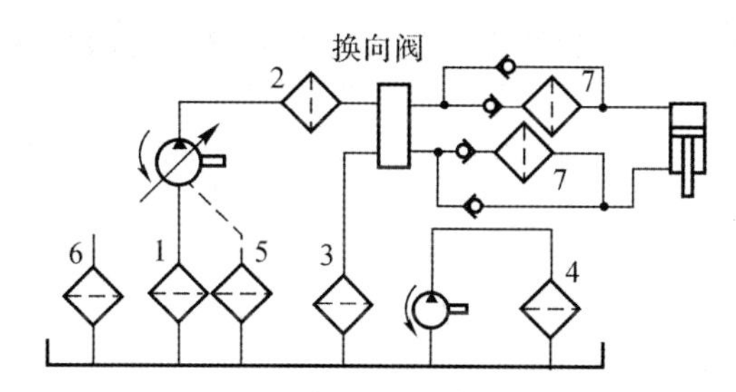

图 6－6　过滤器在液压系统中的安装位置

表 6－2　过滤器安装位置的说明

序号	安装位置	作　用	说　明
1	液压泵吸油管路上	保护液压泵	要求过滤器通油能力大和压力损失小，否则将造成液压泵吸油不畅或引起气穴。常采用过滤精度较低的网式或线隙式滤油器
2	液压泵的压油管路上	保护液压泵以外的液压元件	过滤器应能承受系统工作压力和冲击压力，压力损失小。过滤器必须放在安全阀之后或与一压力阀并联，此压力阀的开启压力应略低于过滤器的最大允许压差，或采用带污染指示的过滤器
3	回油管路上	滤除液压元件磨损后生成的污物	不能直接防止杂质进入液压泵及系统中的其他元件，只能清除系统中的杂质，对系统起间接保护作用。由于回油管路上的压力低，故可采用低强度的过滤器，允许有稍高的过滤阻力。为避免滤油器堵塞引起系统背压力过高，应设置旁路阀
4	离线过滤系统	独立于主系统之外，连续清除系统杂质	用一个专用的液压泵和过滤器组成一个独立于液压系统之外的过滤回路，以经常清除油液中的杂质，达到保护系统的目的，适用于大型机械设备的液压系统

续 表

序号	安装位置	作 用	说 明
5	安装在液压泵等元件的泄油管路上	防止生成物进入油箱	—
6	注油过滤器	防止注油时污物侵入	通常采用粗过滤器,以保证注入系统油液的清洁度
7	安全过滤器	保护抗污染能力低的液压元件	在伺服阀等一些重要元件前,单独安装过滤器以确保它们的性能

注:序号与图 6-6 中的元件编号一致。

6.1.3 过滤器常见故障及其诊断排除(见表 6-3)

表 6-3 过滤器常见故障及其诊断排除方法

故障现象	产生原因	排除方法
1.滤芯变形(网式、烧结式滤油器)	滤油器强度低且严重堵塞、通流阻力大幅增加,在压差作用下,滤芯变形或损坏	更换高强度滤芯或更换油液
2.烧结式滤油器滤芯颗粒脱落	滤芯质量不合要求	更换滤芯
3.网式滤油器金属网与骨架脱焊	锡铜焊条的熔点仅为 183℃,而过滤器进口温度已达 117℃,焊条强度大幅降低(常发生在高压泵吸油口处的网式滤油器上)	将锡铜焊料改为高熔点银镉焊料

6.2 油箱的使用维修

6.2.1 油箱的典型结构

液压系统的油箱,用于存储工作介质、散发油液热量、分离空气、沉淀杂质、分离水分及安装元件(中小型液压系统的泵组和一些阀或整个控制阀组)等。通常油箱可分为整体式油箱、两用油箱和独立油箱三类。

整体式油箱是指在液压系统或机器的构件内形成的油箱。两用油箱是指液压油与机器中其他目的用油的公用油箱。独立油箱是应用最为广泛的一类油箱,常用于各类工业生产设备,且通常做成矩形的,也有圆柱形的或油罐形的。独立油箱主要通过油箱壁靠辐射和对流作用散热,故油箱一般制成窄而高的形状。如果油箱顶盖安放泵组和液压阀组,为保证一定的安装位置,则油箱形状要求为较扁的(油箱越扁,则油液脱气越容易);液压泵的吸油管较短并且便于打开进行检修;吸油过滤器易于接近。对于行走机械,由于车辆处于坡路上时液面的倾斜和车辆加速与制动期间液压油箱中油液前后摇荡,油箱多制成细高的圆柱形。高架油箱在液压机等机械中应用较为普遍,通常它要安放在比主液压缸更高的位置上,以便当活动滑块靠辅助缸下行时，高架油箱经充液阀给主缸充液。对于重型设备(如大型轧钢机组)的液压系统，所用油箱的容量超过 2 000 L 时，多采用卧式安装带球面封头的油罐形油箱，但其占地面积较大。

根据油箱液面与大气是否相通，油箱有闭式与开式之分。闭式油箱的液面与大气隔绝，多用于车辆与行走机械。开式油箱的箱内液面与大气相通，多用于各类固定设备。典型的开式油箱(见图 6-7)由油箱体及多种相关附件构成：液压泵组及阀组的安装板 9 固定在油箱顶面上；油箱体内的隔板 11，将液压泵吸油管 7、过滤器 12 与主回油管 5 及泄漏油回油管 6 分隔开来，使回油及泄漏油液受隔板阻挡后再进入吸油腔一侧，以增加油液在油箱中的流程，增强散热效果，并使油液有足够长的时间去分离空气泡和沉淀杂质；油箱顶盖上装设的通气过滤器及注油口 8 用于通气和注油。安装孔 2 用于安装液位指示器(液位液温计)(见图 6-8)以便注油和工作时观测液面及油温；箱壁上开设有清洗孔(人孔)，卸下其盖板 1 和油箱顶盖便可清洗油箱内部和更换吸油过滤器 12；放油口螺塞 10 有助于油箱的清洗和油液的更换。图 6-9 所示是通气过滤器，取下防尘罩可以注油，放回防尘盖即成通气器。

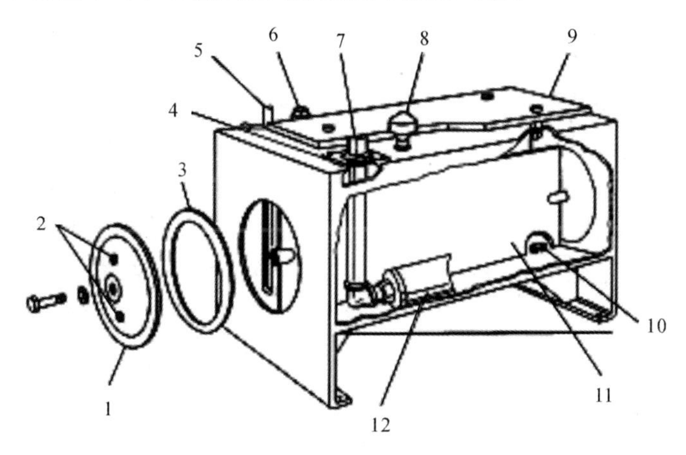

图 6-7　开式油箱

1—清洗孔盖板；2—液位计安装孔；3—密封垫；4—密封法兰；5—主回油管；6—泄漏油回油管；7—泵吸油管；8—通气过滤器及注油口；9—安装板；10—放油口螺塞；11—隔板；12—吸油过滤器

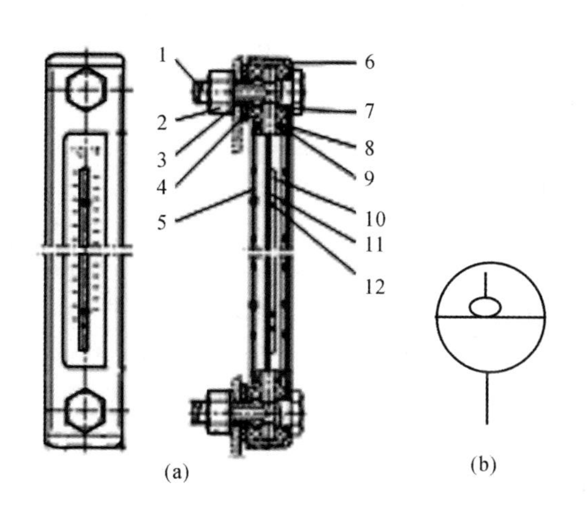

图 6-8　液位指示器(液位液温计)

1—螺钉；2—螺母；3—垫圈；4—密封垫片；5—标体；6—标头；7,8—O 形圈；9—外壳；10—温度计；11—标牌；12—扎丝

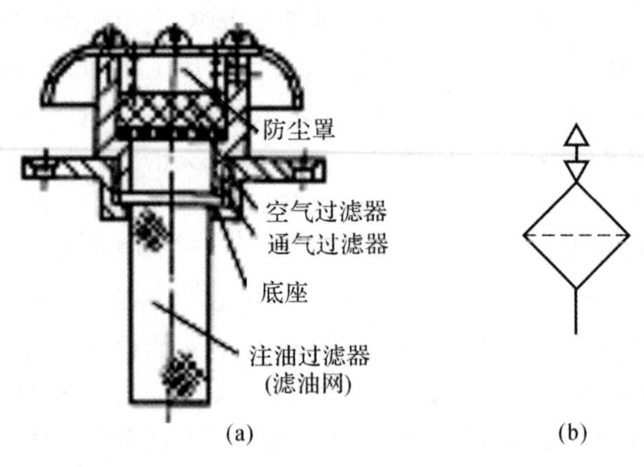

图 6-9　油箱通气过滤器

6.2.2　油箱的使用维护

油液容量是指油箱中油液最多时，即液面在液位计的上刻线对应的油液体积。油箱的容量应保证一定的液面高度，以防液压泵吸空；油箱的液面不应超过油箱高度的 80%，以保证液压系统中油液全部回流到油箱时不至于溢出。油箱容量的大小与液压系统工作压力，循环中的油液温升，运行中的液位变动，调试与维修时向管路及执行元件注油、循环油量、液压油液的寿命等因素有关。开式油箱的容量通常可按液压泵的额定流量估算确定：在低压系统中，油箱容量为液压泵额定流量的 2～4 倍；在中压系统中，油箱容量为液压泵额定流量的 5～7 倍；在高压系统中，油箱容量为液压泵额定流量的 6～12 倍；在行走机械的系统中，油箱容量为液压泵额定流量的 1.5～2 倍。

对于常用的矩形开式油箱，其加工安装时的注意事项见表 6-4。

表 6-4　矩形开式油箱加工安装时的注意事项

序号	项　目	说　明
1	油箱箱顶	油箱的箱顶结构取决于它上面安装的元件，顶板应具有足够的刚度和隔振措施，以免因振动影响系统工作；箱顶应能形成滴油盘以收集滴落的油液。箱顶上要设置通气器(空气过滤器)、注油口
2	油箱体	对于钢板焊接的油箱，用来构成油箱体的钢板应具有足够的厚度。当箱顶与箱壁之间为不可拆连接时，应在箱壁上至少设置一个清洗孔。清洗孔的数量、大小和位置应便于用手清理油箱所有内表面，清洗孔的法兰盖板应配有可以重复使用的弹性密封件。为了便于油箱的搬运，应在油箱四角的箱壁上方焊接圆柱形和钩形吊耳(也称吊环)。液位计一般设在油箱外壁上，并近靠注油口，以便注油时观测液面
3	油箱底	应在油箱底部最低点设置放油塞，以便油箱清洗和油液更换，箱底应朝向清洗孔和放油塞倾斜(斜度通常为 1/25～1/20)，以促使沉积物(油泥或水)聚集到油箱中的最低点。油箱底至少离开地面 150 mm，以便于放油和搬运。油箱应设有支脚，支脚可以单独制作后焊接在箱底边缘上，也可以通过适当增加两侧壁高度，以使其经弯曲加工后兼作油箱支脚；如有必要，支脚上应开设地脚螺钉用固定孔，支脚应该有足够大的面积，以便可以用垫片或楔铁来调平

续表

序号	项　目	说　明
4	内部隔板	在油液容量超过 100L 的油箱中应设置内部隔板，以便把系统回油区与吸油区隔开。隔板缺口处要有足够大的过流面积。隔板下部应开有缺口，以使吸油侧的沉淀物经此缺口至回油侧，并经放油口排出。为了有助于油液中的气泡浮出液面，可在油箱内设置金属除气网，并倾斜 10°～30°布置
5	相关管路	液压系统的管路要进入油箱并在油箱内部终结。液压泵的吸油管和系统的回油管要分别进入由隔板隔开的吸油区和回油区，管端应加工成朝向箱壁的 45°斜口，以增加开口面积。为了防止空气吸入（吸油管）或混入（回油管），以免搅动或吸入箱底沉积物，管口上缘至少要低于最低液面 75 mm，管口下缘至少离开箱底最高点 50 mm。吸油管前必须安装粗过滤器，以清除较大颗粒杂质，保护液压泵。 泄油管应尽量单独接入油箱并在液面以上终结。如果泄油管通入液面以下，要采取措施防止出现虹吸现象。 油管常从箱顶或箱壁穿过而进入油箱，穿孔处要妥善密封。最好在接口处焊上高出箱顶 20 mm 的凸台，以免维修时箱顶上的污物落入油箱。如果油管从箱壁穿过而进入油箱，除了妥善密封外，还要装设截止阀以便于油箱外元件的维修
6	控温测温	油箱上如要安装热交换器等控温、测温装置，则应考虑其安装位置
7	防护处理	油箱内壁应涂附耐油防锈涂料或进行喷塑处理

6.2.3　油箱的常见故障及其诊断排除

油箱的常见故障及其诊断排除方法见表 6－5。

表 6－5　油箱常见故障及其诊断排除方法

故障现象	产生原因	排除方法
1.油箱温升过高	(1)油箱离热源近、环境温度高	避开热源
	(2)系统设计不合理、压力损失大	改进设计、减小压力损失
	(3)油箱散热面积不足	加大油箱散热面积或强制冷却
	(4)油液黏度选择不当	正确选择油液黏度
2.油箱内油液污染	(1)油箱内有油漆剥落片、焊渣等	采取合理的油箱内表面处理工艺
	(2)防尘措施差，杂质及粉尘进入油箱	采取防尘措施
	(3)水与油混合(冷却器破损)	检查漏水部位并排除
3. 油箱内油液空气难以分离	油箱设计不合理	油箱内设置消泡隔板将吸油和回油隔开(或加金属斜网)
4.油箱振动、有噪声	(1)电动机与泵同轴度差	通过调整，减小同轴度误差
	(2)液压泵吸油阻力大	控制油液黏度、加大吸油管
	(3)油液温度偏高	控制油温，减少空气分离量
	(4)油箱刚性太差	提高油箱刚性

6.3 蓄能器的使用维修

6.3.1 蓄能器典型结构原理与应用

蓄能器是液压系统中储存和释放液体压力能的装置，除了作为辅助动力源外，还常用于吸收液压脉动和冲击。按储能方式的不同，蓄能器主要分为重力加载式、弹簧加载式和气体加载式三种类型。其中，气体加载式蓄能器应用较多，它是利用压缩气体（通常为氮气）储存能量，主要有活塞式、皮囊式和隔膜式等结构形式，其中皮囊式应用最为广泛。

皮囊式蓄能器主要由壳体 3、橡胶皮囊 2、进油阀 1 和充气阀 4 等组成（见图 6-10），皮囊为气体和液体的隔层。壳体通常为无缝耐高压的金属外壳，皮囊用丁腈橡胶、丁基橡胶等耐油、耐腐蚀橡胶作为原料，与充气阀一起压制而成。进油阀为一弹簧加载的菌形提升阀，用以防止油液全部排出时皮囊挤出壳体之外而损伤。充气阀用于在蓄能器工作前为皮囊充气，蓄能器工作时则始终关闭。当液压油进入蓄能器壳体时，皮囊内气体体积随压力增加而减小，从而储存液压油。若液压系统需增加液压油，则蓄能器在气体膨胀压力推动下，将液压油排出给以补充。蓄能器的工作过程如图 6-11 所示。皮囊式蓄能器具有油气隔离、油液不易老化、反应灵敏、尺寸小、质量小、安装容易、维护方便等优点，允许承受的最高工作压力可达 32 MPa，但皮囊制造困难，只能在一定温度范围（通常为－10～70℃）内工作。

蓄能器的典型应用有以下几点。

（1）作辅助动力源。对于间歇工作的液压机械，当执行元件间歇或低速运动时，蓄能器可将液压泵输出的压力油储存起来，在工作循环的某段时间，当执行元件需要高速运动时，蓄能器作为液压泵的辅助动力源，与液压泵同时供出压力油，从而减小系统中液压泵的流量规格和运行时的功率损耗，降低系统温升。如图 6-12 所示，液压源通过液控单向阀 1 向蓄能器 2 充液，直至压力升高到卸荷阀 3 的设定压力后，泵通过卸荷阀 3 卸荷。二位四通手动换向阀 4 切换至右位时，液控单向阀 1 导通，液压源和蓄能器同时向液压缸 5 有杆腔供油，推动单作用液压缸 5 的活塞快速上升。

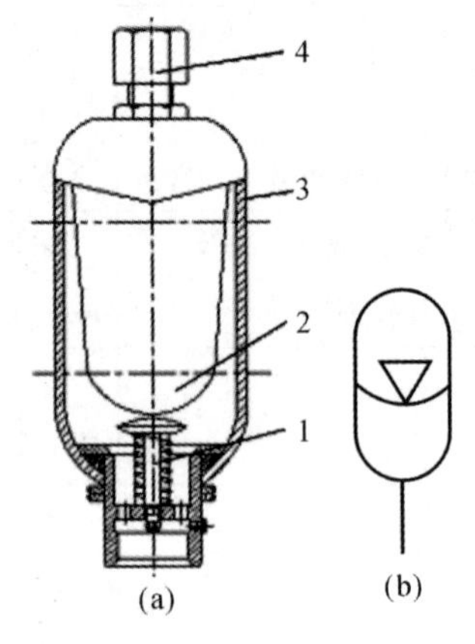

图 6-10 皮囊式蓄能器

1—进油阀；2—橡胶皮囊；3—壳体；4—充气阀

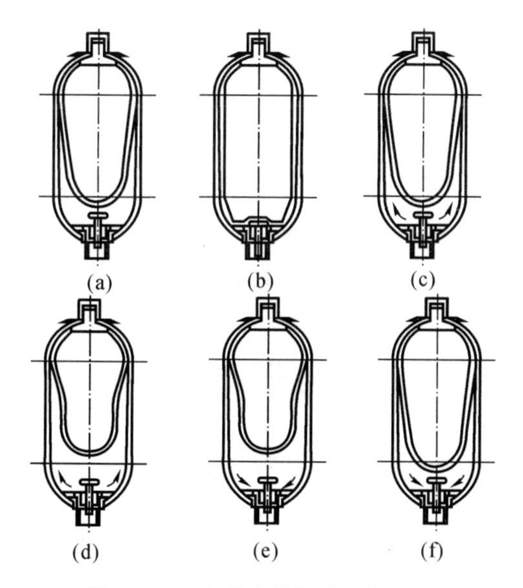

图 6－11　皮囊式蓄能器工作过程

(a)未充气；(b)充氮气达预定压力；(c)储存液压油；(d)达最高压力；(e)排出液压油；(f)降至最低压力

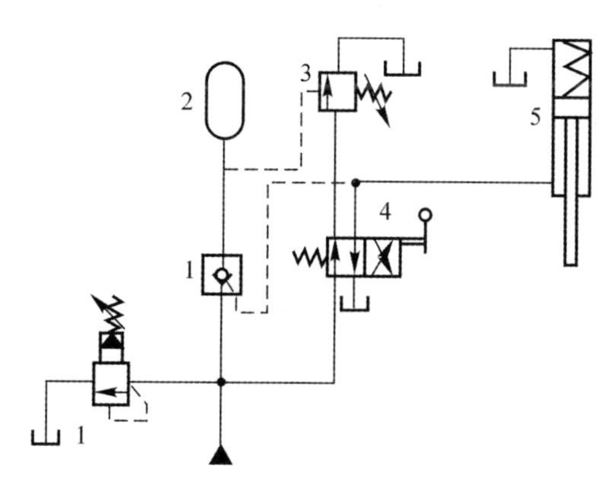

图 6－12　用蓄能器作辅助动力源的快速运动回路

1—液控单向阀；2—蓄能器；3—卸荷阀；4—二位四通手动换向阀；5—液压缸

(2)保持系统压力，作应急动力源。在液压泵卸荷或停止向执行元件供油时，由蓄能器释放储存的压力油，补偿系统泄漏，保持系统压力；此外，蓄能器还可用作应急液压源，对液压系统实施安全保护。在一段时间内维持系统压力，如果电源中断或原动机及液压泵发生故障，依靠蓄能器供出的液压油可使执行机构复位，以免造成整机或某些机件损坏等事故，使系统处于安全状态。例如图 6－13 的采用蓄能器的保压回路，当电磁铁 1YA 通电使阀 5 切换至左位时，液压缸 6 向右运动，当缸运动到终点后，液压泵 1 向蓄能器 4 供油，直到供油压力升高至压力继电器 3 的调定值时，压力继电器发信使电磁铁 3YA 通电，电磁换向阀 7 切换至上位，泵 1 经溢流阀 8 卸荷，此时液压缸通过蓄能器保压。当液压缸因泄漏致使压力下降至某规定值时，压力继电器动作使 3YA 断电，液压泵重新向系统供应压力油。图 6－14 所示为船装液化天然气卸料臂液压系统中蓄能器站用作应急动力源回路，活塞式蓄能器 2 由氮气瓶组(3 个)加载以提高有效容量，系统正常工作时，电磁阀 5 断电处于图示右位，外泄式液控单向阀 4 关闭，液压源经阀 7 向系统提供能量，并经单向阀 4 向为蓄能器 3 充液，充液压力由溢流阀 6 限定；当系统出现突发故障致使液压源不能正常向系统供油时，阀 5 通电切换至左位，蓄能器 3 提供的控制压力油反向导通阀 4，从而蓄能器 3 经阀 4 向系统供油，使液压缸驱动的卸料臂复位。

(3)吸收冲击压力和液压泵的脉动。因执行元件突然启动、停止或换向，液压阀突然关闭或换向引起的液压冲击及液压泵的压力脉动，可采用蓄能器加以吸收，避免系统压力过高造成元件或管路损坏。对于某些要求液压源供油压力恒定的液压系统(如液压伺服系统)，可通过在泵出口近旁设置(并接)蓄能器，以吸收液压泵的脉动，改善系统工作品质。

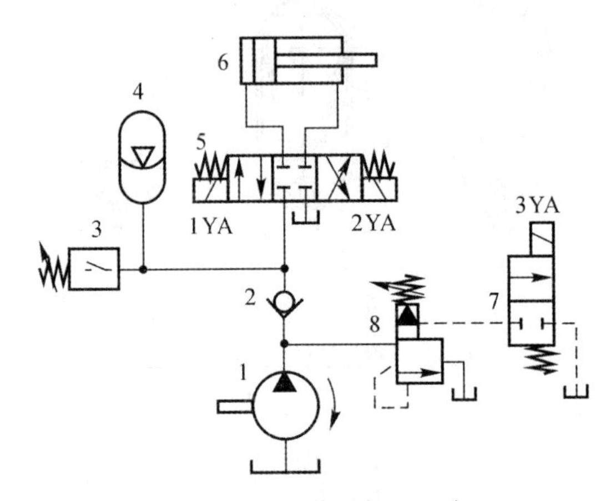

图 6-13　蓄能器保压回路

1—液压泵；2—单向阀；3—压力继电器；4—蓄能器；

5—三位四通电磁换向阀；6—液压缸；7—二位二通电磁换向阀；8—先导式溢流阀

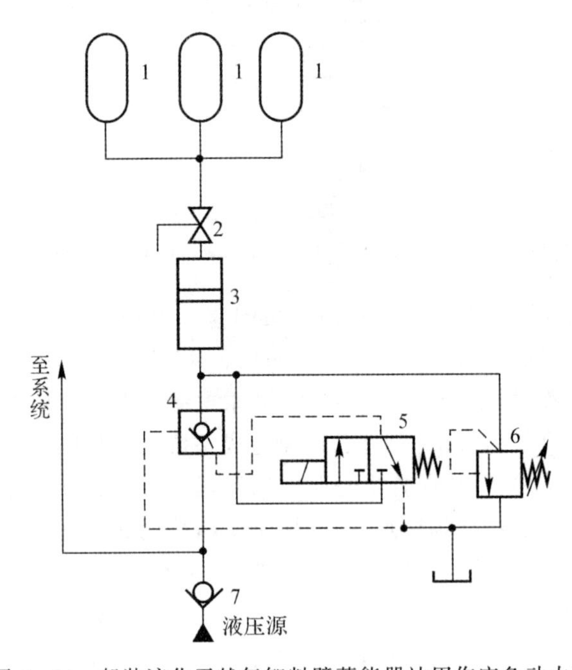

图 6-14　船装液化天然气卸料臂蓄能器站用作应急动力源

1—氮气瓶；2—截止阀；3—活塞式蓄能器；4—外泄式液控单向阀；5—二位三通电磁阀；6—溢流阀；7—普通单向阀

6.3.2　蓄能器的使用维护

1. 蓄能器的安装注意事项(见表 6－6)

表 6－6　蓄能器安装注意事项

序 号	安装注意事项
①	对于使用单个蓄能器的中小型液压系统,可将蓄能器通过托架安装在紧靠脉动或冲击源处,或直接搭载安装在油箱箱顶或油箱侧壁上(见图 6－15(a))。对于使用多个蓄能器的大型液压系统,应设计安装蓄能器的专门支架(见图 6－15(b)(c)(d)),用以支撑蓄能器;同时,还应使用卡箍将蓄能器固定。支架上两相邻蓄能器的安装位置要留有足够的间隔距离,以便于蓄能器及其附件(吸油阀及密封件等)的安装和维护
②	蓄能器间的管路连接应有良好的密封
③	蓄能器组件应安装在便于检查、维修的位置,并远离热源
④	用于降低噪声、吸收脉动和液压冲击的蓄能器,应尽可能靠近振动源
⑤	蓄能器的铭牌应置于醒目的位置
⑥	皮囊式蓄能器原则上应油口向下立置安装,若倾斜或卧置安装,皮囊因受浮力与壳体单边接触,存在有碍正常伸缩运行、加快皮囊损坏和降低蓄能器机能的危险,故一般不采用倾斜或卧置安装。然而,对于隔膜式蓄能器则无特殊安装要求,油口向下立置、倾斜和卧置安装均可
⑦	蓄能器与液压泵之间应装设单向阀,防止液压泵卸荷或停止工作时蓄能器中的压力油倒灌
⑧	蓄能器与系统之间应装设截止阀,供充气、检查、维修蓄能器时或长时间停机时使用
⑨	蓄能器支架应牢固地固定在地基上,以防蓄能器从固定部位脱开而发生飞起伤人事故
⑩	皮囊的装卸:在装配皮囊前应向壳体内注入少量(约为壳体体积 1/10)液压油液,并将油液在壳体内壁涂抹均匀,使壳体内壁与皮囊外壁之间形成一层油垫,从而在皮囊变形时,在皮囊与壳体间起到润滑作用,以免在蓄能器充气时,因皮囊外壁与干燥的壳体之间很大的摩擦力以及充气时皮囊变形不均匀等,造成局部拉伸过大而破裂。皮囊装配前,同样要在皮囊外壁涂抹液压油,并将皮囊内的气体排静、折叠。然后,可将图 6－16 所示的辅助工具(拉杆)旋入皮囊的充气阀座(见图 6－17),再一起经壳体下端大开口装入壳体,在壳体上端拉出拉杆,尔后旋下拉杆,装上圆螺母,使皮囊固定在壳体上。皮囊的拆卸过程与上述过程相反,拆下的皮囊应放置在洁净处,并应避免与尖锐、锋利之物接触而损伤皮囊

2. 使用维护一般注意事项

(1)不能在蓄能器上进行焊接、铆焊及机械加工。

(2)蓄能器安装就绪后再充氮气。要用专门的充装装置(如图 6－18 所示的充氮车)为蓄能器充装增压气体(惰性气体,如氮气);蓄能器绝对禁止充氧气、压缩空气或其他易燃气体,以免引起爆炸。

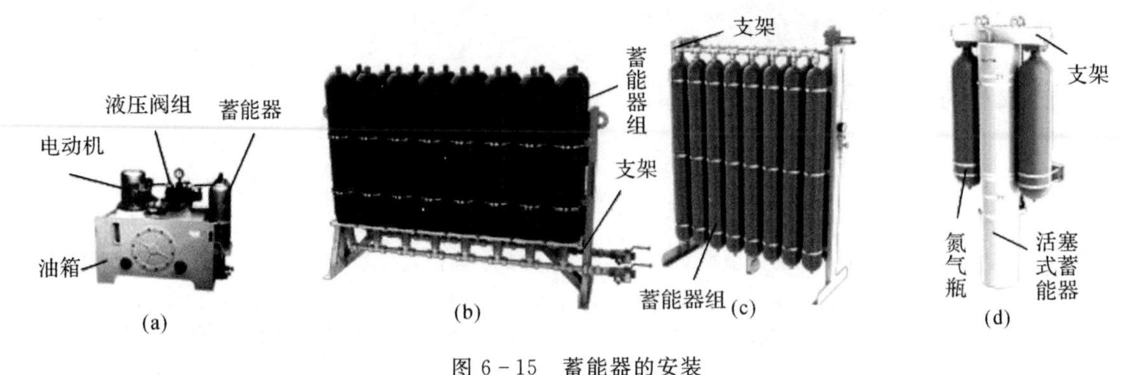

图 6-15　蓄能器的安装

图 6-16　拉杆　　图 6-17　皮囊　　图 6-18　充氮车

(3)蓄能器容量大小和充气压力与其用途有关，例如用于储存和释放能量(作辅助动力源、应急动力源和保压补漏之用)时的容量 V_A(皮囊工作前的充气容积)按下式计算确定：

$$V_A = \frac{V_W\left(\frac{1}{p_A}\right)^{\frac{1}{n}}}{\left[\left(\frac{1}{p_2}\right)^{\frac{1}{n}} - \left(\frac{1}{p_1}\right)^{\frac{1}{n}}\right]} \tag{6-1}$$

式中　p_A —— 皮囊工作前的充气压力；

p_1 —— 蓄能器在储油结束时的压力(系统最高工作压力)；

p_2 —— 蓄能器向系统供油时的压力(系统最低工作压力)；

V_W —— 蓄能器释放的油液体积，即气体体积变化量，$V_W = V_2 - V_1$，可根据用途算得或从产品样本图线查取。

其中　V_1 —— 皮囊被压缩后相应于 p_1 时的气体体积；

V_2 —— 皮囊膨胀后相应于 p_2 时的气体体积；

例如蓄能用途的释放的油液体积(单位：m^3/s)为

$$V_m = \frac{\sum_{i=1}^{n} q_i t_i}{\sum_{i=1}^{n} t_i} \tag{6-2}$$

其中　t_i —— 一个工作循环(见图 6-19) 中第 i 阶段的时间间隔，s；

q_i —— 第 i 个阶段内的流量，m^3/s；

$\sum_{i=1}^{n} q_i t_i$ —— 一个工作周期内液压执行元件的耗油量之和，L；

n —— 多变指数，当蓄能器用于补偿泄漏、保持系统压力时，它释放能量的速度缓慢，可认为气体在等温条件下工作，这时取 $n = 1$；蓄能器用于短期大量供油时，释放能量的速度很快，可认为气体在绝热条件下工作，这时取 $n = 1.4$。

注：在一个工作循环内，各瞬间所需的瞬时流量 q_i 中，超出平均流量 q_m 的部分为蓄能器供给的流量，小于或等于 q_m 的部分为液压泵供给的流量。

充气压力 p_A 在理论上可与 p_2 相等，但由于系统存在泄漏，为保证系统压力为 p_2 时蓄能器还有补偿能力，宜使 $p_A < p_2$，根据经验，一般取 $p_A = (0.8 \sim 0.85)p_2$，或 $0.25p_1 < p_A < 0.9p_2$。

若已知蓄能器容量 V_A，则蓄能器的供油体积为

$$V_W = V_A p_A^{\frac{1}{n}} \left[\left(\frac{1}{p_2} \right)^{\frac{1}{n}} - \left(\frac{1}{p_1} \right)^{\frac{1}{n}} \right] \tag{6-3}$$

(4)常用充气方法：一般可按蓄能器使用说明书上介绍的方法进行充气。常使用图 6－20 所示的充气工具向蓄能器充入氮气：充气前，使蓄能器进油口微微向上，向壳体内注入少量用于润滑的液压油，将充气工具的一端连在蓄能器充气阀上，另一端与氮气瓶相连通。打开氮气瓶上的截止阀，调节其出口压力到 0.05～0.1 MPa，旋转充气工具上的手柄，徐徐打开充气阀芯，缓慢充入氮气，装配时被折叠的皮囊会随之慢慢打开，使皮囊逐渐增大，直到菌形吸油阀关闭。此时，充气速度可以加快，并达到充气压力。为了避免充气过程中因皮囊非均匀膨胀而破裂，切勿瞬间将气体充入皮囊。

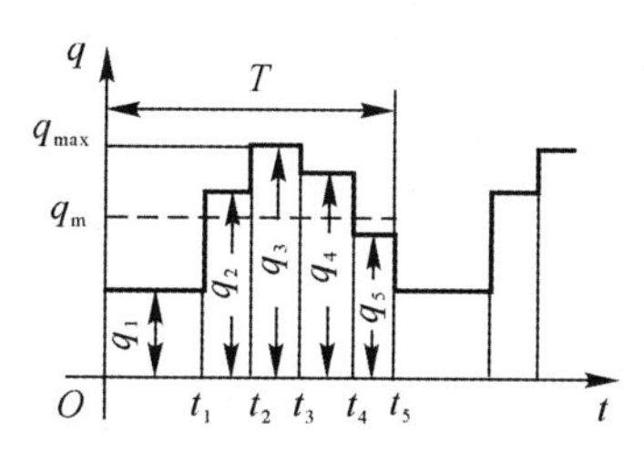

图 6－19　流量-时间工作循环图

图 6－20　充气工具

若蓄能器充气压力较高，应在充气系统设置增压器，将充气工具的另一端与增压器相连。若充气压力高于氮气瓶的压力，可采用蓄能器对充的方法。

(5)检查蓄能器充气压力的方法：检测回路如图 6－21所示，在蓄能器 1 的进油口和油箱 5 之间设置截止阀 2，并在截止阀 4 前设置压力表 3，慢慢打开截止阀 1，使压力油流回油箱，期间观察压力表，压力表指针先慢慢下降，达到某一压力值后速降到 0，指针移动速度发生变化时的读数(即压力表速降 0 时的某一压力值)，即为充气压力。

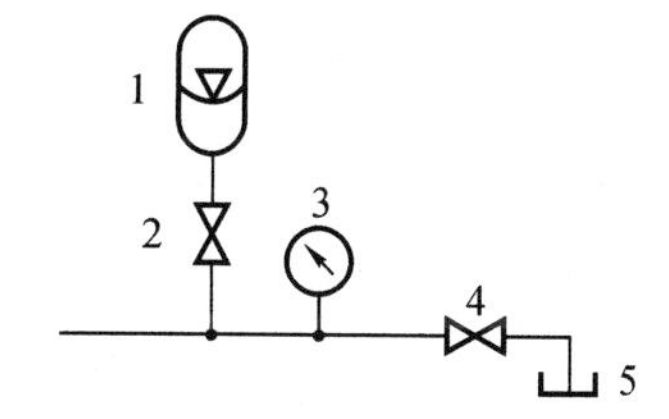

图 6－21　蓄能器充气压力检测回路

1—蓄能器；2，4—截止阀；3—压力表；5—油箱

也可借助放油检查充气压力：将压力表装在蓄能器的油口附近，用液压泵向蓄能器注满油

液，然后使泵停止，使压力油通过与蓄能器相接的截止阀慢慢从蓄能器中流出。在排油过程中观察压力表。压力表指针会慢慢下降。当达到充气压力时，蓄能器的进油阀关闭，压力表指针迅速下降到0，压力迅速下降前的压力即为充气压力。还可利用充气工具直接检查充气压力，但由于每次检查都要放掉一点气体，故不适用于容量很小的蓄能器。

对于活塞式蓄能器，充气时，尽可能慢慢地打开阀门，使活塞推移至底部（听声音判断）。如无异常，再使充气压力达到液压系统最低使用压力的80%～85%，并检查有无漏气。

（6）移动及搬运蓄能器时，必须将气体放尽。

（7）不能在充液状态下拆卸蓄能器。

（8）在蓄能器使用中，应定期对皮囊的气密性进行维护检查：对新使用的蓄能器，第一周检查一次，第一个月内还要检查一次，然后半年检查一次。对作应急动力源的蓄能器，为确保安全，应经常检查与维护。

对于在高温辐射热源环境中使用的蓄能器，可在蓄能器旁装设两层薄钢板和一层石棉组成的隔热板，起隔热作用。

（9）长期停用的皮囊式蓄能器，应关闭蓄能器与系统管路间的截止阀，保持蓄能器油压在充气压力以上，使皮囊不靠底。

6.3.3 蓄能器的常见故障及其诊断排除

蓄能器的常见故障及其诊断排除方法见表6-7。

表6-7 蓄能器的常见故障及其诊断排除方法

故障现象	产生原因	排除方法
1.供油不均	活塞或皮囊运动阻力不均	检查活塞密封圈或皮囊运动阻碍并排除
2.皮囊内压力充不起来	（1）充气瓶（充氮车）无氮气或气压低	补充氮气
	（2）气阀泄漏	修理或更换已损零件
	（3）皮囊或蓄能器盖向外漏气	紧固密封或更换已损零件
3.供油压力太低	（1）充气压力低	及时充气
	（2）蓄能器漏气	紧固密封或更换已损零件
4.供油量不足	（1）充气压力低	及时充气
	（2）系统工作压力范围小且压力过高	调整系统压力
	（3）蓄能器容量偏小	更换大容量蓄能器
5.不向外供油	（1）充气压力低	及时充气
	（2）蓄能器内部泄油	检查活塞密封圈或皮囊泄漏原因，及时修理或更换
	（3）系统工作压力范围小且压力过高	调整系统压力
6.系统工作不稳定	（1）充气压力低	及时充气
	（2）蓄能器漏气	紧固密封或更换已损零件
	（3）活塞或皮囊运动阻力不均	检查受阻原因并排除

6.4　热交换器的使用维修

冷却器和加热器统称为热交换器。液压系统工作介质温度过高或过低都将影响系统的正常工作。液压系统的正常工作温度因主机类型及其液压系统的不同而不同。一般希望液压系统温度保持在 30～50℃范围之内，最高不超过 65℃，最低不低于 15℃。如果液压系统依靠自然冷却仍不能使油温控制在允许的最高温度，或是对温度有特殊要求，则应安装冷却器，强制冷却；反之，如果环境温度太低，液压泵无法正常启动或有油温要求时，则应安装加热器，提高油温。

6.4.1　冷却器

液压系统中常用的冷却器有水冷式和风冷式两种。水冷式用于有固定水源的场合，风冷式则用于行走机械等水源不便的场合。最简单的水冷式冷却器是图 6－22(a)所示的蛇形管冷却器，它以一组或几组的形式直接装在油箱内。冷却水从管内流过时，就将油液中的热量带走。这种冷却器的散热面积小，冷却效率甚低。液压系统中使用较多的是强制对流式多管冷却器(见图 6－22(b))，冷却水从管内流过，油液从水管(通常为铜管)外的管间流过，中间隔板使油流折流，从而增加油的循环路线长度，故强化了热交换效果。

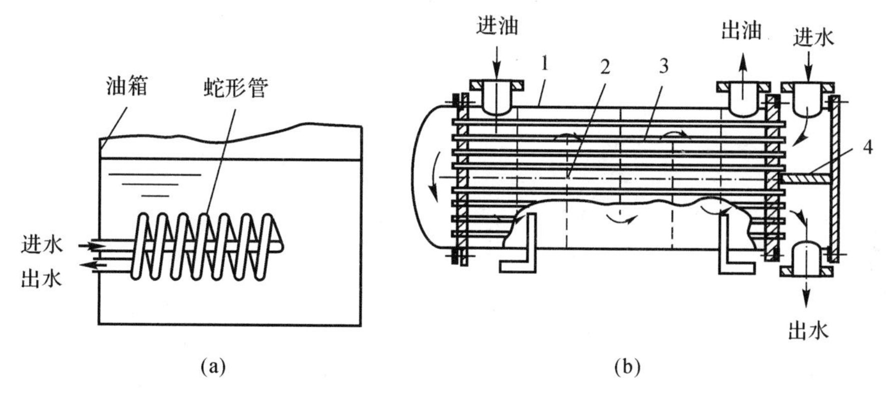

图 6－22　水冷式冷却器

1—外壳；2—挡板；3—水管；4—隔板

图 6－23 所示为电机驱动油/风冷却器，它由前端散热片、中部外壳和后端轴向电机风扇组成，油口设在后端。油液从带有散热片的腔中通过，正面用风扇送风冷却。此冷却器结构简单紧凑，占用空间小，散热性能好，散热效率高。此外，这种油/风冷却器还有内置油泵驱动型等。冷却器图形符号如图 6－24 所示。

冷却器在液压系统中的安装位置分两种情况：若溢流功率损失是系统温升的主要原因，则应将冷却器设置在溢流阀的回油管路上(见图 6－25(a))，在回油管冷却器旁要并联旁通溢流阀，实现冷却器的过压安全保护；同时，在回油管冷却器上游应串联截止阀，用来切断或接通冷却器。若当系统中存在着若干个发热量较大的元件时，则应将冷却器设置在系统的总回油管路上(见图 6－25(b))，如果回油管路上同时设置过滤器和冷却器，则应把过滤器安放在回油管路上游，以使低黏度热油流经过滤器的阻力损失降低。应确保油箱内的油液始终淹没冷却器。

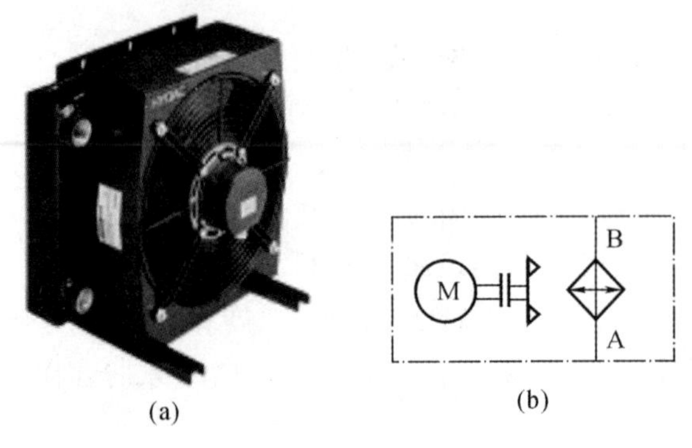

图 6-23　油/风冷却器(HYDAC 液压技术公司产品)

(a)外形图；(b)图形符号

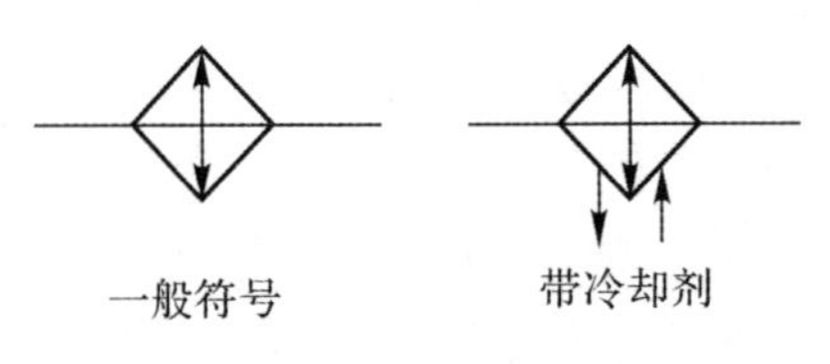

图 6-24　冷却器的图形符号

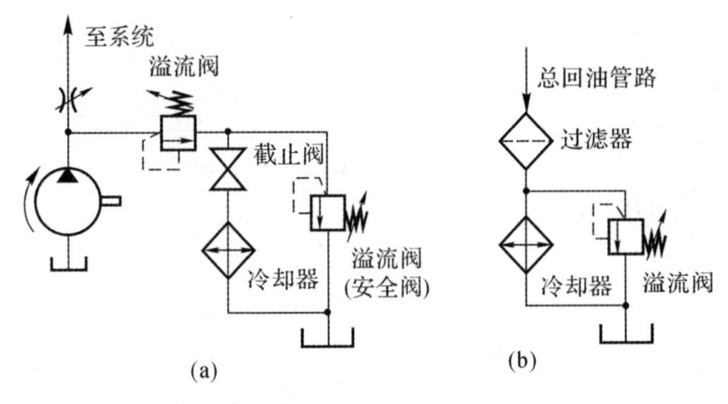

图 6-25　冷却器的安装位置

(a)冷却器安装在溢流阀回油管路上；(b)冷却器安装在总回油管路上

6.4.2　加热器

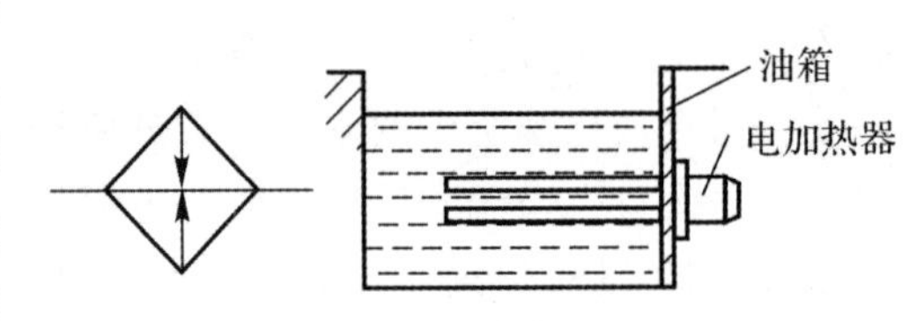

图 6-26　电加热器

液压系统的加热一般常采用结构简单、能按需要自动调节最高和最低温度的电加热器。电加热器(见图 6-26)宜横向水平安装在油箱壁上，其加热部分必须全部侵入油中，以免因蒸发导致油面降低时加热器表面露出油面。由于油液是热的不良导体，所以应注意油的对流。加热器最好设置在油箱回油管一侧，以便加速热量的扩散。单个加热器的功率不宜太大，以免周围温度过高，使油液变质，必要时可同时装几个小功率加热器。

6.5　管件的使用维修

液压系统中的管件包括油管和管接头，它们是连接各类液压元件、输送压力油的装置。管件应具有足够的耐压能力(强度)、无泄漏、压力损失小、拆装方便。

管件连接旋入端的螺纹主要使用国家标准米制锥螺纹(ZM)和普通细牙螺纹。前者依靠自身的锥体旋紧并采用聚四氟乙烯生料带等进行密封，适用于中低压系统；后者密封性好，但要采用组合垫圈或 O 形密封圈进行端面密封。国外常用惠氏(BSP)管螺纹(多见于欧洲国家生产的液压元件)和 NPT 螺纹(多见于美国生产的液压元件)。

油管有硬管(钢管和铜管)和软管(橡胶软管、塑料管和尼龙管)两类，其特点及适用场合见表 6－8。由于硬管流动阻力小，安全可靠性高且成本低，所以除非油管与执行机构的运动部分一并移动(如油管装在杆固定的活塞式液压缸缸筒上)，一般应尽量选用硬管。

表 6－8　各类油管的特点及适用场合

<table>
<tr><th colspan="2">种　类</th><th>特点及适用范围</th></tr>
<tr><td rowspan="3">硬管</td><td>钢管</td><td>价格低廉、能承受高压、刚性好、耐油、抗腐蚀，但装配时不能任意弯曲，常在拆装方便处用作压力管道：高压用无缝钢管(冷拔精密无缝钢管和热轧普通无缝钢管，材料为 10 号或 15 号钢)，低压用焊接管</td></tr>
<tr><td>紫铜管</td><td>装配时易弯曲成各种需要的形状，但承压能力较低，一般为 6.5～10 MPa，抗振动能力较差，又易使油液氧化。常用于液压装置配接不便之处</td></tr>
<tr><td>黄铜管</td><td>可承受 25 MPa 的压力，但不如紫铜管那样容易弯曲成形</td></tr>
<tr><td rowspan="3">软管</td><td>橡胶管</td><td>高压橡胶管由几层钢丝编织或钢丝缠绕为骨架制成，钢丝网层数越多，耐压越高(有的耐压高达 100 MPa，爆破压力达 200 MPa)，价昂，低压管是以麻线或棉纱编织体为骨架制成的。橡胶管安装连接方便，适用于两个相对运动部件之间的管道连接，或弯曲形状复杂的地方</td></tr>
<tr><td>尼龙管</td><td>管身为乳白色半透明，加热后可以随意弯曲、变形，冷却后固定成形，承压能力因材料而异，为 2.5～8 MPa。目前大多只在低压管道中使用</td></tr>
<tr><td>塑料管</td><td>质轻耐油，价廉、装配方便，但承压能力低，长期使用会变质老化，只适用于压力小于 0.5 MPa的回油、泄油油路</td></tr>
</table>

管接头是油管与油管、油管与液压元件之间的可拆式连接件，管接头必须具有耐压能力高、通流能力大、压降小、装卸方便、连接牢固、密封可靠和外形紧凑等条件。按接头通路进行区分的管接头的主要类型见表 6－9，其中，焊接式、卡套式和扩口式管接头应用较为普遍，其基本型有端直通管接头、直通管接头、端直角管接头、直角管接头、端三通管接头、三通管接头和四通管接头等 7 种。凡带端字的都是用于管端与机件(例如液压泵、液压缸、油路块等)间的连接，其余则用于管件间的连接。有 8 种特殊型管接头，其应用见表 6－10。

表 6-9 管接头主要类型

类型	结构图	特点与应用	标准号及生产厂
焊接式管接头	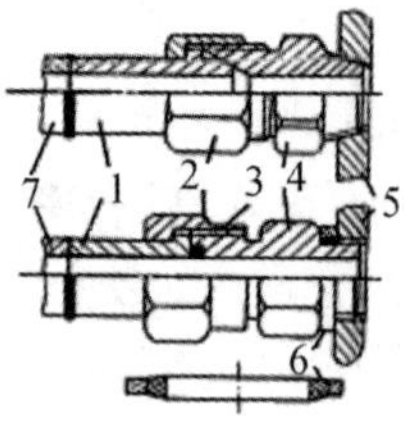	该管接头由接管 1、螺母 2、O 形密封圈 3、接头体 4 等组成。利用接管 1 与管子 7 焊接。接头体 4 和接管 1 之间用 O 形密封圈 3 端面密封。接头体拧入机件 5，二者可用金属垫圈或组合垫圈 6(JB 982 — 1977)密封。 该管接头结构简单，易制造，密封性好，对管子尺寸精度要求不高。要求焊接质量高，装拆不便。工作压力可达 31.5 MPa，工作温度为 −25～80℃，适用于以油为介质的管路系统	JB/ZQ 4399—2006 JB/T 966～1003—2005 ①②③
卡套式管接头	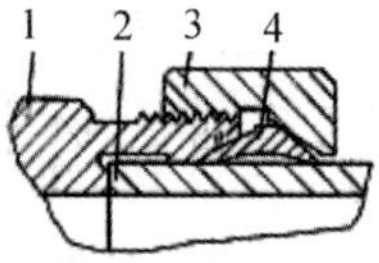	该管接头由接头体 1、螺母 3 和卡套 4 等组成。利用带尖锐内刃的环状卡套 4 变形嵌入管子 2 表面进行密封，同时，卡套受压，中部略凸，在接头体 1 的内锥面接触而形成密封。接头体 1 左端螺纹拧入机件(图中未画出)，二者可用组合垫圈密封。 结构先进，性能良好，质量轻，体积小，使用方便，广泛应用于液压系统中。工作压力可达 31.5 MPa，要求管子尺寸精度高，需用冷拔钢管；卡套精度亦高。适用于油、气及一般腐蚀性介质的管路系统	GB/T 3733.1～3765—2008 ①②③④
扩口式管接头	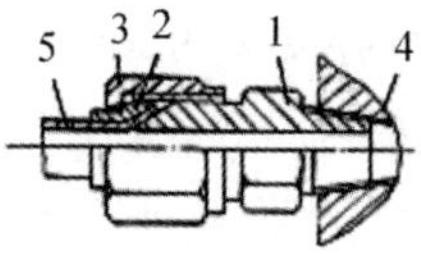	该管接头由接头体 1(拧入机件 4 内)、套管 2 和螺母 3 等组成，利用管子 5 的端部扩口进行密封，不需其他密封件。 结构简单，适用于薄壁管件连接，适用于油、气为介质的压力较低的管路系统	GB/T 5625.1～5653 — 2008 ①②③
承插焊管件	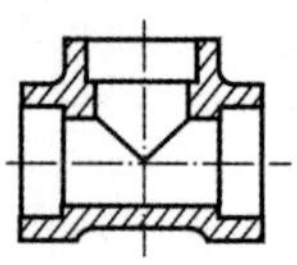	将需要长度的管子插入管接头直至管子端面与管接头内端接触，将管子与管接头焊接成一体，可省去接管，但管子尺寸要求严格。 适用于油、气为介质的管路系统	GB/T 14383—2008 ⑤⑥
软管接头及软管总成(扣压式)	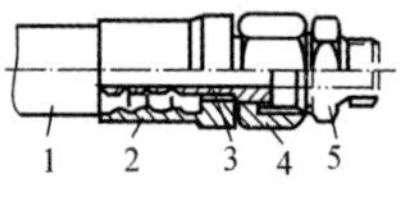	图示软管接头为永久连接软管接头，它由接头外套 2、接头芯 3 和接头螺母 4 等组成，通过接头体 5 拧入机件。它是冷挤压到软管 1 上的，只能一次使用。 当软管失效时管接头随软管一起废弃。但是这种接头一般比可复用接头成本低，而且软管装配工作量小。工作压力与软管结构及直径有关(一般在 6～40 MPa 之间)。适用油、水、气为介质的管路系统。介质油温度为 −40～100℃	GB/T 9065.1～9065.3—2015； JB/T 8727—2016 ①②③

续 表

类型	结构图	特点与应用	标准号及生产厂
快换接头（两端开闭式）	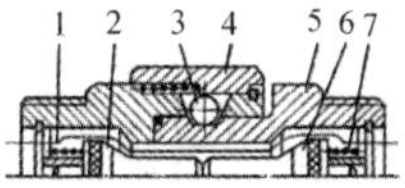 1 2 3 4 5 6 7	由弹簧 1 和 7、单向阀锥阀芯 2 和 6、钢球 3、外套 4、接头体 5 等组成。管子拆开后，可自行密封，管道内液体不会流失，因此适用于经常拆卸的场合。图示为油路接通工作位置，需断开油路时，用力左推外套 4，再拉出接头体 5，钢球 3（6～12 个）即由接头体槽中退出，同时单向阀的锥阀芯 2 和 6 分别在弹簧 1 和 7 的作用下将两个阀口关闭，油路即断开。 结构较复杂，局部阻力损失较大。适用于油、气为介质的管路系统，工作压力低于 31.5 MPa，介质温度－20～80℃	JB/ZQ 4078～4079—2006 ③

注：1.生产厂代号：①上海液压附件厂；②苏州液压附件厂；③泸州液压附件厂；④浙江海盐县管件厂；⑤焦作市路通液压附件有限公司（原焦作市液压附件厂）；⑥宁波液压附件厂。

2. 各种管接头的外形连接尺寸见生产厂产品样本或相关标准。

3. 软管接头（有可拆式和扣压式两种，各有 A、B、C 三种形式）和软管（通常是橡胶软管）可由管件厂买进软管总成，也可以用户自行装配，软管接头可与扩口式、卡套式、焊接式或快换接头连接使用。

4. 快换接头又称快速装拆管接头，无需装拆工具，适用于经常装拆的场合，有两端开放式和两端开闭式两种。

表 6－10　特殊型管接头的应用

序号类型	主要应用场合	示意图
①端直通长管接头	主要用于螺孔间距过小的地方，它与端直通管接头交错安装	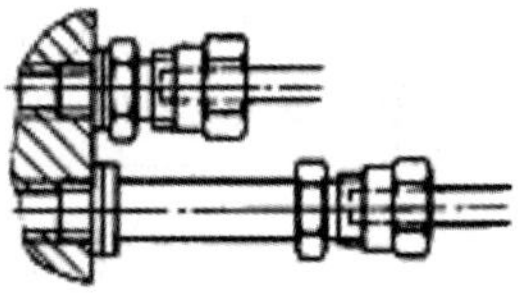
②焊接管接头（在焊接式管接头中称分管管接头）	用于在大直径的管子上焊上这种管接头，引出一根小直径的管子	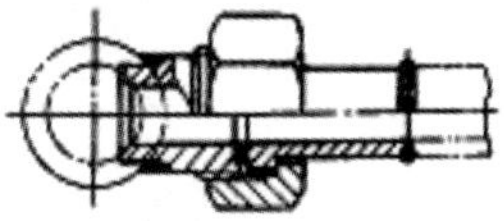
③隔壁管接头	主要用于管路过多成排的布置，可以把管子固定在支架上，或用于密封容器内外的管路连接。用这种管接头，管子通过箱壁时，既能保持箱内密封，又能使管接头得到固定	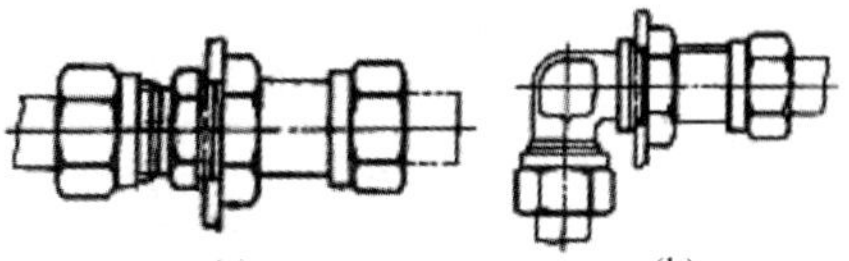 (a) (b)
④变径管接头	用来连接外径不同的管子	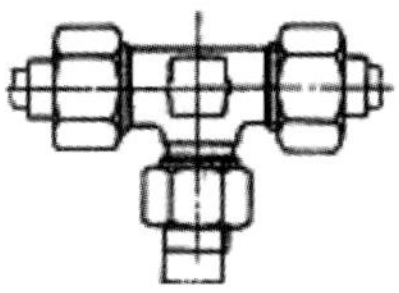

续 表

序号类型	主要应用场合	示意图
⑤对接管接头	这种管接头拆卸时，将螺母松开后，管子连同锥体环平移拆下，解决了其他种卡套式管接头拆卸时必须轴向移动管子的难题	
⑥组合管接头	因卡套式管接头采用公制细牙螺纹，对端直角、端三通管接头来说较难满足方向要求，若选用组合管接头与端直通管接头连接会给复杂的管路系统安装带来方便，同时也能满足任意方向的要求	
⑦铰接管接头	可使管道在一个平面内按任意方向安装。它比组合管接头紧凑，但结构较复杂	
⑧压力表管接头	专用于连接管道中的压力表	

注：直螺纹在端接头体与机件间的连接处需加密封垫圈，垫圈形式可由使用条件决定，推荐按 JB/T 982 — 1977《组合密封垫圈》和 JB/T 1002 — 1977《密封垫圈》的规定选取。

油管、管接头和油路块的常见故障及其诊断排除见表 6 - 11。

表 6 - 11　油管、管接头和油路块的常见故障及其排除方法

故障现象	产生原因	排除方法
1. 漏油	(1)软管破裂、接头处漏油	更换软管，采用正确连接方式
	(2)钢管与接头连接处密封不良	连接部位用力均匀，注意表面质量
	(3)焊接管与接头处焊接质量差	提高焊接质量
	(4)24°锥结构(卡套式)结合面差	更换卡套，提高 24°锥表面质量
	(5)螺纹连接处未拧紧或拧得太紧	螺纹连接处用力均匀拧紧
	(6)螺纹牙形不一致	螺纹牙形要一致
	(7)板式阀的油路块之间的叠积面处或阀与块的安装面间漏装密封圈或密封圈老化	加装或更换密封圈
	(8)插装阀油路块上的插装元件漏装密封圈或密封圈老化	加装或更换密封圈
	(9)油路块上阀的安装面或孔的精度低，或有污物	提高安装面或孔的精度或清除污物

续 表

故障现象	产生原因	排除方法
2.振动和噪声	(1)液压系统共振	合理控制振源
	(2)双泵双溢流阀调定压力太相近	控制压差大于 1 MPa

注:油路块是液压系统集成时用于安装液压阀的一类辅助连接件。

6.6　压力表的使用维修

液压系统中泵的出口、安装压力控制元件处、与主油路压力不同的支路及控制油路、蓄能器的进油口等位置,均应设置测压点,以便通过压力表及其开关对压力调节或系统工作中的压力数值及其变化情况进行观测。

液压系统各工作点的压力通常都用压力表来观测。图 6 - 27(a)所示为最常用的弹簧管式普通压力表。当压力油进入弹簧弯管 1 时,管端产生变形,通过杠杆 4 使扇形齿轮 5 摆转,带动小齿轮 6,使指针 2 偏转,由刻度盘 3 读出压力值。

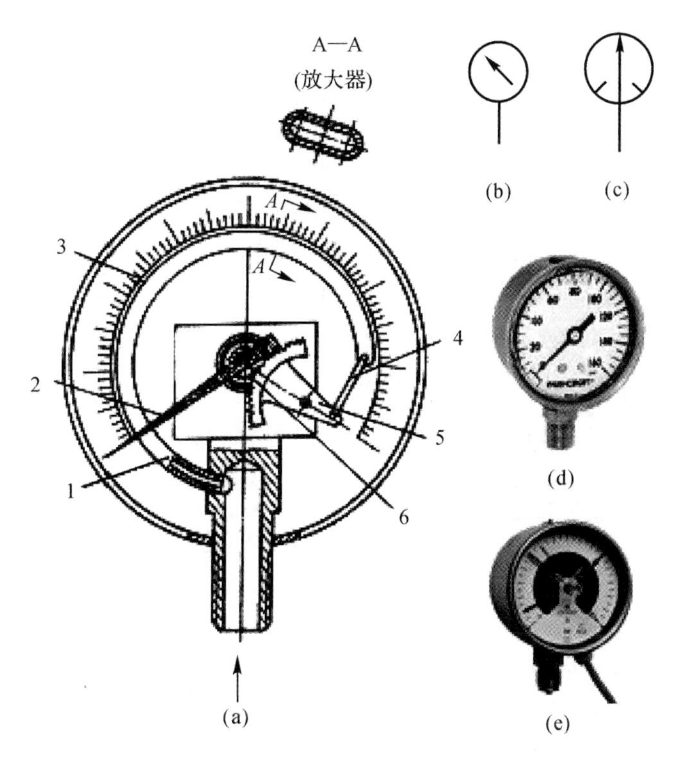

图 6 - 27　压力表

(a)普通压力表结构图;(b)普通压力表图形符号;

(c)电接点压力表图形符号;(d)普通压力表外形图;(e)电接点压力表外形图

1—弹簧弯管;2—指针;3—刻度盘;4—杠杆;5—扇形齿轮;6—小齿轮

压力表精度用精度等级(压力表最大误差占整个量程的百分数)来衡量。例如1.5级精度等级的量程(测量范围)为10 MPa的压力表,最大量程时的误差为10 MPa×1.5%=0.15 MPa。压力表最大误差占整个量程的百分比越小,压力表精度越高。一般机械设备液压系统采用的压力表精度等级为1.5～4级。压力表的量程应大于系统的工作压力的上限,即压力表量程约为系统最高工作压力的1.5倍左右。压力表不能仅靠一根细管来固定,而应把它固定在面板上,压力表应安装在调整系统压力时能直接观察到的部位。压力表应通过压力表开关接入压力管道时,以防止系统压力突变或压力脉动而损坏压力表。

对于需用远程传送信号或自动控制的液压系统,可选用带微动开关的弹簧管式电接点压力表,其图形符号如图6-27(c)所示。它一方面可以观测系统压力,另一方面在系统压力变化时可以通过微动开关内设的高压和低压触点发信,控制电动机或电磁阀等元件的动作,从而实现液压系统的远程自动控制。

6.7 密封件的使用维修

6.7.1 密封装置的结构原理

密封装置的功用是防止液压系统中工作介质的内、外泄漏,以及外界灰尘、金属屑等异物的侵入,保证液压系统正常工作。液压系统对密封装置的主要要求:①在一定的压力、温度范围内能够很好地密封;②相对运动的密封装置摩擦力要小;③耐磨、耐腐蚀,不易老化,寿命长,磨损后能在一定程度上自动补偿;④结构简单,安装维护方便,价格低廉。

按照与密封部位相联系的工作零件的状态可将密封分为工作零件间无相对运动的静密封和工作零件间有相对运动的动密封两大类;动密封又可分为往复运动密封和旋转运动密封两类。密封件是实现密封的重要元件,常用密封件的类型及材料见表6-12。按结构不同,液压密封又可分为间隙密封、橡胶密封圈、组合密封等多种类型,其中最常用的是种类繁多的橡胶密封圈(静密封和动密封均可用)。橡胶密封圈的尺寸系列,预压缩量,安装沟槽的形状、尺寸及加工精度和粗糙度等都已标准化,常用橡胶密封标准目录见表6-13,其细节可从液压手册中查得。

对密封件材料的要求如下:对工作介质有良好的适应性和稳定性,难溶解、难软化和硬化体积变化小(不易膨胀或收缩);压缩复原性好,永久变形小;良好的温度适应性(耐热和耐寒)及吸振性;适当的机械强度和硬度,受工作介质的影响小;摩擦因数小、耐磨性好;材料密实;与密封面贴合的柔软性和弹性好;对密封表面和工作介质的化学稳定性好;耐臭氧性和耐老化性好;加工工艺性好,价廉。

表 6－12　常用密封件及材料

(a)常用密封件

<table>
<tr><th colspan="3">密封装置类型</th><th>主要密封件</th></tr>
<tr><td rowspan="4">静密封</td><td colspan="2">非金属静密封</td><td>O 形密封圈、橡胶垫片、密封带</td></tr>
<tr><td colspan="2">金属静密封</td><td>金属密封垫圈、空心金属 O 形密封圈</td></tr>
<tr><td colspan="2">半金属静密封</td><td>组合密封垫圈</td></tr>
<tr><td colspan="2">液态静密封</td><td>密封胶</td></tr>
<tr><td rowspan="3">动密封</td><td colspan="2">非接触式密封</td><td>迷宫式、间隙式密封装置</td></tr>
<tr><td rowspan="2">接触式密封</td><td>自密封型密封</td><td rowspan="2">O 形密封圈、方形密封圈、X 形密封圈及其他</td></tr>
<tr><td>挤压密封</td></tr>
</table>

(b)密封件材料及要求

材料	要求
纤维	植物纤维、动纤维物、矿物纤维及人造纤维
弹塑性体	橡胶、塑料、密封胶等
无机材料	碳石墨、工程陶瓷等
金属	有色金属、黑色金属、硬质合金、贵金属等

注:1.最常用的密封件材料是橡胶。

表 6－13　常用橡胶密封标准目录

<table>
<tr><th>类别</th><th>标准名称</th><th>标准号</th></tr>
<tr><td rowspan="6">O 形橡胶密封圈</td><td>液压、气动用 O 形橡胶密封圈尺寸及公差</td><td>GB/T 3452.1</td></tr>
<tr><td>活塞密封沟槽尺寸</td><td rowspan="5">GB/T 3452.3</td></tr>
<tr><td>活塞杆密封沟槽尺寸</td></tr>
<tr><td>轴向密封沟槽尺寸</td></tr>
<tr><td>沟槽各表面的表面粗糙度</td></tr>
<tr><td>沟槽尺寸公差</td></tr>
<tr><td rowspan="2">同轴密封圈(格来圈与斯特封)</td><td>液压缸活塞和活塞杆动密封装置用同轴密封件尺寸系列</td><td>GB/T 15242.1</td></tr>
<tr><td>液压缸活塞和活塞杆动密封装置用同轴密封件安装沟槽尺寸系列和公差</td><td>GB/T 15242.3</td></tr>
<tr><td>旋转轴唇形密封圈</td><td>旋转轴唇形密封圈</td><td>GB 13871</td></tr>
<tr><td rowspan="2">单向密封橡胶圈</td><td>活塞杆用高低唇 Y 形橡胶密封圈和蕾形夹织物橡胶密封圈</td><td rowspan="2">GB/T 10708.1</td></tr>
<tr><td>活塞杆用 V 形夹织物橡胶组合密封圈</td></tr>
<tr><td>双向密封橡胶密封圈</td><td>双向密封橡胶密封圈</td><td>GB/T 10708.2</td></tr>
</table>

续表

类　别	标准名称	标准号
往复运动橡胶防尘密封圈	A 型液压缸活塞杆用防尘圈	GB/T 10708.3
	B 型液压缸活塞杆用防尘圈	
	C 型液压缸活塞杆用防尘圈	
Y_X 形橡胶密封圈	孔用 Y_X 形橡胶密封圈	JB/ZQ 4264
	轴用 Y_X 形橡胶密封圈	JB/ZQ 4265

间隙密封是最简单的一种密封形式，它利用相对运动的圆柱摩擦副之间的微小间隙 δ（通常为 0.02～0.05 mm）防止泄漏。常用于液压元件中活塞、滑阀的配合中。为了提高密封能力，减小液压卡阻，常在圆柱表面开设几条环形均压槽（见图 6-28）。间隙密封结构简单、摩擦阻力小、耐高温，但磨损后无法恢复原有能力。

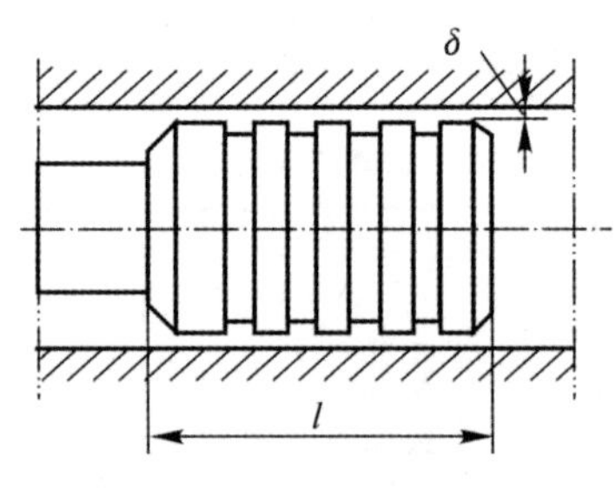

图 6-28　机械密封

橡胶密封圈按截面形状不同分为 O 形和唇形等。O 形密封圈（见图 6-29(a)）是用耐油橡胶压制而成的圆截面密封件。它依靠预压缩消除间隙而实现密封（见图 6-29(b)），能随着压力 p 的增大自动提高密封件与密封表面的接触应力，从而提高密封作用，且能在磨损后自动补偿。O 形密封圈的结构简单、密封性好、价廉、应用范围广，既可用于外径或内径密封也可以用于端面密封；高、低压都可用，但高压场合需加设合成树脂密封挡圈，以防 O 形圈从密封槽的间隙中被挤出。

唇形密封圈是靠其唇口受液压力作用变形，使唇边贴紧密封面进行密封的。液压力越大，唇边贴得越紧，并具有磨损后自动补偿的能力。此类密封有 Y 形、V 形等常用形式，一般用于往复运动密封。Y 形密封圈（见图 6-30）有一对与密封面接触的唇边，安装时唇口对着压力高的一边。油压低时，靠预压缩密封；高压时，受油压作用而两唇张开，贴紧密封面，能主动补偿磨损量，油压越高，唇边贴得越紧。双向受力时要成对使用。这种密封圈摩擦力较小，启动阻力与停车时间长短和油压大小关系不大，运动平稳，适用于高速、高压的动密封。V 形密封圈（见图 6-31）由多层涂胶织物压制而成，由三种不同截面形状的压环、密封环、支承环组成一套使用。当压力大于 10 MPa 时，可以根据压力大小适当增加中间密封环的个数，以满足密封要求。这种密封圈安装时应使密封环唇口面对高压侧。V 形密封圈的接触面较长，密封性能好，适宜在工作压力不高于 50 MPa，温度 −40～+80℃ 场合使用。

组合密封装置是由两个以上元件组合而成的密封装置。有橡胶组合密封与金属组合密封两类。橡胶组合密封通常是由充当弹性体的 O 形橡胶圈和夹布橡胶质或特殊聚四氟乙烯(PTEE)唇形圈叠加组合而成。利用 O 形橡胶圈的巨大弹性，迫使唇形圈唇部紧贴密封表面，产生足够大的表面接触应力，达到密封作用。橡胶组合密封具有摩擦阻力小，工作平稳，易于装配维修等优点。图 6-32 所示为蕾形组合圈，它由丁腈橡胶 O 形圈和夹布橡胶质 Y 形圈组合而成。压力液体通过 O 形圈弹性变形始终挤压 Y 形圈唇部，迫使唇部紧贴密封表面，产生随液体压力增大的表面接触应力，并与初始接触应力一起阻止泄漏。其特点是低压时靠合成橡胶密封，高压时靠夹织物橡胶圈变形提高接触应力实现密封；摩擦阻力小，不易磨损。它适宜在工作压力不高于20 MPa，温度－30～＋100℃场合使用。格来圈（见图6－33）与斯特封（见图6－34）都是由一个提供预压缩力的O形圈和一个特殊聚四氟乙烯（PTEE）制成的耐磨密封环叠加组合而成的。格来圈中的密封环为矩形截面PTEE，斯特封中的密封环为矩形-梯形截面PTEE。由于PTEE具有自润滑性，且摩擦因数小，但缺乏弹性，因此将其与弹性体的橡胶圈同轴组合使用，利用橡胶圈的弹性施加压紧力，二者取长补短，密封效果良好。格来圈和斯特封的显著优点是摩擦因数低，动静摩擦因数相当接近，且有极佳的定形和抗挤出性能，寿命长，运动时无爬行。格来圈可用于双向密封；斯特封只能单向密封（两个斯特封可实现双向密封）。格来圈与斯特封适宜在工作压力不高于40 MPa，温度－30～＋120℃，相对运动速度小于5 m/s的场合使用。

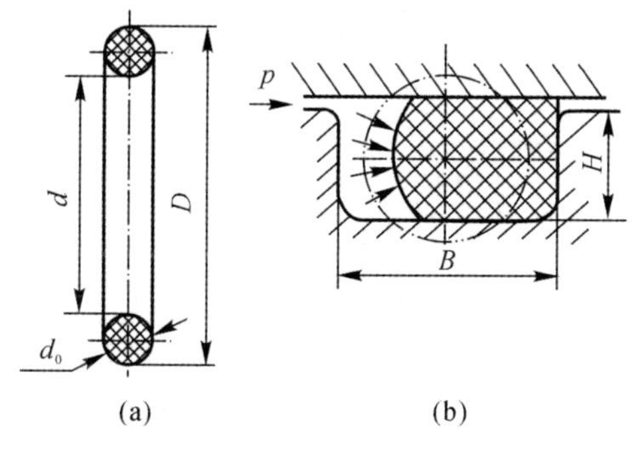

图6－29　O形密封圈

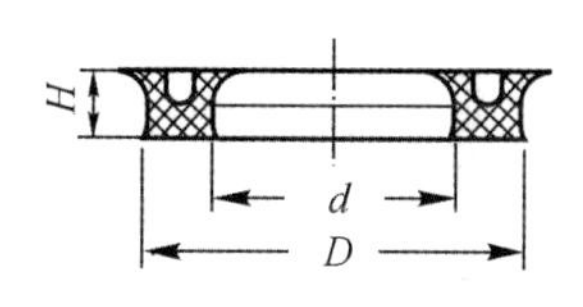

图6－30　Y形密封圈

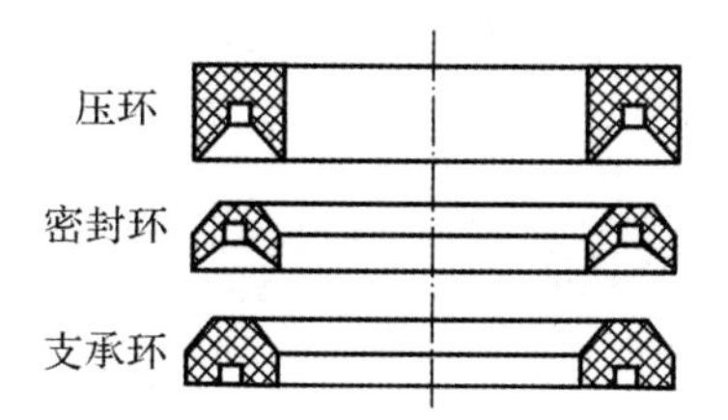

图6－31　V形密封圈

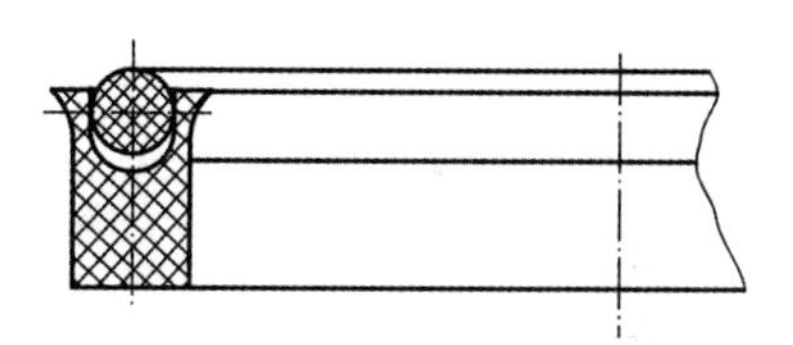

图6－32　蕾形组合圈

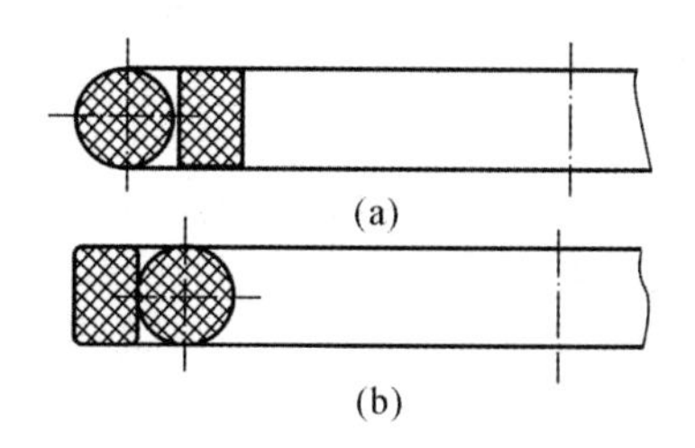

图6－33　格来圈

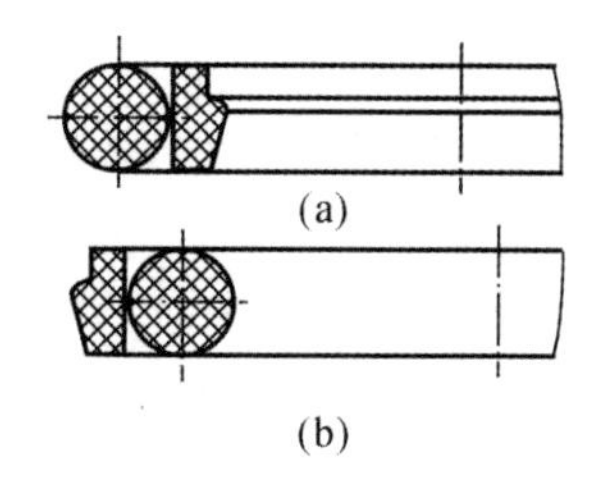

图6－34　斯特封

常用的组合密封是由耐油橡胶内圈和钢(Q235)外圈压制而成的组合密封垫圈（见图6－35），主要用于管接头等处的端面密封，安装时外圈紧贴两密封面，内圈厚度 h 与外圈厚度 s 之差即为压缩量。由于它安装方便、密封可靠，故应用广泛。

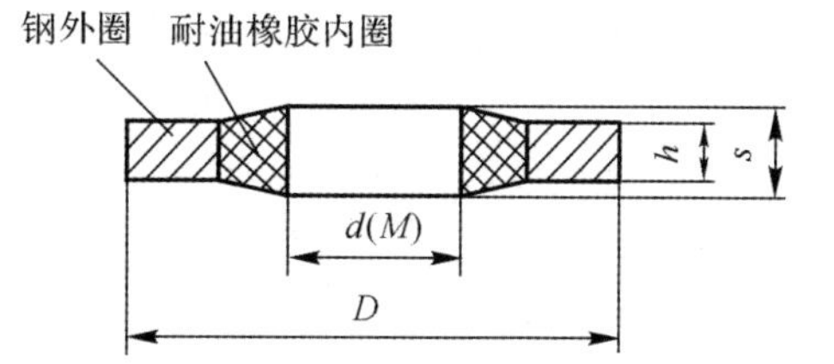

图6－35　组合密封垫圈

6.7.2 密封件的使用维护

密封件的安装和拆卸注意事项见表 6－14。

表 6－14 密封件的安装与拆卸

序号	注意事项
1	密封件经过的零件尖角应去毛刺，倒角
2	密封件经过的螺纹应防护，以防损伤密封件的唇边。密封件在通过外螺纹或退刀槽时，应在相应位置套上用专用套筒
3	当密封件须通过内螺纹或径向孔洞时，应使内螺纹的内径或有径向孔洞处的直径大于密封件的外径
4	为了减少密封件的安装及拆卸阻力，应在密封件经过的相应位置上涂敷润滑脂或液压油，并尽量避免密封件产生过大拉伸变形而影响其密封性
5	不允许使用带有尖角的工具安装或拆卸密封圈
6	更换新密封圈时，应清除干净密封槽内的锈迹、脏物和碎片等。装配前，应在液压缸缸筒、活塞杆和密封件上抹润滑油(脂)。但润滑脂中不能含有 MoS、ZnS 等固体添加剂
7	①O 形圈的安装：可借助无锐边的工具手工拉伸安装，但应保证 O 形圈不扭曲、不过量拉伸(对于用密封条黏结成的 O 形圈，不得在连接处拉伸)，保证正确定位；当 O 形圈拉伸后，要通过螺丝、花键、键槽等时，必须使用安装芯轴，该芯轴可以用较软、光滑的金属或塑料制成，不得有毛刺或锐边。安装压紧螺丝时，应对称旋紧螺丝，不得按方向顺序旋紧
	②Y 形圈的安装方法步骤：用 0.1 mm 厚的冷轧钢带或铜皮，将其剪成长方形(长度等于 Y 形圈的周长)；用上述钢带把密封圈裹紧，一点一点送入液压缸缸筒中，待外唇口全部进入缸筒后再将钢带抽出即可
	③如遇到刚性较大而回弹性较小、难于安装的密封件，则往往需按具体情况制作专用工装(具)来解决安装问题。例如由 O 形圈和耐磨密封环组成格来圈(见图 6－36)，因 O 形圈弹性较大，比较容易手工安装；而耐磨密封环则弹性较差，如果直接安装，则活塞的各台阶、沟槽容易划伤其密封表面，影响密封效果。为保证耐磨环安装时不被损坏，应采取一定的安装措施(安装工具)。考虑到耐磨密封环主要由填充聚四氟乙烯材料制成，该材料具有耐腐蚀的特性，热膨胀系数较大，故安装前可先将其在 120℃以上的油液中浸泡 10 min 左右，使其逐渐变软，然后再用芯轴(右端头部带有5°倒角，用于引导 O 形圈和密封环装入活塞的密封沟槽)、推进器(由弹性较好的 65Mn 钢经热处理制成，加工成均布的 8 瓣结构，故又称胀套，用于推进密封环)和复原器三个部分组成的一套工具(见图 6－37)将其装入活塞的沟槽中。具体安装过程(见图 6－38)：对活塞及所有安装工具和格来圈清洗并涂油→把 O 形圈放入密封沟槽中，但注意不得过量拉伸 O 形圈→把芯轴装到活塞上→把密封环加热后套在芯轴上并用推进器推至密封沟槽中→从活塞上卸下芯轴→一边转动一边把复原工具推到密封组件上，1 min 后卸去。 每种规格的格来圈应有一套对应安装工具来保证其安装要求，安装结束后的格来圈不允许有褶皱、扭曲、划伤和装反现象存在

注：在安装和拆卸密封件时，应防止密封件被螺纹、退刀槽等尖角划伤或其他损坏而影响其密封性。

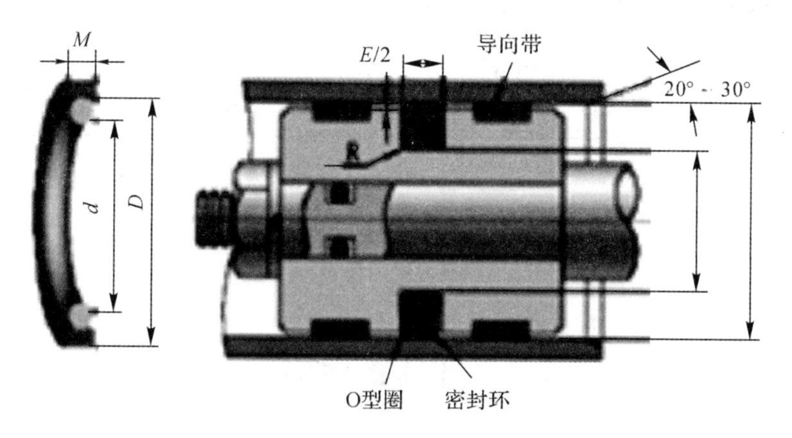

图 6-36　活塞上的格来圈

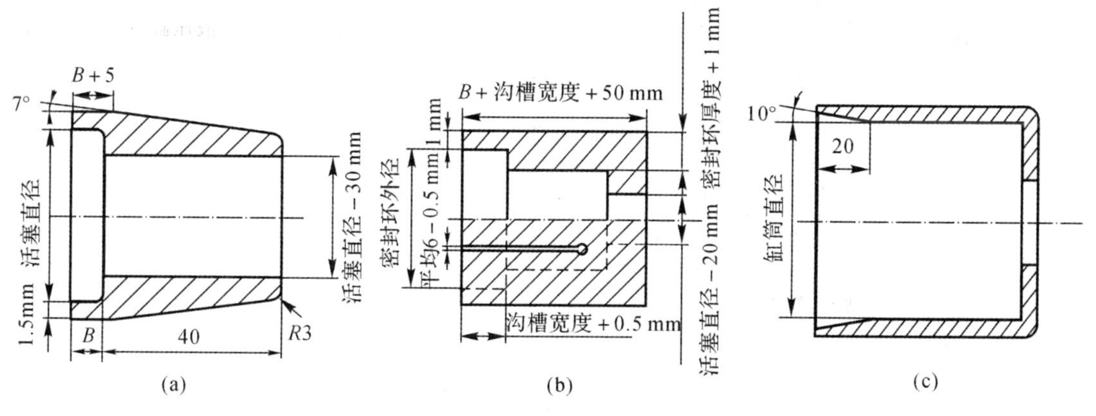

图 6-37　格来圈安装工具

(a)芯轴；(b)推进器；(c)复原器

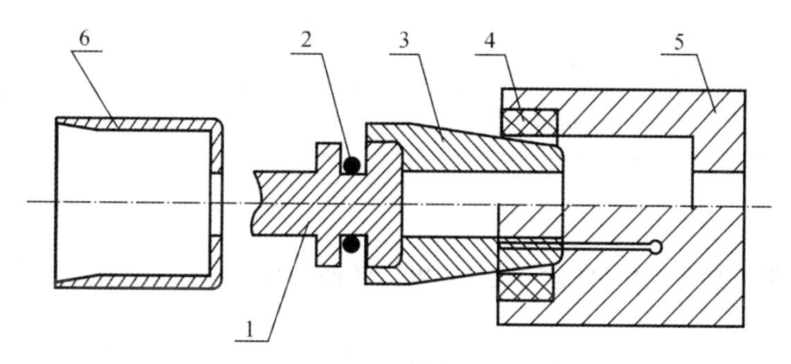

图 6-38　格来圈安装过程示意图

1—活塞；2—O 形圈；3—芯轴；4—密封环；5—推进器；6—复原工具

6.7.3 非金属密封件常见故障及其诊断排除

非金属密封件常见故障及其诊断排除方法见表 6－15。

表 6－15 非金属密封件常见故障及其排除方法

故障现象	产生原因	排除方法
1.密封件从间隙挤出	(1)间隙过大	检修或更换
	(2)压力过高	降低压力,设置支承环或挡圈
	(3)密封沟槽尺寸不合适	检修
	(4)放置状态不良	检修或重新安装
2.老化开裂	(1)低温硬化	查明原因,解决之
	(2)存放和使用时间过长	检修或更换
	(3)温度过高	检查油温,严重摩擦过热时应当及时检修或更换
3.扭曲	横向负载	设置挡圈
4.表面损伤	(1)润滑不良	加强润滑
	(2)装配时损伤	检修或更换
	(3)密封配合面损伤	检查油液污染度、配合表面的加工质量,及时检修或更换
5.收缩	(1)与液压油液不相容	更换介质或密封件(注意成本对比)
	(2)时效硬化	更换
6.膨胀	(1)与液压油液不相容	更换油液或密封件(注意成本对比)
	(2)被溶剂溶解	避免与溶剂接触
	(3)液压工作油液老化	更换油液
7.损坏黏着变形	(1)润滑不良	加强润滑
	(2)安装不良	重新安装或检修更换
	(3)密封件质量差	更换合格密封件
	(4)压力过高、负载过大	设置支承环或挡圈

6.8 液压辅件常用产品与使用维修中的选型及替代要点

除了油箱常需根据系统要求进行必要的计算、设计和加工外,液压辅件基本上都已标准化和系列化。表 6－16 介绍了部分常用液压辅件的产品及其生产厂商,用户可根据应用场合及要求并结合液压手册或生产厂产品样本,进行合理选型及替代即可。

表 6－16　部分液压辅件常用产品概览

(a)过滤器

类　型		额定压力/MPa	流量/(L·min^{-1})	过滤精度/μm	生产厂
吸油过滤器	NXJ 系列箱内吸油过滤器	<0.007(原始压力损失)	25～1 000	80～180	①
	YCX 型箱外自封式吸油过滤器	≤0.01(原始压力损失)	25～800	80～180	③
线隙式过滤器	XU 型吸油口用过滤器	≤0.02(原始压力损失)	6～250	80～100	①②③
	XU 型中压线隙式过滤器	6.18	10～100	200	①②③④⑤
纸质过滤器	ZU 型低压纸质过滤器	0.07～0.12(初始压力降)	25～100	10～50	①②③④⑤
	ZU 型高压纸质过滤器	32	10～100	10,20	①②③④⑤
烧结式过滤器	SU 型烧结式过滤器	2.5<0.06(原始压力损失)	5,12	100	④⑥
	SU_1 型烧结式过滤器	2.5～20	4～125	6～36	
磁性过滤器	CWU 型磁性过滤器	1.6	25	60	①②③
回油过滤器	CHL 型自封式磁性回油过滤器	1.2～1.6	25～1 600	3～40	③
	RFB 型自封式磁性回油过滤器	1.6	25～100	1～30	①

(b)蓄能器

类　型	公称容积/L	公称通径/mm	公称压力/MPa	生产厂
国标皮囊式蓄能器(NXQ 型)	0.63～150	15～60	10,20,31.5	⑦⑧等
欧标(CE)皮囊式蓄能器(BA 型)	0.6～54	—	35～55	⑨
美标(ASME)皮囊式蓄能器(S/H/T 型)	0.2～60	—	20.7	⑩
美国 Tubol 拓步皮囊式蓄能器(TBR 型)	1～60	—	20.7～41.4	⑪
PC 型充气装置	—	—	10,40,60	⑨
CDZ 型行走式充氮增压车	—	—	25,35,42	⑨

(c)冷却器

类型	散热面积/m^2	散热系数/$W\cdot(m^2\cdot K)^{-1}$	设计温度/℃	介质压力/MPa	冷却介质压力/MPa	生产厂
LQ※型列管式冷却器	0.2～290	290～638	80～120	1.0～1.6	<0.1	⑪⑫⑬
BR 型板式冷却器	1～40	290～638	120	0.6～1.6	<0.1	⑫⑭
FL 型空气冷却器		≤55	100	1.6		⑪⑫
OK－ELC 型油/风冷却器	冷却功率 1～28 kW			1.6		⑮

(d)加热器

类　型	加热面积 m^2	加热系数 $W \cdot (m^2 \cdot K)^{-1}$	设计温度 ℃	生产厂
GYY 型电加热器	1～8	230～930	220	⑯⑰
SRY 型电加热器	1～8	225～825	220	⑯⑱⑲

(e)压力表

型　号	测量范围/MPa	生产厂
Y 型弹簧管压力表	0～60	⑳㉑㉒㉓
YN 型耐震压力表	0～60	
YX 型电接点压力表	0～60	
YZ 型弹簧管压力真空表	−0.1～2.4	

注:生产厂:①中国黎明液压有限公司;②无锡液压件厂;③温州远东液压配件厂;④沈阳滤油器厂;⑤上海高行液压气动成套总厂;⑥北京粉末冶金二厂;⑦浙江奉化奥莱尔液压有限公司;⑧上海立新液压有限公司;⑨布柯玛蓄能器(天津)有限公司;⑩上海迈奥实业发展有限公司;⑪营口液压机械厂;⑫营口市船舶辅机厂;⑬福建江南冷却器厂;⑭四平四环冷却器厂;⑮贺德克液压技术(上海)有限公司;⑯上海电热电器厂;⑰沈阳电热元件厂;⑱北京电热电器厂;⑲江阴市国豪电热电器制造有限公司;⑳无锡雪浪仪表厂;㉑沈阳仪表厂;㉒宜昌仪表厂;㉓西仪股份有限公司。

第 7 章　液压回路与系统的使用维修及故障诊断典型案例

7.1　常用液压回路使用维修及故障诊断典型案例

7.1.1　方向控制回路

方向控制回路用于控制液压系统油路中液流的通、断或流向，实现方向控制的基本方法有阀控、泵控和执行元件控制。阀控主要是采用方向控制阀分配液压系统的能量，泵控是采用双向液压泵改变液流的方向和流量，而执行元件控制则是采用双向液压马达改变液流方向。在液压系统使用中，应尽量采用阀控（方向阀）来实现执行元件的方向变换，阀控回路主要有换向回路和锁紧回路两类。

1. 换向回路

采用换向阀的换向回路，其换向阀往往根据操作的需要和系统的特点进行配置。对自动化无要求的系统采用手动换向阀，对于小流量系统采用电磁换向阀，对于大流量系统可采用液动换向阀，对于频繁往复换向运动的系统可采用机液换向阀或电液动换向阀，对于复合动作较多的工程机械等设备的液压系统采用多路换向阀，等等。其中电磁阀应用较多。

（1）双作用缸换向回路（见图 7－1）。

该回路通过三位电磁阀 2 的通断电，即可使液压缸 3 获得前进、后退和停止三种工况。此类回路常见故障及其维修方法如下：

1）缸不换向或换向不良故障。导致此类故障可能是泵、阀及缸本身的原因或回路方面的原因等，只要按相应元件故障原因及排除方法解决即可。

2）O 型（或 M 型）中位机能的三位换向阀在中位时，液压缸仍然微动。导致此故障的可能原因是缸本身内外泄漏大或换向阀内泄漏大，消除缸本身泄漏和换向阀泄漏可以排除故障，对于液压缸有严格位置要求的，则应采用锁紧回路。

3）液压缸后退回程时振动噪声大，经常烧损交流电磁铁。

如果电磁换向阀 2 的规格（通径或额定流量）选得过小；连接阀 2 和缸 3 的无杆腔之间的管路通径选小了，就会在阀 2 换向回程时出现大的振动和噪声，特别是在高压系统中，此种故障现象还会相当严重。事实上，当电磁铁 2YA 通电使阀 2 切换至右位时，活塞退回，由于缸的无杆腔面积 A_1 和有杆腔面积和 A_2 不相等，无杆腔流回的油液流量 q_1 比流入有杆腔的流量 q_2 大许多（假设 $A_1=2A_2$，当 $q_2=q_P$ 时，$q_1=2q_2=2q_P$）。若按泵的规格（额定流量为 q_P）选用阀 2 的规格，则会因阀的实际流量增大，造成压力损失和阀芯上的液动力的大增，可能远大于电磁铁有效吸力而影响换向，导致交流电磁铁经常烧损；另外，当某些环节存在间隙（如阀芯间隙）过大时，也会引起振动和较大噪声。

如果仅按泵的流量 q_P 选定阀 2 和缸 3 无杆腔之间的管路通径，则阀 2 换向回程时，该段管路的流速将远大于允许的最大流速，而管内沿程压力损失与流速的二次方成正比，压力损失的增加，导致压力急降以及管内液流流态变差（紊流），引起振动和噪声。因此，图 7－1 中的电磁阀 2 的规格应按额定流量等于 $2q_P$ 来选择其通径；管路通径 d 应按 $d=\sqrt{\frac{4q_{实}}{\pi v}}=\sqrt{\frac{8q_P}{\pi v}}$（$v$ 为油管中允许流速，v 取 2.5 ～ 5 m/s）进行选择。

（2）单作用液压缸换向回路（见图 7－2）。

单作用液压缸 4 的进、退分别由液压和弹簧完成。即正常工作时，电磁铁 YA 通电使二位电磁阀 3 切换至右位，液压泵 1 的压力油经二位电磁阀 3 进入缸的无杆腔，克服弹簧反力前进。电磁铁 YA 断电使阀 3 切换至左位时，液压缸 4 靠有杆腔的弹簧力后退，无杆腔油液经二位电磁阀 3 排回油箱。

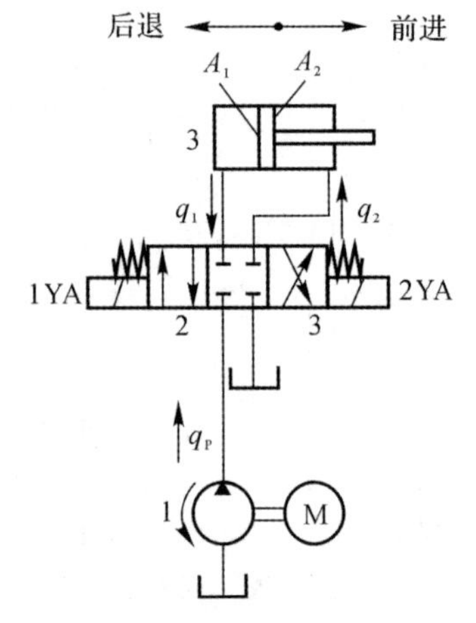

图 7－1　双作用液压缸换向回路及其故障排除

1—液压泵；2—三位电磁阀；3—液压缸

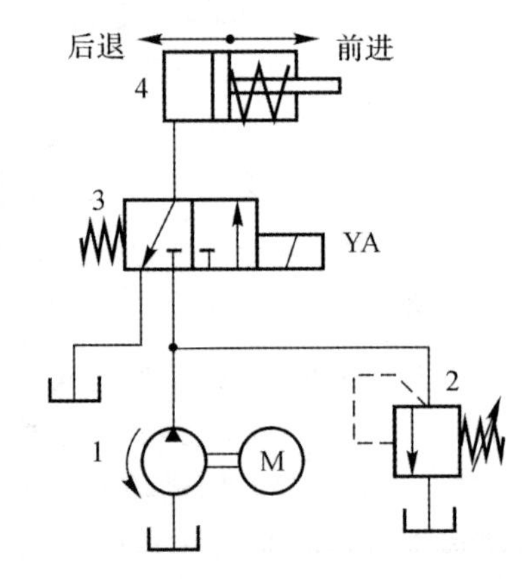

图 7－2　弹簧返程单作用液压缸换向回路

1—液压泵；2—溢流阀；3—二位电磁阀；4—液压缸

回路常见故障是液压缸不能正常前进。造成这一故障的可能原因：二位电磁阀 3 的电磁铁未能通电；溢流阀 2 有故障，压力上不去；液压缸 4 中的弹簧太硬；活塞及活塞杆的密封过紧或其他原因（如液压缸缸筒内壁被弹簧外部拉伤）产生的摩擦力太大；液压缸别劲等。逐一查明原因予以排除即可。

2. 锁紧回路

锁紧回路又称位置保持回路，它可使液压执行元件在不工作时切断其进、出油液通道，使其确切地保持在既定位置上，而不会因外力作用而移动。锁紧回路在加工机的夹紧机构、汽车起重机等起吊重物机械的支腿及卷扬机械的锁紧中有着广泛应用。除了利用三位换向阀的中位机能实现锁紧外，还可以用液控单向阀、单向顺序阀或制动器等实现锁紧。

（1）液控单向阀的液压缸锁紧回路（见图 7－3）。

图 7－3（a）所示为由两个液控单向阀 4 与 5 组成的液压缸锁紧回路，阀 4 和 5 分设在液压缸 6 两端的进、出油路上，通过三位四通电磁换向阀 3 的通断电及工作位置的切换，可使缸完

成进(右行)、退(左行)运动和锁紧等三种工况。此类锁紧回路典型故障及其维修方法如下:

1)液控单向阀不能迅速关闭,液压缸需经过一段时间后才能停住,即锁紧精度低,使主机后续动作受到影响,例如夹紧缸未夹紧工件,在主缸工作时可能会造成工件飞起伤人等。

· 液控单向阀本身动作迟滞(如阀芯移动不灵活,控制活塞别劲等),按表 5-3 排除液控单向阀有关故障。

· 换向阀的中位机能选择错误。图 7-3(a)中三位四通换向阀 3 的中位机能应该使液控单向阀的控制管路 a、b 中的油液快速卸压而立即关闭,液压缸 6 才能马上停住。若采用 O 型、M 型等中位机能的阀,当换向阀在中位时,由于液控单向阀的控制压力,油液被闭死而不能使其立即关闭,直至由于液控单向阀的内泄漏使控制腔泄压后,液控单向阀才能关闭,这自然便影响了锁紧精度。故对于双向需要锁紧的液压回路,三位四通换向阀的中位机能应选用 H 型、Y 型为好(见图 7-4);而对于只需单方向锁紧的,则可考虑 K 型、J 型等中位机能的换向阀。

2)当异常突发性外力作用时,由于缸内油液封闭及油液的不可压缩性,管路及缸内产生异常高压,导致管路及缸损伤,解决办法是在图 7-3(b)中的 c、d 处各增设一溢流阀,作超载保护之用。

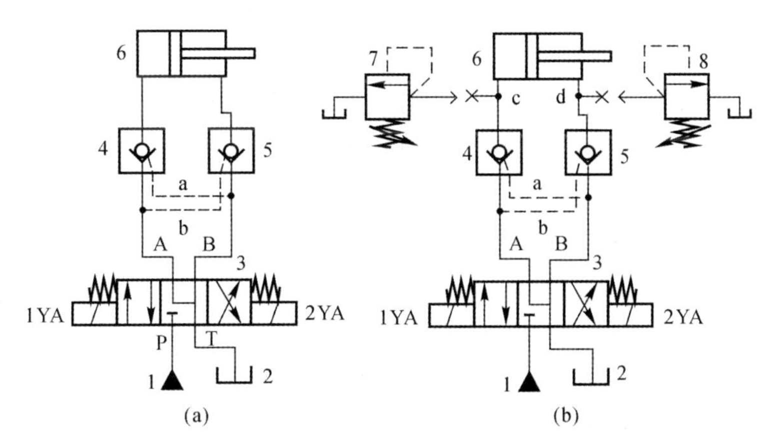

图 7-3　液控单向阀的液压缸锁紧回路及其故障排除

1—油源;2—油箱;3—三位四通电磁换向阀;4,5—液控单向阀;6—液压缸;7,8—溢流阀

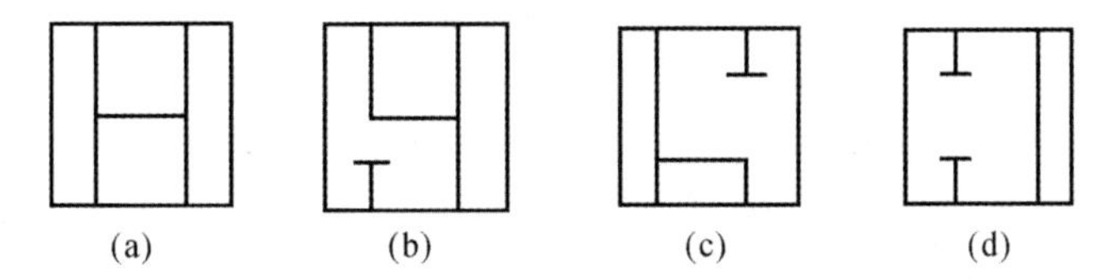

图 7-4　锁紧回路应采用的换向阀中位机能

(2)液压缸制动器的液压马达锁紧回路。

在执行元件为液压马达的系统中,若要求完全可靠的锁紧,常采用弹簧上闸制动、液压松闸结构的液压缸制动器锁紧回路(见图 7-5),制动器液压缸 5 为单作用缸,它与起升液压马达 4 的进油路相连接。若采用这种连接方式,起升回路必须放在串联油路的最末端,即起升马达的回油直接通回油箱。若将该回路置于其他回路之前,则当其他回路工作而起升回路不工作时,起升马达的制动器也会被打开,因而容易发生事故。制动器回路中的单向节流阀 6 可以

实现使制动时快速、松闸时滞后，用以防止开始起升负载时因松闸过快而造成负载先下滑然后再上升的现象。此外，应经常检查制动器中弹簧的完好状态，防止其疲劳破坏失去锁紧作用。

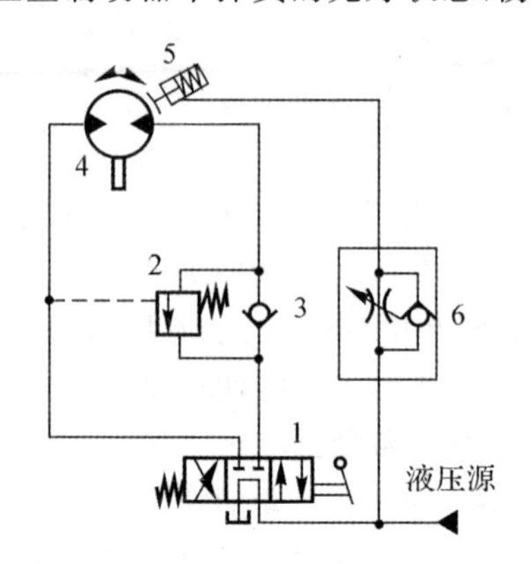

图 7-5　液压缸制动器的锁紧回路

1—三位四通手动换向阀；2—液控顺序阀；3—单向阀；4—起升液压马达；5—制动器液压缸；6—单向节流阀

7.1.2　压力控制回路

压力控制回路是利用压力控制元件来控制系统或局部油路的压力，以满足执行元件要求的回路，它包括调压、减压、增压、卸荷、保压、泄压及平衡等回路。

1. 调压回路

调压回路的功用是控制液压系统的工作压力，使其不超过预调值或使系统在不同工作阶段具有不同的压力。现调压的主要控制元件是溢流阀，普通溢流阀可构成单级调压和远程调压及多级调压回路，而电液比例溢流阀则构成无级调压回路。

利用先导式溢流阀、电磁阀和远程调压阀可组成多级调压回路如图 7-6 所示，通过三位四通电磁阀 2 将两个直动溢流阀 3、4 与先导式溢流阀 1 连接。设三个溢流阀的调压值分别为 p_1、p_3、p_4。当电磁阀 2 处于图示中位时，定量泵 5 卸荷，系统的工作压力 $p \approx 0$；当电磁阀 2 分别切换至上、下两个位置时，则系统的工作压力分别为 $p \leqslant p_3$ 和 $p \leqslant p_4$。此类回路典型故障及其维修方法如下。

(1)调压时升压时间过长。故障分析与排除：若多级调压回路遥控管路较长(见图 7-6)，而系统由卸荷阀 2 处于中位状态转为升压状态(阀 2 处于上位或下位)时，由于遥控管路通油箱，压力油要先填充遥控管路后，才能升压，故升压时间长。排除方法是尽量缩短遥控管路(遥控管路一般应小于 5 m)，建议在遥控管路回油处增设一背压阀(单向阀、直动式溢流阀均可)，使之有一定压力，这样升压时间即可缩短，但该部分加大了系统能量损失。

(2)遥控管路及远程调压阀振动。故障分析与排除：原因基本同(1)。排除方法是在遥控管路处增设一小规格节流阀(或自制圆孔节流器)6 进行适当调节(见图 7-7)，将振动能量转化为热能，即可通过阻尼作用消除振动。

2. 减压回路

减压回路的功用是使系统中部分油路从调好压力的液压源获得一级或多级较低的恒定工作压力。当泵供液压源高压时，回路中某局部工作系统或执行元件需要低压，便要采用减压回路，有单级和二级减压回路之分，实现减压的主要控制元件是减压阀。

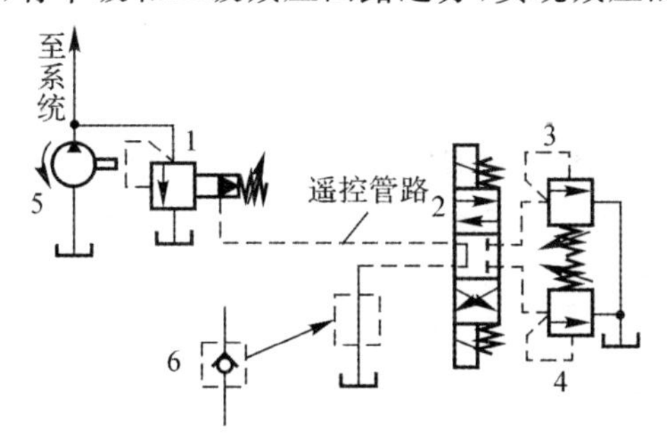

图 7-6　多级调压回路之一

1—先导式溢流阀；2—三位四通电磁阀；3，4—远程调压阀；5—定量泵；6—单向阀

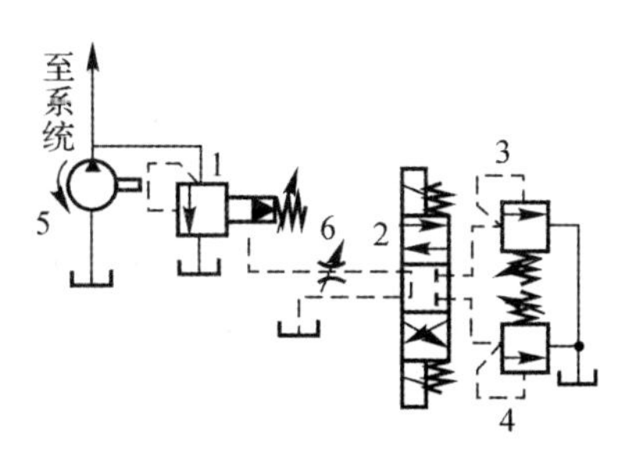

图 7-7　多级调压回路故障排除之二

1—先导式溢流阀；2—三位四通电磁阀；3，4—远程调压阀；5—定量泵；6—节流阀

(1)单级减压回路。图 7-8 所示为最常见的单级减压回路。减压阀 4 与高压主油路并联，主油路的压力由溢流阀 5 设定，减压油路的压力由减压阀 4 设定。节流阀 3 用于调节支路缸 2 的速度，单向阀 6 供主油路压力降低时防止油液倒流，起短时保压之用。此类回路的常见故障及其维修方法如下：

1)液压缸 2 速度调节失灵或速度不稳定。当减压阀 4 的泄漏(外泄油口流回油箱的油液)大时会产生这一故障。解决办法是将节流阀 3 从图中位置改为串联在减压阀 4 之后的 a 处，从而可避免减压阀泄漏对支路缸 2 速度的影响。

2)当支路缸 2 停歇时间较长时，减压阀后的二次压力逐渐升高。这是因为当支路缸 2 停歇时间较长时，有少量油液通过阀芯间隙经先导阀排出，保持该阀处于工作状态。由于阀内泄漏原因使得经先导阀的流量加大，减压阀的二次压力增大。为此，可在减压回路中加接图中虚线油路，并在 b 处装设一安全阀，确保减压阀出口压力不超过其调压值。

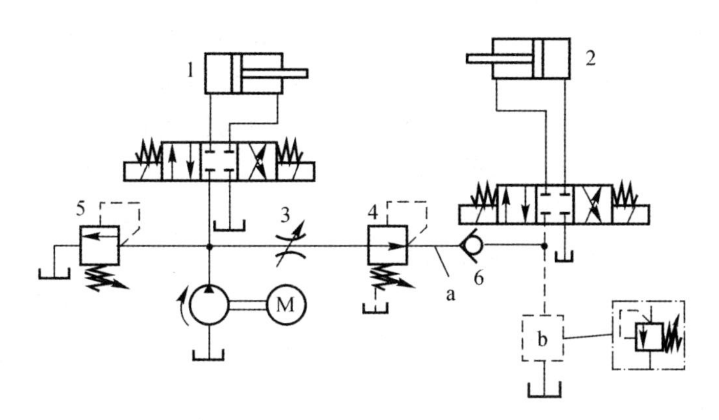

图 7-8　单级减压回路

1—主缸；2—支路缸；3—节流阀；4—减压阀；5—溢流阀；6—单向阀；7—定量泵

(2)二级减压回路(见图 7-9)。定量液压泵 6 的最大压力由溢流阀 5 设定。在先导式减压阀 1 的遥控油路上接入远程调压阀 2，使减压回路获得二级压力。但调压时必须使远程调压阀 2 与先导式减压阀 1 的调整压力满足 $p_2 < p_1$。其常见故障：当压力由 p_1 切换到 p_2 时，出现压力冲击。

原因分析及排除方法：该减压回路的两级压力切换由二位二通换向阀 3 实现。当压力由 p_1 切换到 p_2 时，因阀 3 与阀 2 之间的油路内在切换前无压力，故阀 3 切换至左位时，减压阀 1 遥控口处的压力由 p_1 下降到几乎为零后再回升到 p_2，自然产生较大压力冲击。排除方法之一是在阀 1 和 3 之间设置固定节流器 4，用于阻止和缓解压力切换时出现压力冲击。二是将阀 3 与阀 2 的位置互换，由于这样从阀 1 的遥控口到阀 3 的油路内经常充满压力油，故阀 3 切换时系统压力从 p_1 下降到 p_2，便不会产生过大压力冲击。

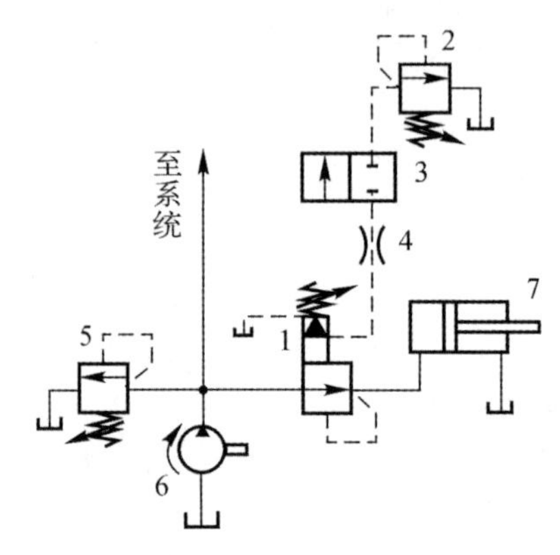

图 7-9　二级减压回路

1—先导式减压阀；2—远程调压阀；3—二位二通换向阀；4—固定节流器；5—溢流阀；6—定量液压泵；7—液压缸

3. 卸荷回路

液压泵在空载(或输出功率很小)的工况下运转，称为卸荷。其目的是使液压工作机构在短时间停歇或停止运动时，减少功率损耗、降低系统发热，避免因泵频繁启、停而影响泵的寿命。

(1)用换向阀的卸荷回路(见图 7-10)。

这种卸荷回路，因利用换向阀机能直接卸荷，故换向阀的流量规格必须与液压泵的流量规格相当。在图 7-10(a)所示的回路中，二位电磁阀(常开 H 型机能)2 处于图示位置，液压泵 1 卸荷；电磁阀 2 通电切换至左位时，泵 1 升压。图 7-10(b)所示回路，二位电磁阀(常闭 O 型机能)2 处于图示位置，液压泵 1 升压；二位电磁阀 2 通电切换至左位时，液压泵 1 卸荷。图 7-10(c)所示回路，三位电磁阀 4 的控制压力油取自液压泵出口，在图示位置，阀 4 处于中位，液压泵 1 卸荷，液压缸 5 停止；当右端或左端电磁铁通电时，液压泵 1 均匀升压，液压缸 5 实现前进或后退运动。此类回路常见故障及其排除方法如下。

1)回路不卸荷(见图 7-10(a)(b))。图 7-10(a)回路的故障原因可能是二位电磁阀 2 的阀芯卡死在通电位置，或者是弹簧力不足或者折断及漏装，不能使阀芯复位，检查弹簧，更换或补装即可。图 7-10(b)回路则可能是因电路故障致使其电磁铁未能通电的缘故，二位电磁阀 2 的阀芯卡死在断电位置，或者是弹簧力过大，不能使阀芯换位，检修电路故障或检查更换弹簧即可。

2)不能彻底卸荷(见图 7-10(a)(b)(c))。故障原因是阀 2 和阀 4 的规格(额定流量或通径)选得过小，故将阀 2 和阀 4 更换为与液压泵 1 额定流量相当的阀即可；若阀 2 或阀 4 为手动操纵阀则可能是因定位不准，换向不到位，使 P→T 的油液不能畅通无阻，导致背压大，该故障酌情处理即可。

3)需要卸荷时有压，需要有压时卸荷(图 7-10(a)(b))。故障原因可能在当拆修时，将阀

2的阀芯装反，即图7-10(a)常开阀2错装成常闭，图7-10(b)常闭阀装成常开。只要将二位阀拆解，调头装配阀芯即可。

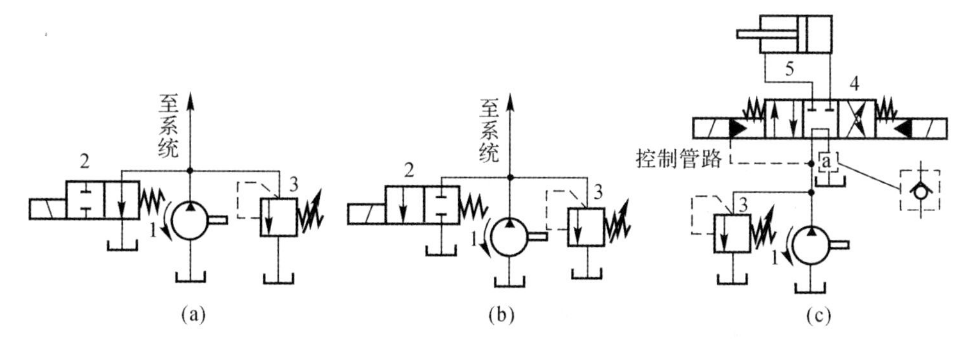

图7-10 利用换向阀机能的卸荷回路及其故障排除

1—液压泵；2—二位电磁阀；3—溢流阀；4—三位电磁阀；5—液压缸

4)液压缸不能及时换向(图7-10(c))。回路利用电液动阀4的M型(也可以是H型、K型)中位机能卸荷。由于中位时泵的压力卸为0，待卸荷结束发出换向信号(某一电磁铁通电)后，要经一定延时后，才能使控制管路中的油液压力从0升至可使阀4中液动主阀换向所需的压力，从而造成液压缸不能及时换向。为确保一定的控制压力(通常大于0.3 MPa)，可在图中a处加装一个起背压作用的阀(单向阀、溢流阀或顺序阀均可)，以保证阀4控制油压的大小，使换向及时可靠。

(2)用先导式溢流阀的卸荷回路(见图7-11)。

在先导式溢流阀3的遥控口外接一小流量二位二通电磁阀2。电磁阀2断电处于图示位置时，溢流阀3的遥控口与油箱相通，液压泵1输出的液压油以很低的压力经溢流阀3返回油箱，实现卸荷。电磁阀2通电切换至右位时，则液压泵升压。此回路若卸荷或升压不正常，可检查电磁阀2或溢流阀3的状况，视情排除之。

(3)压力补偿变量泵卸荷回路(见图7-12)。

由于压力补偿变量泵1具有低压时输出大流量和高压时输出小流量的特性，故当液压缸4的活塞运动到行程端点或三位四通换向阀3处于图示中位时，变量泵1的压力升高到补偿装置所需压力时，泵的流量便自动减至补足液压缸和换向阀的泄漏，此时尽管泵出口压力很大，但因泵输出流量很小，其耗费的功率大为降低，实现了泵的卸荷。回路中的溢流阀2作安全阀使用。这种回路在变量工作点有时出现驱动电机电流异常增大，严重时可能会产生烧毁电机的故障，其可能主要原因是变量机构卡阻失灵，拆检排除之即可。

4. 保压、泄压回路

此类回路的功用是在液压缸停止工作或只有工件变形产生微小位移的情况下，使缸工作腔压力基本保持不变；保压结束后，先将缸高压腔保压期间储存的压力能缓慢释放，然后再换向回程，以免突然换向造成的冲击、振动和噪声。图7-13所示为采用复式液控单向阀4的保压回路，保压期间，液压泵1经电磁换向阀3的中位卸荷，复式液控单向阀4关闭而保压。此回路在20 MPa压力下一般可保压10 min，压力降不超过2 MPa。此类保压回路的常见故障及其维修方法如下。

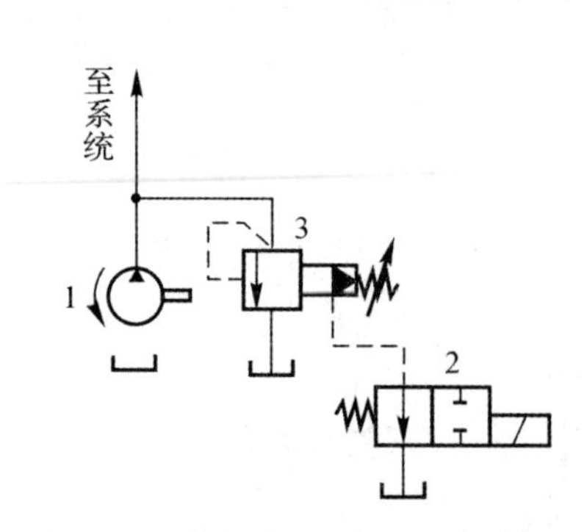

图 7-11　先导式溢流阀远程卸荷回路

1—液压泵；2—二位二通电磁换向阀；3—溢流阀

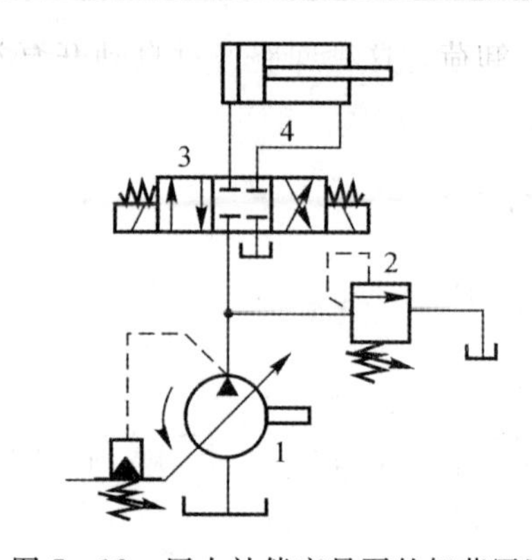

图 7-12　压力补偿变量泵的卸荷回路

1—变量泵；2—溢流阀；3—三位四通电磁换向阀；4—液压缸

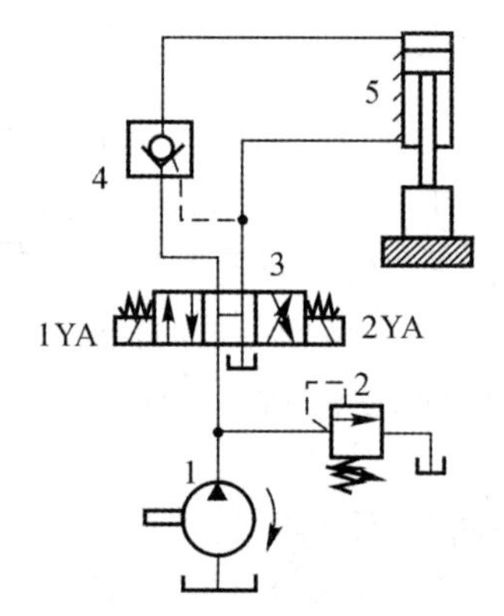

图 7-13　采用液控单向阀的保压回路

1—液压泵；2—溢流阀；3—电磁换向阀；4—复式液控单向阀；5—液压缸

(1)不保压，在保压期间压力严重下降。

这种故障多出现在压力机等需要保压的液压系统中，即在所需保压时间内，液压缸的工作压力逐渐下降，保不住压。造成不保压故障的主要原因是系统中存在泄漏。因此不保压故障的排除主要是分析和查找泄漏点并解决之，对于要求保压时间长和压力稳定的场合，还需采取补油(补充泄漏)的措施。

1)液压缸内外泄漏造成不保压。液压缸两腔的内泄漏取决于活塞与缸筒内孔密封装置的可靠性，一般按可靠性高低分：软质密封＞硬质的铸铁活塞环密封＞间隙密封。提高缸孔、活塞及活塞杆制造装配精度，检查并更换密封圈，有利于减少内外泄漏造成不保压的故障。

2)各液压控制阀(尤其近靠液压缸的液压阀)泄漏量较大，造成不保压。为此采用锥阀式液控单向阀较直接采用滑阀中位封闭油路保压效果要好得多。

3)在回路构成上，尽量减少封闭油路控制阀的数量和接管数量，以减少泄漏点。

4)采用补油的方法，在保压过程中不断地补偿系统的泄漏，例如在保压管路上并联电接点压力表构成自动开泵补油保压回路(见图 7-14)。在单向阀 4 对缸保压期间若缸上腔因泄漏等因素，压力下降到压力表 5 调定下限值(低压触点)时，压力表又发出信号使电磁铁 2YA 通电，液压泵由卸荷恢复到向液压缸上腔供油，使压力上升；当上腔压力上升至压力表 5 的上限值时，压力表高压触点通电，使电磁铁 2YA 断电，换向阀恢复至中位，液压泵又经电磁换向阀

3的中位卸荷。这种回路通过自动开泵补油，使得保压时间特别长，压力波动不超过2 MPa。保压结束后，电磁铁1YA通电使电磁换向阀3切换至左位，压力油经电磁换向阀3进入液压缸6下腔，同时反向导通复式液控单向阀4（卸载阀芯上移打开），实现上腔泄压。随之，复式液控单向阀4中的主阀芯被顶开，缸上腔油流顺利排回油箱，液压缸活塞快速向上退回。这种回路能自动地保持液压缸上腔的压力在某一范围内，适用于液压机等机械的液压系统。

（2）保压回路泄压时出现冲击、振动和噪声（炮鸣声）。

对于图7-14所示保压回路，通常当液压缸直径大于250 mm、压力大于7 MPa时，其保压油腔在排油前就先须泄压。否则，泄压速度太快，即保压结束换向回程中，缸上腔压力及储存的形变势能未泄完，缸下腔压力已升高，致使复式液控单向阀4的卸载阀芯和主阀芯同时打开，引起缸上腔突然放油，流量和流速很大，泄压过快，导致液压冲击、振动和噪声（炮鸣声）。解决办法是，控制泄压速度，延长泄压时间，即要控制液控单向阀控制管路流量，降低控制活塞的运动速度。为此，在其复式液控单向阀4的控制油路上设置一单向节流阀，使液控管路流量得以控制，从而既满足系统泄压要求，又保证了控制活塞的回程速度不受影响。

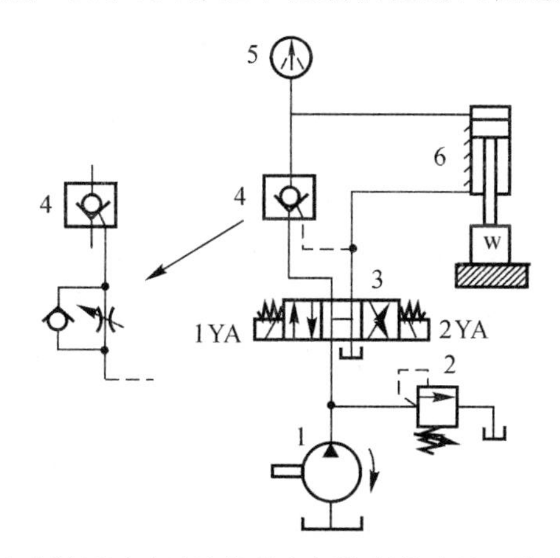

图7-14　自动开泵补油保压回路及液控单向阀控制管路设置单向节流阀解决泄压噪声

1—液压泵；2—溢流阀；3—电磁换向阀；4—复式液控单向阀；5—压力表；6—液压缸

5. 平衡回路

为了防止立式布置的液压缸或垂直运动的工作部件在悬空停止期间由于自重自行下滑，或在下行运动中由于自重造成失控超速或不稳定运动，通常应设置平衡回路。平衡回路的作用是在立置液压缸的下行回油路上串联一个产生适当背压的元件，以便与自重相平衡，并起限速作用。

（1）采用单向顺序阀（平衡阀）的平衡回路。

如图7-15(a)所示，内控式单向顺序阀5设置在液压缸6下行的回油路上。当电磁铁1YA通电使三位电磁换向阀4切换至左位时，液压缸6的活塞向下运动，缸下腔的油液经平衡阀5中的顺序阀流回油箱。只要使阀5的调压值大于由于活塞及其相连工作部件的重力在缸下腔产生的压力值，则当换向阀处于中位时，活塞和工作部件就能被平衡阀锁住而不会因自重而下降。在下行工况时，限速作用由平衡阀所形成的节流缝隙来实现。这种回路在活塞下行运动时因要克服顺序阀的背压，功率损失较大，且"锁紧"时活塞和与之相连的工作部件会因平衡阀和换向阀的泄漏而缓慢下落，故只适用于工作部件质量不大、锁紧定位要求不高的场合。为此，可采用外控式平衡阀组成的平衡回路（见图7-15(b)），由于平衡阀5的调压值基本上与负载大小(即背压)无关,通常只需系统压力的30%～40%,故功率损失较小;但为了防止因液压缸6的活塞下降中超速或出现平衡阀时开时关带来的振动,需在平衡阀和液压缸的回油路之间增设单向节流阀(图中未画出)。内控式单向顺序阀的平衡回路常见故障现象及其诊断排除方法如下。

1)停位点不准确。一般而言,只要平衡阀5中的顺序阀调压值稍大于工作部件自重G在液压缸6下腔中形成的压力,这样在工作部件停止时,平衡阀5关闭,液压缸6就不会自行下滑,可停留在任意位置上;液压缸6下行工作时,平衡阀5开启,缸下腔的背压力能平衡自重,不会产生下行超速现象。而实际情况是当限位开关或按钮发出停位信号(电磁铁1YA和2YA均断电)后,缸还要下滑一段距离后才能停止,即出现停位位置点不准确的故障。产生这一故障的原因是停位电信号在电路中传递的时间$\Delta t_{电}$太长,三位电磁换向阀4的换向时间$\Delta t_{换}$长,使发信后要经$\Delta t_{总}=\Delta t_{电}+\Delta t_{换}$时间(0.2～0.3 s)和缸以运动速度$v_{缸}$下滑位移$L=\Delta t_{总}\ v_{缸}$(50～70 mm)后,缸才能停止。

出现下滑说明液压缸下腔的油液在发出停位信号后还在继续回油。当液压缸6瞬时停止和换向阀瞬时关闭时,油液和负载的惯性均会产生冲击压力,二冲击压力之和使缸的下腔产生的总的冲击压力往往远大于平衡阀5的调定压力,而将平衡阀5中的顺序阀打开,此时尽管三位电磁换向阀4处于中位关闭,但油液可从平衡阀5的外泄油道(a处)流回油箱,直到压力降为调定值时位置,故缸下腔的油液要减少一些,必然导致停位点不准确。

解决办法一是检查控制电路各元器件的动作灵敏度,尽量缩短$\Delta t_{电}$。此外将阀4换为交流电磁阀,可使$\Delta t_{换}$由0.2 s降为0.07 s。二是在图中外泄油道a处增设一只二位交流电磁阀7,并在正常工作时,电磁铁3YA通电,停位时3YA断电,外泄油道堵死,保证液压缸6下腔回油无处可泄,从而保证液压缸不继续下滑,满足其停位精度。

2)缸停止(或停机)后缓慢下滑。这主要是液压缸6的活塞杆密封的外泄漏、单向顺序阀5及三位电磁换向阀4的内泄漏较大所致。解决这些泄漏便可排除此故障。此外,可将单向顺序阀5改为液控单向阀(见图7-16),这对防止缓慢下滑有益。

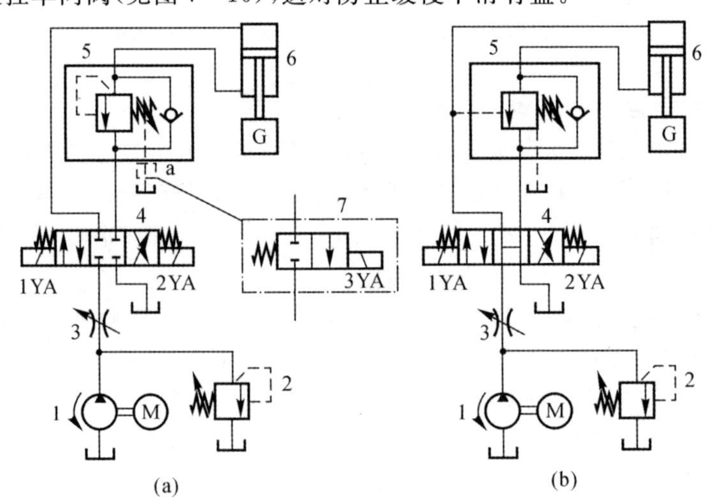

图7-15　单向顺序阀的平衡回路及其故障排除

(a)内控式单向顺序阀平衡回路;(b)外控式单向顺序阀平衡回路

1—液压泵;2—溢流阀;3—节流阀;4—三位电磁换向阀;5—单向顺序阀(平衡阀);6—液压缸;7—二位交流电磁阀

(2)采用液控单向阀的平衡回路。

如图7-16(a)所示,在液压缸3下行时的回油路上安装液控单向阀2。当电磁铁1YA通电使三位四通电磁换向阀1切换至左位时,液压源的压力油进入液压缸3上腔,并反向导通液控单向阀2,缸下腔经液控单向阀2和电磁换向阀1向油箱排油,活塞向下运动。当电磁铁1YA和2YA均断电使电磁换向阀1处于中位时,液控单向阀迅速关闭,活塞立即停止运动。当电磁铁2YA通电使电磁换向阀1切换至右位时,压力油经阀1、阀2进入液压缸下腔,使活塞向上运动。由于液控单向阀通常是锥面密封且泄漏量很小,故这种平衡回路的锁定性好,可有效防止运动部件在停止时的缓慢下落,其工作可靠。此类回路的常见故障及其诊断排除方法如下。

1)液压缸在轻载下行时平稳性差。此时阀2只有在液压缸3上腔压力达到其控制压力后才能打开。但轻载时,液压缸3上腔压力较低,故液控单向阀2关闭,液压缸3停止运动;液压源又不断供油,缸上腔压力又升高,液压缸3又向下运动,负载小又使缸上腔压力下降,单向阀2又关闭,液压缸3又停止运动。如此不断交替出现,液压缸3无法在轻载下平稳下行。

解决方法:在阀2和阀1之间的管路上串接单向顺序阀(图中未画出),以提高运动平稳性。

2)液压缸下腔产生增压事故。如果液压缸3的上、下腔面积之比$A_1:A_2$大于液控单向阀2的控制活塞面积与阀芯上部作用面积之比$A_3:A_4$(常用的IY型液控单向阀,其$A_3:A_4=(4.69\sim 6.25):1$),例如$A_1:A_2\geqslant 7:1$,则液控单向阀将永远打不开,此时液压缸3将类似一个增压器,液压缸3下腔将大幅增压,即缸下腔压力为上腔压力的7倍,造成所谓增压事故。

解决办法:在设计或选用液压缸时,应了解液控单向阀的面积比$A_3:A_4$的数据并合理确定上、下腔有效面积,以保证$A_1:A_2<A_3:A_4$。

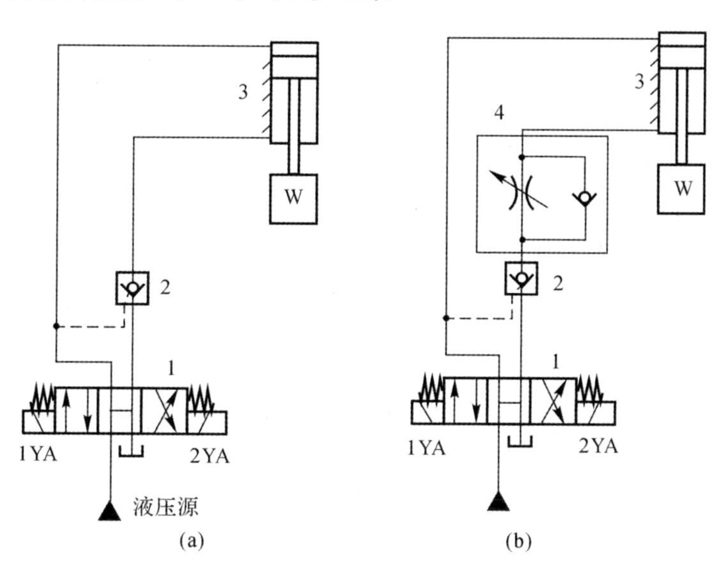

图7-16　液控单向阀平衡回路

(a)液控单向阀平衡回路;(b)加设单向节流阀的液控单向阀平衡回路

1—三位四通电磁换向阀;2—液控单向阀;3—液压缸;4—单向节流阀

3)液压缸下行过程中发生低频振动。当液压缸活塞杆在重物G作用下下降时,因液控单向阀2全开,下腔又无背压,所以很可能接近自由落体运体,重物下降得很快,使液压源来不及充满缸的上腔，导致上腔压力降低，甚至产生真空而使液控单向阀关闭。之后，控制压力再一次上升，液控单向阀 2 又被打开，活塞又开始下降，即液控单向阀时开时关，且由于管路体积也参与影响，故此现象通常为缓慢的低频振动。

解决办法：在液控单向阀和液压缸的回油路之间增设单向节流阀(见图 7-16(b))，通过调节节流阀开度及阻力，在防止缸下降中超速而降低缸上腔压力使液控单向阀时开时关的同时，还可防止液控单向阀的回油腔背压冲击的增大，对提高控制活塞的动作稳定性和消除振动有利。

7.1.3　速度控制回路

速度控制回路包括调节液压执行元件运动速度的调速回路(含节流调速、容积调速和容积节流调速)以及使工作进给速度改变的速度变换回路等，其主要控制方式有阀控、泵控和执行元件控制三种方式。

1. 调速回路

(1)节流调速回路。

节流调速回路主要由定量泵、溢流阀、流量控制阀(节流阀、调速阀(或溢流节流阀)或电液比例流量阀)和执行元件等元件组成。其工作原理是通过改变回路中的流量控制阀的通流截面积的大小来控制流入执行元件或流出执行元件的流量，以调节其运动速度。按照流量控制阀在回路中的位置不同，节流调速回路分为串联节流调速和并联节流调速两类。

在液压缸 4 的进口前串接一个或出口后串接一个节流阀 3，可组成进油节流调速回路或回油节流调速回路(见图 7-17(a)(b))，通过调节节流阀的通流面积即流量，即可实现液压缸的速度调节。在串联节流调速回路中，液压泵出口必须并联溢流阀 2，以保证节流阀工作时，将液压泵多余的流量溢回油箱。在液压缸 4 的进口前并接一个节流阀 3，可以组成并联(旁路)节流调速回路(见图 7-17(c))，通过调节节流阀的通流面积即流量，即可实现液压缸的速度调节。在并联节流调速回路中，液压泵出口主油路上也必须并联溢流阀 2，以保证在系统超载时开启实施对系统的安全保护。

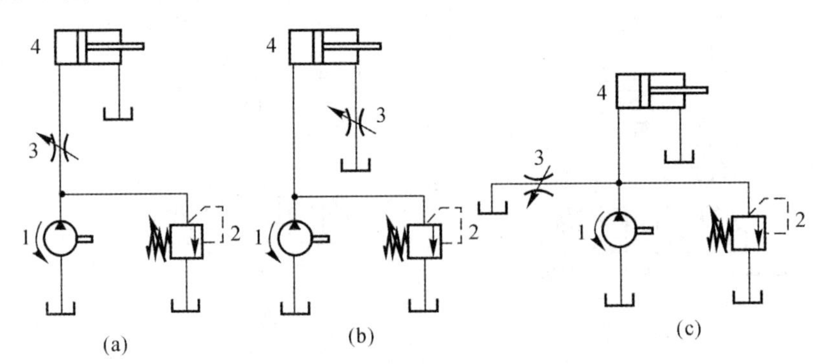

图 7-17　采用节流阀的节流调速回路及其故障排除

(a)进油节流调速回路；(b)回油节流调速回路；(c)并联(旁路)节流调速回路

1—定量液压泵；2—溢流阀；3—节流阀；4—液压缸

采用节流阀的节流调速回路常见故障及其诊断排除方法如下。

1)液压缸易发热，缸内泄漏增大。在进油节流调速回路(见图 7-17(a))中，经节流阀产生节流损失而发热的油进入液压缸，导致液压缸易发热并增加缸内泄漏。而回油节流和旁路节流调速回路(见图7-17(b)(c))中通过节流阀的热油直接排回油箱,有利于热量耗散。

2)不能承受超越负载(即与液压缸运动方向相同的负载,亦称负负载),在超越负载作用下失控前冲,速度稳定性差。回油节流调速回路(见图7-17(b))的回油路上节流阀的液阻作用(阻尼力与速度成正比)能承受超越负载,不会因此失控前冲,运动较为平稳。而进油节流和旁路节流调速回路(见图7-17(a)(c))若不在回油路上增加背压阀就会产生此故障,在其回油路上增设背压阀后,能大大改善承受超越负载的能力和运动平稳性,但需相应调高溢流阀的设定压力,故功率损失增大。

3)回油节流调速回路(见图7-17(b))停车后工作部件再启动时冲击较大。此种回路停车时,液压缸4的回油腔内常因泄漏而形成空隙,再启动时的瞬间,液压泵1的全部流量输入缸的工作腔,推动缸快速前进,产生启动冲击,直至消除回油腔内的空隙建立起背压后,才转入正常。启动冲击可能会损坏切削刀具或工件,造成事故。并联节流调速回路(见图7-17(c))也会产生此类故障。解决办法:停车时不使缸的回油腔接通油箱可减小启动冲击。而对于进油节流调速回路(见图7-17(a)),只要在启动开车时关小节流阀,使进入缸的流量受到限制即可避免启动冲击。

4)节流调速回路中,压力继电器不能发信或不能可靠发信。造成这种故障的原因是压力继电器安放位置错误。在进油或旁路节流调速回路中,压力继电器应安装在液压缸进油路上(见图7-18(a)(c))。在回油节流调速回路中,压力继电器应安装在液压缸回油口上(见图7-18(b))并采用失压发信才行,但其控制电路较复杂。

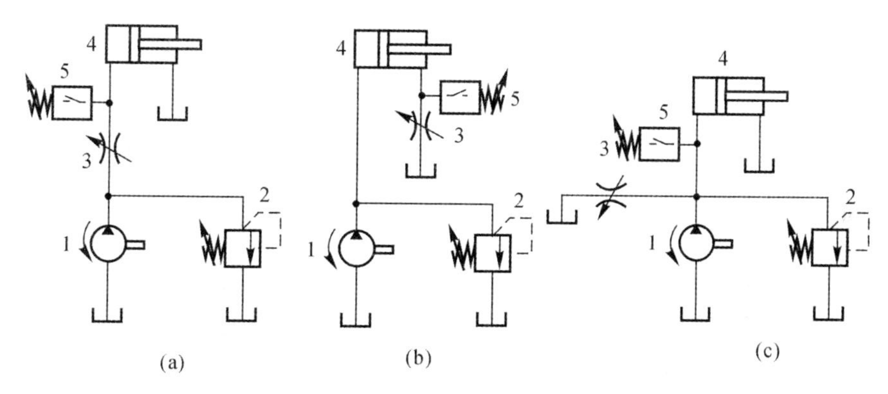

图7-18　节流调速回路压力继电器发信故障排除

(a)进油节流调速回路;(b)回油节流调速回路;(c)并联(旁路)节流调速回路

1—液压泵;2—溢流阀;3—节流阀;4—液压缸;5—压力继电器

5)高速大负载工况下,节流调速回路的速度稳定性差。回路的速度稳定性优劣可用速度刚性 k_v 的大小来描述,理论分析和工程实际表明节流阀的进油和回油节流调速回路在高速大负载工况下的速度刚性 k_v 较小,即速度稳定性差,而并联节流调速回路在高速大负载工况速度稳定性要好些;采用调速阀比采用节流阀的节流调速回路速度稳定性好,调速阀节流调速回路用于速度稳定性要求高的系统,但调速阀节流调速回路成本高,能耗大。

6)钻孔组合机床液压系统用回油节流调速回路(见图7-19),在工件上钻孔钻通的瞬间,回油管出现爆裂。由图中参数可知,液压缸带动滑台稳定运动(钻孔)的活塞受力时平衡方程为

$$p_1A_1 - p_2A_2 = F$$

故此时回油管路的油液压力(背压力)p_2 为

$$p_2 = \frac{A_1}{A_2}\left(p_1 - \frac{F}{A_1}\right) = \frac{A_1}{A_2}\left(p_p - \frac{F}{A_1}\right)$$

此式表明,在液压缸两腔面积 A_1 和 A_2 一定情况下,当无杆腔压力 p_1 亦即供油压力 p_p 由溢流阀调定不变时,负载 F 越小,背压力 p_2 越大。但在工件上孔被钻通瞬间,负载由最大值骤降为零,致使背压力 p_2 突然增大,升高到最大值,因回油管路强度不足(壁厚太薄)产生爆裂。这说明该系统的回油管设计和使用有误,即未按 p_2 可能出现的最大值计算和选择壁厚,在满足流量要求前提下,重新计算和选用回油管路壁厚即可。

(2)容积调速回路。

容积调速回路是通过改变回路中变量液压泵(或变量液压马达)的流量来实现调速的。其主要优点是无节流损失和溢流损失,且效率高、发热少;但结构复杂,价格较高。该回路多用于车辆、工程机械、船舶及纺织机械的液压系统中。按油液循环方式不同,容积调速回路有开式和闭式两种。容积调速回路及其典型故障诊断排除方法如下。

1)变量泵-定量马达开式容积调速回路(见图 7-20)中,液压马达 5 产生超速运动。由于受被起吊重物的负载 7、外界干扰及换向冲击压力等的影响,双向定量液压马达 5 在加入 a 处的外控单向顺序阀 4 前常产生超速(超限)转动的现象。当回路中加入阀 4 后,当出现外界扰动的影响引起液压马达超速转动时,阀 4 的控制压力下降,关小马达 5 的回油,起出口节流作用,从而避免了马达的超速转动。

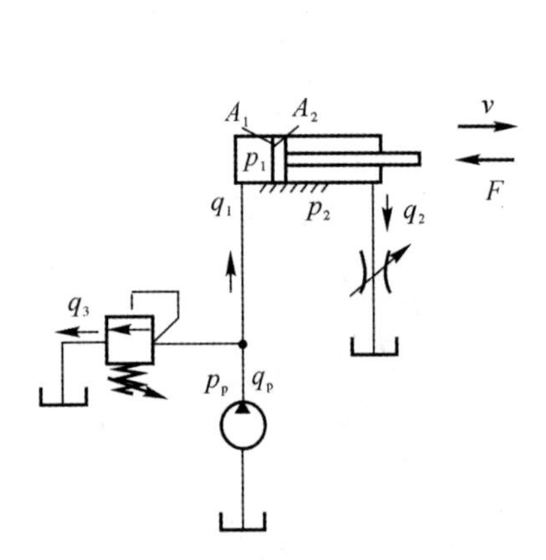

图 7-19 钻孔组合机床回油节流调速回路故障分析简图

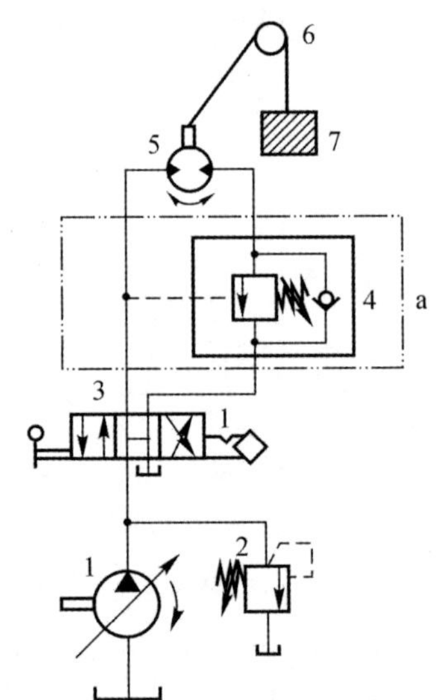

图 7-20 变量泵-定量马达开式容积调速回路及其超速故障排除

1—单向变量泵;2—溢流阀;3—三位四通手动换向阀;4—外控单向顺序阀;5—双向定量液压马达;6—滑轮;7—负载

2)定量泵-变量马达容积调速回路(见图 7-21)中,液压马达制动时不能迅速停住。为使旋转着的变量液压马达 5 停止转动,即便停止泵向马达供油或切断供油通道,但由于马达回转件的惯性和负载的惯性导致马达不能迅速停住。解决办法:在液压马达的回油路中※处加装一溢流阀 6，使液压马达回油受到溢流阀设定压力（背压）产生制动力而被迅速制动。当制动背压超出所调压力时，溢流阀打开，又可起到保护作用。所以当马达需要准停时，应设置溢流阀制动的回路。对于变量泵-定量马达容积调速回路（见图 7－22），也会出现类似故障，原因同上。解决办法是在定量液压马达 6 的回油路中安装一溢流阀 5，使液压马达回油受到溢流阀所调节的压力（背压）产生制动力而被迅速制动。当制动背压超出所调压力时，溢流阀打开，又可起到保护作用。在图 7－22 中通过设置单向阀 3 与 4，加上溢流阀 5，可实现马达的双向制动。

3）在变量泵-定量马达容积调速回路（见图 7－22）中，液压马达产生吸空和气穴。定量液压马达 6 在制动过程中，虽然变量液压泵 7 已停转，但马达 6 因惯性而继续回转。此时马达变为泵工况，由于是闭式回路，必然会产生吸空现象而导致气穴。故在液压马达换向制动等过程中，为防止气穴，增设了单向阀 1 与 2。当马达变为泵工况而管内油被吸空时，大气压可将油箱内油液通过单向阀 1 或 2 压入管内，作为取向补油之用，而避免产生气穴。

4）在容积调速回路中，液压马达转速下降和输出转矩减小。这是容积调速回路常见故障之一，主要由设备经较长时间使用后，液压泵与液压马达内部零件磨损或密封失效，产生泵输出流量不够和液压马达内泄漏增大所致。有关产生原因和排除方法按液压马达类型的相关内容进行排除即可。

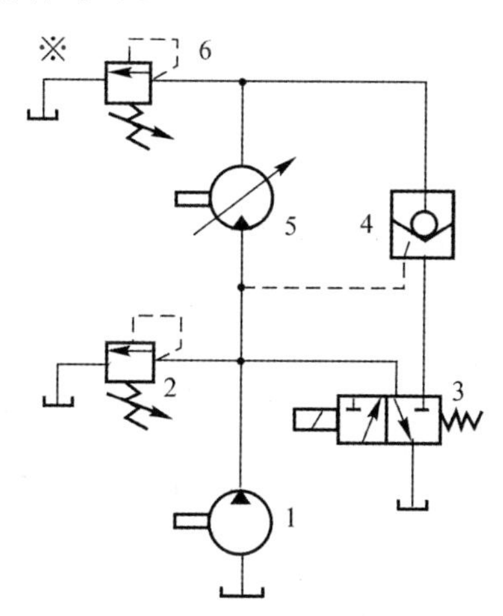

图 7－21　定量泵-变量马达容积调速回路及马达不能迅速停住故障排除

1—定量泵；2，6—溢流阀；3—二位三通电磁阀；4—液控单向阀；5—变量液压马达

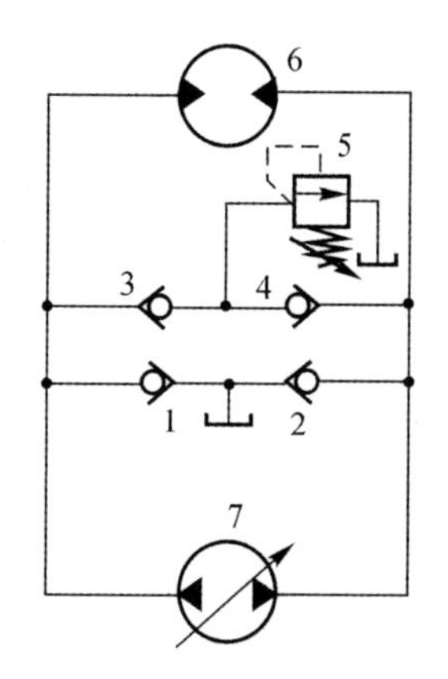

图 7－22　变量泵-定量马达容积调速回路及不能迅速停止和吸空故障排除

1～4—单向阀；5—溢流阀；6—定量液压马达；7—变量液压泵

（3）容积节流调速回路。

容积节流调速回路采用压力补偿变量泵供油，用流量控制阀调节进入或流出液压缸的流量来控制其运动速度，并使变量泵的输出流量自动地与液压缸所需负载流量相匹配。此调速回路无溢流损失，效率较高，常用于执行元件速度范围较大的中小功率液压系统。

图 7－23 所示为采用限压式变量泵和调速阀的容积节流调速回路。限压式变量泵 1 的压力油经调速阀 2 进入液压缸 3 无杆腔，回油经起背压作用的溢流阀 4 排回油箱。液压缸的运动速度 v 由调速阀调节。溢流阀 5 作安全阀使用。回路稳定工作时变量泵的流量 q_p 与调速阀的调节流量（负载流量）q_1 相等，即 $q_p = q_1$。该回路只有正确调节，才能在节能的同时，使液压

缸的运动速度稳定。回路的常见故障及其诊断排除方法如下。

1)液压缸运动速度不稳定。产生该故障的原因主要是泵的限压弹簧螺钉调节不合理。当负载增大引起负载压力 p_1 增大时,则调速阀中的减压阀口全开不能正常工作(不起反馈减压作用),此时的调速阀形同一个节流阀,调速阀输出流量随负载压力增高而下降,使活塞运动速度不稳定。解决办法是重新调节泵的限压弹簧螺钉,使调速阀保持 $\Delta p=0.5$ MPa 左右的稳定压差。这样,不仅活塞运动速度不随负载变化,而且油流经调速阀的功率损失最小。

2)油液发热,功率损失大。产生该故障的原因主要是泵的限压弹簧螺钉调节不当,使 $\Delta p=p_p-p_1$ 调得过大,多余的压降损失在调速阀中的减压阀上,增大系统发热。特别是当液压缸大部分时间工作在小负载工况下时,此时泵的供油压力较高,而负载压力又较低,损失在减压阀上的能耗很大,油液温升也高。合理的供油压力一般应比负载压力高约 0.5 MPa。

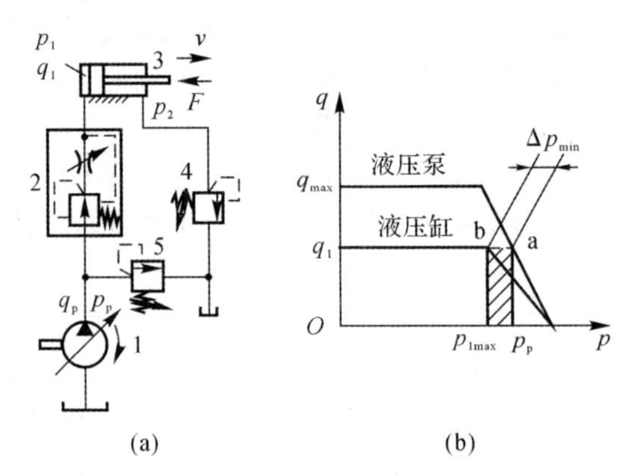

图 7-23 限压式变量泵和调速阀的容积节流调速回路及其故障排除

1—限压式变量泵;2—调速阀;3—液压缸;4,5—溢流阀

2. 快速运动回路(增速回路)

快速运动回路用来加快液压执行元件空载运行时的速度,缩短机械的空载运动时间,以提高系统的工作效率并充分利用功率。除了采用液压缸差动回路或复合缸进行增速以外,还有如下一些实现快速运动的回路。

(1)蓄能器作辅助动力源的快速运动回路(见图 7-24)。

在三位四通电磁阀 5 处于中位而液压缸 6 等待期间,液压泵 1 的压力油经单向阀 3 挤入蓄能器 4 而蓄能,直至压力升高打开卸荷阀(外控顺序阀)2,液压泵开始卸荷为止。液压缸运动时,泵和蓄能器一并向缸提供油液,因而实现了缸的快速运动。其常见故障是回路不能实现快速运动,主要是由于蓄能器不能足量补油。

1)如图 7-24 所示,当三位四通电磁阀 5 处于中位时,液压泵经单向阀 3 向蓄能器 4 充液储能时间过短,充液不充分,转入快速运动时提供的压力油流量也就不充分,故只要确保足够时间给蓄能器充液即可解决此故障。

2)蓄能器 4 本身充气压力偏高,致使蓄能器无法储能。此时,可检测蓄能器的充气压力并适当放气至规定值即可。

(2)高低压双泵供油快速运动回路(见图 7-25)。

在液压缸 8 快速运动时,低压大流量泵 1 输出的压力油经单向阀 3 与高压小流量泵 2 输出的压力油合流进入系统;在缸慢速行程中,系统的压力升高,当压力达到外控顺序阀 7 的调压值时，阀 7 打开使泵 1 卸荷，泵 2 单独向系统供油。系统的工作压力由溢流阀 6 调定，其调定压力必须大于阀 7 的调定压力（高 0.5 MPa 以上），否则泵 1 无法卸荷。这种双泵供油回路主要用于轻载时需要很大流量，而重载时却需高压小流量的场合，其优点是回路效率高。高、低压双泵可以是两台独立电机或单台双伸轴电机驱动的独立单泵，也可以是单台电动机驱动的双联泵。回路常见故障及其诊断排除方法如下。

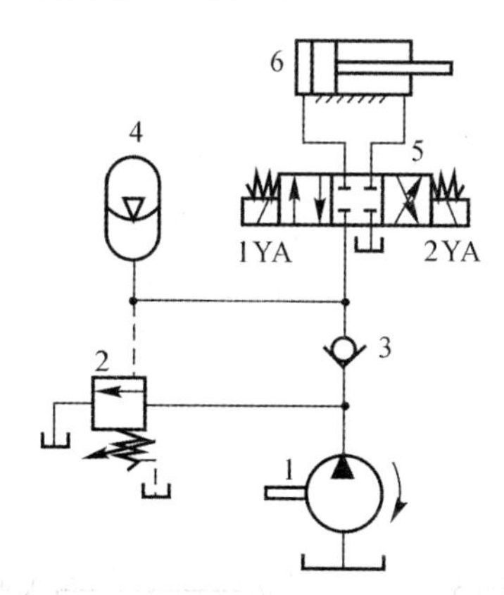

图 7－24　蓄能器作辅助动力源的快速回路及其故障排除

1—液压泵；2—卸荷阀；3—单向阀；4—蓄能器；5—三位四通电磁阀；6—液压缸

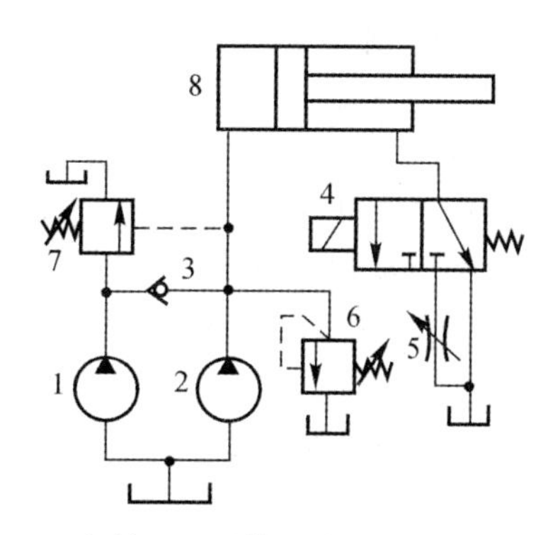

图 7－25　高低压双泵供油快速运动回路故障排除

1—低压大流量泵；2—高压小流量泵；3—单向阀；4—电磁阀；5—节流阀；6—溢流阀；7—外控顺序阀；8—液压缸

1）电机发热严重，甚至烧坏电机。产生原因主要是单向阀 3 卡死在较大开度位置或者阀 3 的阀芯锥面磨损或拉有较深凹槽，使工进时泵 2 输出的高压油反灌到大流量泵 1 的出油口，使泵 1 的输出负载增大，导致电机的输出功率增加而过载发热，甚至烧坏。实践证明，修复单向阀 3，使之运动灵活，保证阀芯与阀座密合，即可消除故障。

2）低压大流量泵 1 经常产生泵传动轴断裂现象。故障分析与排除：原因及解决方法同 1）。

3）工作压力不能上升到最高。可能原因及其排除：

· 溢流阀 6、作卸荷阀用的外控顺序阀 7 故障，导致系统压力上不去。检修溢流阀 6、外控顺序阀 7 或换新即可。

· 泵 2 使用时间较长、内泄漏较大、容积效率严重下降，泵的有效流量比新泵小很多，此时一般 21 MPa 的系统，压力上升到其一半左右再也不能上升，修复泵或更换新泵即可排除故障。

·液压缸 8 的活塞密封破损，造成油缸高低压腔部分串腔或严重串腔，导致压力上不去。更换缸的密封即可排除此故障。

4)低压大流量泵 1 在快进时卸荷或工进时不卸荷。溢流阀 6 和作卸荷阀使用的外控顺序阀 7 的调压值不当是低压大流量泵 1 在快进时卸荷或工进时不卸荷的主要原因。正确的调节方法:外控顺序阀 7 的设定压力应比快速行程所需的实际压力大 15%～20%，溢流阀 6 的调压值比阀 7 调压值要高 0.5 MPa 以上。

3. 速度换接回路(减速回路)

使液压执行元件在一个工作循环中，从一种运动速度变换成另一种运动速度的回路称为速度换接回路，常见的变换包括快、慢速的换接和二次慢速的换接。

(1)用行程阀实现快、慢速换接的回路(见图 7-26)。

快、慢速换接回路的工作循环:快速前进→慢速前进→快速退回。液压缸 7 采用二位四通阀 3 换向，液压缸 7 的有杆腔回油路上并联有单向阀 4、节流阀 5 和二位二通行程阀 6。作为主换向阀的阀 3 处于图示左位时，液压缸 7 快进。当活塞杆所连接的行程挡铁 8 压下常开的二位二通行程阀 6 时，阀 6 关闭(上位)，液压缸 7 有杆腔油液必须通过节流阀 5 才能流回油箱(回油节流调速)，故活塞转为慢速工进。当阀 3 切换至右位时，压力油经单向阀 4 进入液压缸 7 的有杆腔，活塞快速向左退回。这种回路的快、慢速的换接过程比较平稳，换接点的位置较准确，缺点是行程阀的安装位置不能任意布置，管路连接较为复杂。若将行程阀 4 改为电磁阀或电液阀，并通过挡块压下电气行程开关来操纵，也可实现快、慢速的换接。此类回路常见故障及其诊断排除方法如下。

1)节流调速的快、慢速换接回路在工进时产生前冲现象。即快速进给转慢速工进时，液压缸及其驱动的工作机构从高速突然转换到低速，因惯性作用，运动部件要前冲一段距离后，才按所调定的工进速度低速运动。此种情况称为换接精度低。产生前冲现象的原因有三个。一是流量变化太快，流量突变引起泵的供油压力突然升高，产生冲击。对回油节流调速系统，泵压力的突升使液压缸进油腔的压力突升，更加大了出油腔压力的突升，冲击较大。二是速度突变引起压力突变造成冲击。对进口节流调速系统，前腔压力突降，甚至变为负压;对出口节流调速系统，后腔压力突然升高。三是出口节流调速时，调速阀中的定差减压阀来不及起到稳定节流阀前后压差的作用，瞬时节流阀前后的压差大，导致瞬时通过调速阀的流量大，造成前冲。排除方法如下。

·采用正确的速度转换方法。在实现快进转工进的换向阀(行程阀、电磁阀、电液动阀)中，电磁阀的切换速度快，冲击较大，转换精度较低，可靠性较差，但控制灵活性大。使用带阻尼的电液动阀通过调节阻尼大小，使速度转换的速度减慢，可在一定程度上减少前冲。用行程阀转换，冲击较小。经验证明，如将行程挡铁 8 工作面做成 30°和 10°两个角度(见图 7-26)，则效果较好:挡铁前端工作面为 30°斜面，以较快速度压下和关小行程阀的滑阀阀芯开口量的 2/3，加快过渡过程的进行;当阀口已经关闭剩余 1/3 时，再由挡铁后段 10°斜面使阀芯缓慢移动，直至切断阀口通道，以减小冲击。在行程阀芯的过渡口处开 1～2 mm 长的小三角槽，也可缓和快进转工进的冲击。行程阀的转换精度高、可靠性好，但行程阀必须安装在运动部件近旁，其连接管路较长，压力损失较大，控制灵活性小，工进过程中越程动作实现困难。采用“电磁阀＋蓄能器”回路，利用蓄能器可吸收冲击压力。但在工进时需切断蓄能器油路，而且要另外加装电磁阀。

·在双泵供油回路快进时(见图7-27),用二位二通电磁阀5使低压大流量泵1提前卸荷,减速后再转工进,冲击较小。

·在出口节流调速时,提高调速阀中定差减压阀的灵敏性,或者拆修该阀并采取去毛刺清洗等措施,使定压差减压阀灵活运动。

2)快退转停止时产生后坐冲击。这一故障的产生原因与行程终点的控制方式以及换向阀主阀芯的机能有关,若选用不当则会造成速度突减使液压缸后腔压力突升,而且流量的突减使泵的压力突升。另外,空气的进入也会造成后座冲击。排除方法一是采用带阻尼可调慢换向速度的电液换向阀进行控制;二是采用动作灵敏的溢流阀,停止时马上能溢流;三是采用合适的换向阀中位机能,如Y型、J型为好,M型也可;四是采取防止空气进入系统的措施。

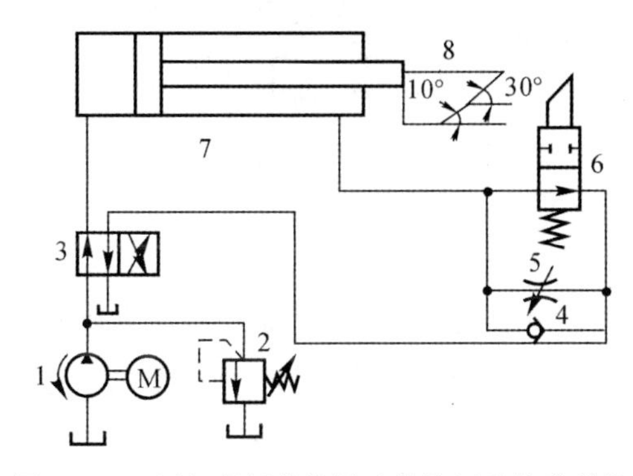

图7-26　用行程阀的快慢速换接回路故障排除

1—定量泵;2—溢流阀;3—二位四通换向阀;4—单向阀;5—节流阀;6—二位二通行程阀;7—液压缸;8—行程挡铁

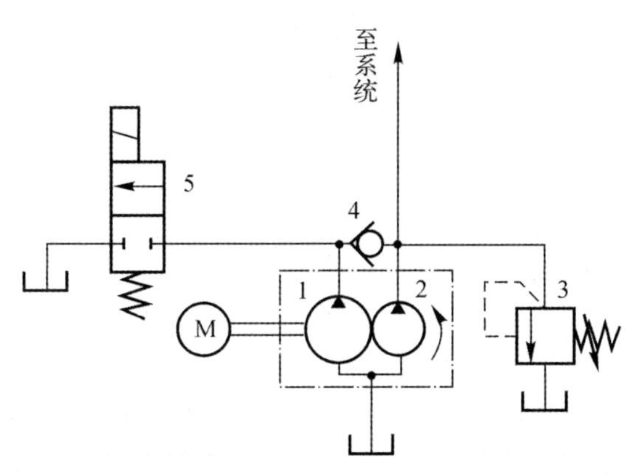

图7-27　高低压双泵供油快慢速换接回路故障排除

1—低压大流量泵;2—高压小流量泵;3—溢流阀;4—单向阀;5—二位二通电磁阀

(2)二次慢速换接回路(见图7-28)。

两个调速阀2与3并联,此两阀可以独立调节各自的流量。通过二位三通电磁阀4的通、断电改变液压缸5的进油通路实现换接:在图示状态,二位三通电磁阀4断电处于左位,压力油经阀2和4进入液压缸5的无杆腔,缸以第一种速度工作进给(右行),速度大小由阀2的开度决定;阀4通电切换至右位时,则压力油经阀3和阀4进入液压缸的无杆腔,液压缸以第二种速度工作进给(右行),速度大小由阀3的开度决定。回路常见故障:两种速度换接时产生前冲现象。其原因是在调速阀2工作时,调速阀3的通路被封闭,阀3进、出口压力相等,此时阀

2中的减压阀不起减压作用，阀口全开。当转入二工进时，阀3的出口压力突然下降，在减压阀口尚未关小前，调速阀3中的节流阀前后压差很大，瞬时流量增大，造成前冲现象。同理，调速阀3由断开换接至工作状态时，也会产生上述故障。为了避免前冲现象，可将图中二位三通电磁阀更换为二位五通电磁阀。当一个调速阀工作时，另一调速阀仍有油液通过（出口接油箱），此时调速阀前后保持一定压差，使减压阀开口较小，转入工作时，就不会造成两端压差及流量的瞬间增大，因此克服了前冲现象，换接较为平稳，但回路中有一定能量损失。

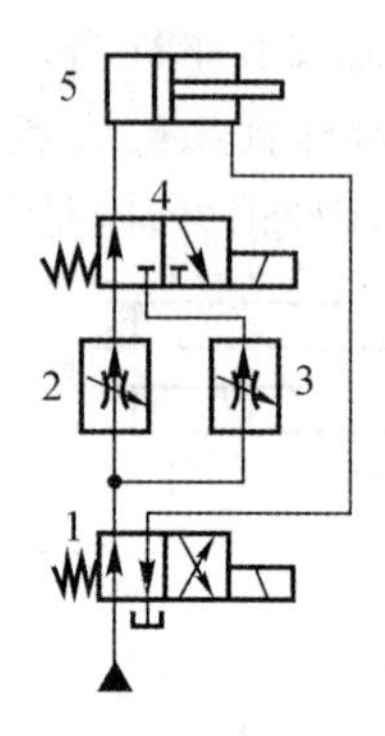

图7-28　二位三通电磁阀的二次工进速度换接回路及其故障排除

1—二位四通电磁阀；2，3—调速阀；4—二位三通电磁阀；5—液压缸

7.1.4　多缸动作控制回路

在液压系统中，如果由一个油源给多个液压缸供油时，这些缸会因压力和流量的彼此影响而在动作上相互牵制。因此，必须使用一些特殊的回路才能实现预定的动作要求。常见的有顺序动作、同步动作等回路。

1. 双缸顺序动作回路

两个液压缸的顺序动作可采用压力控制或行程控制方式实现。压力控制时常采用顺序阀或压力继电器，行程控制常采用电磁换向阀和电气行程开关。

（1）单向顺序阀的双缸顺序动作回路（压力控制）。

这种回路中的单向顺序阀应串接在后动作液压缸的进油路上。如图7-29所示，液压缸1和液压缸2的顺序动作要求：①→②→③→④。单向顺序阀3和4分别串联在液压缸1的动作④和液压缸2前进动作②的进油路上，分别控制缸1伸出和缸2退回动作进油路的开启。由于单向顺序阀4的设定压力大于缸1的最大前进负载压力，单向顺序阀3的设定压力大于液压缸2最大返回负载压力。所以，当三位四通换向阀5切换至左位时，液压源的压力油先进入缸1的无杆腔，实现动作①。此后，系统压力升高，压力油打开顺序阀4进入缸2的无杆腔，实现动作②。同样地，当换向阀5切换至右位时，两液压缸1和2按③和④的顺序向左返回，返回中，缸1和缸2的无杆腔的油液分别经阀4中的单向阀和阀3中的单向阀排回油箱。从而实现了两个液压缸的动作顺序。

此类回路的常见故障是顺序动作错乱，即不能按设定的动作顺序为①→②→③→④循环，其产生原因和排除方法如下：出现顺序动作错乱，除了顺序阀3、4本身的故障原因外，主要故障原因是压力调节不当。因为这种顺序动作回路的可靠性在很大程度上取决于顺序阀的性能及其压力调整值。正确的调整方法是后动作的阀4的调节压力应比缸1伸出动作①时的工作压力调高 0.8～1 MPa；阀 3 的调节压力应比缸 2 后退动作③的工作压力调高 0.8～1 MPa，以免系统中的工作压力波动使顺序阀出现误动作。

（2）压力继电器的双缸顺序动作回路（压力控制）。

压力继电器应并接在先动作的液压缸进油路上。如图 7－30 所示，回路的顺序动作循环为①→②→③→④。压力继电器 3 和 4 分别并联在液压缸 1 的动作①和液压缸 2 退回动作③的进油路上，分别控制三位四通电磁阀 5 和 6 的电磁铁 2YA 和 3YA。当电磁铁 1YA 通电使阀 5 切换至左位时，缸 1 的活塞右移，实现动作①；当活塞行至终点，回路中压力升高，压力继电器 3 动作使 3YA 通电，阀 6 切换至左位，缸 2 的活塞右移，实现动作②。返回时，1YA、2YA 断电，4YA 通电，缸 2 的活塞先退回，实现动作③；当其退至终点时，回路压力升高，压力继电器 4 动作，使 2YA 通电，液压缸 1 活塞退回，实现动作④。

此类回路的常见故障是顺序动作错乱。除了压力继电器本身有故障外，主要故障原因是各个控制元件的调节压力不当或者在使用过程中因某些原因而变化。例如为了防止压力继电器 3 在缸 1 伸出未到达行程终点之前就误发信号，压力继电器 3 的调节压力应比缸 1 伸出动作的工作压力大 0.3～0.5 MPa。同理，压力继电器 4 的调节压力要比缸 2 缩回动作的工作压力大 0.3～0.5 MPa。而为了保证顺序动作的可靠性。溢流阀 7 的调整压力要比压力继电器 3 和压力继电器 4 二者中调整压力较高的还要高 0.3～0.5 MPa。

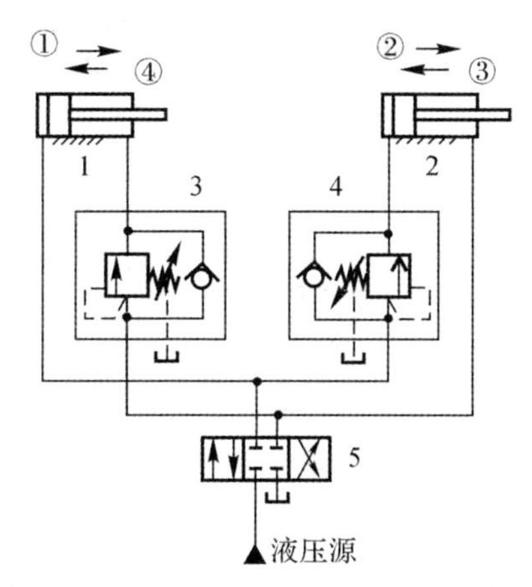

图 7－29　用单向顺序阀的压力控制顺序动作回路

1，2—液压缸；3，4—单向顺序阀；5—三位四通换向阀

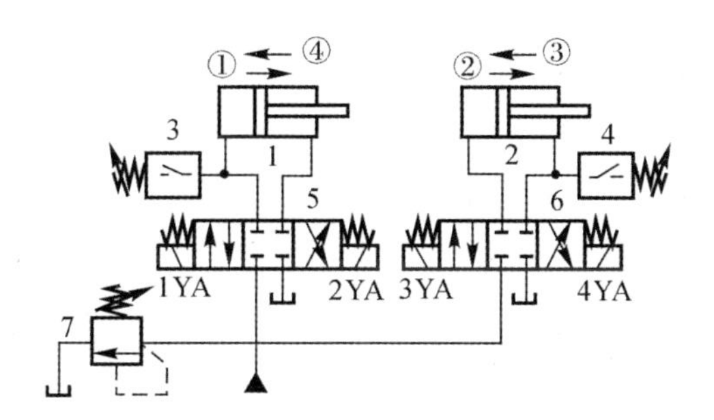

图 7－30　用压力继电器的顺序动作回路及其故障排除

1，2—液压缸；3，4—压力继电器；5，6—三位四通电磁阀；7—溢流阀

(3)电磁换向阀和行程开关的双缸顺序动作回路(行程控制)。

如图7-31所示,该系统以液压缸2和5的行程位置为依据实现图中①→②→③→④的顺序动作。三位四通电磁阀1和8的通、断电主要由固定在液压缸活塞杆前端的活动挡块触动其行程上布置电气行程开关来完成。表7-1为回路动作状态表。这种顺序动作回路的常见故障是动作顺序错乱。故障分析与排除如下。

1)行程开关故障。因行程开关本身的质量问题、行程开关安装不牢靠、因多次碰撞触动而松动等原因造成行程开关不能可靠地准确发信,导致顺序动作错乱,可查明原因予以解决。

2)电路故障。如接线错误,电磁铁接线不牢靠或断线以及其他电器元件的故障等,造成顺序动作紊乱或不顺序动作,查明原因予以排除。

3)活塞杆上或运动部件上的活动撞块因磨损或松动不能可靠压下行程开关,或撞块安装紧固位置不对,使行程开关不能可靠地准确发信,造成顺序动作失常。以上故障可针对原因逐一排除。

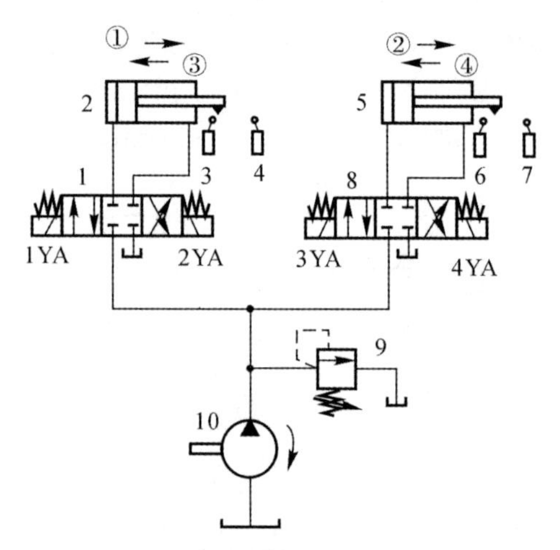

图7-31 行程开关控制电磁换向阀的双缸顺序动作回路及其故障排除

1,8—三位四通电磁阀;2,5—液压缸;3,4,6,7—行程开关;9—溢流阀;10—液压泵

表7-1 顺序动作回路动作状态表

信号来源	电磁铁状态			
	1YA	2YA	3YA	4YA
按下启动按钮	+	−	−	−
缸2挡板压下行程开关4	−	−	+	−
缸5挡块压下行程开关7	−	+	−	−
缸2挡块压下行程开关3	−	−	−	+
缸5挡块压下行程开关6	−	−	−	−

2. 同步动作回路

同步动作回路的功用是保证系统中的两个或两个以上的液压执行元件在运动中，动作保持一致。泄漏、摩擦阻力、制造误差、外负载以及结构变形等因素都会影响动作的一致性。为此，同步动作回路要尽量克服或减少这些因素的影响，有时要采取补偿措施，消除累积误差，使各执行元件的运动速度和最终达到的位置相同。同步动作回路分为机械连接同步和液压同步两类。

(1)机械连接同步回路。

该回路是将两液压缸的活塞杆用刚性梁、齿轮、齿条或连杆机构等机械零件建立刚性连接，来实现位移同步。该回路是最简单的同步，在液压机的滑块、工程机械的动臂及建筑砌块成型机的脱模机构中获得了广泛应用。图 7－32 所示为两液压缸依靠导轨约束或通过齿轮齿条啮合实现强制同步的回路。常见故障：两液压缸不同步，有时出现卡滞现象。

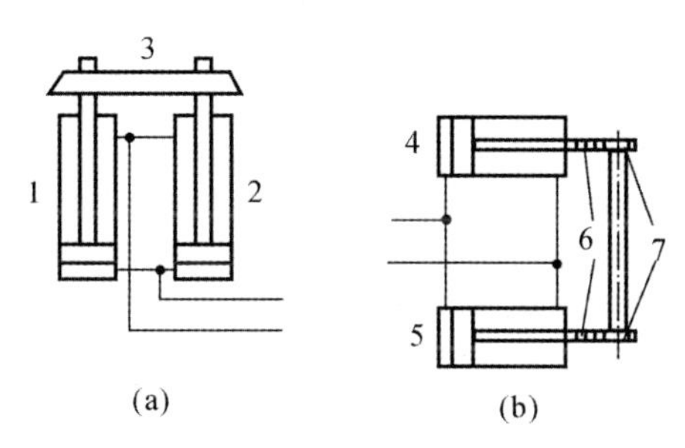

图 7－32　机械连接同步回路及其故障排除

1,2,4,5—液压缸；3—刚性梁；6—齿条(作用在活塞杆上)；7—齿轮

故障分析：影响同步精度的因素有滑块偏心负载较大，且负载不均衡；导轨间隙不当(过大或过小)；机身与滑块的刚性差，产生结构变形；齿轮齿条副制造精度差，或长久使用后磨损变形，间隙过大；中间轴的扭转刚性差等。

排障措施：减小两液压缸偏心负载和不均衡负载，提高装配精度低，调整好各种间隙；尽量使两个液压缸靠近，且保证平行放置。增强机身和运动部件(液压机的活动横梁、滑块，装载机、挖掘机、起重机的动臂等)的刚性。对导轨跨距大和偏心负载大又不能减小机械，可通过适当加长导轨长度，必要时增设辅助导轨的措施提高同步精度(例如在滑块的中部设置刚性导柱，在上横梁的中央辅助导轨内滑动，可大大加长导向距离，提高导向精度，导轨作用力和比压降低)。合理选择滑动导轨的配合间隙。液压缸与其推动的运动部件之间采用球头连接，以减小偏心负载对同步精度的影响。

(2)双缸串联同步回路(见图 7－33)。

两液压缸油路串联实现同步的基本条件是液压缸 1 的排油腔和液压缸 2 的进油腔面积相同(见图 7－33)，故两缸可以是双杆缸，也可以是单杆缸。此回路对同样的载荷，系统压力增大，其增大的倍数为串联液压缸的数目。该回路简单，能适应较大的偏载，但由于下述原因，常出现两缸不同步故障。

故障分析及排除：若两缸串联工作腔面积相同，则理论上可实现同步运动。但在实际中，经常会由于下列因素影响同步精度：两缸制造误差；两缸负载不相等且变化不同；空气混入；两缸内泄漏不一，当缸往复多次后，会造成累积误差。因此应尽量减少两缸制造误差，提高缸装配精度，力求各紧固件、密封件松紧程度一致；松开管接头，边向缸内充油边排气，待油液清洁后再拧紧管接头；加强管路和液压缸的密封，防止空气进入系统；采用带补正装置的同步回路（见图 7－34）。

图 7－34 所示为带补正装置的串联液压缸同步动作回路。单杆活塞缸 1 有杆腔 a 的有效面积与单杆活塞缸 2 无杆腔 b 的有效面积相等，因而从 a 腔排出的油液进入 b 腔后，两液压缸便同步下降。为了避免误差的积累，回路中的补正装置可使同步误差在每一次下行运动中都得到消除。其原理如下：当三位四通电磁换向阀 6 切换至右位时，两液压缸活塞同时下行，若缸 1 的活塞先运动到端点，它就触动行程开关 7，使电磁铁 3YA 通电，二位三通电磁阀 5 切换至右位，液压源的压力油经阀 5 和液控单向阀 3 向液压缸 2 的 b 腔补油，推动活塞继续运动到端点，误差即被清除。若缸 2 的活塞先运动到端点，则触动行程开关 8 使电磁铁 4YA 通电，阀 4 切换至上位，控制压力油反向导通液控单向阀 3，使液压缸 1 的 a 腔通过液控单向阀 3 回油，其活塞即可继续运动到端点，误差也被清除。

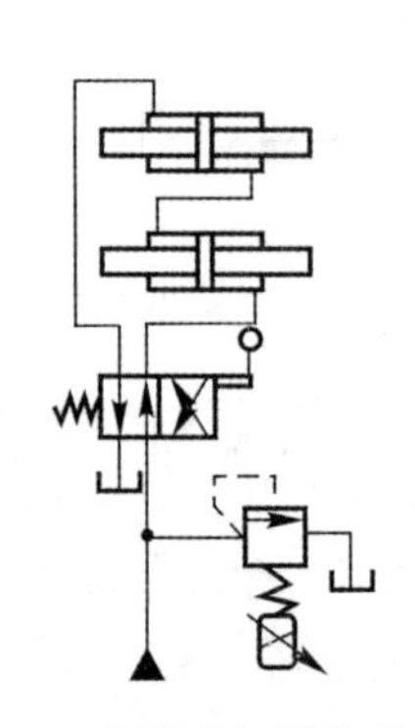

图 7－33　串联双缸同步动作回路及故障排除

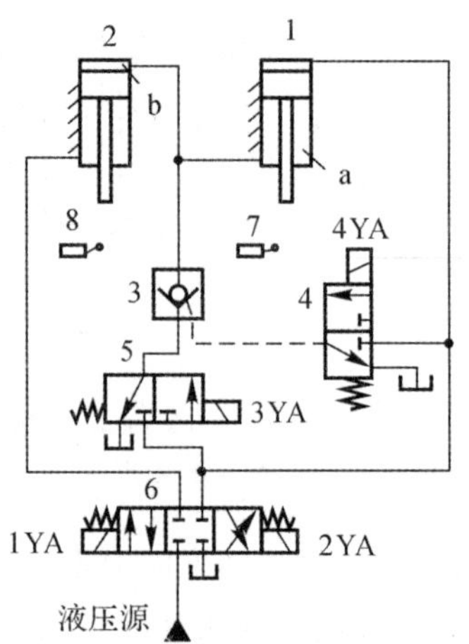

图 7－34　带补正装置的串联液压缸同步动作回路

1，2—液压缸单杆活塞缸；3—液控单向阀；4，5—二位三通电磁阀；6—三位四通电磁换向阀；7，8—行程开关

（3）调速阀的液压缸并联同步回路（见图 7－35）。

在回路中，液压缸 5 和 6 油路并联，其运动速度分别用并联的调速阀 1 和 3 调节。当两个工作面积相同的液压缸做同步运动时，通过两个调速阀的流量要调节得相同。当电磁阀 7 通电切换至右位时，液压源的压力油可通过单向阀 2、4 使两缸的活塞快速同步退回。常见故障是两液压缸不同步，故障原因包括：两调速阀制造精度及性能差异导致流量不一致；调速阀受油温变化影响，造成进入缸流量差异；两缸负载变化差异；工作油液清洁度影响导致两调速阀节流孔局部阻塞情况各异等。排障方法是尽可能挑选性能一致的两调速阀，并紧靠缸安装；控制油温，采用带温度补偿调速阀；避免负载差异和变化频繁的情况采用此种回路；加强油液污染控制，必要时换油；若同步精度要求较高，则可考虑采用分流-集流阀（下简称同步阀）或电液伺服及电液比例同步控制。

（4）同步阀的双缸同步回路。

如图 7－36 所示，通过输出流量等分的同步阀 3 可实现液压缸 6 和 7 的双向同步运动。当三位四通电磁阀 1 切换至左位时，液压源的压力油经阀 1、单向节流阀 2、同步阀 3（此时作分流阀用)、液控单向阀4和5分别进入双缸的无杆腔,实现双缸伸出同步运动;当电磁阀1切换至右位时,液压源的压力油经阀1进入双缸的有杆腔,同时反向导通液控单向阀4和5,双缸无杆腔经阀4和5、同步阀3(此时作集流阀用)、换向阀1回油,实现双缸缩回同步运动。此种方法的同步精度一般为2%～5%。

产生不同步故障的原因:同步阀同步失灵及误差大;缸的尺寸误差、泄漏及其量值不同;油液污染,造成同步阀节流口堵塞;双缸负载相差过大及负载不稳定且频繁变化而影响同步精度等。

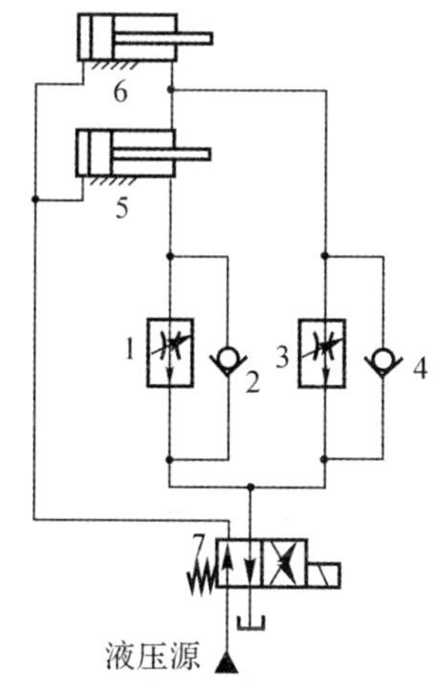

图7-35　调速阀的液压缸并联同步动作回路及其故障排除

1,3—调速阀;2,4—单向阀;5,6—液压缸;7—电磁阀

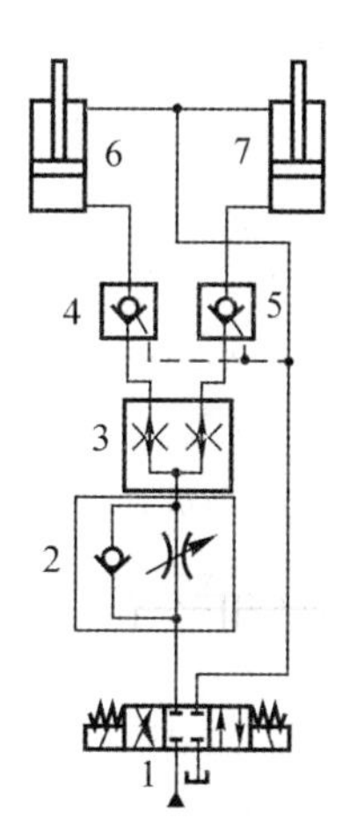

图7-36　同步阀的双缸同步回路及其故障排除

1—三位四通电磁阀;2—单向节流阀;3—同步阀;4,5—液控单向阀;6,7—液压缸

排障方法:检修同步阀,排除其同步失灵和误差大故障;提高缸的制造精度,解决泄漏及其量值不同问题;清洗或换油;尽量避免在双缸负载相差过大及负载频繁变化工况下采用这种方法。

(5)电液伺服阀的双缸同步回路。

如图7-37所示,分流阀6用于粗略同步控制,再由电液伺服阀5根据滑轮组上的钢带8推动的位置误差检测器(差动变压器3)的反馈信号,对超前缸的进油路进行旁路放油,实现精确的同步控制。该回路同步精度高(可达0.2 mm),可自动消除两液压缸1和2的位置误差;伺服阀出现故障时仍可实现粗略同步,这种同步回路的应用实例是液压弯板机和药材切片机系统。可采用小规格伺服阀实现放油,但其成本较高,效率低。若用电液比例阀替代其中的电液伺服阀,可降低成本,但同步精度也有所降低。回路常见故障是不同步或同步不理想。其原因和排障方法:伺服阀故障,其原因和排除方法见伺服阀有关内容;伺服系统制造精度、刚性和灵敏度差,查明原因逐一排除;由滑轮、钢带及差动变压器组成的同步误差检测装置不良,例如滑轮内孔磨损、钢带拉紧程度不当、差动变压器故障等,检修或更换即可;伺服放大器故障,查明原因修复即可。

(6)用液压泵的双缸同步回路(见图7-38)。

两个等排量液压泵(定量泵)1和2同轴驱动,输出相同流量的油分别供给两个有效工作面积相等的液压缸3和4,实现同步运行。同步运行时,二位四通电磁换向阀5和6应同时动作。此回路的同步精度比流量控制阀的同步回路要高,但造价较贵,适用于大载荷、大容量系统。

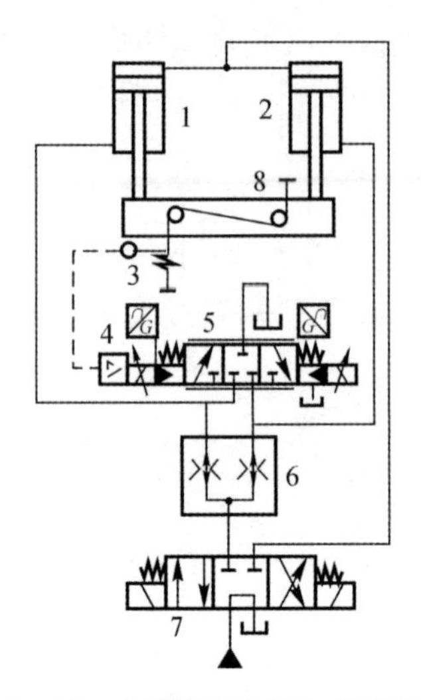

图 7-37　电液伺服阀双缸同步回路

1,2—液压缸;3—差动变压器;4—伺服放大器;5—电液伺服阀;6—分流阀;7—三位四通电磁阀;8—钢带

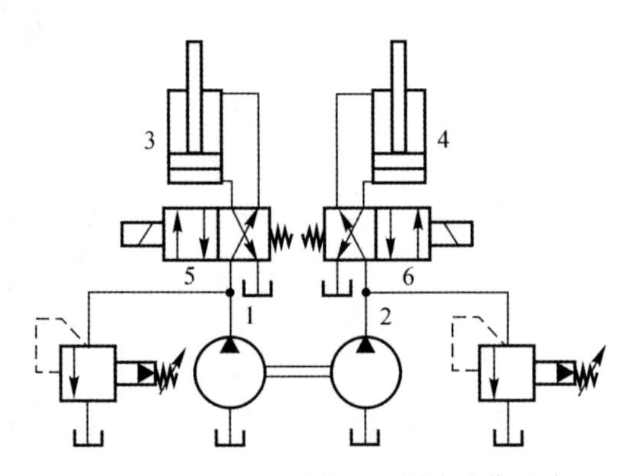

图 7-38　用液压泵的双缸同步动作回路

1,2—定量泵;3,4—液压缸;5,6—二位四通电磁换向阀

(7)用液压马达的双缸同步动作回路(见图 7-39)。

两个等排量液压马达(双向定量液压马达)1 和 2 同轴连接,输出相同流量的压力油分别供给两个有效工作面积相等的液压缸 3 和 4,实现同步运行。单向阀 5、6、7、8 和溢流阀 9 组成的交叉溢流补油回路可消除液压缸在行程终点产生的误差,例如双缸同步上行中(电磁阀 10 处于左位),若缸 3 的活塞先到达终点并停止运动,缸 4 落后,则马达 1 排出的油液经单向阀 5 和溢流阀 9 排回油箱,而马达 2 继续向缸 4 输入压力油,推动其活塞继续运动直到行程端点位置。反之,双缸同步下行中(电磁阀处于右位),若缸 3 先到达终点并停止运动,缸 4 落后,则缸 4 在液压源压力油作用下继续向下运动,其下腔排出的油液使马达 2 转动,并带动马达 1 同步旋转,此时,马达 1 经单向阀 7 从油箱吸油,直到缸 4 到达行程端点位置。回路常见故障是双缸同步性差,其原因和排障方法如下。

1)两液压马达排量和容积效率有差异导致不同步,应尽量设法使两马达排量一致,挑选容积效率差异不大的马达并排除两缸泄漏故障。

2)两缸负载的差异及负载不均引起两马达前后压差大小和方向不同,导致两马达排量的变化，导致双缸不同步。两马达进口并联，故进口压力相同，但由于通过共轴转动传递转矩，故其压力按平均负载确定。当双缸负载相等时，两马达出口压力及前后压差也相同，故内泄漏相近，同步旋转输出流量就很接近。但双缸负载不相等时，两马达出口压力和压差就不相同了，而且压差方向也不同，重载缸一侧的马达出口压力可能高于进口压力，变成了升压用的第二级泵工况。此时两马达的压差方向相反，故它们的内泄漏差别就很大，且双缸同步性也因双缸负载差异越大而变得越差。为此，应避免双缸负载相差很大的场合采用此回路。

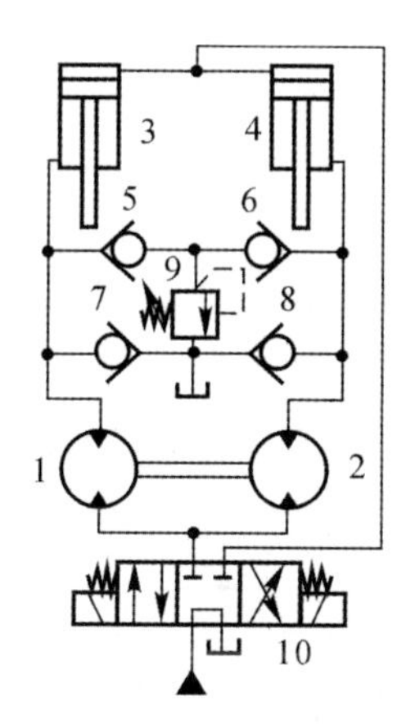

图7-39　用液压马达的双缸同步动作回路

1，2—双向定量液压马达；3，4—液压缸；5，6，7，8—单向阀；9—溢流阀；10—电磁阀

7.2　液压系统共性故障及其诊断排除方法

液压系统常见的故障类型有执行元件动作失常、系统压力失常、系统流量失常、振动与噪声大、系统过热等，造成这些故障的可能原因及其排除方法要点如下。

1. 液压执行元件动作失常

液压执行元件在带动其工作机构工作中动作失常是液压系统最容易直接观察到的故障（如系统正常工作中，执行元件突然动作变慢（快）、爬行或不动作等），其诊断排除方法见表7-2。

表7-2　液压执行元件动作失常故障诊断排除方法

故障现象	产生原因	排除方法
无动作	系统无压力或流量	按表7-3和表7-4处理
	执行元件磨损	大修或更换
	限位或顺序装置调整不当或不工作	检修或更换
	电液控制阀不工作	检查电磁阀通电情况，检查控制压力油的压力是否过低
	电液伺服、比例阀的放大器无指令信号	修复指令装置或连线
	电液伺服、比例阀的放大器不工作或调整不当	调整、修复或更换

续表

故障现象	产生原因	排除方法
动作过慢	流量不足	按表 7－4 处理
	液压介质黏度过高	检查油温和介质黏度，需要时要换油
	执行元件磨损	大修或更换
	液压阀控制压力不当	按表 7－3 处理
	主机导轨缺乏润滑	润滑
	伺服阀卡阻	清洗并调整或更换伺服阀，检查系统油液和过滤器状态
	电液伺服、比例阀的放大器失灵或调整不当	调整、修复或更换
动作过快	流量过大	按表 7－4 处理
	超越负载作用	平衡或布置其他约束
	反馈传感器失灵	大修或更换
	电液伺服、比例阀的放大器失灵或调整不当	调整、修复或更换
动作不规则	压力不规则	按表 7－3 处理
	液压介质混有空气	按表 7－3 处理
	主机导轨缺乏润滑	润滑
	执行元件磨损	大修或更换
	指令信号不规则	修复指令板或连线
	反馈传感器失灵	大修或更换
	电液控制阀的放大器失灵或调整不当	调整、修复或更换
不换向	换向阀故障	见第 5 章
	系统无压力或流量	按表 7－3 和表 7－4 处理
锁紧不可靠	液压缸缸筒与活塞的密封圈损坏	更换密封圈
	利用三位换向阀中位锁紧，但滑阀磨损间隙大，泄漏大	更换滑阀
	利用液控单向阀锁紧，但三位换向阀中位机能无法使液控单向阀控制油路卸压导致锥阀不能关闭；锥阀密封带接触不良	更换中位机能可使液控单向阀控制油路卸压的三位换向阀，或修复锥阀
	液压马达的液压缸制动器弹簧失效或折断	检修并更换
顺序动作不正常	顺序阀或压力继电器的调压值太接近先动作执行元件的工作压力，与溢流阀的调压值也相差不大	将顺序阀或压力继电器的调压值调为大于先动作执行元件工作压力 0.5～1.0 MPa，将顺序阀或压力继电器的调压值调为小于溢流阀调整压力 0.5～1.0 MPa

2. 液压系统压力失常(见表 7－3)

表 7－3　液压系统压力失常故障及其诊断排除方法

故障现象	产生原因	排除方法
无压力	无流量	按表 7－4 处理
压力过低	存在溢流通路	
	减压阀调压值不当	重新调整到正确压力
	减压阀损坏	维修或更换
	液压泵或执行元件损坏	
压力过高	系统中的压力阀(溢流阀、卸荷阀与减压阀或背压阀)调压不当	重新调整到正确压力
	变量液压泵或马达的变量机构失灵	维修或更换
	压力阀磨损或失效	
压力不规则	油液中混有空气	找出故障部位,清洗或研修,使阀芯在阀体内运动灵活自如
	溢流阀磨损	维修或更换
	油液污染	更换堵塞的过滤器滤芯,给系统换油
	蓄能器充气丧失或蓄能器失效	检查充气阀的密封状态,充气到正确压力(见第 6 章),蓄能器失效则大修
	液压泵、执行元件及液压阀磨损	检修液压泵、液压缸、液压阀内部易损件磨损情况和系统各连接处的密封性

3. 液压系统流量失常(见表 7－4)

表 7－4　液压系统流量失常故障及诊断排除方法

故障现象	产生原因	排除方法
无流量	电动机不工作	大修或更换
	液压泵转向错误	检查电动机接线,改变旋转方向
	联轴器打滑	更换或找正
	油箱液位过低	注油到规定高度
	方向控制设定位置错误	检查手动位置;检查电磁控制电路;修复或更换控制泵
	全部流量都溢流(串流)	调整溢流阀
	液压泵磨损	维修或更换
	液压泵装配错误	

续表

故障现象	产生原因	排除方法
流量不足	液压泵转速过低	在一定压力下把转速调整到需要值
	流量设定过低	重新调整
	溢流阀、卸荷阀调压值过低	
	流量被旁通回油箱	拆修或更换;检查手动位置;检查电磁控制电路;修复或更换控制泵
	油液黏度不当	检查油温或更换黏度适合的油液
	液压泵吸油不良	加大吸油管径,增加吸油过滤器的流通能力,清洗过滤器滤网,检查是否有空气进入
	液压泵变量机构失灵	拆修或更换
	系统外泄漏过大	旋紧漏油的管接头
	泵、缸、阀内部零件及密封件磨损,内泄漏过大	拆修或更换
流量过大	流量设定值过大	重新调整
	变量机构失灵	拆修或更换
	电动机转速过高	更换转速正确的电动机
	更换的泵规格错误	更换规格正确的液压泵
流量脉动过大	液压泵固有脉动过大	更换液压泵,或在泵出口增设吸收脉动的蓄能器或亥姆霍兹消声器
	原动机转速波动	检查供电电源状况,若电压波动过大,待正常后工作或采取稳压措施;检查内燃机运行状态,使其正常

4. 液压系统存在异常振动和噪声(见表 7-5)

表 7-5　液压系统异常振动和噪声故障及其排除方法

故障部位	产生原因	排除方法
液压泵	内部零件卡阻或损坏	修复或更换
	轴径油封损坏	清洗、更换
	进油口密封圈损坏	
液压马达	制造精度不高	换新
	个别零件损坏	检修更换
	联轴器松动或同轴度差	重新安装
	管接头松动漏气	重新拧紧使其紧密
溢流阀	阻尼孔被堵死	清洗
	阀座损坏	修复
	弹簧疲劳或损坏,阀芯移动不灵活	更换弹簧,清洗、去毛刺
	远程调压管路过长,产生啸叫声	在满足使用要求情况下,尽量缩短该管路长度

续 表

故障部位	产生原因	排除方法
电液阀	电磁铁失灵	检修
	控制压力不稳定	选用合适的控制油路
液压管路	液压脉动	在液压泵出口增设蓄能器或消声器及滤波器
	管长及元件安装位置匹配不合理	合理确定管长及元件安装位置
	吸油过滤器阻塞	清洗或更换
	吸油管路漏气	改善密封性
	油温过高或过低	检查温控组件工作状况
	管夹松动	紧固
液压油	液位低	按规定补足
	油液污染	净化或更换
机械部分	液压泵与原动机的联轴器不同心或松动	重新调整、紧固螺钉
	原动机底座、液压泵支架、固定螺钉松动	紧固螺钉
	机械传动零件(皮带，齿轮、齿条，轴承、杆系)及电动机故障	检修或更换

5. 液压系统过热(见表 7－6)

表 7－6　液压系统过热故障及其诊断排除方法

故障部位	产生原因	排除方法
液压泵	气蚀	清洗过滤器滤芯和进油管路，改正液压泵转速，维修或更换补油泵
	油中混有空气	给系统放气，旋紧漏气的接头
	溢流阀或卸荷阀调压值过高	调至正确压力
	过载	检查密封和轴承的状态；布置并纠正机械约束，检查工作负载是否超过回路设计
	泵磨损或损坏	维修或更换
	油液黏度不当	检查油温或更换液压油液
	冷却器失灵	维修或更换
	油液污染	清洗过滤器或换油
液压马达	溢流阀或卸荷阀调压值过高	调至正确压力
	过载	检查密封和轴承的状态；布置并纠正机械约束，检查工作负载是否超过回路设计
	马达磨损或损坏	维修或更换
	油液黏度不当	检查油温或更换液压油液
	冷却器失灵	维修或更换
	油液污染	清洗过滤器或换油

续 表

故障部位	产生原因	排除方法
溢流阀	设定值错误	调至正确压力
	液压阀磨损或损坏	维修或更换
	油液黏度不当	检查油温或更换液压油液
	冷却器失灵	维修或更换
	油液污染	清洗过滤器或换油
电磁阀	电源错误	更正
	油液黏度不当	检查油温或更换液压油液
	冷却器失灵	维修或更换
	油液污染	清洗过滤器或换油

6. 液压冲击

在液压系统中，由于某种原因引起的系统压力在瞬间骤然急剧上升，形成很高的压力峰值，此种现象称为液压冲击。液压冲击时产生的压力峰值往往比正常工作压力高出几倍(见图7-40)，常使液压元件、管道及密封装置损坏失效，引起系统振动和噪声，还会使顺序阀、压力继电器等压力控制元件产生误动作，造成人身及设备事故。所以，正确分析并采取有效措施防止或减小液压冲击(见表7-7)，对于高精加工设备、仪器仪表等机械设备的液压系统尤为重要。

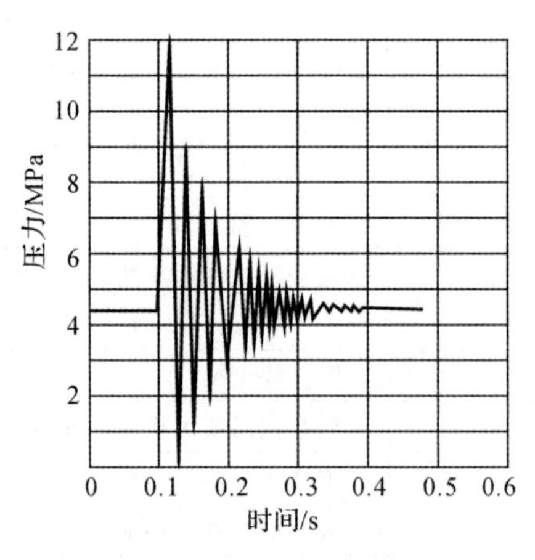

图7-40　液压冲击波形图

表7-7　液压冲击及其控制

序 号	产生原因	防止措施
①	液压泵带载启动产生压力超调	空载启动液压泵
②	工作机构快慢速换接时的惯性作用、限压式变量泵自动变量机构灵敏度不够	用行程节流阀；双泵系统使大泵提前卸荷；变量泵系统使用安全阀

续 表

序 号	产生原因	防止措施
③	执行元件制动时，换向阀关闭瞬间，因惯性引起回油路压力升高；换向阀关闭时管路中流量变化快	在回油路加安全阀，用节流阀调节换向阀移动速度，或用带阻尼器的电液动换向阀代替电磁换向阀
④	工作负载突然消失，引起前冲现象；冲击性负载作用	设置背压阀或缓冲装置，工作缸接超载安全阀
⑤	因油液的压缩性，当困在液压执行元件中的大量高压油突然与大气接通时产生冲击	采用节流阀使高压油在换向时逐渐降压；采用带卸载阀芯的液控单向阀泄压
⑥	背压阀调压值过低，溢流阀存在故障使系统压力突然升高	提高背压阀压力；排除溢流阀故障
⑦	系统中有大量空气	排除空气

7. 气穴气蚀

在液压系统中，绝对压力降低至油液所在温度下的空气分离压 p_g（小于一个大气压）时，原溶入液体中的空气分离出来形成气泡的现象，称为气穴现象（或称空穴现象）。气穴现象会破坏液流的连续状态，造成流量和压力的不稳定。当带有气泡的液体进入高压区时，气穴将急速缩小或溃灭，从而在瞬间产生局部液压冲击和温度上升，并引起强烈的振动及噪声。过高的温度将加速工作液的氧化变质。如果这个局部液压冲击作用在金属表面上，金属表面在反复液压冲击、高温及游离出来的空气中氧的侵蚀下将产生剥蚀（气蚀）。有时，气穴现象中分离出来的气泡还会随着液流聚集在管道的最高处或流道狭窄处而形成气塞，破坏系统的正常工作。由于气穴现象多发生在压力和流速变化剧烈的液压泵吸油口和液压阀的阀口处，故预防气穴及气蚀的主要措施见表 7－8。

表 7－8　预防气穴及气蚀的主要措施

序 号	说　明
①	减小孔口或缝隙前后压力差，使孔口或缝隙前后压力差之比 $p_1/p_2<3.5$
②	合理确定液压泵吸油方式。限制液压泵吸油口至油箱油面的安装高度（一般吸油高度不高于 500 mm）或限制液压泵的自吸真空度（一般不高于 0.03 MPa），尽量减少吸油管道中的压力损失；必要时将液压泵浸入油箱的油液中或采用倒灌吸油（泵置于油箱下方），以改善吸油条件
③	按说明书规定选择泵的驱动电动机转速
④	适当加大吸油管径，缩短长度，降低流速等，提高各元件接合处管道和接头的密封性，防止空气侵入
⑤	进、回油管隔开一段距离（隔板）；回油管应插入液面以下（100 mm）；回油路要有适当背压（约 0.5 MPa）
⑥	油箱加足油液，防止液压泵吸空
⑦	对易产生气蚀的零件采用抗腐蚀性强的材料，增加零件的机械强度并降低其表面粗糙度

8. 液压卡紧

因毛刺和污物楔入液压元件配合间隙的卡阀现象称为机械卡紧；液体流过阀芯阀体（阀套）间的缝隙时，作用在阀芯上的径向力使阀芯卡住，称液压卡紧（俗称卡阀）。轻度的液压卡紧，使液压元件内的相对移动件（如阀芯、叶片、柱塞、活塞等）运动时的摩擦增加，造成动作迟缓，甚至动作错乱的现象。严重的液压卡紧，使液压元件内的相对移动件完全卡住，不能运动，造成不能动作（如换向阀换向，柱塞泵柱塞不能运动而实现吸油和压油等）的现象，手柄的操作力增大等。消除液压卡紧和其他卡阀现象的措施见表 7－9。

表 7－9　消除液压卡紧和其他卡阀现象的措施

序 号	说　明
①	提高阀芯与阀体孔的加工精度，提高其形状和位置精度。目前液压件生产厂家对阀芯和阀体孔的形状精度，如圆度和圆柱度能控制在 0.03 mm 以内，达到此精度一般不会出现液压卡紧现象
②	如下图示，在阀芯表面开均压槽（槽宽和槽深一般为 0.3～1 mm），且保证均压槽与阀芯外圆同心 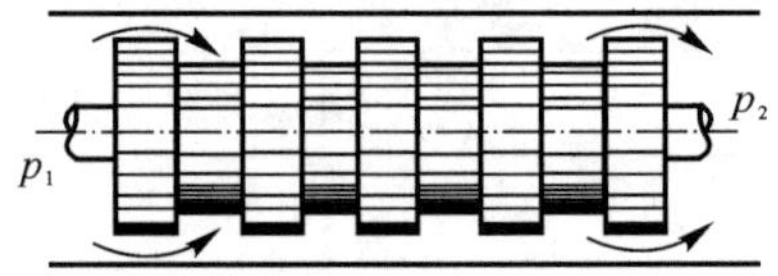
③	采用锥形台肩（下图），台肩小端朝着高压区（顺锥），利于阀芯在阀孔内径向对中 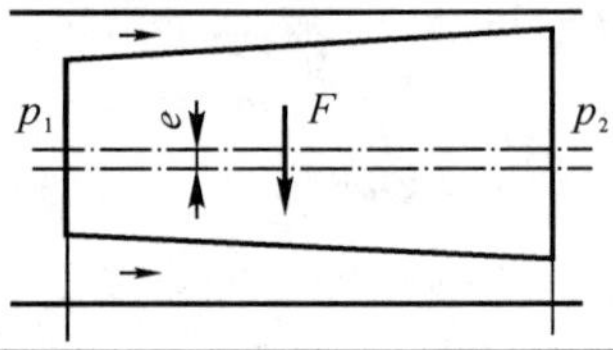
④	有条件者使阀芯或阀体孔做轴向或圆周方向的高频小振幅（频率 50～200 Hz、幅值不超过 20％的正弦或其他波形的电流）振动。此法多用于电液伺服阀和电液比例阀中
⑤	仔细清除阀芯台肩及阀孔沉割槽尖边上的毛刺，防止磕碰而弄伤阀芯外圆和阀体内孔
⑥	提高油液的清洁度并设法减少系统发热和温升

9. 开环控制系统和闭环控制系统常见故障诊断

液压控制系统有开环控制和闭环控制之分。当液压控制系统出现故障后，为了迅速准确判断和查出故障器件，机械、液压和电气工作者应良好配合。为了对系统进行正确的分析，除了要熟悉每个器件的技术特性外，还必须具有分析相关工作循环图、液压原理图和电气接线图的能力。开环和闭环液压控制系统如果出现故障，可以分别参考表 7－10、表 7－11 进行诊断和排除。

表 7－10　开环液压控制系统的故障诊断

故障现象	故障原因	
	机械/液压部分	电气/电子部分
轴向运动不稳定；压力或流量波动	液压泵故障；管道中有空气；液体清洁度不合格；两级阀先导控制油压不足；液压缸密封摩擦力过大引起忽停忽动；液压马达速度低于最低许用速度	电功率不足；信号接地屏蔽不良，产生电干扰；电磁铁通断电引起电或电磁干扰

续表

故障现象	故障原因	
	机械/液压部分	电气/电子部分
执行机构动作超限	软管弹性过大；遥控单向阀不能及时关闭；执行器内空气未排尽；执行器内部泄漏	偏流设定值太高；斜坡时间太长；限位开关超限；电气切换时间太长
停顿或不可控制的轴向运动	液压泵故障；控制阀卡阻(由于污脏)；手动阀及调整装置不在正确位置	接线错误；控制回路开路；信号装置整定不当或损坏；断电或无输入信号；传感器机构校准不良
执行机构运行太慢	液压泵内部泄漏；流量控制阀调整得太低	输入信号不正确，增益值调整不正确
输出的力和力矩不够	供油及回油管道阻力过大；控制阀设定压力太低；控制阀两端压降过大；泵和阀由于磨损而内部泄漏	输入信号不正确，增益值调整不正确
工作时系统内有撞击	阀切换时间太短；节流口或阻尼损坏；蓄能系统前未加节流；机构质量或驱动力过大	斜坡时间太短
工作温度太高	管道截面不够；连续的大量溢流消耗；压力设定值过高；冷却系统不工作；工作中断或间歇期间无压力卸荷	—
噪声过大	过滤器堵塞；液压油起泡沫；液压泵组安装松动；吸油管阻力过大；控制阀振动；阀电磁铁腔内有空气	高频脉冲调整不正确
控制信号输入系统后执行器不动作	系统油压不正常；液压泵、溢流阀和执行器是否有卡锁现象	放大器的输入、输出电信号不正常，电液阀的电信号有输入和有变化时，液压输出也正常，可判定电液阀不正常。阀故障一般应由生产厂家处理
控制信号输入系统后执行器向某一方向运动到底	—	传感器未接入系统；传感器的输出信号与放大器误接
执行元件零位不准确	阀调零不正常	阀的调零偏置信号调节不当；阀的颤振信号调节不当
执行元件出现振荡	系统油压太高	放大器的放大倍数调得过高；传感器的输出信号不正常
执行元件跟不上输入信号的变化	系统油压太低；执行元件和运动机构之间游隙太大	放大器的放大倍数调得过低
执行机构出现爬行现象	油路中气体没有排尽；运动部件的摩擦力过大；液压源压力不够	—

表 7－11　闭环液压控制系统的故障诊断

故障现象		故障原因	
		机械/液压部分	电气/电子部分
1. 静态工况			
低频振荡	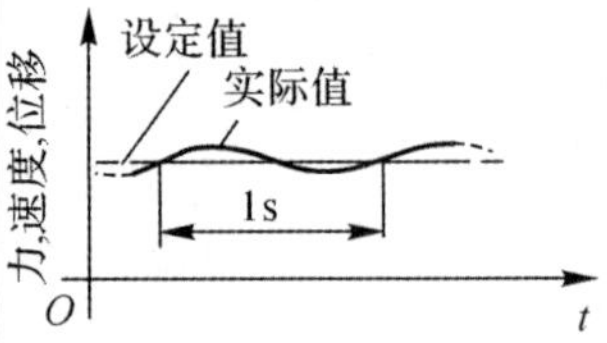 设定值；实际值；1s；力,速度,位移；O；t	液压功率不足；先导控制压力不足；阀磨损或污脏	比例增益设定值太低；积分增益设定值太低；采样时间太长
高频振荡	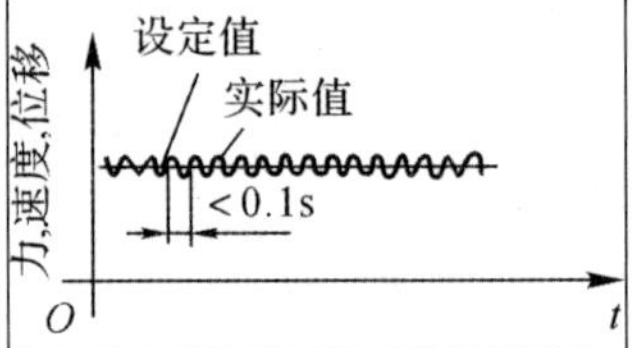 设定值；实际值；<0.1s；力,速度,位移；O；t	液体起泡沫；阀因磨损或污脏有故障；阀两端压降太大；阀电磁铁室内有空气	比例增益设定值太高；电干扰
短时间内出现一个或两个方向的高峰（随机性的）	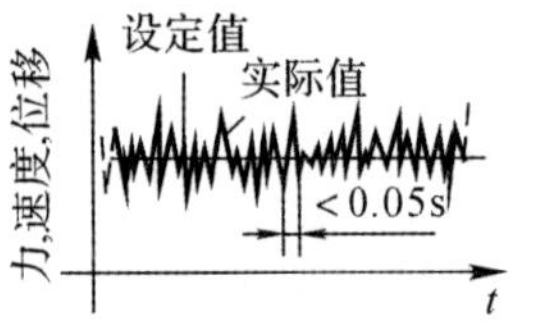 设定值；实际值；<0.05s；力,速度,位移；t	机械连接不牢固；阀电磁铁室内有空气；阀因磨损或污脏有故障	偏流不正确；电磁干扰
自激放大振荡	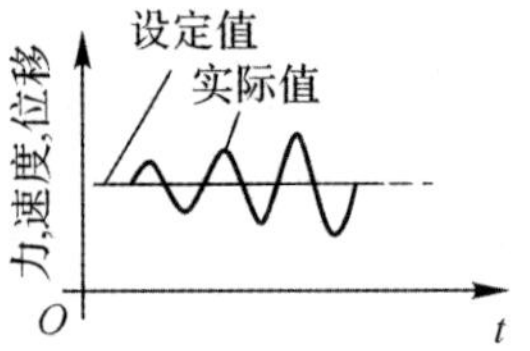 设定值；实际值；力,速度,位移；O；t	液压软管弹性过大；机械非刚性连接；阀两端压降过大；液压阀增益过大	比例增益值太高；积分增益值太高
2. 动态工况：阶跃响应			
一个方向的超调	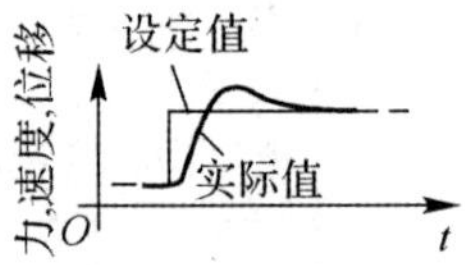 设定值；实际值；力,速度,位移；O；t	阀两端压降过大	微分增益值太低；插入了斜坡时间
两个方向的超调	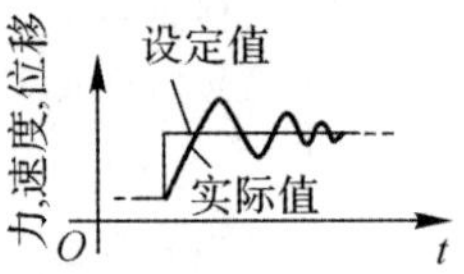 设定值；实际值；力,速度,位移；O；t	机械连接不牢固；软管弹性过大；控制阀安装得离驱动机构太远	比例增益设定值太高；积分增益设定值太低
逼近设定值的时间长	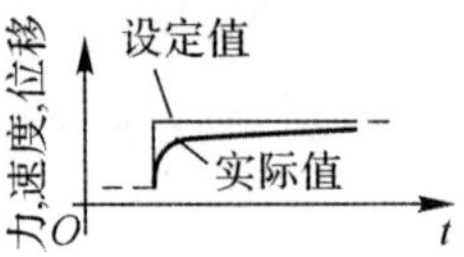 设定值；实际值；力,速度,位移；O；t	控制阀压力灵敏度过低	比例增益设定值太低；偏流不正确
驱动达不到设定值	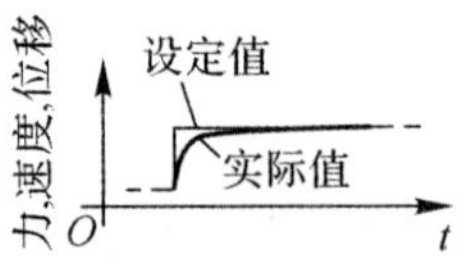 设定值；实际值；力,速度,位移；O；t	压力或流量不足	积分增益设定值太高；增益及偏流不正确；比例及微分增益设定值太低

续 表

故障现象		故障原因	
		机械/液压部分	电气/电子部分
不稳定控制		反馈传感器接线时断时续；软管弹性过大；阀电磁铁室内有空气	比例增益设定值太高；积分增益设定值太低；电噪声
抑制控制		反馈传感器机械方面未校准；液压功率不足	电功率不足；没有输入信号或反馈信号；接线错误
重复精度低及滞后时间长		反馈传感器接线时断时续	比例增益设定值太高；积分增益设定值太低
3. 动态工况：频率响应			
幅值降低	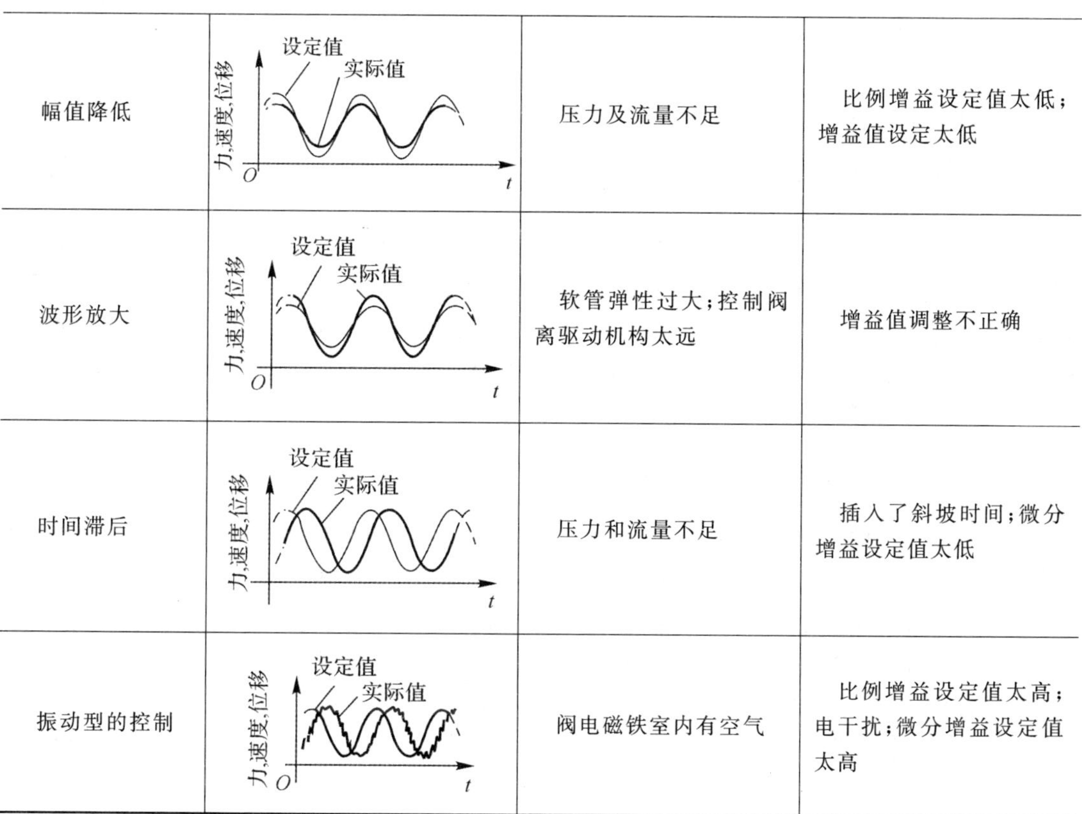	压力及流量不足	比例增益设定值太低；增益值设定太低
波形放大		软管弹性过大；控制阀离驱动机构太远	增益值调整不正确
时间滞后		压力和流量不足	插入了斜坡时间；微分增益设定值太低
振动型的控制		阀电磁铁室内有空气	比例增益设定值太高；电干扰；微分增益设定值太高

7.3 液压系统典型故障诊断排除案例

7.3.1 液压油液选择及注油方案确定

某公司的几台液压站的油液已使用了近四年，拟计划更换液压油并寻求相关问题的解决方案：①如何清理油箱底部沉淀的杂质等污物？②换油时的注意事项是什么？③若更换的新旧液压油牌号相同，但生产厂不同，且液压缸内的旧油也排放不彻底，两种油液可否混在一起？

国产某品牌注塑机液压系统油液选择及注油方案可供上述问题的解决参考。该注塑机液压系统油源为变量柱塞泵，系统含有电液比例阀，厂家的液压油选择及加油方案如下：

(1)选择液压油液为长城 HM 46 抗磨液压油，也可用美孚(Mobil DTE 25)、壳牌(Shell Tellus Oil 46)或威斯达尔 46 号抗磨液压油替代。

(2)注油方法：

1)用专用滤油车经注油口注入全新清洁的液压油直至液位计的上限为止；

2)电气布线完成后仔细检查机器各部位，确认无阻止部件运动的障碍、危险和安全后开动机器；

3)检查油箱液位，如果液位低于中间刻度，则需再注入液压油，使得液位高于液位计中间刻度以上，一般要求达到油箱容积的 3/4～4/5；

(3)注意事项：不同品牌、不同型号的液压油不能混用；液压泵电机在加入液压油之后 3h 之内不能启动，以利于油液中的气体排出。

7.3.2 水泥立磨液压站爆炸故障诊断

某水泥生产立磨在工作中发生液压站爆炸，油箱顶盖被掀起而损坏，油箱液面以上起火，影响了生产。由于系统各元件正常，故疑似原因是液压系统发热严重，油温升高，致使油箱中液面至顶盖间的油气压力急剧增大，巨大的外力将油箱顶盖连接部位破坏并产生爆炸和起火现象。接下来应进一步检查立磨液压系统过热的原因，例如油路及元件选择与功率利用是否合理，油箱容量决定的散热面积是否足以散热等。

7.3.3 液压发电机组空载噪声大故障维修

图 7-41 为从国外进口的液压发电机组系统原理图，系统的油源为带流量传感器和开关阀的变量泵 2，执行元件为驱动发电机工作的定量液压马达 3。液压泵和马达之间用软管连接。变量泵的转速可自动控制，从而根据发电机的负载大小自动调节泵的斜盘角度，以实现流量的连续自动控制。当发电机空载时，泵的斜盘倾角处于 0°，泵产生的流量仅用于自润滑及自冲洗，因而泵的发动机卸载工作。当泵中的电磁阀通电开启后，泵的压力油进入液压马达，发电机在设定的速度下按要求运转。冷却器 4 保护系统以免过热，回油过滤器 5 用于保持系统清洁。

上述新机系统在现场调试时，出现空载噪声大(有啸叫声)(大约在 90 dB)、发电机负载后噪声明显降低的现象。在进行压力和流量调节时噪声无变化，改变发动机转速噪声也无变化，但是发电机工作一切正常。由于系统的主要元件是泵和马达，阀件极少，故根据故障现象，疑似故障原因是泵和马达安装不当及各元件内部构件间存在的间隙在新系统跑合阶段振动，从而激发的噪声。

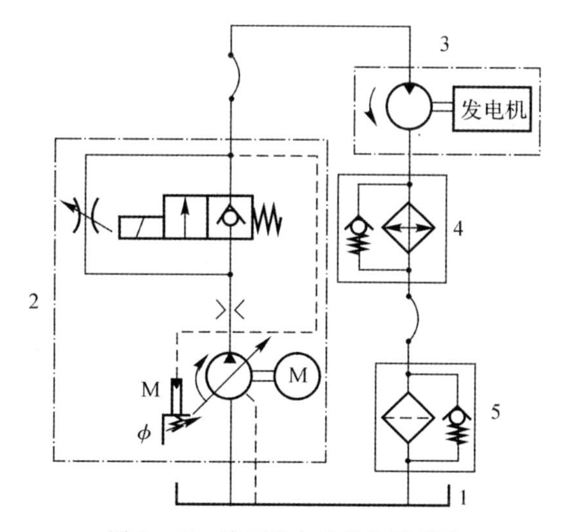

图 7-41　液压发电机系统原理图

1—油箱；2 变量泵；3—定量液压马达；4—冷却器；5—回油过滤器

7.3.4　矫直校平压力机液压系统变量柱塞泵超电流故障维修

该主机用于工程机械关键工作部件的矫直校平，其液压系统（见图 7-42）采用高低压双泵（低压大排量定量柱塞泵 1（带内置限压阀）+高压小排量变量柱塞泵 2（压力补偿变量））组合供油。液压缸 8 驱动工作机构对工件实施矫直校平。在电磁阀 6 和电液动换向阀 7 均切换至右位时，双泵合流供油，液压缸空载快速前进；在工作机构对工件加压时，卸荷阀 3 开启，低压泵 1 经阀 3 卸荷，高压泵 2 独立向液压缸提供高压油，工作机构转为高压慢速加载。

上述系统闲置几年后再启动运转时发现，高压小排量变量泵 2 在变量工作点（拐点）时，其功率为 18.5 kW 的驱动电机 M2 超电流达近 150 A（正常值为 36.3 A）并伴随强烈噪声，势有逼停及烧毁电机的危险。根据上述故障现象，怀疑高压小排量变量柱塞泵 2 的变量机构卡阻。

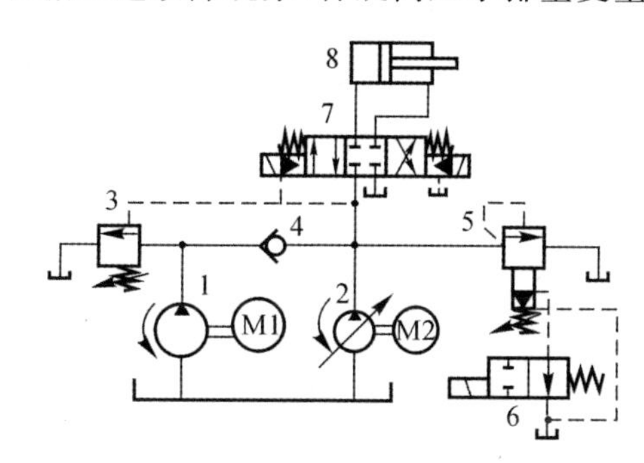

图 7-42　矫直校平压力机液压系统原理图

1—定量柱塞泵；2—变量柱塞泵；3—卸荷阀；4—单向阀；5—溢流阀；6—电磁阀；7—电液动换向阀；8—液压缸

拆解发现斜盘耳轴不能正常转动，为此更换一台同型号新泵，故障消失，系统工作恢复正常。对于变量泵电机超电流故障，如果变量机构正常，此时，可对电机启动电路及电气元件进行检查,以免电器元件故障导致电机超电流。

7.3.5 斜盘式恒压变量轴向柱塞泵噪声大与压力不能上调故障维修

1. 故障现象

某新设备液压系统使用国产 63PCY14-1 型斜盘式恒压变量轴向柱塞泵供油。在设备运抵后,参照威格士系列液压泵选择好富顿公司 HS620 耐火液压油,并按要求用注油车加入系统。设备整机启动 15 min 后,从泵至集成油路块进口处有“蹦蹦”的噪声且管路伴随有振动。通过长柄螺丝刀可听到集成油路块进、回油口处有清脆金属敲击声,泵的变量头处有微弱振动和噪声。系统压力仅能升至 5 MPa,若继续调节溢流阀,压力很难上调,且噪声急剧增大,但管路固定螺栓处无噪声。手摸上去泵壳较烫。

2. 原因分析

在排除系统中溢流阀故障等原因,确信为液压泵故障后,决定拆解柱塞泵。拆开后发现有 3 个柱塞已与滑靴拉脱,其中 2 个滑靴被拉裂,1 个滑靴已被拉破碎,同时发现柱塞与缸套配合面有擦伤。于是立即拆下回油过滤器,发现系统从出现故障到确认液压泵损坏短短 1 个多小时,滤芯上就有大量金属屑,液压油污染严重。究其原因,是由于设备制造厂家未彻底清洗油箱等液压元件,且设计存在失误——将柱塞泵泄漏油口设计在油箱内部紧靠泵的进油管。

3. 排除方法

在初步查清故障后,重新更换一台新的柱塞泵,过滤液压油、清洗系统等,但故障现象依旧。最后查出所用 HS620 防火油的黏度为 43 cSt*,处于 PCY 系列柱塞泵生产厂要求液压油黏度 41.4~74.8 cSt 的最低限。而现场环境温度偏高,加上 HS620 油润滑性较差,对国产泵而言,滑靴与斜盘之间流体静压支承效果较差,油膜不足以使滑靴浮起导致极短时间内柱塞泵损坏,据此认为液压油选择不当。在更换液压泵并改用 YB-N68 抗磨液压油后,设备运转正常。

4. 启示

上述故障因使用不当(所用泵选择的液压油品种与黏度不当)及故障原因尚未完全查清即换泵启动,导致连续 2 台新泵损坏,加上被污染的 2 桶液压油,造成经济损失近 2 万元。

国外液压泵因其制造精度高、材料好,在高温环境下可使用 HS620 防火油,但所使用的国产泵在质量、性能上与进口泵尚有一定差距,故在选择液压油时必须非常慎重,以免导致经济损失。

7.3.6 毛呢罐蒸机液压变速器叶片泵变量机构磨损故障维修

1. 功能结构及故障现象

毛呢罐蒸机是从英国 Saler 公司引进的一种纺织设备,由卷绕机和罐蒸器两部分组成,用于毛呢织物的卷绕和罐蒸,以提高产品美观度。卷绕机由图 7-43 所示的整体式液压变速器驱动和控制,用于将经剪绒之后卷在胶辊 9 上的毛呢织物均匀地卷绕到胶辊 7 上。卷绕工艺

* 1 cSt(厘斯,厘托克斯)$=1\ mm^2/s$

要求该液压变速器能通过由齿轮、同步齿形带等机构零件组成的机械系统Ⅱ正、反向启动胶辊9及7，且能通过该变速器输入和输出端的变量调节机构使两个胶辊的转速从0～1 500 r/min无级调节，同时还能通过起反馈作用的机械系统Ⅰ与气缸5及小轮6的配合，使两个胶辊之间的织物的线速度基本恒定，以保证适当张力，实现均匀卷绕。

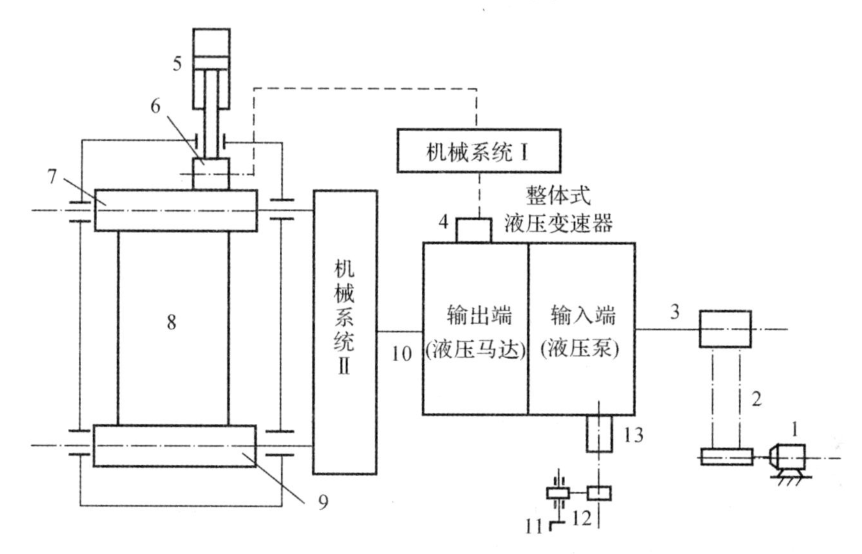

图7-43　毛呢罐蒸机卷绕机运动联系示意图

1—电动机；2—三角皮带；3—输入油；4，13—输出端变量调节机构；5—气缸；
6—小轮；7，9—胶辊；8—毛呢织物；10—输出油；11—手轮；12—链传动机构；13—变量调节机构

在该机正常使用4年多后发现，胶辊转速调节不到高速区上，即只能在低速区（约500 r/min）工作，远不能满足生产率要求。

2. 原因分析

概略检查暴露在外的机械系统Ⅰ和油箱液位，发现均正常。故推断是液压变速器内部发生了某种故障。故转而分析故障原因，寻求排除方法。

结合机器的使用说明书和实物了解到该整体式液压变速器，其输入端和输出端分别为双向变量的叶片泵和叶片马达。泵和马达轴均为水平安装。输入端前部和输出端后部的凸出部分别是泵和马达的输出端变量调节机构13和4，泵和马达通过外壳固定在附有紫铜薄壁散热管油箱的顶部。该变速器驱动功率（即电动机输入功率）为5 kW，但其整体尺寸（含油箱）仅约为长×宽×高＝600×200×700，各边尺寸单位为mm。

由于原技术文件中无液压原理图，所以经仔细分析推断认为，该液压变速器实质是一个变量泵和变量马达组成的闭式容积调速系统，根据推断试探性地绘出了液压原理图（见图7-44）。液压泵和液压马达的变量调节机构采用丝杆-螺母组成的螺旋副，并分别通过手轮和链传动进行手动和自动调节；调压部分采用6片蝶形弹簧组；变速器输入端与动力源采用柔性联结（液压泵与驱动电机通过两根三角皮带传动）。

由如下变量泵-变量马达液压系统转速特性公式可知，液压马达输出转速为

$$n_{\mathrm{m}}=\frac{V_{\mathrm{pmax}}x_{\mathrm{p}}n_{\mathrm{p}}}{V_{\mathrm{mmax}}x_{\mathrm{m}}}\eta_{\mathrm{pV}}\eta_{\mathrm{iV}}\eta_{\mathrm{mV}}$$

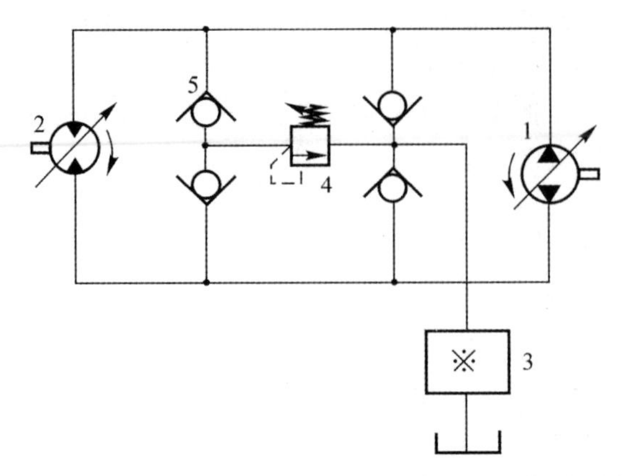

图 7-44　变量泵-变量马达闭式容积调速系统原理图

1— 变量泵；2— 变量马达；3— 真空吸入阀；4— 溢流阀；5— 单向阀

对于本系统，液压泵和马达的最大排量 V_{pmax} 和 V_{mmax} 均为常数，故影响马达输出转速 n_m 的参数只能是泵的输入转速 n_p、泵和马达的调节参数 x_p 及 x_m 以及泵、马达的容积效率 η_{pV}、η_{mV} 和管路容积效率 η_{iV}。

基于上述分析，对该液压变速器的有关部位进行了如下检查和拆解处理：

(1) 检查泵的输入转速 n_p，发现电动机与泵之间的三角皮带较松，皮带打滑会降低运转时的传动比。为此，通过调整电动机上的底座螺钉，张紧了皮带。

(2) 检查马达和泵的变量机构，发现马达的变量机构正常；但泵的变量机构中丝杆的台肩与端盖的结合面 A(见图 7-45) 有一约 1.5 mm 的磨损量，故丝杆转动时，螺母产生径向“空量”，得到的是一个“伪”x_p 值。

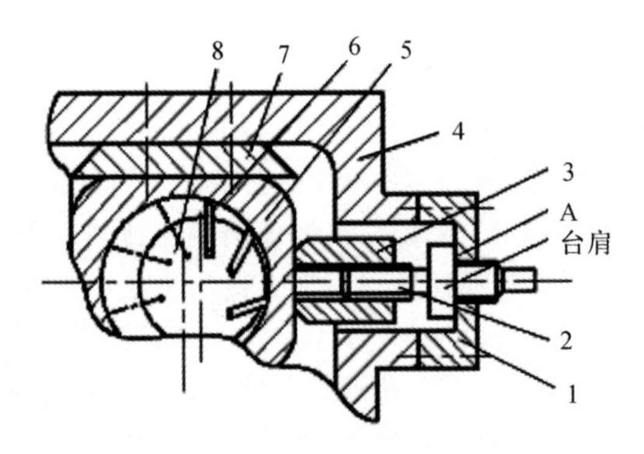

图 7-45　泵的变量机构示意图

1 —端盖；2 —丝杆；3 —螺母；4 —壳体；5 —定子环；6 —叶片；7 —滑轨块；8 —转子

3. 解决方案与效果

解决上述磨损问题的办法是在结合面处加装一相应厚度的耐磨垫圈或重新制作一丝杆，这样即可消除上述“空量”。迫于生产现场任务要求，采用了加耐磨垫圈的方法。

鉴于毛呢罐蒸机使用 4 年多以来，该液压变速器一直未更换过液压油液的情况，将原系统中所有油液排出，发现其中有少量织物纤维，油箱底都还附着大量颗状污物。考虑到这些杂质易引起液压元件堵塞和磨损，可能会导致各容积效率及吸油量下降，故对系统进行了彻底清洗。最后，重新组装并按使用要求加足新液压油液，一次试车成功，排除了上述故障，使罐蒸机及液压变速器恢复了正常工作状态，生产效率得以提高。

4. 启示

从国外引进的液压机械，在进行验收时，应重视其技术文件(原理图、特殊备件表等)的完整性；对液压机械应定期检查液压元件及系统的工作状态，并对易损零件和油液的清洁度给予足够重视。

7.3.7　工程机械用摆线液压马达输出无力的故障维修

1. 功用结构及故障现象

某工程机械作业对象为砂石水泥，其液压工作机构采用了伊顿公司的平面配流低速大扭矩多功能摆线马达，压力为 15.5 MPa，排量为 245 mL/r。该马达在工作中出现了输出无力现象。

2. 原因分析

拆检发现，与马达定子、转子端面相接触的前端盖面上和固定配流盘端面上分别有 3 道七边形波纹状的明显划伤痕迹。前端盖面上的划伤情况较轻，划伤深度较浅(见图 7-46(a))；固定配流盘端面划伤较重，划伤深度 0.1～0.2 mm、宽度 0.1～0.3 mm (见图 7-46(b))。由于前端盖面及配流盘划伤后，将使马达七个封闭油腔相互串通，造成马达内泄漏严重，从而严重影响马达输出力矩，在工作中表现为马达工作无力。该机构工作条件十分恶劣，作业对象是砂石水泥，又缺乏必要防尘措施，这使得液压油严重污染，造成马达端面运动副磨损划伤。

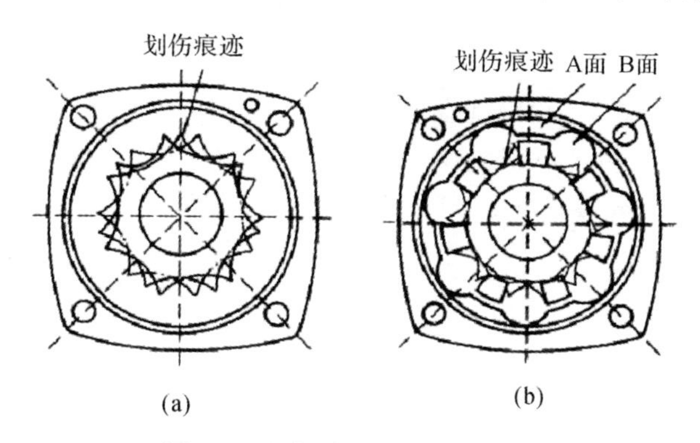

图 7-46　摆线液压马达划伤情况

(a)前端盖划伤痕迹；(b)固定配流盘端面划伤痕迹

3. 修复方法及效果

(1)因前端盖端面划伤较轻微，故可采取研磨法修复，即在研磨平台上涂上红丹粉，用 600 号研磨砂作磨料，反复研磨，最终磨去该表面上的划痕，并保证表面有最低粗糙度和最高精度。

(2)因配流盘表面划痕较深，且该表面上的 A 面比 B 面低，同时还存在密封沟槽、配油通道，故研磨时必须注意它们之间的尺寸要求。

4. 效果与启示

研磨后清洗、装配和试机表明性能良好，达到了修复的目的。为了控制因油液污染导致的磨损划伤，应采取如下措施：更换液压油，清除系统内残存的杂质颗粒及污染物；重新设置高精度过滤器；给油箱安装防尘装置，防止杂质进入油箱；加强防护措施，定期检查并换油。

7.3.8 打包回转台低速大扭矩液压马达壳体爆裂及轴端泄漏故障维修

1. 功能结构及故障现象

某热带厂十字打包回转台采用 IQJM42 - 4.0 型液压马达拖动，该马达为球塞式内曲线低速大扭矩液压马达，其额定压力 10 MPa，尖峰压力 16 MPa，排量 4.0 mL/r；输出转速 1～160 r/min，输出转矩 5 920 N·m。

该打包台自投产以来，频繁发生液压马达传动轴轴端泄漏等故障。随着产量及荷重（带钢卷重）不断增加，故障率亦成直线上升，甚至出现了马达壳体爆裂等严重事故。

2. 原因分析

（1）壳体爆裂原因：由打包台液压原理图（见图 7 - 47）可知，当电磁铁 1YA 或 2YA 通电时，三位四通电磁阀 1 切换至左位或右位，从而使液压马达 4 驱动工作机构正反向旋转 90°或 180 °（旋转角度大小取决于工作台上的按钮控制电磁铁的通电时间长短）。当两电磁铁断电时，阀 1 复至中位。此时，A - A1 腔与 B - B1 腔形成一个闭路，而十字回转台和带钢卷在锁紧装置作用下需要准确定位以进行打包工作。但十字回转台和带钢卷在惯性力作用下继续旋转，压缩或吸空封闭油腔 A - A1 与 B - B1 内液压油，使液压马达两侧造成较大压力差。十字回转台和带钢卷负荷越大，惯性力就越大，马达两侧的压力差也越大。通过在 A - A1 腔、B - B1 腔安装压力表 3 检测表明：正常旋转时，工作压力为 4～5 MPa；阀 1 处于中位时，A - A1 腔或 B - B1 腔高达 13 MPa，有时甚至达到液压马达的尖峰压力，从而导致液压马达出现故障甚至发生壳体爆裂。

（2）轴端泄漏原因：液压马达设有泄油腔，其压力一般为 0.4 MPa，泄油经回油过滤器 5 流回油箱 6。过滤器最大压降应在 0.35 MPa 以下，而实际生产中有时因未及时更换或清洗滤芯，过滤器阻力增大使其压降超过 0.4 MPa，背压超过液压马达轴端的密封许用压力，导致马达轴端漏油。

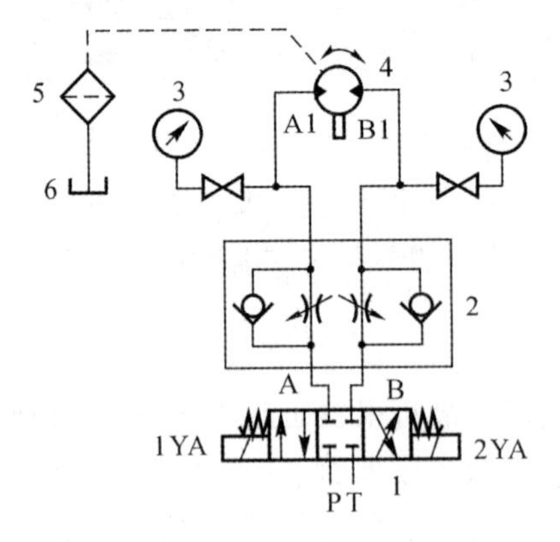

图 7 - 47　打包台液压原理图

1—三位四通电磁阀；2—双单向节流阀；3—压力表；4—液压马达；5—过滤器；6—油箱

3. 改进方法

（1）缓解瞬间压力冲击。在系统中换向阀和双单向节流阀之间增设 Z2DB10VD2 - 30/31.5

型双向溢流阀 7(见图 7－48),构成双向制动缓冲回路,并将溢流阀压力调整至 5～6 MPa(高于工作压力 1 MPa),使压缩腔内的压力一旦超过溢流阀的设定值时,就迅速向吸空腔泄放,从而保证了系统压力在允许范围内。

(2)更换过滤器及其位置。将液压马达泄油管直接接回油箱,将过滤器 5 更换为压力管路过滤器并安装至电磁阀 1 之前(见图 7－48)。这样,一旦过滤器阻力增加则会引起压降增大,而不至于液压马达轴端泄油。

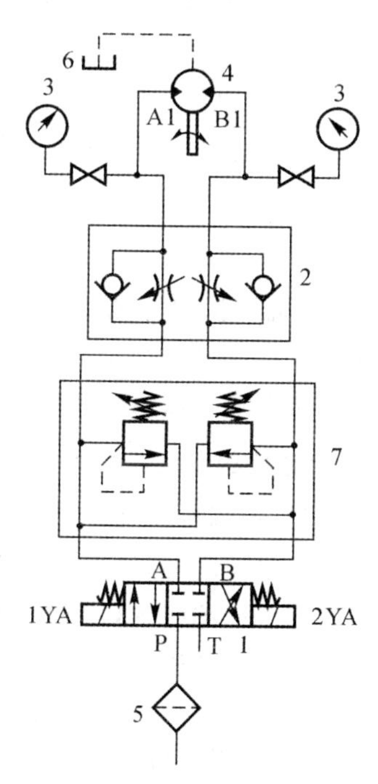

图 7－48　改进后的打包台液压原理图

1—三位四通电磁阀;2—双单向节流阀;3—压力表;4—液压马达;5—过滤器;6—油箱;7—双向溢流阀

4. 效果与启示

改进前在使用 7 个月时曾耗损液压马达 9 只之多,因液压马达故障而引起的停产时间平均为 8 h/a。改进后的 1 年内,液压马达的消耗及因液压马达故障而引起的停产时间均为 0,收到了良好效果。可见即便是优质液压马达,也要合理设计和使用其制动缓冲回路和泄油路,才能保证马达及其拖动的工作机构可靠工作。

7.3.9　几种机械设备液压缸动作速度失常故障维修典型案例

液压缸动作速度失常是多种机械设备液压系统的常见故障之一。

1. 煤气发生炉液压缸动作变慢

煤气发生炉是化肥生产企业的重要工艺装备,其多个工艺阀门的启闭多采用液压缸驱动。某企业所用炉子的液压系统在改造后运转时发现,一个工艺阀门的启闭速度较原来变慢。经检查是该工艺阀门液压缸的回油管管路的变径管处有一铁块(为系统改造时为加设蓄能器开孔时的铁块遗留此处),致使回油受阻,取出后故障消失。

2. 挖掘机斗杆液压缸动作缓慢

某液压挖掘机的斗杆缸动作缓慢，有时完全无法操作。

该挖掘机发生故障时已使用了 6 200 h，故障发生前使用良好，从另一工地转场时更换了斗杆及铲斗等工作装置。检查该机液压油箱，发现油箱底部和回油滤芯有大量的铁屑。再检查斗杆控制阀，发现阀芯有少量铁屑。查阅该机保养记录，在使用 6 000 h 时曾更换了液压油和回油过滤器滤芯等。拆检斗杆液压缸后，发现该缸严重拉缸，会造成严重内漏而影响缸的动作速度。

考虑到该机液压系统为闭式循环，液压缸在工作中拉缸产生的铁屑会随液压油进入液压系统。为此，修复故障液压缸并清洗了该机液压油箱和整个液压系统，更换液压油和回油滤芯后，该机斗杆动作恢复正常。

3. 空客 A320 前顶液压缸下降缓慢

前顶（见图 7－49）是空客 A320 飞机维护保养的支护升降工具。使用中发现：在泄压阀（放油阀）全部打开时，顶柱（活塞杆）下降得极慢（基本上看不到下降，但是实际上是在下降）。疑似故障原因是缸密封圈破损或泄压阀卡阻导致的开度过小。

4. 青储饲料收割机割台液压缸升降速度缓慢故障维修

（1）功能结构及故障现象。青储饲料收割机（见图 7－50）是一种田间自行式机械，用于把即将成熟的玉米及其青绿秸秆切割成一定长度的碎段并通过喷撒筒送入随机行走的运料车厢内。运料车将其运回倾倒入预先砌成的水泥坑窖内，用塑料薄膜封盖发酵，供牛、羊等牲畜一年内食用，以增加奶、肉产量。机器以柴油发动机为动力源，通过液压驱动进行作业。由两个相同的柱塞缸并联驱动的升降式割台是机器的主要切割工作机构，用于调节收割机构距离地面的高度，并在田间两端快速驱动割台升降以完成整机换向动作。

图 7－49　A320 前顶

图 7－50　青储饲料收割机

某型收割机产品研发中发现割台需快速升、降时，速度缓慢致使机器辅助时间过长。

（2）故障诊断及解决方案。经检查，该机液压系统采用单定量泵供油，泵的流量直接与缸速匹配，而不进行调速。系统采用管式连接，管道及液压缸并无明显外泄漏。故推断故障原因是泵的流量较小，不能满足割台液压缸升降速度要求。进一步检查发现液压泵的动力源（柴油机取力器）的转速在泵的允许转速范围的下限，导致了由此转速产生的输出流量过小。

重新设计制作取力器，提高液压泵的输入转速后，割台升降速度提高，满足了使用要求。

此例的启示是，设计液压系统时要合理配置确定各设计参数，以免因匹配不当而影响系统正常运转使用。

7.3.10　剪板机液压缸出力不足故障诊断

在某厂的双缸驱动液压剪板机使用中发现，不能将机器说明书标称厚度的钢板剪断，这说明液压缸输出力不足。影响输出力的因素是压力和结构尺寸（缸径或作用面积）。检查液压缸的工作压力已调为说明书规定值，故做进一步检查，经计算对比发现液压缸的规格尺寸不正确（比规定缸径小一档），导致了剪板机输出力不足而不能剪断标称厚度的钢板，纠正后故障消失。

7.3.11　高压工具液压缸超压故障维修

1. 功能原理及故障现象

使用防漏快速接头连接高压工具液压缸（下简称工具缸）的典型应用液压原理见图7-51。液压缸15顶升时，液压泵5的压力油经三位四通换向阀9右位、液控单向阀10和快速防漏接头12、14进入工具缸无杆腔，有杆腔经快速防漏接头13、11及换向阀排油，有杆腔压力很低。

实际工作中经常因为防漏接头不能正常接通，造成工具缸有杆腔增压效应（憋压），导致施工中工具缸胀缸或有杆腔爆管事故。

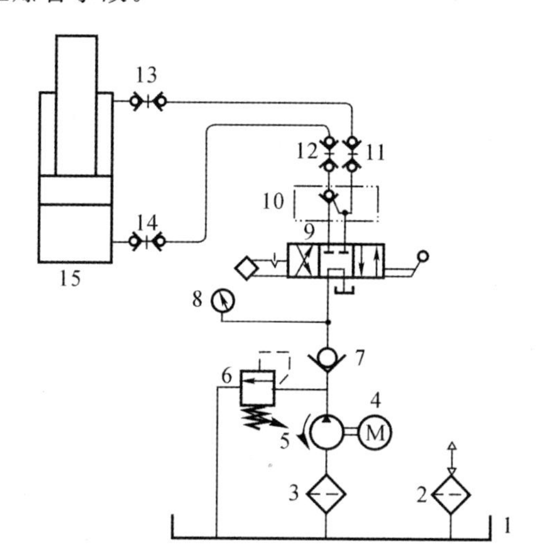

图7-51　高压工具缸防漏快速接头液压原理图

1—油箱；2—空气过滤器；3—过滤器；4—电动机；5—液压泵；6—溢流阀；7—单向阀；8—压力表；9—三位四通换向阀；10—液控单向阀；11，12，13，14—快速防漏接头；15—液压缸

2. 故障分析

排除质量问题外，故障分析如下。

（1）因工具缸推力要足够大，故额定工作压力 $p \geqslant 60$ MPa。

（2）通常要求工具缸质量小、体积小、便移动，故制造企业设计时安全系数 S 取值较小。

（3）作为主要用于顶出的工具缸，往往要求回程速度较快，速比 φ 大，有杆腔与无杆腔面积差比较大，一般 $A_2:A_1$ 为 $1:2$ 甚至 $1:4$（多级缸尤为突出；A_2 为无杆腔面积，A_1 为有杆腔面积）。

（4）防漏接头操作错误。图7-52所示为防漏快速接头典型结构，其工作原理是正常连接时，油路打开；连接断开后两端的单向阀在弹簧力作用下封闭油路，避免运输及移动过程中液压缸及油管存油漏出，污染现场。因防漏快速接头质量出了问题，或操作者在用防漏快速接头连接液压缸时，操作不到位，防漏接头没有彻底打开，导致缸的有杆腔油路不通（有杆腔油液回不到油箱），在缸顶出工况时有杆腔憋压的增压效应（见图 7－53）。而增压压力常常远超出缸的安全工作压力，从而导致胀缸或爆管事故的发生。

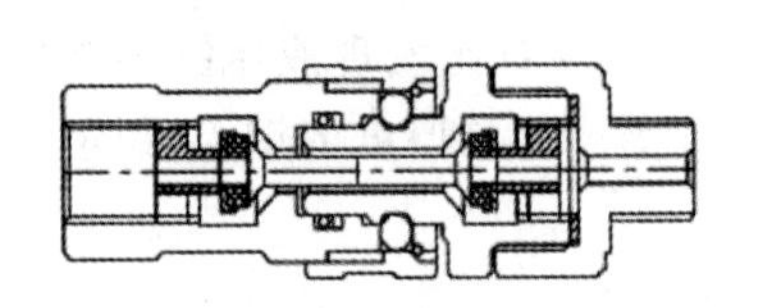

图 7－52　防漏快速接头结构图

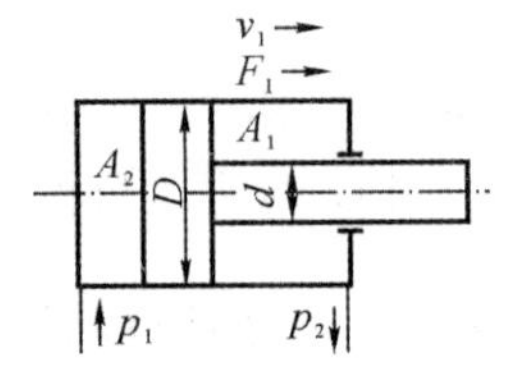

图 7－53　工具缸计算简图

正常工作时（忽略机械效率），有

$$F_1 = p_1A_1 - p_2A_2 = \frac{\pi}{4}[(p_1 - p_2)D^2 + p_2d^2]$$

$$F_2 = p_2A_2 = \frac{\pi}{4}p_2$$

增压效应出现时，有

$$v_1 = 0, F_1 = F_2$$

$$p_2 = F_1/A_2 = (p_1A_1/A_2)$$

以常用的顶升 200 t 载荷的工具缸为例，其工作压力为 63 MPa，缸径 200 mm，杆径 150 mm，行程 200 mm，两腔面积比为

$$A_1/A_2 = D^2/(D^2 - d^2) = 200^2/(200^2 - 150^2) = 2.286$$

故有杆腔憋压时实际工作压力可达

$$p_2 = (p_1 \cdot A_1/A_2) = 63 \times 2.286 = 144\ \text{MPa}$$

远远超过了 80 MPa 的安全压力。此时图 7－51 中快速防漏接头 13 不通会导致胀缸，快速防漏接头 11 不通则会导致额定压力为 60 MPa 的橡胶软管爆裂。

3. 故障排除及效果

（1）针对上述问题，尽量不在一些可不用场合采用快速防漏接头；当必须采用快速防漏接头时，须严格按照快速防漏接头的使用说明进行操作。

（2）最佳方案是对高压工具缸的结构进行技术改造，在设计时从结构上保证高压工具缸有杆腔不出现超压。改造结构之一是在高压工具缸的有杆腔加装一个安全阀（见图 7－54）。当有杆腔憋压超过 80 MPa 的安全压力时，安全阀开启卸荷，有效地解决了涨缸和爆管问题。此法可在已有液压缸的基础上方便地进行改造，但带来的新问题是安全阀工作时的喷油污染和油液浪费，且无法避免。改造结构之二是另一种加装安全阀的方法（见图 7－55），在活塞杆上加装一个事先设定压力为 15～20 MPa 的插装式溢流阀，当有杆腔憋压，出现增压效应时，溢流阀打开，向低压的无杆腔泄流，确保有杆腔压力不超压，既美观又可靠地解决了上述问题。但此结构方案需在设计加工阶段就要进行，另外在高压液压缸主要承受拉力的工况下，也不宜采用。

实践证明，改造后的系统，可靠性、安全性得到大幅度提高。

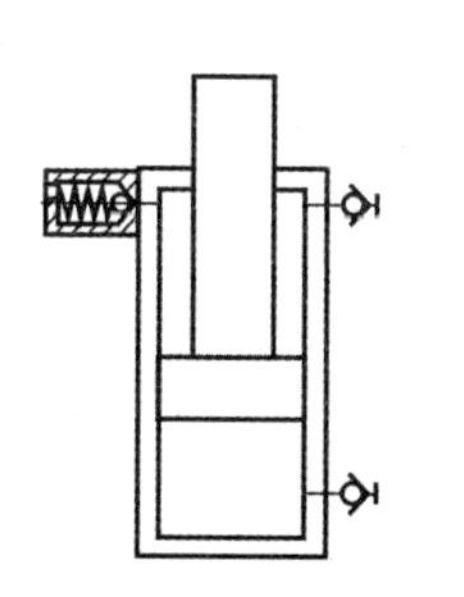
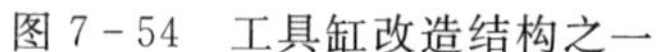
图 7-54　工具缸改造结构之一

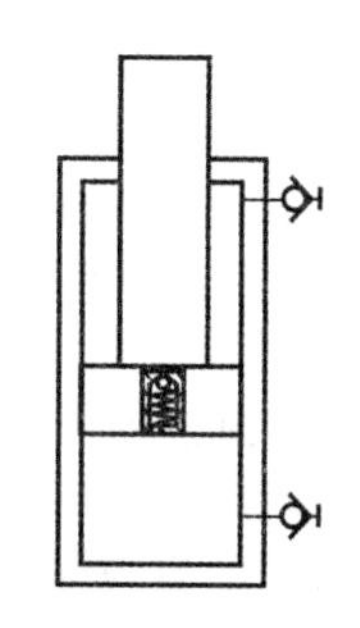
图 7-55　工具缸改造结构之二

7.3.12　高炉液压缸有杆腔螺栓断裂故障维修

某高炉下密封阀(工艺阀门)旋转液压缸缸筒缸盖组件的有杆腔螺栓出现多次断裂。原因分析及解决方法如下：

下密封阀旋转液压缸(缸径 $D=80$ mm,活塞杆直径 $d=56$ mm,行程 $L=350$ mm)有杆腔在打开瞬间的压力为 $p=38$ MPa,连接法兰因此所受瞬时最大冲击力为

$$F=pA=p\frac{\pi}{4}(D^2-d^2)=38\times10^6\times\frac{\pi}{4}\times(0.08^2-0.056^2)=9.74\times10^4\,\text{N}$$

螺栓受到的合成应力为

$$\sigma_a=\sqrt{\sigma^2+3\tau^2}\approx1.3\sigma=\frac{1.3\times4kF}{\pi d_1^2Z}=\frac{1.3\times4\times2.5\times9.74\times10^4}{\pi\times13.552^2\times6}=365.94\text{ MPa}$$

式中　k —— 变载荷时的螺栓拧紧系数,$k=2.5$；

d_1 —— 螺栓危险截面直径,$d_1=d_0-1.224\,t=16-1.224\times2=13.552$ mm；

d_0 —— 螺栓直径,$d_0=16$ mm；

t —— 螺距,$t=2$ mm；

Z —— 螺栓个数,$Z=6$。

设计时所取安全系数 $n=2$,8.8 级高强度螺栓的许用应力$[\sigma]=320$ MPa$<\sigma_a$(=365.94 MPa),可见 8.8 级高强度螺栓无法满足工况要求。这说明设计师对螺栓强度的核算未计及液压系统的瞬间冲击压力远高于最高工作压力。为此,改用 12 级高强度螺栓,取同样的安全系数,其许用应力$[\sigma]$高达 540 MPa,问题得到解决。

7.3.13　叶片泵出口串接单向阀的振动故障诊断

某液压系统欲在 PV2R 型叶片泵(流量 200 L/min)的出口直接串接单向阀(开启压力 2 MPa),用户担心因此产生振动。

事实上,单向阀的阀芯、弹簧和液压阻尼可等效为一个强迫振动系统,阀芯质量、弹簧刚度和液压阻尼决定了这一系统的自振频率,如果它与泵的流量脉动频率接近或相等,则将产生共振;反之如果两个频率不同或相差较远,即可避开共振及噪声。

7.3.14　电磁阀长时间通电发热故障诊断

某液压系统使用二位四通电磁换向阀控制夹紧液压缸的动作,用户担心夹紧动作时电磁铁长时间通电会引起电磁铁过热甚至烧损故障。

二位四通电磁换向阀是单电磁铁阀，因此使用该阀控制夹紧缸换向的正确做法是要看夹紧和松夹哪个工况持续时间长。为了避免出现电磁铁过热甚至烧损故障，使电磁铁在持续时间长的工况保持断电即可。当然，如果条件允许，改用三位四通电磁换向阀并使其在持续时间较长的夹紧工况处于断电中位并保压即可。

7.3.15　电磁阀通电后换向失常故障诊断

1. 电磁阀通电后切换不到位

某厂液压系统有一只 34E－B4BH 型电磁换向阀（见图 7－56），使用中发现该阀右位通电后总是差一点切换到位。

图 7－56　三位四通电磁换向阀

由该阀型号可知，它是一只广研中低压系列三位四通直流电磁换向阀，压力等级 B(2.5 MPa)，额定流量 4 L/min，板式连接，H 型中位机能，外泄方式。检查发现阀芯没有机械卡阻，因此，疑似故障原因是对中弹簧破损或外泄油口不顺畅。进一步检查发现在外泄油口有污染物部分堵塞通道，致使该换向阀泄油背压大、换向不彻底，清洗或换油甚至换阀即可消除故障。

2. 二位电磁阀通电后不换向故障诊断

在某车辆液压系统中有一只二位二通螺纹插装式电磁换向阀（力士乐产品，常闭机能，通径 8 mm，流量 40 L/min），调试时发现接通 220V 交流电源后不换向。检查油液是清洁的，后检查铭牌发现标有 220VRC 字样，说明这是 220V 交流本整形电磁阀，需用配套的带半波整流器件的插头（但电磁铁仍为直流）。为此，改用带半波整流器件的插头，故障消失。

7.3.16　卧式带锯床液压系统噪声大及过热故障诊断

1. 设计原理

某卧式带锯床用于棒料的锯切作业，所涉及的液压系统原理如图 7－57 所示。在正常走锯时，夹紧液压缸 13 用于夹紧棒料，其换向由三位四通电磁换向阀 10 控制；双升降进给液压缸 11、12 的活塞杆支撑导轨控制架下降进锯断料，其二位二通电磁阀 9 用于快速进给回油，单向节流阀 8 用于回油节流控制工作进给速度，缸的上、下行换向由三位四通电磁阀 6 控制。进给缸工作压力为 3～3.5 MPa，通过溢流阀 7 设定。系统的液压泵 2 为 YB1－6 型叶片泵，其排量为 6 mL/r，驱动电机的功率和转速分别为 1.5 kW 和 1 400 r/min。溢流阀 7 为 P－B6B 型低压溢流阀，其额定压力为 2.5 MPa，额定流量为 6 L/min。

2. 故障现象及原因分析

当系统工作时，泵 2 有一定的负载噪声，溢流阀 3 和回油口出油呈乳液状，油中带气泡，泵噪声加大；泵、阀以及油液温度很高，可将操作者的手部皮肤烫伤。故障原因分析如下。

(1)液压泵的流量与溢流阀不匹配。如不计泄漏，则 YB1－6 型叶片泵在转速 $n=1\ 400$ r/min 下的流量为

$$q=Vn=6\times1\ 400=8.4\ \text{L/min}$$

而 P－B6B 型溢流阀为广研中低压系列阀，其额定压力和流量分别为 2.5 MPa 和 6 L/min。该阀实际通过流量比额定值大 40%，这应是系统产生噪声和发热的主要原因。

(2)由于系统无卸荷设计,故带载启动。

(3)系统要求溢流阀调整压力为 3～3.5 MPa,但溢流阀额定压力仅为 2.5 MPa,这相当于超载 40%使用该阀,存在极大安全隐患。

(4)系统在溢流阀入口未设压力表,使得调压似“瞎子摸象”。

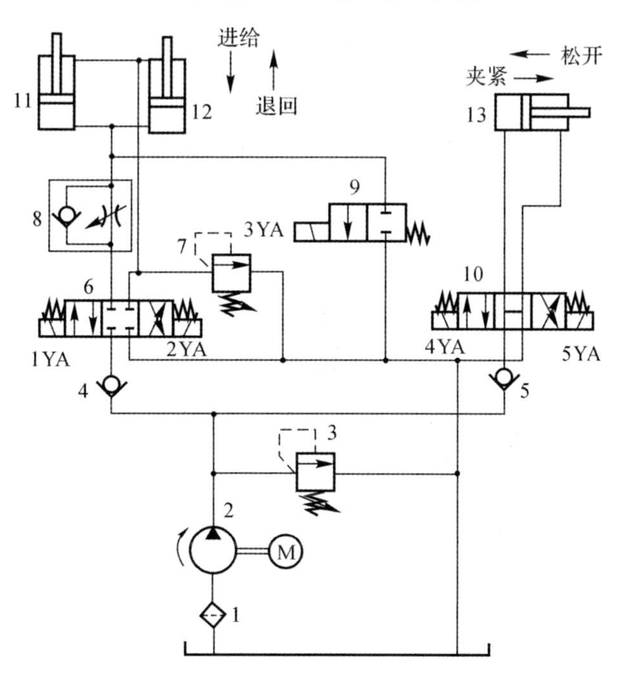

图 7 - 57　卧式带锯床液压系统原理图

1—过滤器;2—液压泵;3,7—溢流阀;4,5—单向阀;
6,10—三位四通电磁换向阀;8—单向节流阀;9—二位二通电磁阀;11,12—进给液压缸;13—夹紧液压缸

3. 改进方法

上述原设计系统所选溢流阀规格与油源流量及负载工作压力不匹配是引起系统问题的主要原因,对此提出的改进方法如下。

(1)为了解决噪声及发热问题,但又不影响运转速度的方案是:在不改变泵及电机前提下,通过改变溢流阀型号规格来实现。例如改为同系列 Y - 10B 型(或中高压系列 YF3 - 6B 型)溢流阀即可,其额定压力和流量分别为 6.3 MPa 和 10L/min。此方案较改变(重选)液压泵的成本低,结构易实现。

(2)将夹紧油路改用液控单向阀实现停电夹紧(见图 7 - 58)。但为了保证液控单向阀在意外停电后缸还能对锯料有效夹紧,在停电时换向阀的机能应使液控单向阀的控制压力能完全释放,以保证液控单向阀阀芯可靠压紧在阀座上,从而保证缸无杆腔油液封死在无杆腔,故三位四通电磁换向阀 10 应改为 H 型中位机能换向阀,此机能换向阀还可使系统实现空载启动和卸荷。

(3)增设压力表及其开关 14 及测压点 x,以便系统压力调整和监控。

此例表明:在设计液压系统时,应合理对泵和阀进行选型,以使其压力、流量与系统要求合理匹配,否则容易因此导致系统出现异常噪声和发热等不良现象;间歇工作的液压系统应设置卸荷回路,以实现空载启动和卸荷,减少高压溢流带来的能耗与发热。

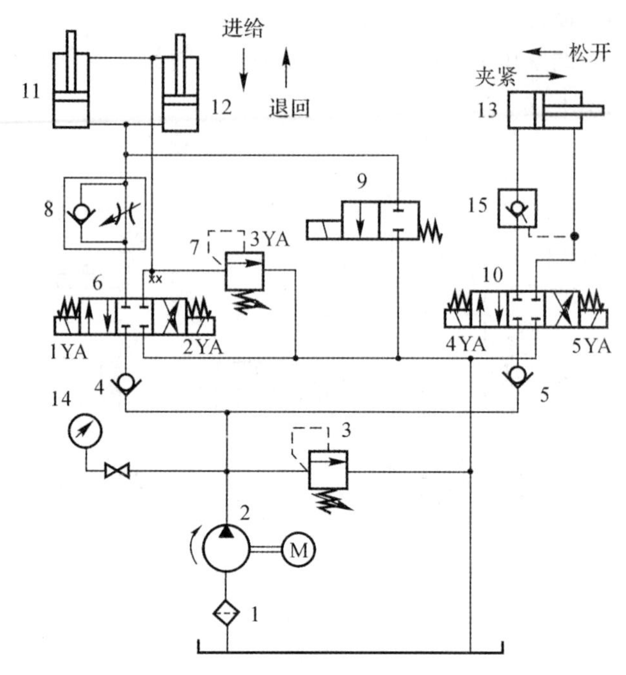

图 7－58　改进后的卧式带锯床液压系统原理图

1—过滤器；2—液压泵；3，7—溢流阀；4，5—单向阀；6，10—三位四通电磁换向阀；8—单向节流阀；9—二位二通电磁换向阀；11，12—进给液压缸；13—夹紧液压缸；14—压力表及其开关；15—液控单向阀

7.3.17　四柱万能液压机液压系统动作失常及回程振动噪声大故障维修

1. 主缸液压系统工作原理

图 7－59 为某四柱万能液压机主缸部分的简化液压系统原理图，主缸带动滑块可以完成的动作循环为快速下行→慢速加压→保压→快速回程→任意位置停留。系统的主液压泵 1 为高压大流量压力补偿式恒功率变量泵，最高工作压力为 32 MPa，由溢流阀 4 设定；辅助液压泵 2 为低压小流量定量泵，主要用作三位四通电液动换向阀 5 的控制油源，其工作压力由溢流阀 3 设定。系统的执行元件为主缸 13，其换向由电液动换向阀 5 控制；液控单向阀 9 用作充液阀，在主缸快速下行时开启，使副油箱 16 向主缸充液；液控单向阀 7 用于主缸快速下行通路和快速回程通路（阀 7 的启闭由二位四通电磁换向阀 6 控制），背压阀 8 为液压缸慢速下行时提供背压；单向阀 10 用于主缸的保压；压力继电器 11 用作保压起始的发信装置。系统的信号源除了启动按钮外，还有行程开关 XK1 和 XK2 等。

2. 故障现象

在调试和使用上述系统中发现如下两个故障：主缸不动作；主缸回程时，出现强烈冲击和巨大炮鸣声，造成机器和管路振动，影响液压机正常工作。

3. 故障原因分析与排除

（1）主缸不动作。疑似原因是主液压泵 1 未能供油或三位四通电液动换向阀 5 未动作。

1）主液压泵 1 未能供油可能原因及解决方法：主液压泵 1 转向不正确，检查发现转向正确；主液压泵 1 漏气，检查发现主液压泵正在卸荷，说明吸排油正常。从而说明主液压泵 1 可供油。

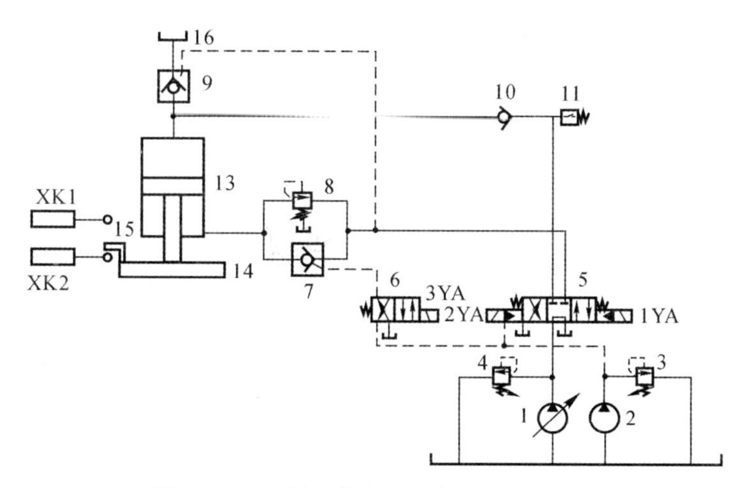

图7-59　四柱万能液压机液压系统原理图

1—主液压泵；2—辅助液压泵；3，4—溢流阀；5—三位四通电液动换向阀；6—二位四通电磁换向阀；7，9—液控单向阀；8—背压阀；10—单向阀；11—压力继电器；13—主缸；14—滑块；15—活动挡块；16—副油箱

2)电液动换向阀5未动作可能原因及解决方法：电液动换向阀5的电磁导阀未动作，检查阀的供电情况和插头连接情况，发现正常；辅助液压泵(控制泵)2故障，检查发现该泵正在经溢流阀3溢流，说明此泵无问题；控制压力太低，检查泵2出口压力，发现仅0.1 MPa，不能使电液动换向阀5的液动主阀换向。通过调整溢流阀3，将控制压力逐渐调到0.6 MPa，主缸开始动作，故障排除。

3)启示：执行元件不动作的可能原因是多方面的，如流量、压力以及方向等，泵、阀以及缸等，要逐一检查进行排除。

(2)主缸回程时出现强烈冲击和巨大炮鸣声，造成机器和管路振动，影响液压机正常工作。可能原因是主缸回程前未泄压或泄压不当。

1)原因分析：该液压机主缸内径 $D=400$ mm，工作行程 $S=800$ mm，保压时工作压力 $p=32$ MPa，保压时液压缸活塞常处于2/3工作行程处。换向时间为 $\Delta t=0.1$ s。保压时主缸工作腔油液容积为

$$V=\frac{\pi}{4}D^2\times\frac{2}{3}S=\frac{\pi}{4}\times 40^2\times\frac{2}{3}\times 80\approx 67\ 020\ \text{cm}^3$$

若不计管道和液压缸变形，则缸内油液压缩后的容积变化为

$$\Delta V=\beta V(p-p_0)$$

式中　β——油液压缩系数，取 $\beta=7\times 10^{-10}\ \text{m}^2/\text{N}$；

　　　p_0——加压前油液压力，此处认为 $p_0=0$。

计算得

$$\Delta V=1.5\ \text{L}$$

如果在保压阶段完成后立即回程，缸上腔立即与油箱接通，缸上腔油压突然迅速降低。此时即使主缸活塞未开始回程，但由于压力骤然降落，原压缩容积 ΔV 迅速膨胀，这意味着 $\Delta V=1.5$ L的油液要在 $\Delta t=0.1$ s时间内排回油箱，瞬时流量为

$$q=\Delta V/\Delta t=1.5\times 60/0.1=900\ \text{L/min}$$

这样大的流量通过直径为 $d=30$ mm的管道，引起很大冲击流速：

$$v=\frac{q}{\frac{\pi}{4}d^2}=\frac{900\times10^3/60}{\frac{\pi}{4}\times3^2}=\frac{15\ 000}{\frac{\pi}{4}\times3^2}=2.12\times10^3\ \text{cm/s}=21.2\ \text{m/s}$$

在 $\Delta t=0.1$ s 内，受压油液由 $p=32$ MPa 降至零释放的巨大液压势能可粗略估算如下：

$$\Delta E=\frac{1}{2}pq\Delta t=\frac{1}{2}\times32\times10^6\times15\times10^{-3}\times0.1=24\ 000\ \text{J}$$

如此大的流量、能量的排出和释放，必然会引发剧烈冲击、振动和惊人响声，甚至使管道和阀门破裂。

2)解决方案：主导思路是使主缸上腔有控制地释压，待上腔压力降至较低时再转入回程。

方案 1：采用卸荷阀实现释压，即在原系统增设带阻尼孔的卸荷阀 12(见图 7-60)，用该阀实现释压控制。

具体动作：当电磁铁 2YA 通电使阀 5 切换至左位后，主缸上腔尚未释压，压力很高，卸荷阀 12 呈开启状态，主液压泵 1 经卸荷阀 12 中阻尼孔回油箱。此时液压泵 1 在低压下运转，此压力不足以使主缸活塞回程，但能打开充液阀液控单向阀 9 中的卸载阀芯，使上腔释压。这一释压过程持续到主缸上腔压力降低，卸荷阀 12 关闭为止。此时泵 1 经阀 12 的循环通路被切断，油压升高并推开阀 9 中的主阀芯，主缸开始回程。

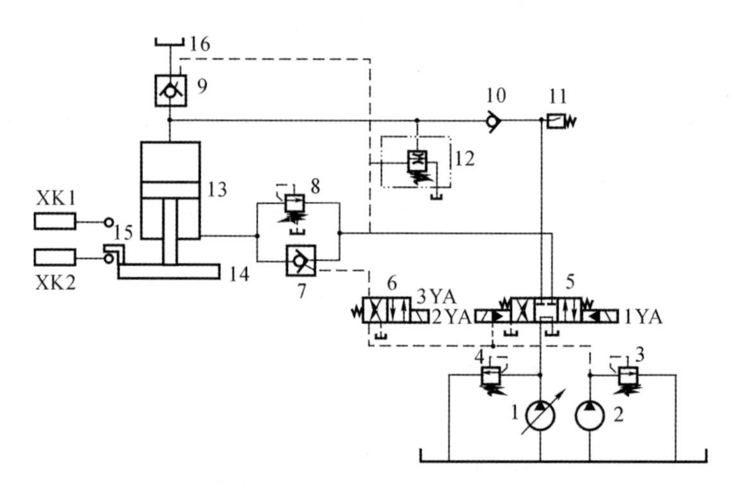

图 7-60 采用卸荷阀实现释压的四柱万能液压机液压系统原理图

1—主液压泵；2—辅助液压泵；3,4—溢流阀；5—三位四通电液动换向阀；6—二位四通电磁阀；7,9—液控单向阀；8—背压阀；10—单向阀；11—压力继电器；12—卸荷阀；13—主缸；14—滑块；15—活动挡块；16—副油箱

方案 2：单独控制充液阀实现释压，即在主缸上腔的充液阀(液控单向阀)9 用二位三通电磁阀 12 控制(见图 7-61)，实现释压。

具体动作：压制时，电磁铁 1YA 通电；保压时，1YA、2YA、3YA、4YA 均断电；回程时，先 4YA 通电，延时 2 s 由阀 9 逐渐释放保压能量，然后 2YA 通电，即可消除炮鸣声。

3)启示：大型液压机的炮鸣现象往往会造成连接螺纹松动，液压元件和管件爆裂，致使设备泄漏等，影响正常工作，所以要对此给予足够重视，设计合理的释压回路。

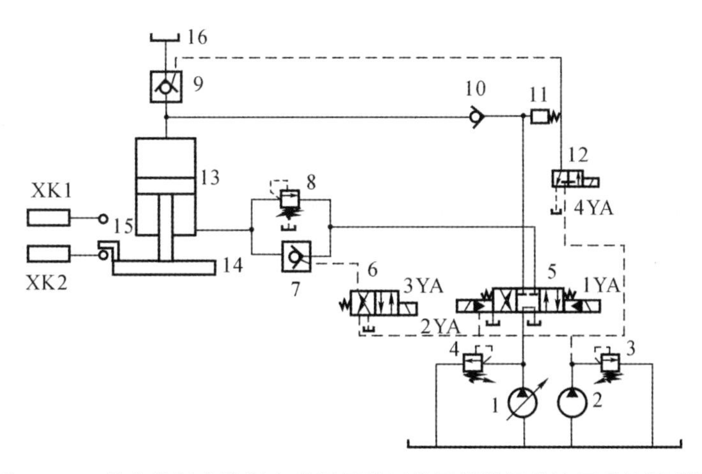

图 7-61　单独控制充液阀实现释压的四柱万能液压机液压系统原理图

1—主液压泵；2—辅助液压泵；3，4—溢流阀；5—三位四通电液动换向阀；6—二位四通电磁阀；7，9—液控单向阀；8—背压阀；10—单向阀；11—压力继电器；12—二位三通电磁阀；13—主缸；14—滑块；15—活动挡块；16—副油箱

7.3.18　滚压机床纵向进给缸启动时跳动故障

1. 功能原理

某厂使用的一台液压传动滚压机床用于工件的滚压加工，其主要动作为纵向进给，横向滚压。如图 7-62 所示为机床实物照片，横向滚压和纵向进给各采用一个液压缸执行驱动（图中仅画出进给液压缸）。液压站设置在主机右旁侧，进给液压缸与中托板相连并置于主机前下方，液压站通过管道（铜管）将压力油传递至液压缸中，从而驱动中托板和滚压刀架沿机床纵向和横向运动，实现对工件的滚压加工。

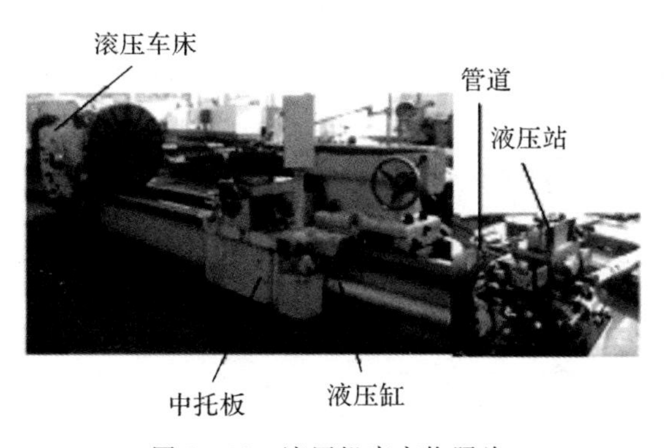

图 7-62　滚压机床实物照片

图 7-63 所示为该滚压车床液压系统原理图，该系统为单泵双回路油路结构，即定量液压泵 4 是 X 向液压缸 24 和 Z 向液压缸 25 的共用油源，泵的最高压力由溢流阀 12 设定，液压缸 24 的工作压力由电液比例溢流阀调节，液压缸 25 的工作压力由溢流阀 13 设定，液压泵工作压力的切换由二位二通电磁阀 7 控制。二位二通电磁阀 6 和 14 分别控制两条油路通断。蓄能器 22 用于吸收液压冲击和脉动，以提高工件表面加工质量。液压缸 24 和 25 的运动方向分别由三位四通电磁阀 9 和 17 控制。液压缸 24 采用回油节流调速（节流阀 10）方式，快进与工

进的速度换接采用行程控制，即通过行程开关发信使二位二通电磁阀 11 通、断电接通、断开缸 24 的回油路实现。液压缸 25 的正、反向工进均采用进油节流调速（节流阀 20 和 19）方式，快进与工进的换接也为行程控制，即通过行程开关发信使二位二通电磁阀 18 和 21 通断电接通或断开缸 25 的进油路实现。单向阀 15 为缸 25 的背压阀，在缸 25 工进时回油克服此阀背压排回油箱，用于提高缸的运动平稳性，而在缸 25 快进时，可由阀 16 短接阀 15，使缸 25 无背压回油。由液压系统的动作状态表 7 - 12 可以很容易了解各工况下的油液流动路线。

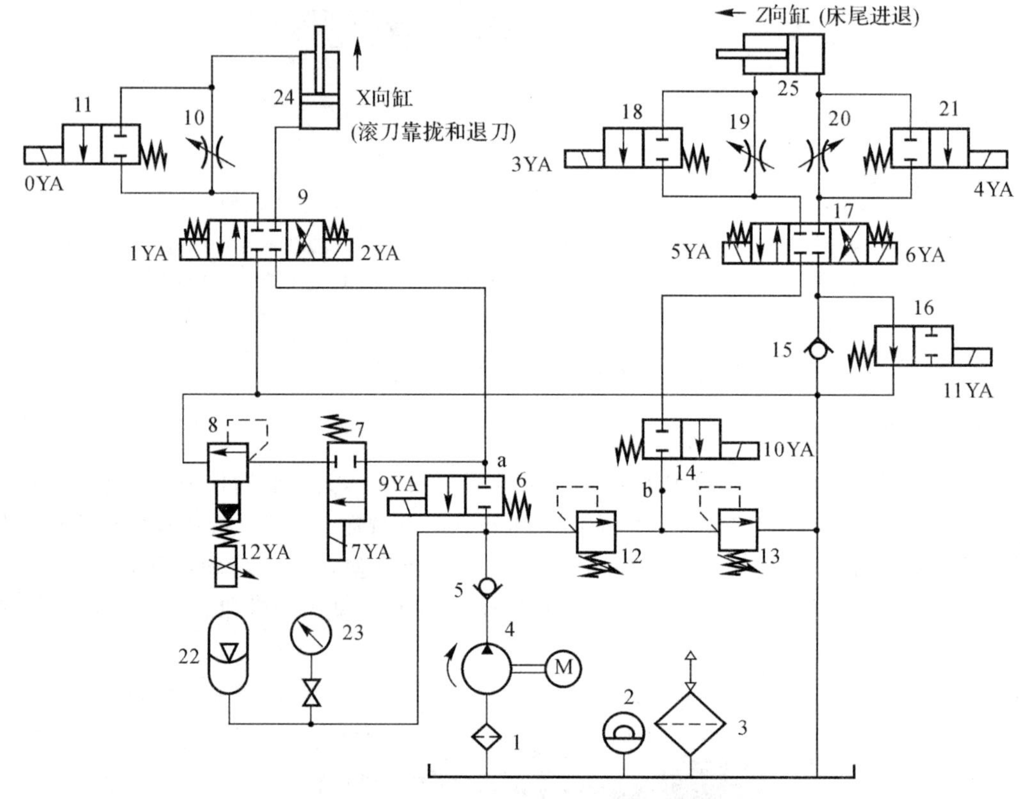

图 7 - 63　滚压机床液压系统原理图

1—过滤器；2—液压计；3—通气器；4—液压泵；5—单向阀；6，7，11，14，16，18，21—二位二通电磁阀；8—电液比例溢流阀；9，17—三位四通电磁阀；10，19，20—节流阀；12，13—溢流阀；15—单向阀；22—蓄能器；23—压力表及其开关；24，25—液压缸

表 7 - 12　滚压机床液压系统动作状态表

工况	电磁铁状态											
	1YA	2 YA	3 YA	4 YA	5 YA	6 YA	7 YA	9 YA	10 YA	11 YA	12 YA	0 YA
进刀	+							+				+
直线工进	+		+			+	+	+	+			
快进			+	+		+			+	+		
直线工退	+			+	+		+	+	+		+	
快退			+	+	+				+	+		
圆弧工进	+		+			+	+	+	+			
圆弧工退	+			+	+		+	+	+			
退刀		+						+	+			+

2. 故障现象

该机床在使用几年后频繁出现如下现象：缸 25 在工退时，启动瞬间会出现跳动，跳动距离大约 2 mm，且该现象时有时无；缸 25 偶尔也会出现无动作，致使滚刀直接扎进工件的现象。但缸 25 快退时不出现跳动，但快进时启动瞬间会出现短暂冲击。

3. 原因分析及对策

由系统原理图可看出，引起上述现象的可能原因及相应对策如下：

(1)单向阀 15 损坏。如果起背压作用的单向阀 15 中的弹簧疲劳或断裂失效，则会使缸 25 回油无背压，从而引起缸启动跳动。对此拆检修理或更换阀 15 即可。

(2)液压缸卡阻。由于缸 25 为进油节流调速，节流后热油进入液压缸 25，使其构成零件出现热膨胀，引起缸卡阻甚至无动作或不顺畅。

为此，可以在不改变油路组成和结构情况下，通过改变电磁铁 3YA 和 4YA 的通断电顺序(例如缸 25 工进时，将原 3YA 通电，4YA 断电，改变为 3YA 断电，4YA 通电)及相应电气控制线路，即可将缸 25 回路变为进退均为回油节流调速方式，从而使节流后热油排回油箱散热再进行循环。此时，节流阀 19 和 20 还对缸 25 有背压作用，可起到提高缸 25 运动平稳性的作用。

(3)电磁阀 16 换向滞后。电磁阀 16 通电后一般要滞后 0.5 s 才能达到额定吸力而换向，在此期间，缸 25 工退，其无杆腔回油直接(无背压)通油箱，加之回油腔可能形成空隙，故启动瞬间引起跳动，直至电磁阀 16 全部关闭时，消除回油腔内的空隙建立起背压(单向阀 15)后，才转入正常工退运动。解决方案之一是，更换反应速度快的电磁阀 16，迅速关闭其通道，使液压缸启动时立刻建立回油背压；之二是，因缸 25 是进油节流调速回路，故可以在开车时关小节流阀，使进入缸的流量受到限制以避免启动冲击。

(4)油路问题。因缸 25 压力油引自两溢流阀 12 和 13 的连通管路上，故溢流阀口开度大小的动态变化及卡阻情况，会使系统压力或流量波动，同时，缸 25 的压力油是经溢流阀 12 后的热油，从而导致缸 25 出现上述故障。

解决方案是保留阀 12，去掉阀 13，将缸 25 进油路 b 点移至阀 6 上方油路 a 点，由电液比例压力阀直接对缸 25 的工作压力进行调节，以消除上述故障。

上述故障原因中，背压单向阀 15 损坏属于使用方面的问题，而液压缸卡阻、电磁阀换向滞后及油路问题均属于液压系统设计不尽合理带来的问题。因此，上述解决方案中应由易到难，即首先排查单向阀，然后再考虑设计问题。

4. 启示

金属切削机床液压系统是以速度变换和控制为主的低压小流量系统，多采用定量泵供油的节流调速方式。为了保证系统有好的速度-负载特性(运动平稳性)、调节特性和散热性能等，应优先考虑采用回油节流调速，这已被工程实际大多数机床液压系统所证明。而采用进油节流调速其负面作用较多，应尽量不予采用。

7.3.19　钢板翻转机液压系统不同步故障诊断

钢板翻转机通过五个液压缸驱动的五个翻转臂翻转钢板(质量为 30 t)，这实际上就是一个简单的杠杆机构。图 7 - 64 为该机器的液压系统原理图，采用同轴刚性连接的 5 个液压马达进行同步控制，而各翻转臂以及各液压缸之间均独立工作，之间无刚性连接。

系统在现场调试中，工件在初始位置和终点位置都能正常翻动，但无论空载还是负载的情况下，五个液压缸带动的五个翻转臂翻转过程中运动不能同步(有三个能同步)，即各翻转臂之间初始夹角为0°，随着翻转过程的进行，夹角越来越大，当到达终点位置时，各翻转臂之间夹角又回到0°。为此寻求故障原因及解决方案，请读者自行分析。

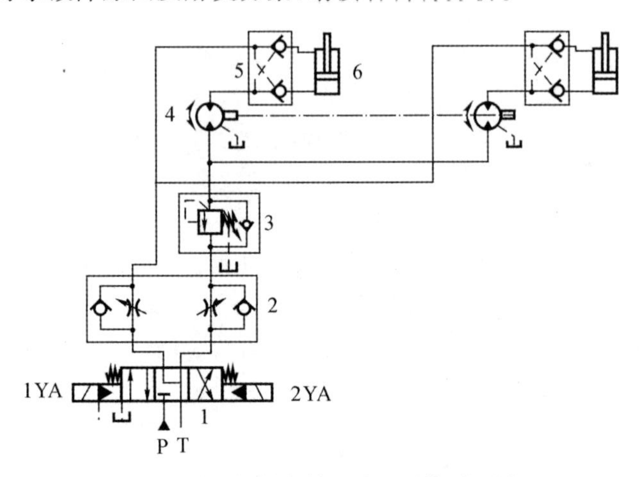

图 7-64　钢板翻转机液压系统原理图

1—电液换向阀；2—叠加式单向节流阀；3—平衡阀；5—双向定量马达(5个)；5—液压锁；6—液压缸(5个)

7.3.20　铜板生产线叠加式液压阀组严重泄漏故障诊断

某铜板生产线若干台叠加式液压阀组(见图 7-65)架设在机架之上，制品零件从机架之下通过，生产线在运转中机架振动明显。液压系统工作压力为 12 MPa，油温 60℃，每天的工作时间大约是 11 h。因阀组泄漏严重影响了制品质量和设备的运转，更换新阀后故障依旧，请读者自行分析故障原因及对策。

7.3.21　剪板机插装阀液压系统空载下行时压料缸和主缸均不能动作故障维修

1. 系统原理

剪板机由主机(见图 7-66)和液压系统等部分组成，主机的主要工作部件通常为压料装置(几个油路并联的液压缸驱动)和刀架(两个串联或并联的液压缸带动)，具有剪切平稳、操作轻便、安全可靠等优点。其工作循环：压紧→刀架下行切断→刀架回程→松开。

图 7-67 为某剪板机的插装阀液压系统原理图，其油源为定量泵 18，其最高压力由插装阀 1 及其先导阀 8 限定，远程调压与卸荷控制由三位四通电磁阀 10 和先导调压阀 11 完成；二组执行元件分别为弹簧复位的单作用压料缸和并联同步刀架主缸。压料缸与主缸的顺序动作，采用顺序阀(插装阀 6 和先导调压阀 16 组成)控制；立置主缸的自重由平衡阀(插装阀 5 和先导调压阀 15 组成)控制，主缸换向由插装阀 3 和插装阀 4 控制，14 为梭阀，主缸回程背压由插装阀 2 控制。

主缸空载下行时，电磁铁 2YA 和 3YA 通电，三位四通电磁阀 10 和二位二通电磁阀 13 均切换至右位，定量泵 18 由卸荷转为升压，其压力由先导调压阀 8 限定，插装阀 3 的控制腔卸载而开启，插装阀 2 控制腔接压力油而关闭。此时系统的进油路线为泵 18 的压力油经单向阀 9、插装阀 3，先进入压料缸使板材压紧；压紧后系统压力增高，当压力上升至顺序阀的设定值后，打开插装阀 6，压力油进入主缸上腔。回油路线为主缸下腔油液经平衡阀排回油箱。

图 7-65　泄漏的叠加式液压阀组

图 7-66　液压剪板机外形图

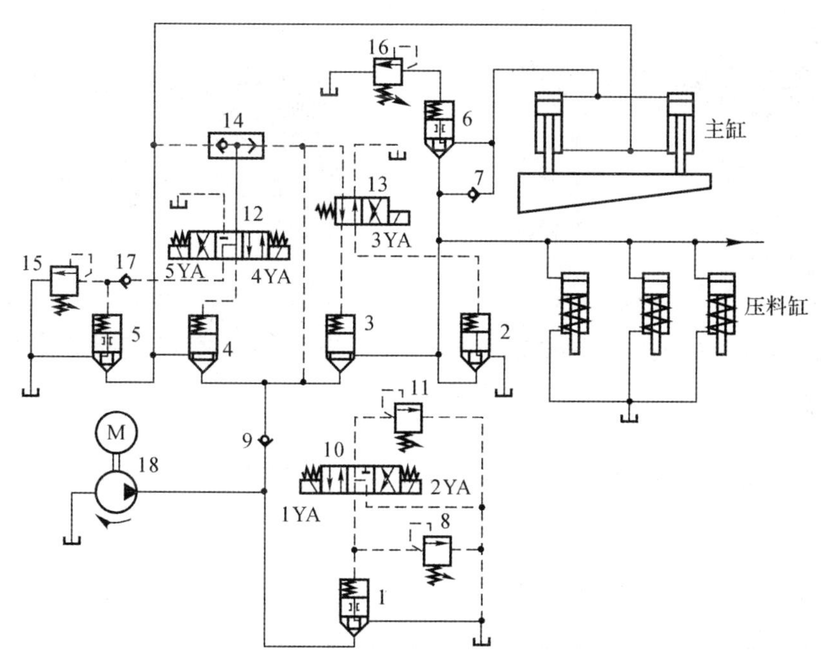

图 7-67　剪板机插装阀液压系统原理图

1,2,3,4,5,6—插装阀；7,9,17—单向阀；8,11,15,16—先导调压阀；10,12—三位四通电磁阀；13—二位二通电磁阀；14—梭阀；18—定量泵

2. 故障现象及分析排除

剪板机液压系统经维修后空载下行时，压料缸和主缸都不能动作。

下行不动的可能原因有二：一是无压力，二是无流量。首先检查压力：为了了解液压泵提供的油液有无压力及压力高低，对液压泵进行截堵法试验，即保持 4YA 和 5YA 断电，2YA 通电，让 3YA 断电，即插装阀 3 关闭。此时发现，泵后压力较高，可达到调定值，说明定量泵 18 和插装阀 1、3、4 均无问题。接着检查流量：故障目标油路应包括压料缸、插装阀 2、插装阀 6、主缸等组成的回路，即插装阀 3 后的油路，阀 2(阀本身或其控制阀 13 故障引起)或阀 6 有溢流通道，使油液经阀 2 或 6 流回油箱。先分解阀 2，发现其阀芯安放不正，重新组装后故障排除，估计该故障可能是前次维修时所致。

3. 启示

液压执行元件不动作主要原因是无压力或无流量，故应先检查压力，再检查流量；先检查油源，再检查控制阀，最后检查执行元件。液压系统维修后要注意防污染，要保证组装时的正确性。

7.3.22 钢丝压延生产线 MOOG 伺服阀控制器故障诊断

从国外引进的钢丝压延生产线液压系统有一用于调节辊距的德国产 MOOG 伺服阀(G761－3008，H19JOGM4VPH 型，额定压力为 21 MPa，额定电流为±1 500 mA)(见图 7－68)。在使用中出现了无法调节辊距的故障现象，即显示器所显示的数值为正常，而实际上启动之后无法调节辊距，亦即配套的伺服控制器(D136－001－007)(见图 7－69)无法控制伺服阀。直接更换 MOOG 控制器之后设置完参数则恢复正常。

图 7－68 MOOG 电液伺服阀

图 7－69 伺服控制器

7.3.23 石棉水泥管卷压成型机 PV18 型电液伺服双向变量轴向柱塞泵难以启动故障维修

1. 功能原理

PV18 型电液伺服双向变量柱塞泵是美国 RVA 公司生产的石棉水泥管卷压成型机液压系统的主泵，通过控制变量泵的排油压力间接对压辊装置压下力实施控制。图 7－70 为该泵的结构原理图。作为整个系统的核心部件，PV18 泵主要由柱塞泵主体 9，伺服缸 8 和控制盒 2(内装电液伺服阀 13)及用凸轮耳轴 5 与斜盘 6 机械连接的位置检测器(LVDT)3 组成，与泵配套的电控柜内，装有伺服放大器和泵控分析仪。由泵的液压原理图(见图 7－71)可知，PV 泵内还附有双溢流阀组 2，溢流阀 3 和双单向阀的溢流阀组 4 等液压元件。当泵工作时，控制压力油从油口 C 经油路 9 进入 PV 泵的电液伺服变量机构(Servo)，通过改变斜盘倾角，改变泵的流量和方向；控制压力由溢流阀 3 调定；斜盘位置可通过与 LVDT3 相连的机械指示器观测并反馈至信号端；双溢流阀组 2 对 PV 泵双向安全保护；另配的补油泵可通过油口 S 和阀组 4 向 PV 泵驱动的液压系统充液补油；由阀组 4 和阀 3 排出的低压油经油路 6 及节流小孔 7 可冷却泵内摩擦副发热并冲洗磨损物，与泵内泄油混合在一起从泄油管 8 回油箱；阀 5 为单向背压阀。PV 泵的额定压力 12 MPa，额定流量 205 L/min，额定转速 900 r/min，驱动电机功率

18 kW,控制压力 3.5 MPa,控制流量 20 L/min。PV 变量泵实质上是一个闭环电液位置控制系统,其控制原理方块图如图 7 - 72 所示。

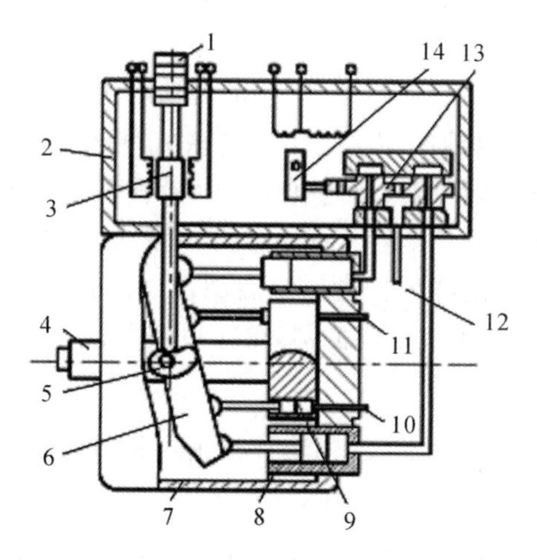

图 7 - 70　PV 型电液伺服双向变量轴向柱塞泵结构原理图

1—机械指示器;2—控制盒;3—位置检测器(LVDT);4—泵主轴;5—耳轴;6—斜盘;7—壳体;8—伺服缸;9—柱塞泵主体;10,11—泵主体进出油口;12—控制油进口;13—电液伺服阀;14—力矩马达

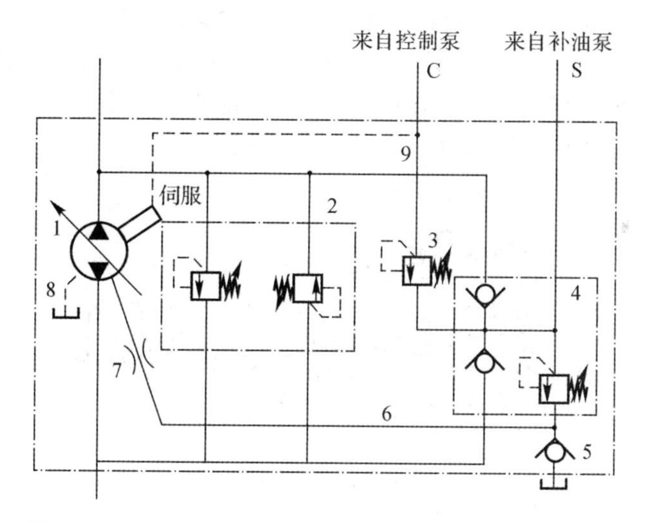

图 7 - 71　PV 型电液伺服双向变量轴向柱塞泵液压原理图

1—柱塞泵;2—双溢流阀组;3—溢流阀;4—双单向阀的溢流阀组;5—单向阀;6,9—油路;7—节流小孔;8—泄油管

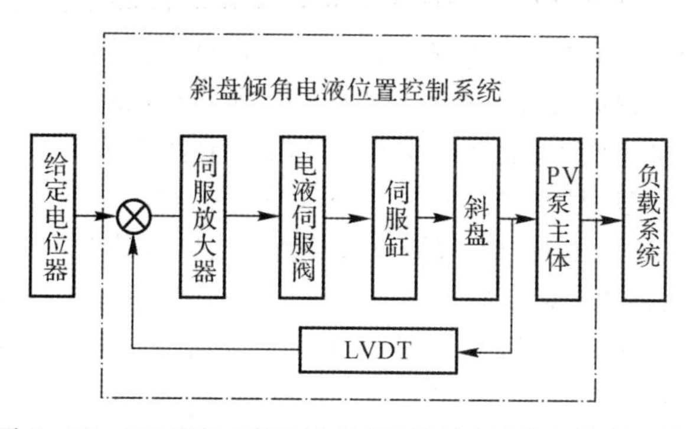

图 7 - 72　PV 泵控制原理方块图(闭环电液位置控制系统)

2. 故障现象及其分析排除

PV 泵一般情况下工作良好，但有时出现难以启动甚至完全不能启动，即开机后无流量输出的故障。

起初，试图用加大控制信号（调高电路增益）的方法解决，但未能奏效。后来经认真分析认为，石棉水泥管卷压成型机及其液压系统工作环境恶劣，粉尘较多，容易对液压系统的油液造成污染，从而引起 PV 泵内电液伺服阀堵塞和卡阻。检查果然发现：伺服阀周围有大量铁磁物质和非金属杂质，清洗后故障得以排除。进一步分析发现，该泵的控制油路原已装有 10 μm 过滤精度的过滤器，但仍出现这样的问题。这表明使用的过滤器过滤精度太低，不能满足要求，因此更换为 5 μm 纸质带污染发信过滤器，更换后效果较好。

3. 启示

电液伺服变量柱塞泵综合性能优良，但对油液清洁度要求较高，为保证其工作可靠性，应特别重视介质防污染工作。

7.3.24 轧钢机电液伺服压下系统（HAGC）管道间歇抖动故障分析诊断

1. 功能原理

轧钢机是实现金属轧制过程的机械设备，由主机（机架、轧辊及压下装置）和辅机（飞剪及拉钢机等）组成（见图 7－73）。一般所说的轧机往往仅指主机。以轧制中心线为中心，将轧机、飞剪、各种冷床拉钢机等设备的传动装置统一放在轧机的一侧，简称传动侧；而将轨机的另一侧作为主要物流通道和检修操作的空间，简称操作侧。

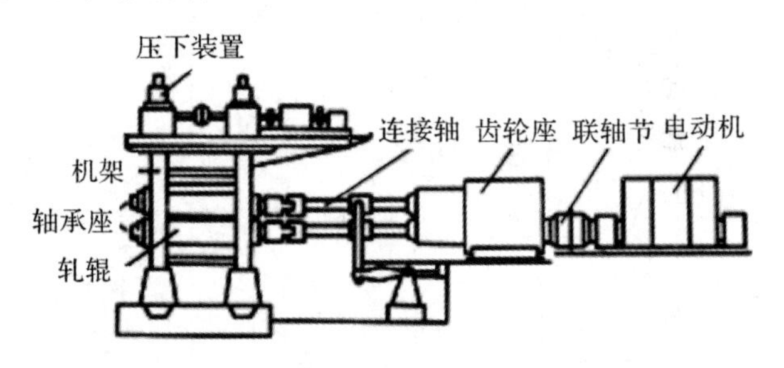

图 7－73　轧钢机结构组成示意图

轧辊调整装置（压下装置）是轧钢机的重要组成部分：通过电液伺服阀控制对液压缸流量和压力的调节来控制液压缸上、下移动的行程，从而调节轧辊辊缝值，进而实现对轧件（板材）厚度的精确控制，故称液压自动厚度控制（HAGC）。轧机液压压下装置主要由液压泵站、伺服阀台、压下液压缸、电气控制装置以及各种检测装置所组成（见图 7－74）。压下液压缸 3 安装在轧辊下支承两侧的轴承座下（推上），也可安装在上支承辊轴承之上（压下）。以上两种结构习惯上都称为压下。调节液压缸的位置即可调节两工作辊的开口度（辊缝）的大小。辊缝的检测方法主要有两种，一是采用专门的辊缝仪直接测量出辊缝的大小，二是检测压下液压缸的位移，但它不能反映出轧机的弹跳及轧辊的弹性压扁对辊缝变化的影响，故往往需要用测压仪或油压传感器测出压力变化，构成压力补偿环，来消除轧机弹跳的影响，实现恒辊缝控制。此外，完善的液压压下系统还有预控和监控系统。

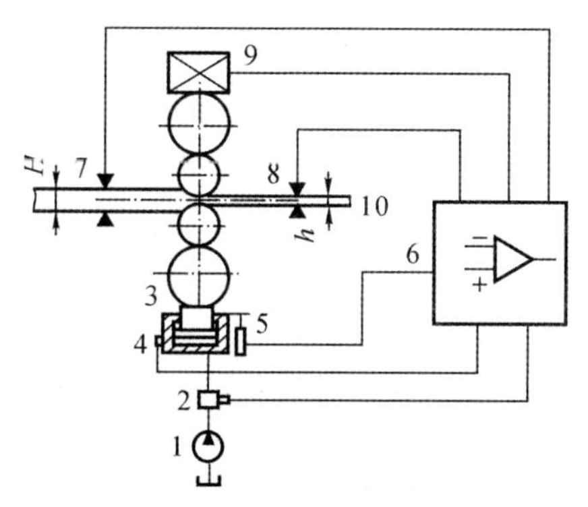

图 7-74　轧机液压压下装置结构示意图

1—压下泵站；2—伺服阀台；3—压下液压缸；4—压力传感器；
5—位置传感器；6—电控装置；7—入口测厚仪；8—出口测厚仪；9—测压仪；10—带材

图 7-75 为某轧钢机电液伺服压下系统(HAGC)原理图(伺服阀台部分)，传动侧和操作侧的油路完全相同。以传动侧为例，高压油 P_1 经过滤器 2.1 精密过滤后再经单向阀 3.1 送至伺服阀台和压下缸 A_1，压下液压缸 A_1 的位置由电液伺服阀 4.1(型号 MOOGD661-4539)控制，缸的升降即产生了辊缝的改变。电磁溢流阀 5.1 起安全保护作用，并可使液压缸快速泄油；蓄能器 1.1 用于减少液压源的压力波动。中压油 P_3 为压下缸提供背压。压下缸工作压力和背压分别由压力传感器 6.1 和 13 检测。

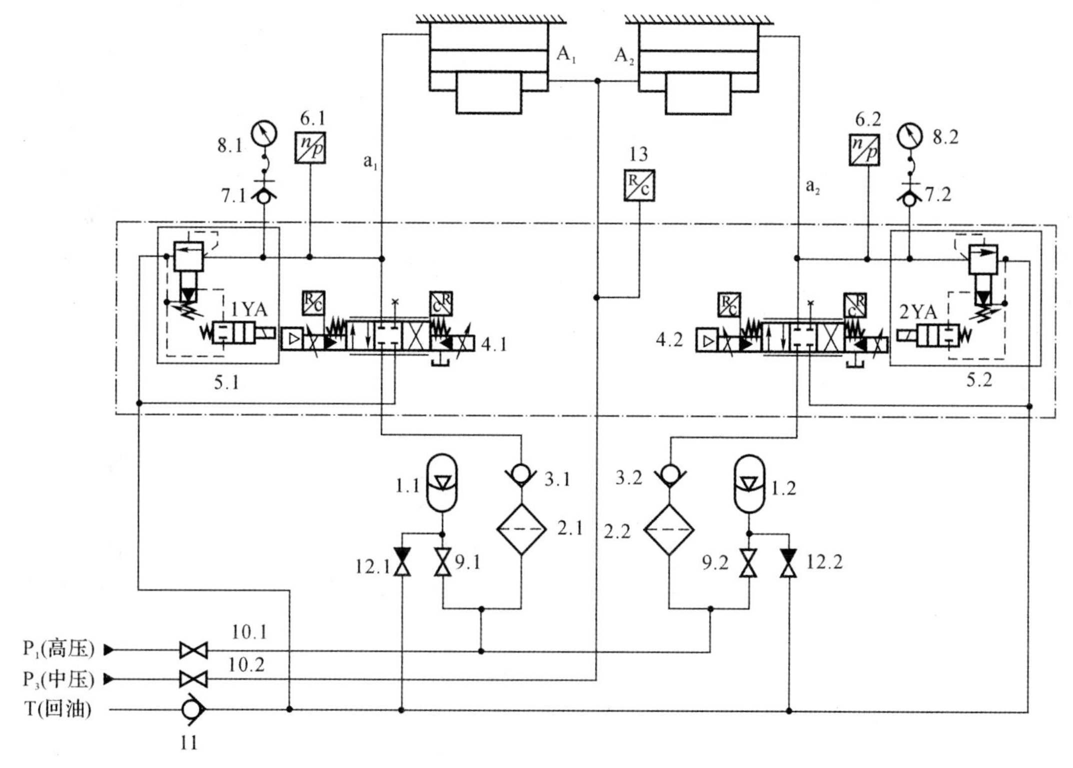

图 7-75　轧钢机电液伺服压下系统(AGC)原理图(部分)

1—蓄能器；2—过滤器；3，11—单向阀；4—电液伺服阀；5—电磁溢流阀；6，13—压力传感器；
7—测压接头；8—压力表；9，10，12—高压截止球阀；A_1—传动侧缸；A_2—操作侧缸

2. 故障现象及其诊断

上述压下系统的伺服阀台出口到传动侧之间的一段油管 a_1 在工作的时候间歇性地抖动，用手摸上去感觉油管中的流量是一股一股的流动，而操作侧的正常。

为此曾更换过伺服阀和过滤器滤芯但未能奏效。经了解，这台轧机之前因废钢时着过火，电路的线受损严重。没着火之前未发现上述抖动的现象，着火之后抖动的现象是逐渐地明显了起来(刚着完火电路恢复好时没有发现抖动)。

根据上述故障现象及描述，可采用第 5 章表 5 - 23 之方法进行排障，读者可据此作进一步分析。

7.3.25 轧机皮囊式液压蓄能器失效故障诊断

1. 功能原理及故障现象

在线棒材轧机液压系统中，泵站与阀台之间使用了皮囊式蓄能器，其具体作用有作紧急动力源使用，即当液压泵发生故障或突然停电时，蓄能器将储存的能量立即释放出来，使夹紧缸还能有效夹紧工件，以免事故发生；吸收液压冲击，避免振动和噪声，保护仪表、元件和密封装置免受损坏；消除液压脉动降低噪声，使对振动敏感的仪表及阀的损坏事故大为减少。此外，蓄能器还能补偿泄漏、作为辅助动力源和当作液压空气弹簧等使用。

皮囊式蓄能器在使用中有时会出现不能夹紧等情况，即蓄能器功能失效。

2. 原因分析及排除

功能失效故障大多是由蓄能器吞吐压力油的能力引起的，其原因大致有以下几种：

(1)充气压力 p_A 不当。过高的充气压力是导致皮囊损坏的最常见原因，因过高的充气压力会将皮囊推入进油阀，导致进油阀总成以及皮囊的损坏，故一般应保证充气压力满足 $p_A \leqslant 0.9p_2$(p_2 为系统最高工作压力)；反之，过低的充气压力以及增加系统压力没有相应增加充气压力将会使皮囊挤入充气阀而损坏，通常规定充气压力满足 $p_A \geqslant 0.25p_1$(p_1 为系统最低工作压力)，这样限制皮囊系统工作时的变形范围，可以保护皮囊，并使皮囊有必要的工作寿命。由此得到充气压力的经验取值范围为

$$0.25p_1 \leqslant p_A \leqslant 0.9p_2$$

排除此类故障的方法如下：首先应排出蓄能器内压力油，测定蓄能器内气压，给予确诊；其次要找出具体故障源，当测知充气压力低时，可能是设定值过低、充气不足、蓄能器充气嘴泄漏、皮囊破裂等；当测知充气压力过高时，可能是设定值过高、充气过量或者环境条件如温度升高所致。对症解决即可。

(2)最高工作压力过高或过低。当蓄能器最高工作压力较低时，蓄能器的供油体积比较小。这时，若用蓄能器补油保压和夹紧必然出现压力下降快、保压时间短、夹紧失效之类的故障；若用蓄能器加速、快压射和增压时，也因供油体积太小，不能补油，导致不能加速、快压射和增压。若蓄能器最高工作压力比较高(但满足要求)时，就不会产生以上故障。但最高工作压力过高时，不但不能满足工作要求，而且会损坏液压泵、浪费功率。

对此，首先应设法测定蓄能器最高工作压力。若蓄能器最高工作压力过低，可能是由于液压泵故障、液压泵吸空、调压不当、压力阀及调压装置的故障造成的。对症解决即可。

(3)相邻液压元件泄漏使蓄能器不能发挥其作用。在液压系统中，与蓄能器相连接的液压

元件有单向阀、电磁换向阀和液压缸等，这些元件常出现密封不严、卡死不能闭合、因磨损间隙过大和密封件失效，造成蓄能器在储油和供油时压力油大量泄漏，致使蓄能器不能发挥其作用。

当确定故障原因是液压元件泄漏时，首先应确定是否为与蓄能器接邻的液压元件(单向阀、液控单向阀、换向阀和液压缸等)的泄漏故障。泄漏的原因大概有阀芯和阀座密封不严、阀芯卡阻、磨损造成相对运动面间隙大以及密封元件失效等。

7.3.26　钢管加厚机单杆活塞缸节流调速系统回油路胶管爆裂故障维修

1. 功能结构及故障现象

钢管加工厂加厚机芯棒旋转采用双作用单杆活塞缸节流调速液压系统(见图 7-76(a))驱动，系统额定工作压力 14 MPa。液压缸 4 的缸径 $D=63$ mm，活塞杆直径 $d=45$ mm，行程为 $L=220$ mm，液压缸 4 的进、退动作由三位四通电磁换向阀 1 控制；液压缸 4 的运动速度采用双单向节流阀 2 回油节流控制。缸 4 有杆腔相连的回油管路为高压胶管 3，其型号规格为 19Ⅱ-1500 JB1885-77，额定压力为 18 MPa。在试生产之初，高压胶管 3 经常发生爆裂故障。

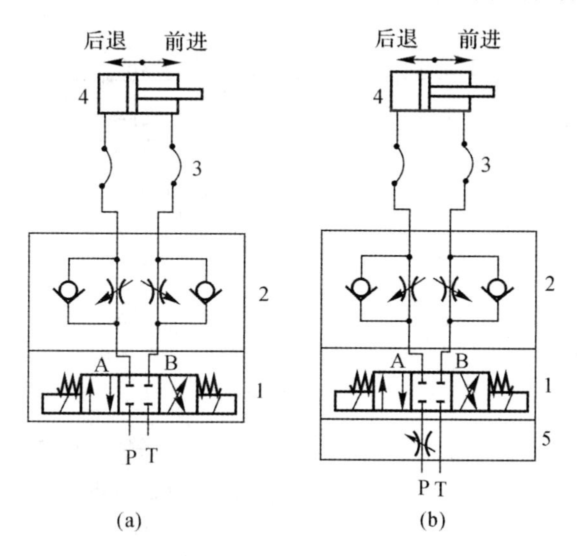

图 7-76　加厚机节流调速液压系统原理图

1—三位四通电磁换向阀；2—双单向节流阀；3—高压胶管；4—液压缸；5—节流阀

2. 原因分析

经运行跟踪分析，发现是因缸 4 在工作过程中，有杆腔出现增压所致。对于图 7-76(a)所示的系统，在液压缸匀速前进($v=$常数)时，活塞受力(见图 7-77(a))平衡方程(忽略摩擦力)为

$$p_1A_1-p_2A_2=F \tag{7-1}$$

即

$$p_1\frac{\pi D^2}{4}-p_2\frac{\pi(D^2-d^2)}{4}=F \tag{7-2}$$

式中　A_1, A_2—— 分别为无杆腔和有杆腔有效面积；

p_1, p_2—— 分别为无杆腔压力和有杆腔压力；

F—— 负载阻力。

由式(7-2)可得

$$p_2=\frac{(D/d)^2p_1}{(D/d)^2-1}-\frac{F}{\pi(D^2-d^2)/4} \tag{7-3}$$

由于芯棒旋转时阻力很小，即 $F=0$，并令缸的两腔面积比为

$$\varphi=(D/d)^2$$

则有

$$p_2=\frac{\varphi^2p_1}{\varphi^2-1} \tag{7-4}$$

将系统的有关参数代入式(7-4)得

$$p_2=\frac{(63/45)^2p_1}{(63/45)^2-1}\approx 2p_1=2\times 14=28\ \text{MPa} \tag{7-5}$$

可见在芯棒旋转液压缸前进时，其有杆腔的压力 $p_2=28$ MPa，远高于系统额定工作压力 $p_1=14$ MPa，即出现了增压现象，而且升高的压力 28 MPa≫18 MPa(胶管额定压力)，故极易引起胶管爆裂。

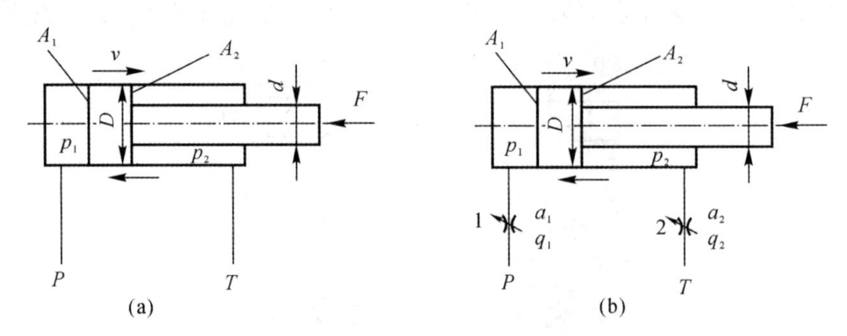

图 7-77　液压缸受力状态分析简图

3. 解决方法

在原液压系统中的三位四通电磁换向阀 1 之前进油路上增加一只节流阀 5，构成图 7-76(b)的系统原理图(液压缸 4 前进时的活塞受力情况见图 7-77(b))，拟通过联调节流阀 5 和双单向节流阀 2 以消除增压现象。由小孔流量-压力特性方程可得

节流阀 1 的流量为

$$q_1=C_da_1\sqrt{\frac{2(p-p_1)}{\rho}} \tag{7-6}$$

节流阀 2 的流量为

$$q_2=C_da_2\sqrt{\frac{2p_1}{\rho}} \tag{7-7}$$

又

$$q_1=v\,\frac{\pi D^2}{4} \tag{7-8}$$

$$q_2=v\,\frac{\pi(D^2-d^2)}{4} \tag{7-9}$$

整理式(7-6)～式(7-9)可得

$$p_2=\frac{2(a_1/a_2)^2}{8+(a_1/a_2)^2}p \tag{7-10}$$

以上各式中，p 为系统额定工作压力；a_1 和 a_2 分别为节流阀 1 和 2 的开口面积；C_d 为阀口流量系数；ρ 为油液密度。

为消除系统的增压现象，即 $p_2 < p$，则

$$\frac{2(a_1/a_2)^2}{8+(a_1/a_2)^2} < 1$$

从而

$$a_2 > 0.35a_1 \tag{7-11}$$

由此得出：只要节流阀 2 的通流面积比换向阀 1 的 0.35 倍通流面积大时，液压缸的有杆腔压力 p_2 就会低于系统的额定工作压力 $p=14$ MPa，从而消除液压缸在工作时的增压现象。

对于图 7-76(b)所示的改进后的系统，其运动状态应按如下顺序进行调整：先调整节流阀 5，使液压缸 4 的前进速度接近设定的速度；其次调整双单向节流阀 2，使缸 4 的前进速度降低至设定速度。然后，在缸 4 前进时，用压力表测量液压缸有杆腔的压力，若压力高于系统压力，可把节流阀 5 的开口面积调小，再把节流阀 2 的开口面积调大，使液压缸的前进速度达到设定值即可。

7.3.27　电接点压力表损坏故障维修

某液压系统工作压力为 25 MPa，电接点压力表量程为 0～40 MPa。在系统工作中压力表指针经常被打弯。

造成此类故障的原因多是系统压力冲击导致表针打弯。除了查找压力冲击的原因并消除之外，还可在压力表管路增设变径细管或小型节流阀，靠液压阻尼缓冲来解决问题。

7.3.28　压力机液压缸泄漏故障诊断

1. 故障现象

某压力机的箱型滑块(压头)通过四个法兰连接的液压缸和链条同步驱动对工件加载(见图 7-78 和图 7-79)。用户在使用中发现四个液压缸先后出现泄漏。漏油点分别为缸底与缸筒连接处、液压缸油口处和活塞杆从缸盖伸出处等三处外泄漏(见图 7-80)。

2. 原因分析及解决方案

此液压缸属结构尺寸不大(缸径 80 mm\杆径 40 mm\行程 400 mm)，为低载、中速、低压活塞式液压缸，工况简单，载荷变化小。液压缸缸底与缸筒采用螺纹连接，连接液压缸的管道为橡胶软管并采用胶管总成，采用 46 号抗磨液压油。漏油为外泄漏，其可能原因及解决方案如下：

(1)缸底与缸筒螺纹连接处泄漏是因为螺纹制作精度低且无防漏措施。事实上，缸底缸盖采用螺纹连接是最容易泄漏和不推荐使用的一种结构，建议采用带静密封装置的法兰连接。

(2)液压缸油口与管接头处缠绕了密封胶带，但缠绕方向可能有误，可检查改正；另外，此处可考虑加装金属橡胶组合密封件(JB 982)，以从根本上解决泄漏问题。

(3)针对活塞杆从缸盖伸出处的漏油，用户曾更换过相关密封圈，但因其沟槽尺寸及公差都会影响其压缩率，从而影响密封效果。另应检查缸前部是否设有防尘圈，并检查防法圈的状态，以免污物被带入缸内，保护密封圈不被硬质异物拉伤。

(4)用户液压站油液如果污染或时间过久未换油，都可能会带来影响，视具体情况解决即可。

图 7-78　层压机结构组成示意图

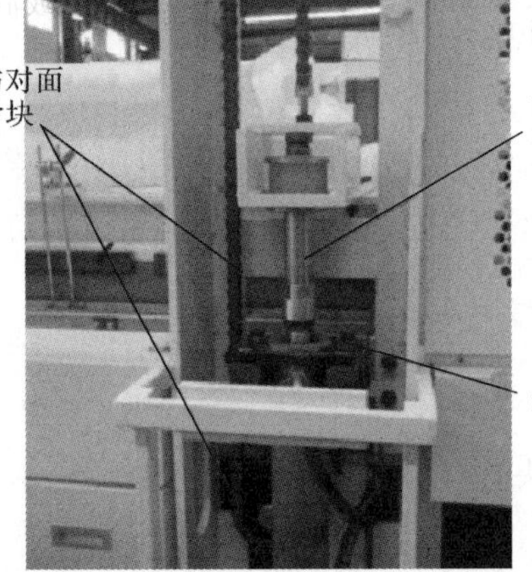

图 7-79　液压缸通过链条同步驱动滑块

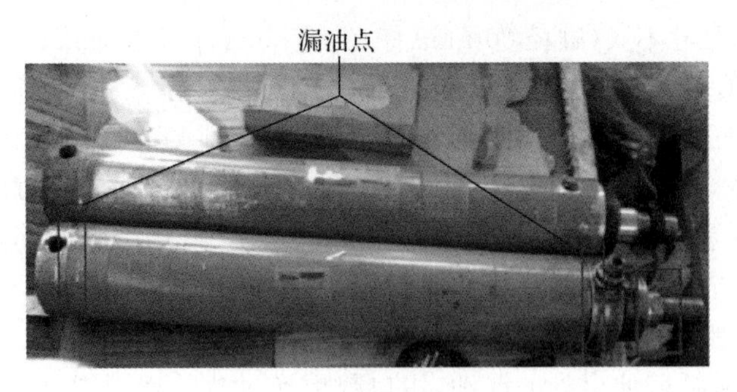

图 7-80　泄漏的液压缸

7.3.29　某国产系列注塑机液压系统维护保养方案

某国产系列注塑机液压系统维护保养方案见表 7-13。

表 7 - 13　某国产系列注塑机液压系统维护保养计划

序号	时间周期	维护保养工作
1	当发现吸油过滤器堵塞时，在屏幕上出现错误信息“滤油网故障”	更换吸油滤油器
2	每 500 个机器运转小时	检查液压油箱上油标的油位
3	500 个工作小时后	第一次更换旁路过滤器
4	每 6 个月；水质较差时，每个月	检查、清洗油冷却器
5	第一次投入运行后 1 000 机器运转小时	更换或清洗吸油滤油器
		更换液压油
6	每 2 000 个机器运转小时	更换油箱上通风过滤器的滤芯
7	在最大 2 000 个工作小时后或当自带压力表显示最大值为 5.5 bar* 时	更换旁路过滤器
8	每 5 000 个机器运转小时或至多 1 年	更换液压油
		更换或清洗吸油滤油器
		检查高压软管如有必要进行更换
		检测维修电动机
9	每 20 000 个机器运转小时或至多 5 年	更换液压缸密封圈和耐磨环
		更换高压软管
10	每 3 年	更换系统控制器电池
11	每 5 年	更换操作面板上的电池

注：所有高压软管必须每 5 年更换新的，以免因老化原因引起故障，只有崭新的软管(替代品目录中的产品)才能使用。

7.3.30　引进的 HGV 变量液压发电机系统维护及安全注意事项

引进的 HGV 变量液压发电机系统维护及安全注意事项见表 7 - 14。

表 7 - 14　HGV 变量液压发电机系统维护及安全注意事项

项目		说明	
维护	序号	时间周期	维护保养工作
	1	一天一次	检查油箱液位。当油液冷却时，液位应大约在观察孔的中间位置，油热时，应在顶部位置；确保系统无泄漏，有故障应立刻维修并在必要时重新给系统加油
	2	首次操作 50 h 后(或者 2 000 km 的里程，或操作一周后)	更换过滤器滤芯，打开油箱顶部的油滤盖，更换滤芯，清洁滤网

* 1 bar=10^5 Pa。

续表

项目		说明	
维护	序号	时间周期	维护保养工作
	3	连续使用 500 h 后(或 6 个月或 20 000 km)	更换油液滤芯,清洗油网;检查油液状况,如必要更换之;检查机械传动状况,更换磨损零件如计时皮带、润滑脂点
	4	连续使用 1 000 h 后(或 12 个月或 40 000 km)	执行上述工作,更换液压油,其推荐品种见本表液压油液
安全注意事项	1	发电机的输出电压可达 230/400 V,操作及维护人员必须符合安全规定,以避免损坏及事故	
	2	液压系统的压力可达 21(42)MPa,应严格执行高压系统的安全说明	
	3	承载设备的液压系统应根据规定流程进行维护。所有的连接件、阀及系统的软管应保持清洁以满足其技术要求	
	4	液压泄漏应立即维护以避免油液爆裂造成伤害	
	5	维护和拆卸前液压系统必须停车及减压	
	6	工作人员不要穿宽松的衣服以免被卷入工作设备	
	7	所有的液压及电气安装与维护必须由有资格、有经验的人员来操作	
液压油液		本设备可用的液压流体范围较广,根据工作温度,推荐的矿物液压油有:ISO VG325(工作温度到 70℃),ISO VG465(工作温度到 80℃),ISO VG685(工作温度到 90℃)。此外,如果其黏度及润滑效率与上述矿物油相应,合成的及生物油也可使用;车辆传动流体甚至是发动机油也可使用。特殊液压流体也允许用于设备上	

注:(1)本表摘自芬兰 Dynaset(丹纳森)公司通用说明书。

(2)当对液压系统进行任何分解、服务或维修时,必须保证操作过程绝对清洁。这对确保设备的安全、可靠及长寿命使用至关重要。

第8章　液压系统的安装、调试与运转维护

8.1　液压系统的安装

正确合理地安装、调试和规范化使用维护液压系统，是保证其长期发挥和保持良好工作性能的重要条件之一。为此，在液压系统的安装调试中，必须熟悉主机的工艺目的、工况特点及其液压系统的工作原理与各组成部分的结构、功能和作用，并严格按照设计要求来进行；在系统使用中应对其加强日常维护和管理，并遵循相关的使用维护要求。

液压系统的安装包括液压泵站（泵与原动机及其连接件、油箱及附件）、液压阀组（液压阀及其辅助连接件（油路块等））、液压缸及马达等部分的安装，其实质就是通过液压管道和管接头或油路块将这些部分逐一连接起来。安装质量的优劣，是能否保证液压系统可靠工作的关键之一，故必须合理地完成安装过程中的每一细节。

8.1.1　安装准备

安装准备工作包括如下三个方面：

（1）了解液压系统各部分的安装要求，明确安装现场的施工程序和施工方案。

（2）熟悉相关技术文件和资料，包括液压系统原理图、液压控制装置的集成回路图、电气原理图、各部件（如液压油箱、液压泵组、液压控制装置、蓄能器装置）的总装图、管道布置图、液压元件和辅件清单和有关产品样本等。

（3）落实安装人员并按清单备齐液压元件、机械及工具等有关物料，对液压元件的规格、质量按设计要求及有关规定进行细致检查，检查不合格的元件和物料，不得装入液压系统。

8.1.2　确定安装程序与方案

液压系统安装现场的施工程序和施工方案与主机的结构形式及液压装置的总体配置形式相关。按液压装置两种配置形式的特点不同，液压系统的现场安装也相应有两种程序与方案：

一是分散配置型，它是将液压泵及其驱动电机（或内燃机）、缸及马达、液压阀和辅助元件按照设备的布局、工作特性和操纵要求等分散安装在主机的适当位置上，并用管道实现系统各组成元件的逐一连接。故液压系统的安装与主机的安装，二者往往同时进行。

二是集中配置型（液压站），它通常是将液压泵站、蓄能器站等及液压阀组等独立安装在主机之外，仅将系统的执行元件与其驱动的工作机构安装在主机上，再用管道实现液压装置与主机的连接。故主机的安装和液压系统的安装既可以同时独立进行，也可以非同时独立进行。

图 8－1 所示为广泛使用的整体式液压站；图 8－2 所示为分离式液压站配置示意图，其典型应用的例子为船装液化天然气(LNG)卸料臂液压系统，其内臂缸、外臂缸、旋转缸、球阀缸及脱离缸等执行元件均安装在数十米高处，双泵液压泵站、液压阀组和蓄能器站分散安置在卸料码头场地各处，通过不锈钢管道实现上述各组成部分的连接。

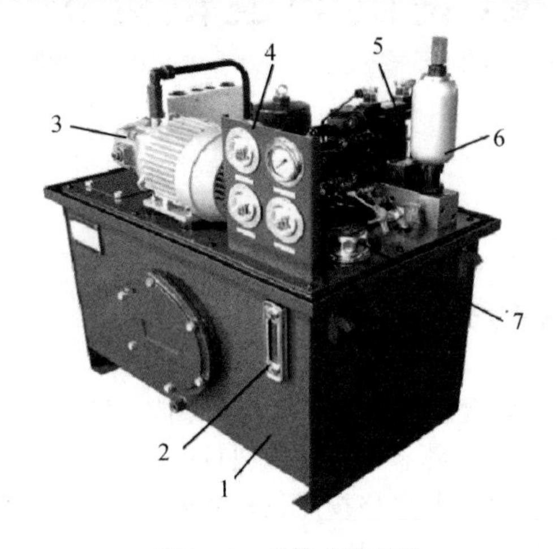

图 8－1　整体式液压站

1—油箱；2—液位计；3—液压泵组；4—测压仪表；
5—液压阀组；6—蓄能器组件；7—通气过滤器

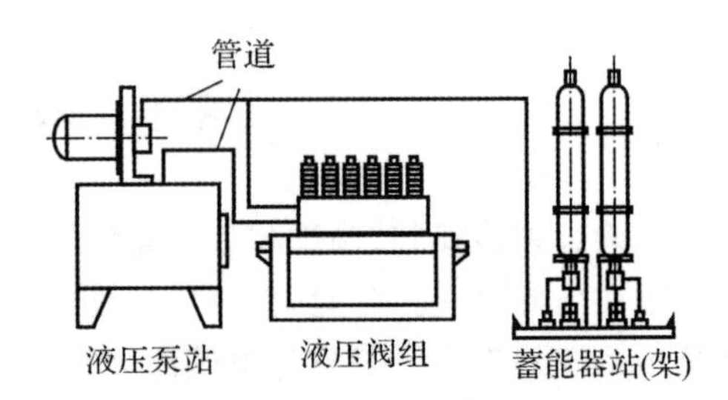

图 8－2　分离式液压站

不论何种安装程序与方案，均应根据液压机械的平面布置图对号吊装就位、测量及调整机械的安装中心线及标高点(可通过安装螺栓旁的垫板调整)，以保证液压泵的吸油管、油箱的放油口具有正确方位；安装好的机械要有适当的防污染措施；机械就位后应按需要对底座下方进行混凝土浇筑。

8.1.3　液压元件的质量检查

1. 外观检查与要求

液压元件的型号规格应与元件清单上一致；生产日期不宜过早，否则其内部密封件可能老化；压力阀和流量阀等元件上的调节螺钉、手轮(柄)及其他配件应完好无损；电磁阀的电磁铁、压力继电器的内置微动开关及电接点式压力表内的开关等应工作正常；液压元件及油路块的安装面应平整，其沟槽不应有飞边、毛刺、棱角，不应有磕碰凹痕，油口内部应清洁；油路块的工艺孔封堵螺塞或球涨等堵头应齐全并连接密封良好；油箱内部不能有锈蚀，通气过滤器、液位计等油箱附件应齐全，安装前应清洗干净。

管道的材质、牌号、通径、壁厚和管接头的型号、规格及加工质量均应符合设计要求及有关规定；硬管(金属材质的油管)的内外壁不得有腐蚀和伤口裂痕，表面凹入或有剥离层和结疤；软管(胶管和塑料管)的使用时间距生产日期不得过久。管接头的螺纹、密封圈的沟槽棱角不得有伤痕、毛刺或断丝扣等现象，接头体与螺母配合不得松动或卡涩。

2. 液压元件的拆洗与测试

液压元件一般不宜随便拆解，但对于内部污染，或出厂、库存时间过久、密封件可能自然老化的元件则应根据具体情况进行拆洗和测试。液压元件的拆洗工作必须在熟悉其构造、组成和工作原理的基础上进行；元件拆解时应对各零件拆下的顺序进行记录，以便拆洗结束组装时正确、顺利地安装；清洗时，一般应先用洁净的煤油清洗，再用液压工作油液清洗。不符合要求的零件和密封件必须更换；组装时要特别注意防止各零件被再次污染或异物落入元件内部。油箱及油路块的通油孔道也必须严格清洗并妥善保管。经拆洗的液压元件应尽可能进行试验，一般液压系统中的主要液压元件测试项目见表 8-1。测试的元件均应达到规定的技术指标，测试后应妥善保管，以防再次污染。

表 8-1　液压元件拆洗后的测试项目

元件名称		测试项目
液压泵和液压马达		额定压力、流量下的容积效率
液压缸		最低启动压力；缓冲效果；内、外泄漏
液压阀	压力阀	调压状况；启闭压力；外泄漏
	换向阀	换向状况；压力损失；内、外泄漏
	流量阀	调节状况；外泄漏
冷却器		通油和通水检查

8.1.4　液压系统的安装要求

1. 液压泵站及相关液压辅件的安装要求

(1)液压泵组的安装。尽管各类液压泵的结构不同，但是在安装方面存在许多共同点。

1)安装时首先要注意传动轴旋转方向，按要求向泵内罐(注)满油液。

2)液压泵可以安装在油箱内或油箱外，可以水平安装(见图 8-3 和图 8-4)或垂直安装(见图 8-5)。液压泵安装时应尽可能使其处于油箱液面之下(见图 8-4)；对于小流量泵，可以装在油箱上自吸(见图 8-4 和图 8-5)。对于较大流量的泵，由于原动机功率较大，不建议安装在油箱上，而应采用倒灌自吸(见图 8-6)。

3)液压泵可以采用支架或法兰安装，泵和原动机应采用公用基座。支架、法兰和基础都应有足够的刚性，以免泵运转时产生振动。

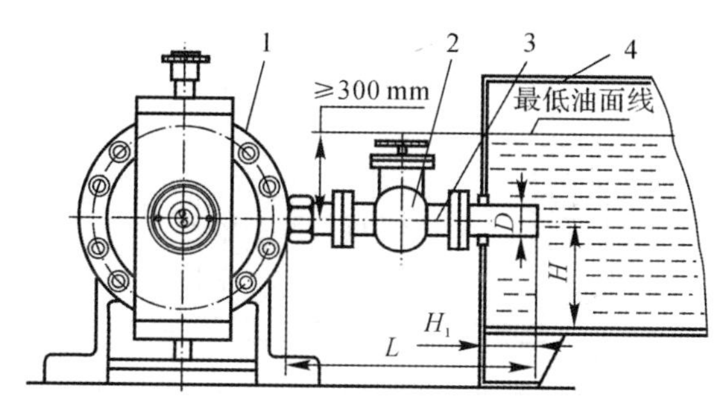

图 8-3　液压泵吸油口低于油箱液面安装

1—液压泵；2—截止阀；3—吸油管路；4—油箱

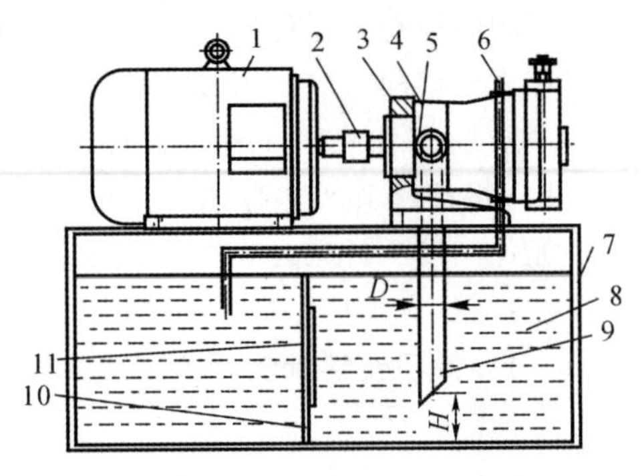

图 8-4　液压泵在油箱顶上自吸的安装

1—电动机；2—联轴器；3—泵支架；4—液压泵；5—排油口；
6—泄漏油管；7—油箱；8—油液；9—吸油管路；10—隔板；11—滤网

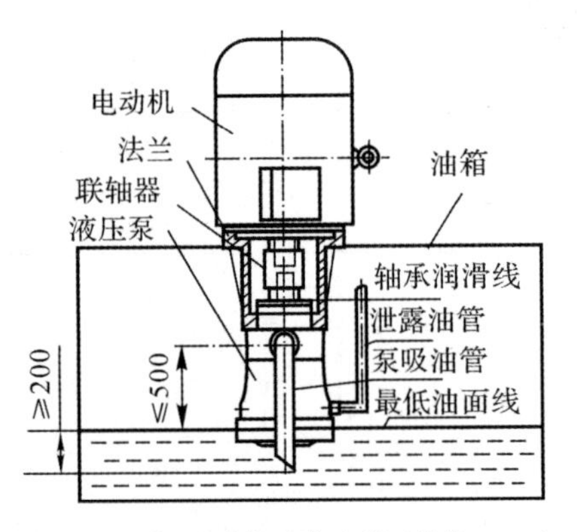

图 8-5　液压泵的垂直安装(单位：mm)

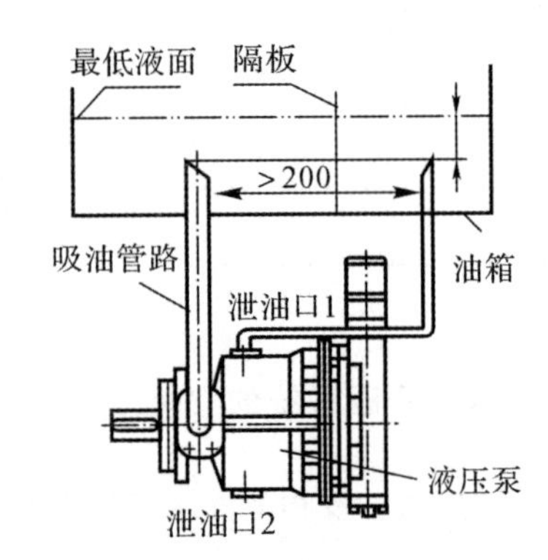

图 8-6　液压泵在油箱下面倒灌自吸的安装(单位：mm)

4)在工作环境振动不大且原动机工作平稳(如电动机)时，液压泵与原动机之间一般应采用弹性联轴器连接，联轴器的形式及安装要求应符合泵制造厂的规定。

5)若液压泵的原动机振动较大(如内燃机)，则液压泵与原动机之间建议采用皮带轮或齿轮进行连接(见图 8-7)，应加一对支座来安装皮带轮或齿轮，该支座与泵轴的同轴度误差一般应不大于 ϕ0.05 mm；泵的安装支架与原动机的公共基座要有足够的刚度，以保证运转时始终同轴。

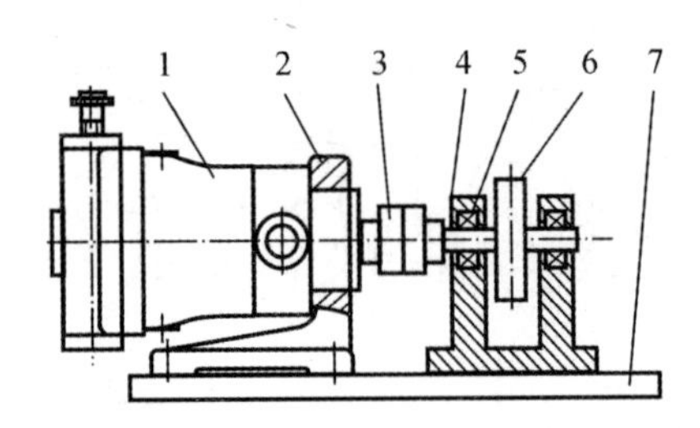

图 8-7　液压泵与原动机之间采用齿轮或皮带轮连接

1—液压泵；2—泵支架；3—联轴器；4—支座；5—轴承；6—皮带轮或齿轮；7—公用基座

6)液压泵与原动机之间或液压马达与工作机构连接完毕，应采用千分表等仪表测量、检查其安装精度(同轴度和垂直度)(见图 8-8),同轴度和垂直度偏差一般应为 0.05～0.1 mm;轴线间的倾角不得大于 1°。

7)不得用敲击方式安装联轴器,以免损伤液压泵或马达的转子;外露的旋转轴、联轴器必须设置防护罩。

8)按使用说明书的规定进行配管,液压泵(及液压马达)的接管包括进、出口接管和泄漏油管。进、出油口接管不得接反;泵的泄油管应直接接油箱。液压管道安装前应严格清洗,一般碳钢钢管应进行酸洗,并经中和处理。清洗工作应在焊管后进行,以确保管道清洁。

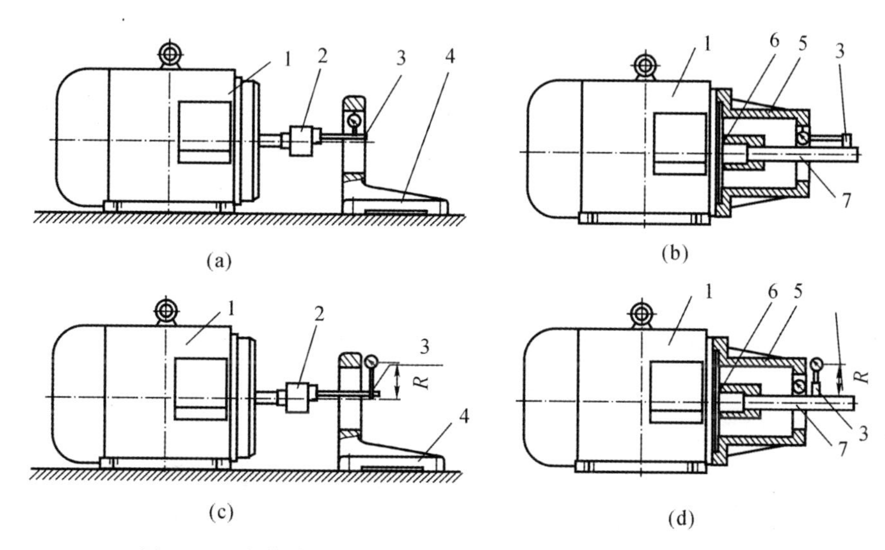

图 8-8　安装精度(同轴度与垂直度)的测量检查方法示意图

1—原动机;2—联轴器;3—磁性千分表座;4—支架;5—钟形法兰;6—原动机输出轴;7—同轴度芯轴

· 液压泵的吸油管路应短而粗,常用的吸油、回油、压油管路的管径与泵流量的关系见表 8-2;除非安装空间受限,应避免拐弯过多(管道弯头不多于两个)和断面突变,吸油管道长 $L<2\ 500$ mm(见图 8-3);泵的吸油高度应不高于 500 mm(见图 8-5)或自吸真空度不高于 0.03 MPa,以免产生气穴及气蚀现象;若采用补油泵供油,供油压力一般不超过 0.5 MPa,以免击穿有关密封件,若超过 0.5 MPa 时,要改用耐压密封件。

· 泵的吸油管路必须可靠密封,不得吸入空气,以免影响泵的性能。泵的吸、回油管口均需在油箱最低液面 200 mm 以下(见图 8-5)。

· 为了降低振动和噪声,高压、大流量的液压泵装置推荐:泵进油口设置橡胶弹性补偿接管;泵出油口连接高压软管;泵组公共基座设置弹性减震垫。

· 吸油管路一般须设置公称流量小于泵流量 2 倍的粗过滤器(过滤精度一般为 80～180 μm)。吸油管道上的截止阀(见图 8-7)的通径应比吸油管道通径大一挡。吸油管端至油箱侧壁的距离 $H_1 \geqslant 3D$,至油箱底面的距离 $H \geqslant 2D$。

· 对于壳体上具有两个对称泄漏油口的液压泵,其中一个一定要直接接通油箱,另一个则可用螺塞堵住(见图 8-6)。不论何种安装方法,其泵壳外泄油配管均应在泵轴承中心线以上(见图 8-9)。泵的泄油管背压力一般应不高于 0.2 MPa,以免壳腔压力过高造成轴端橡胶密封漏油。

表 8－2　液压泵流量与管路管径的关系

流量/(L·min⁻¹)	吸油管/mm	回油管/mm	压油管/mm	流量/(L·min⁻¹)	吸油管/mm	回油管/mm	压油管/mm
2	5～8	4～5	3～4	56	28～49	25～28	14～25
3	7～11	6～7	4～6	60	29.3～50	25～29.3	15～25
5	8～14	7～8	4～7	66	30～53	26～30	15～26
6	10～16	8～10	5～8	76	33～57	28～33	17～28
9	12～20	10～12	5～10	87	35～60	30～35	18～30
11	13～22	11～13	6～11	92	36～62	31～36	18～31
13	14～24	12～14	7～12	100	38～65	33～38	19～33
16	15～26	13～15	8～13	110	40～68	34～40	20～34
18	16～28	14～16	8～14	120	41～70	36～41	21～36
20	17～30	15～17	8～15	130	43～75	37～43	22～37
23	18～32	16～18	10～16	140	45～77	38～45	22～38
25	20～33	16～20	10～16	150	46～80	40～46	23～40
28	20～34	17～20	10～17	160	48～82	41～48	24～41
30	20～36	18～20	10～18	170	49～85	43～49	25～43
32	21～37	18～21	10～18	180	50～88	44～50	25～44
36	22～40	20～22	11～20	190	52～90	45～52	26～45
40	24～40	20～24	12～20	200	53～92	46～53	27～46
46	26～44	22～26	13～22	250	60～104	52～90	29～52
50	27～46	23～27	14～23	300	65～113	57～95	33～57

注：(1)压油管在压力高、流量大、管道短时取大值，反之取小值。

(2)压油管，当压力 $p<2.5$ MPa 时取小值，$p=2.5\sim14$ MPa 时取中间值，$p\geqslant14$ MPa 时取大值。

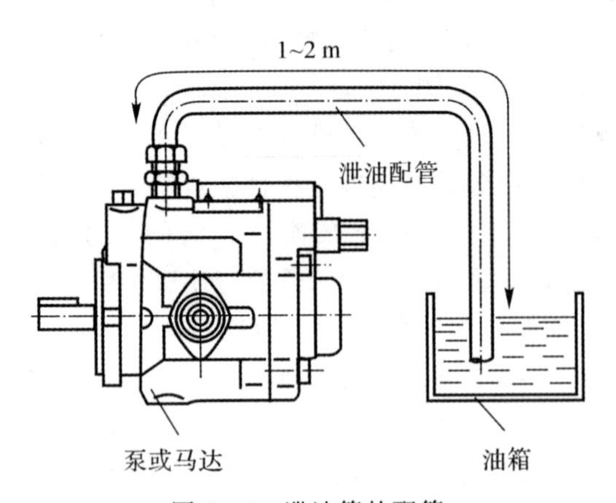

图 8－9　泄油管的配管

(2)油箱组件的安装要求(见表 8 - 3)。

表 8 - 3　油箱组件的安装要求

序号	项目要求
1	油箱的大小和所选板材需满足液压系统的使用要求
2	油箱应仔细清洗,用压缩空气干燥后,再用煤油检查焊缝质量。油箱的内表面需进行防锈处理
3	油箱底应至少高于安装面 150 mm,以便搬移、放油和散热
4	必须有足够的支承面积,以便在装配和安装时用垫片和楔块等进行调整
5	油箱盖与箱体之间、清洗孔与箱体之间、放油塞与箱体之间应可靠密封
6	开式油箱箱盖的通气过滤器与箱盖连接的密封要可靠
7	油箱侧板设置的液位计和温度计(或二者合一的液位温度计)的安装高度应符合设计图样中的规定
8	注入油箱的液压介质应符合设计图样或制造厂的规定

(3)过滤器组件的安装。应按系统所规定的位置正确安装过滤器。滤芯的过滤精度、额定流量和耐压强度等必须符合设计图样中的要求。为了指示各类过滤器何时需要清洗和更换滤芯,必须装有污染指示器或设有测试装置。

(4)控温组件的安装。油箱侧板设置的液位计和温度计(或二者合一的液位温度计)的安装高度应符合设计图样中的规定。安装在油箱上的加热器的位置必须低于油箱下极限液面位置,加热器的表面耗散功率不得超过 0.7 W/cm^2。使用热交换器,应有液压油(液)和冷却(或加热)介质的测温点,但加热器的安装位置和冷却器的回油口必须远离测温点。当采用空气冷却器时,应防止进、排气通路被遮蔽或堵塞。

(5)蓄能器组件安装(参见第 6 章)。

2. 液压马达和液压缸的安装及其注意事项(参见 3.2 节和 4.4 节)

3. 液压阀组的安装要求(见表 8 - 4)

表 8 - 4　液压阀组的安装要求

序号	内容
1	液压阀的安装方式应符合制造厂及系统设计图样中的规定
2	彻底清洗油路块等辅助连接件,以确保其表面和内部通道无有害杂质(如氧化皮、毛刺和切屑等),以免这些杂质限制流动或被冲刷出来引起任何元件(其中包括密封件和填料)失灵和(或)损坏
3	板式阀或插装阀必须有正确的定向措施
9	与电源的电气连接应符合适当的标准,例如 GB/T 5226.1。对于危险工作条件下的电控阀,应采用适当的电保护等级(例如防爆、防水)。与阀的电气连接宜采用符合 ISO 4400 或 ISO 6952 的可拆的、不漏油的插入式接头

续 表

序号	内 容
4	为了保证安全,阀的安装必须考虑重力、冲击、振动对阀芯等主要零件的影响
5	阀用连接螺钉的性能等级必须符合制造厂的要求,不得随意代换。连接螺钉应均匀拧紧(勿用锤子敲打或强行扳拧),不要拧偏,最后使阀的安装平面与底板或油路块安装平面全部接触
6	应注意进油口与回油口的方位,某些阀如将进油口与回油口装反,会造成事故。有些阀件为了安装方便,往往开有同作用的两个孔,安装后不用的一个要封堵
7	为了避免空气渗入阀内,连接处应保证密封良好。用法兰安装的阀件,螺钉不能拧得过紧,因为有时螺钉拧得过紧反而会造成密封不良。板式阀各油口处的密封圈在安装后应有一定压缩量以防泄漏
8	方向阀一般应保持轴线水平安装;一般需调整的阀件(如流量阀、压力阀等),顺时针方向旋转时,增加流量、压力,逆时针方向旋转时,则减少流量、压力
9	接线盒。指定接线盒在阀上时,应按下列要求制作:符合 GB 4208 的适当保护等级;为永久设置的端子和端子电缆,其中包括附加的电缆长度,留有足够的空间;防止电气检修盖丢失的拴系紧固件,例如带锁紧垫片的螺钉;对于电气检修盖的适当的固定装置,例如链条;带有张力解除功能的电缆接头
	电磁铁。应选择能够可靠操作阀的电磁铁。电磁铁应按照 GB 4208 的规定,防止外部流体和污垢进入
	手动越权控制。当电控不能用时,如果为了安全或其他原因需要操作电控阀,则应配备手动越权装置。该装置应不会无意中被操作,并且当手动控制解除时应自动复位
10	无论液压阀采用何种连接方式,阀的拆卸不应要求拆卸任何关联的管路或管接头,但可松开关联的管路或管接头,以便让出拆卸间隙

注:(1)液压阀组包括各种液压阀及其辅助连接件。安装时,对于某些购置不到的阀件,可用通过流量超过其额定流量40%的阀件代替。

(2)电控阀安装应注意第 9,10 点。

4. 液压管道的安装和清洗要求

一般应在所连接的设备及各液压装置部件、元件等组装并固定完毕后再进行管道安装。全部管道多分为两次安装,其大致顺序是:预安装→耐压试验→拆散→酸洗→正式安装→循环冲洗→组成液压系统。安装管道时应特别注意防振、防漏问题。在管道安装过程中,所选择的管材应符合设计图样的规定,并应根据其尺寸、形状及焊接要求等对管材进行加工。

(1)管子加工。

管子的加工包括切割、打坡口、弯管、螺纹加工等内容。管子的加工质量优劣对管道系统参数影响较大,并关系到液压系统运行的可靠性。故必须采用科学、合理的加工方法,才能保证加工质量。管子的加工要求如下:

1)管子的切割。原则上采用机械方法对管子进行切割,如切割机、锯床或专用机床等,严禁用手工电焊、氧气切割方法,无条件时允许用手工锯切割。切割后的管子端面与轴向中心线应尽量保持垂直,误差控制在 90°±0.5°之间。切割加工的管子端部应平整,无裂纹和重皮等缺陷,切割后需将锐边倒钝,并清除铁屑。

2)管子的弯曲。最好在机械或液压弯管机上对管子进行弯曲加工。用弯管机在冷状态下弯管,可避免产生氧化皮而影响管子质量。如果无冷弯设备,也可采用热弯曲方法,热弯时容易产生变形、管壁减薄及产生氧化皮等现象。热弯前需将管内注实干燥河砂,用木塞封闭管口,用气焊或高频感应加热法对需弯曲部位加热,加热长度取决于管径和弯曲角度。直径为28 mm的管子弯成30°、45°、60°和90°时,加热长度分别为60 mm、100 mm、120 mm和160 mm,弯曲直径为34 mm、42 mm的管子,加热长度需比上述尺寸分别增加25～35 mm。热弯后的管子需进行清砂并采用化学酸洗方法处理,清除氧化皮。弯曲管子应考虑弯曲半径,以免弯曲半径过小,导致出现管路应力集中,降低管路强度以及内壁起皱或外壁撕裂现象。弯曲半径一般应大于管子外径的3倍,弯制后的椭圆率应小于8%;不同规格的钢管的最小弯曲半径见表8-5。

表8-5　钢管的最小弯曲半径

钢管外径 D/mm		14	18	22	28	34	42	50	63	76	89	102
最小弯曲半径 R/mm	冷弯	70	100	135	150	200	250	300	360	450	540	700
	热弯	35	50	65	75	100	130	150	180	230	270	350

3)管端螺纹。管端螺纹应与相配的螺纹的基本尺寸和公差标准一致,螺纹加工后应无裂纹和凹痕等缺陷。

4)焊缝坡口加工。需焊接的管子其端部必须开坡口。当焊缝坡口过小时,会引起管壁未焊透,造成管路焊接强度不够;当坡口过大时,又会引起裂缝、夹渣及焊缝不齐等缺陷。坡口的加工最好采用坡口机(台式或手持式),采用机械切削方法加工坡口既经济,效率又高,而且操作简单,还能保证加工质量。手工焊接的管子的坡口形式、尺寸及角度等见表8-8。

(2)管路敷设。

1)管路敷设的一般要求和规则见表8-6。

表8-6　管路敷设的一般要求和规则

(a)管路敷设一般要求

序　号	一般要求
1	管路布置一般在所连接的元件及设备布置完毕后进行,从而限制了布置方案的多样性
2	管路敷设位置应便于装拆、维修,且不妨碍生产人员通道、维修区、操作者活动区的通畅,不妨碍液压元件和设备部件的调整、运转(如机床排屑,上、下料和机件运动)、检修和拆装等
3	管子外壁与相邻管路的管件轮廓边缘之间,应留有一段允许最小距离。同一排管路的法兰或活接头应错开一定距离,保证安装和拆卸方便,能单独拆装而不干扰其他管路或元件
4	穿墙管路的接头位置宜离开墙面足够距离。部件之间的管路,尽量采用明管以便于检修。采用敷设在地沟里的暗管时,地沟要有足够的尺寸
5	机体上的管路应尽量靠近机体,且不得妨碍机器动作
6	管子应有充分的支撑和固定,不得在元件连接面上诱发应力
7	对于由若干个独立的部分(如液压泵站、阀架、蓄能器架等)组成的液压系统,则每部分内部的管路应引到该部分的一侧结束。对外连接的各油口或接头应有与回路图上一致的标记。各油口之间要留有足够的间隙以便能单独装拆每根外部接管

续 表

序　号	一般要求
8	管子应有弯，弯管半径要足够大，但管接头附近应是直管
9	对于软管，应使其不被拉紧、不受扭曲、不被弯成过小半径、不在管接头附近弯曲，不互相摩擦也不被摩擦

(b)管路敷设布管规则

布管规则	说　明
美观性原则	管路应横平竖直，排列整齐、疏密适当
最短距离原则	这不是单纯几何意义上的直线距离最短。由于系统中元件布置、干涉问题、弯管工艺性等的影响，最短距离原则主要应考虑管路用料量及管路能量损耗
直角化原则	理论上，为了连接的需要，管道弯曲可以是任意角度。但由于施工条件的限制，在大多数情况下，金属管采用直角弯管
规避原则	管路的具体布置，一般是在所连接的元件及设备布置完毕后进行。由于不允许元件或部件的位置作较大变动，因此只能对管路的走向加以调整。规避原则，要考虑避免运动干涉及装配干涉等。并考虑避免与先前布置好的管路干涉
贴近原则	由于系统中的管路是在给定系统后布置的，例如泵站的管路布置在油箱、阀组之间，为了既有利于固定亦可节省管路用料，管路应贴近油箱表面布置
工艺原则	考虑到管道动态特性、管路压力损失和管道加工性对管道布置的影响，要求对管长、管径、弯角有所限制

2)管道敷设前，应认真熟悉管路安装图样，明确各管路排列顺序、间距与走向，在现场对照安装图，确定液压阀件、接头、法兰及支架(或管夹)的位置并画线、定位，支架(或管夹)一般固定在预埋件上，管夹之间距离应适当，过小会造成浪费，过大将发生振动。通常支架(或管夹)距离可按表 8－7 选取。

表 8－7　管道支架或支撑管夹间距　　(单位：mm)

管道外径	0～10	10～25	25～50	50～80	>80
支架间距	500～1 000	1 000～1 500	1 500～2 000	2 000～3 000	3 000～5 000

3)管道、管沟的敷设可参考图 8－10 进行。

4)软管在行走机械的液压系统中使用量大，多通过带有各种接头的耐热耐油合成橡胶软管总成实现系统连接，其安装和敷设的注意事项如下：

·软管总成要有足够的长度以便在其运动层大的位置上仍保持正确的形状。在运动最大的位置上，邻接端部接头的软管应有一段长度 A 保持不弯(见图 8－11)，这段的长度应不小于软管外径的 6 倍。

·软管的安装连接，在自然或运动状态中，其最小弯曲半径 R(见图 8－12)一般不应小于软管外径的 9 倍左右。

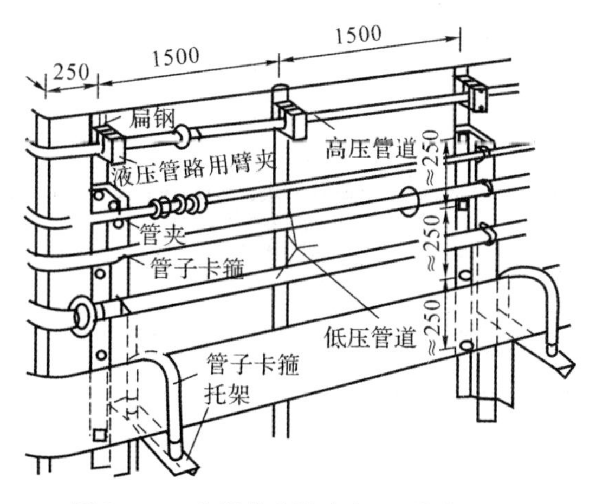

图 8－10　多根管路沿墙布置(单位:mm)

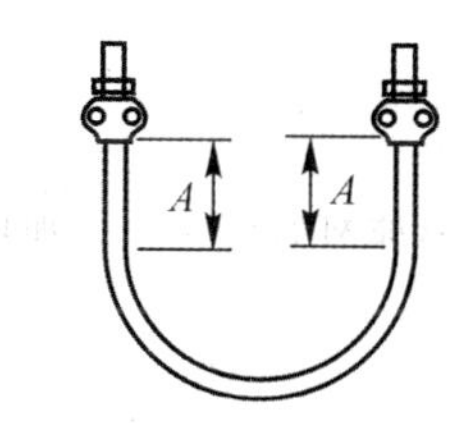

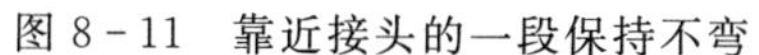

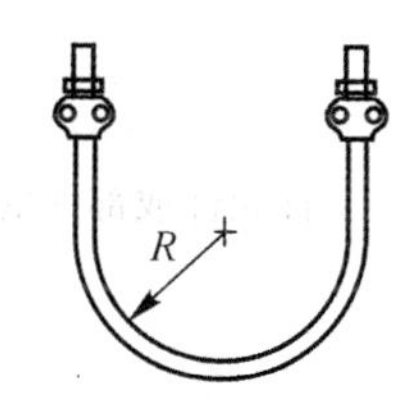

图 8－11　靠近接头的一段保持不弯　　　　图 8－12　软管最小弯曲半径

·软管连接两端应留出一点松弛以便软管伸缩(见图 8－13)。因为在压力作用下,一段软管可能发生长度变化,变化幅度为－4%～＋2%。但软管过于松弛会降低美观度。

·选择合适的软管接头并正确使用管夹,以减少软管的弯度和扭曲(见图 8－14),避免软管的附加应力使接头螺母旋松,甚至在应变点使软管爆破。安装之后可通过检查软管外皮上纵向彩色线,了解软管是否在安装时被扭曲。

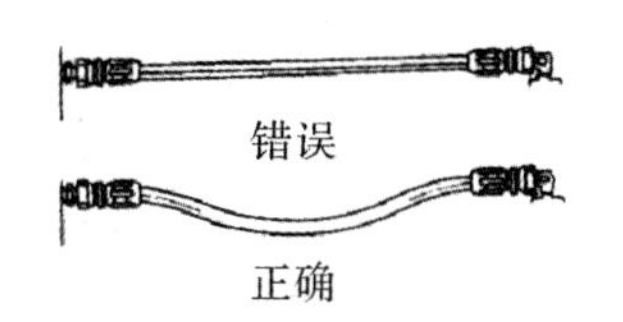

图 8－13　软管连接应该松弛

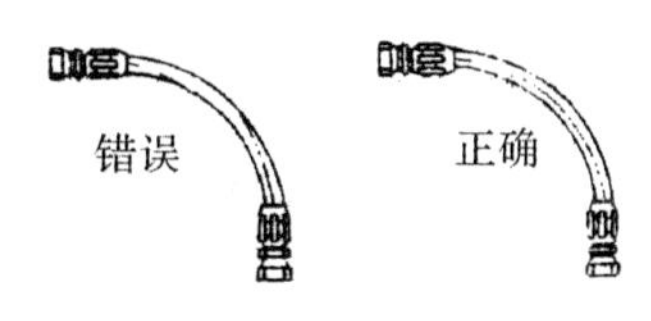

图 8－14　软管不能扭曲

·软管连接时应留出足够长度(见图 8－15),以使弯曲处得到大半径的曲线。因为弯曲处过紧会使软管窝窄并阻碍流动。软管甚至窝扁而完全断流。

·尽可能避免软管之间或与相邻物体之间的接触摩擦。当软管经过排气管或其他热源附近时,应该用隔热套管或金属隔板来隔离热源;为了减小摩擦可通过采用支架和管夹把软管固定(见图 8－16)。产生摩擦的原因通常有软管与运动机件接触、软管与尖锐棱边接触、软管十字交叉、管夹使用不当及直角接头装配不良。十字交叉是最常见的摩擦问题,任何振动都产生锯削作用,终将磨掉两个软管的保护蒙皮并损伤加固层。在十字交叉处正确地设置管夹把两根软管有效地隔开,很容易避免此类问题。

为使软管易于安装且有较长的寿命,软管应有足够的长度和较大的弯曲半径(见图 8－17)。金属的管接头没有挠性,正确的安装可以保护金属件免遭过大应力之害,并避免软管窝扁。

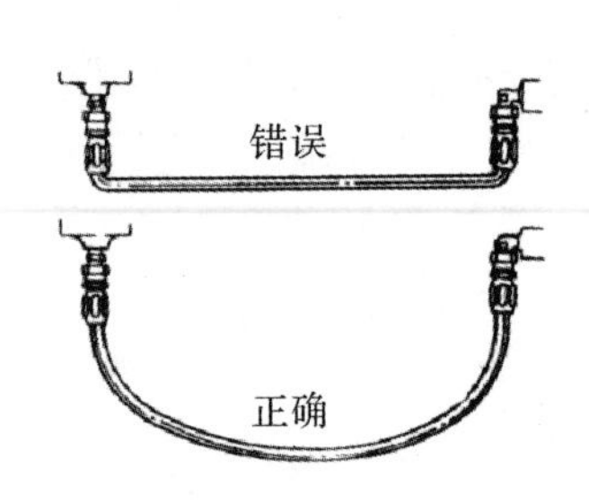

图 8-15　软管弯曲处要足够长

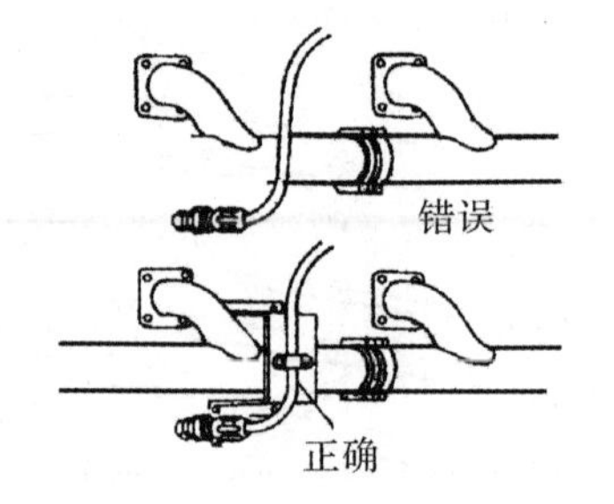

图 8-16　隔离热源和减少摩擦

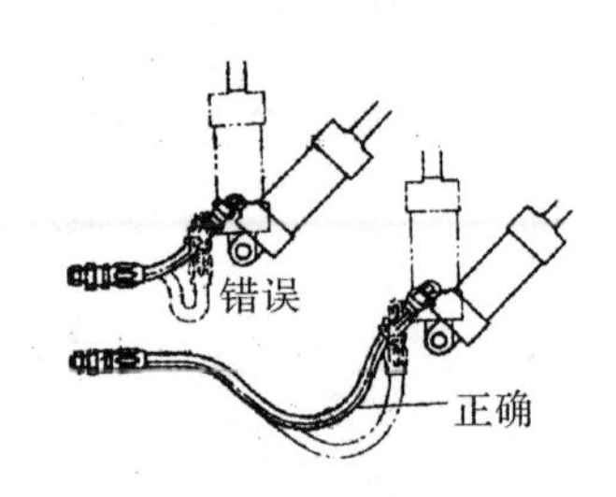

图 8-17　软管应有足够的长度和软大的弯曲半径

(3)管路焊接。

管路的焊接一般按加工坡口、焊接、检查焊缝质量等三步进行。

1)坡口的加工在焊接前进行，其要求见表 8-8。

表 8-8　手工焊接的管子的坡口加工要求

<table>
<tr><th>坡口名称</th><th>坡口形式</th><th colspan="5">坡口尺寸/mm</th></tr>
<tr><td rowspan="3">I形坡口</td><td rowspan="3"> 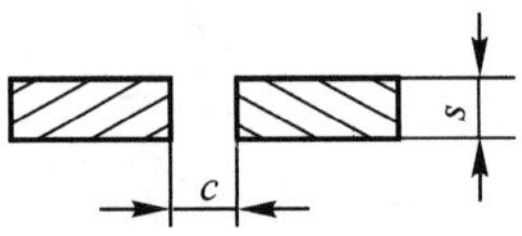</td><td colspan="2">s</td><td colspan="3">c</td></tr>
<tr><td colspan="2">1.5～2</td><td colspan="3">0+0.5</td></tr>
<tr><td colspan="2">2～3</td><td colspan="3">0+1.0</td></tr>
<tr><td rowspan="3">V形坡口</td><td rowspan="3"> 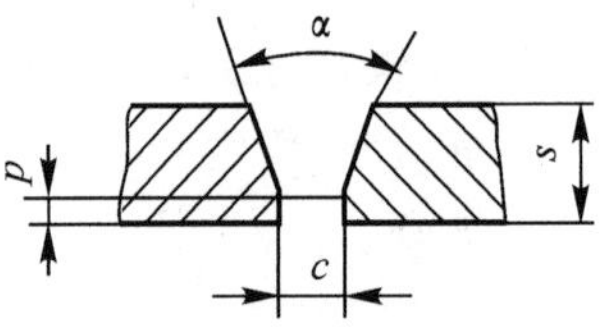</td><td>s</td><td>α</td><td>c</td><td colspan="2">p</td></tr>
<tr><td>3～9</td><td>70°±5°</td><td>1±1</td><td colspan="2">1±1</td></tr>
<tr><td>9～26</td><td>60°±5°</td><td>2^{+1}_{-2}</td><td colspan="2">2^{+1}_{-2}</td></tr>
<tr><td rowspan="2">U形坡口</td><td rowspan="2"> 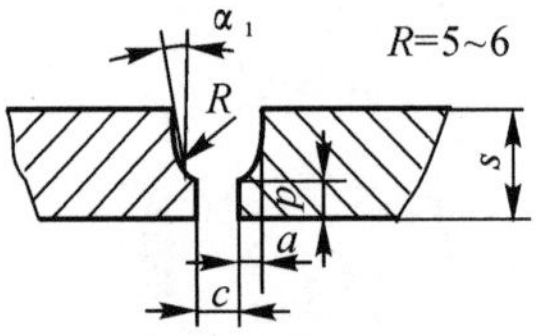</td><td>s</td><td>c</td><td>p</td><td>α_1</td><td>α</td></tr>
<tr><td>20～60</td><td>2^{+1}_{-2}</td><td>2±1</td><td>10°±2°</td><td>1.0</td></tr>
<tr><td rowspan="4">I形接头单边V形坡口</td><td rowspan="4"> 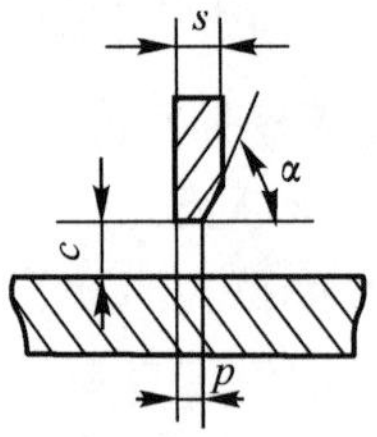</td><td>s</td><td>c</td><td>p</td><td colspan="2">α</td></tr>
<tr><td>6～10</td><td>1±1</td><td>1±1</td><td colspan="2" rowspan="3">50°±5°</td></tr>
<tr><td>10～17</td><td>2^{+1}_{-2}</td><td>2^{+1}_{-2}</td></tr>
<tr><td>17～30</td><td>3^{+1}_{-3}</td><td>2^{+1}_{-2}</td></tr>
</table>

2)焊接方法目前广泛使用的有氧气-乙炔焰焊接、手工电弧焊接和氩气保护电弧焊接等三种，最适合液压管路焊接的方法是氩弧焊接，因其具有焊口质量好，焊缝表面光滑、美观，无焊渣，焊口不氧化，焊接效率高等优点。另两种焊接方法易造成焊渣进入管内或在焊口内壁产生大量氧化铁皮，难以清除，故不要轻易采用。如遇工期短、氩弧焊工少时，可考虑采用氩弧焊焊

第一层（打底），第二层开始用电焊的方法，这样既保证了质量，又可提高施工效率。

3)焊缝质量检查项目包括：焊缝周围有无裂纹、夹杂物、气孔及过大咬肉、飞溅等现象；焊道是否整齐，有无错位，内外表面是否突起，外表面在加工过程中有无损伤或削弱管壁强度的部位等。对高压或超高压管路，可对焊缝采用射线检查或超声波检查，提高管路焊接检查的可靠性。检查不合格时，应进行补焊，同一部位的返修次数不宜超过三次。

(4)液压管道的清洗。

1)管道酸洗。管道酸洗方法目前在施工中均采用槽式酸洗法和管内循环酸洗法两种，其要点及应用见表 8－9。

表 8－9　酸洗方法

酸洗方法	要点	特点及适用场合	酸洗效果较好的工艺流程
槽式酸洗	将一次安装好的管路拆下来，分解后置入酸洗槽内浸泡，处理合格后再将其进行二次安装	槽式酸洗法较适合管径较大的短管、直管、容易拆卸、管路施工量小的场合，如泵站、阀站等液压装置内的配管及现场配管量小的液压系统	脱脂→水冲洗→酸洗→水冲洗→中和→钝化→水冲洗→干燥→喷涂防锈油(剂)→封口
管内循环酸洗	在安装好的液压管路中，将液压元器件从管路上断开或拆除，用软管、接管、清洗盖板连接，构成冲洗回路(见图 8－18)，用耐酸泵将酸液打入回路中进行循环酸洗	仅限于管道(如液压站或阀站至液压执行元件的管道)；该方法是近年来较为先进的施工技术，具有酸洗速度快、效果好、工序简单、操作方便，减少了对人体及环境的污染，降低了劳动强度，缩短了管路安装工期，解决了长管路及复杂管路酸洗难的问题，使得槽式酸洗易发生装配时的二次污染问题从根本上得到了解决；该方法已在大型液压系统管路施工中得到广泛采用	水试漏→脱脂→水冲洗→酸洗→中和→钝化→水冲洗→干燥→涂防锈油(剂)→封口

注：槽式酸洗法和管内循环酸洗法的具体要求应按 GB 50231《机械设备安装工程及验收通用规范》、JB/T 6996《重型机械液压系统通用技术条件》等有关规范进行。表 8－10 列出了冶金液压、气动安装调试规程中关于上述两种酸洗方法的配方及工艺参数规定，供参考。酸洗后，管道内壁应无附着物；用盐酸、硝酸或硫酸酸洗时管道内壁呈灰白色；用磷酸酸洗时管道内壁呈灰黑色。

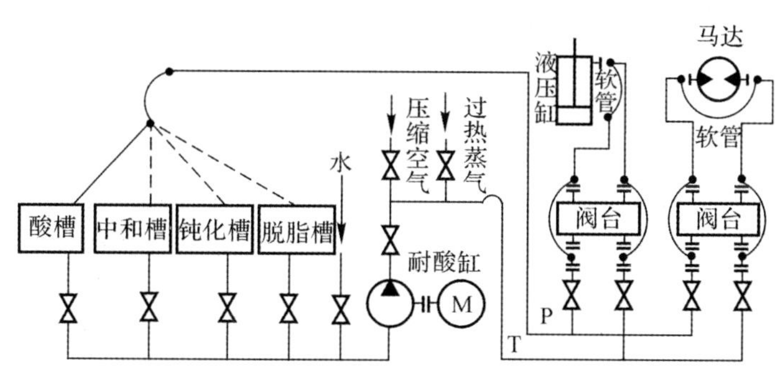

图 8－18　循环酸洗回路图

表 8-10　两种酸洗方法的配方及工艺参数

	溶　液	成　分	浓度/(%)	温度/℃	时间/min	pH 值
槽式酸洗	脱脂液	氧化钠	8～10	60～80	240	1
		碳酸氢钠	1.2～2.5			
		磷酸钠	3～4			
		硅酸钠	1～2			
	酸洗液	盐酸	12～15	常温	240～360	1
		乌洛托品	1～2			
	中和液	氨水	1～2	常温	2～4	10～11
	钝化液	亚硝酸钠	8～12	常温	10～15	8～10
		氨水	1～2			
循环酸洗	脱脂液	四氯化碳		常温	30	—
	酸洗液	盐酸	10～15	常温	12～240	—
		乌洛托品	1			
	中和液	氨水	1	常温	15～30	10～12
	钝化液	亚硝酸钠	10～15	常温	25～30	10～15
		氨水	1～3			

注:本表选自《冶金部件液压、气动安装调试规程》。

管路安装完成后要对管道进行酸洗处理和循环冲洗。酸洗的目的是通过化学作用将金属管内表面的氧化物及油污去除,使金属表面光滑,保证管道内壁的清洁。管路用油进行循环冲洗,必须在管路酸洗和二次安装完毕后的较短时间内进行,其目的是清除管内在酸洗及安装过程中以及液压元件在制造过程中遗落的机械杂质或其他微粒,达到液压系统正常运行时所需要的清洁度,保证主机设备的可靠运行,延长系统中液压元件的使用寿命。

2)循环冲洗。酸洗合格后,须用油对管路进行循环冲洗。

a. 循环冲洗的方式。较常见的主要有液压系统内循环冲洗、液压系统外循环冲洗,管线外循环冲洗等循环冲洗方式。系统内循环冲洗一般指液压系统在制造加工完成后所需进行的循环冲洗。系统外循环冲洗一般指液压站到主机间的管线所需进行的循环冲洗。管线外循环冲洗一般指将液压系统的某些管路或集成块,拿到另一处组成回路,进行循环冲洗,冲洗合格后,再装回系统中。通常采用液压系统外循环冲洗方式,也可根据实际情况将后两种冲洗方式混合使用,达到提高冲洗效果、缩短冲洗周期的目的。

b. 冲洗回路的确定。泵外循环冲洗回路有两种类型:串联式冲洗回路(见图 8-19),其优点是回路连接简便、便于检查、效果可靠,但回路长度较长;并联式冲洗回路(见图 8-20),其优点是循环冲洗距离较短、管路口径相近、方法容易掌握、冲洗效果较好,但回路连接烦琐,不易检查确定每一条管路的冲洗效果,冲洗泵源较大。为克服并联式冲洗回路的缺点,也可在原回路的基础上将其变为串联式冲洗回路(见图 8-21),但要求串联的管径相近,否则将影响冲洗效果。

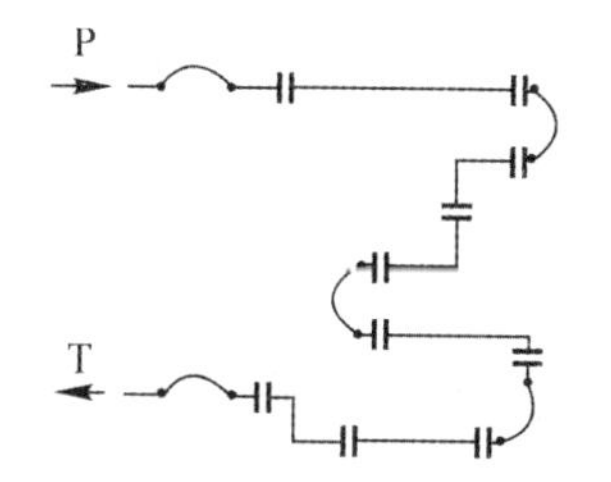

图 8-19　串联式冲洗回路

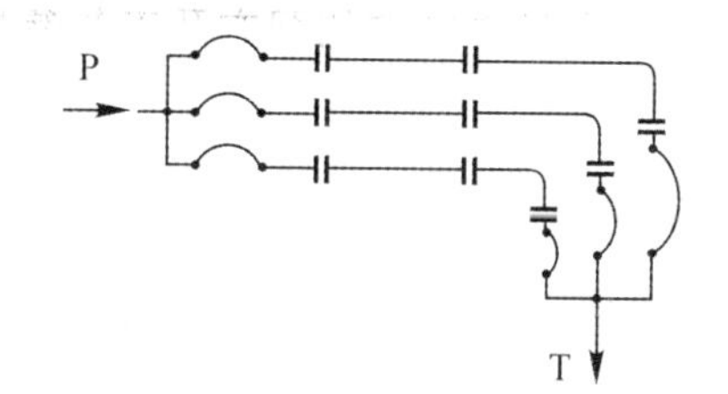

图 8-20　并联式冲洗回路

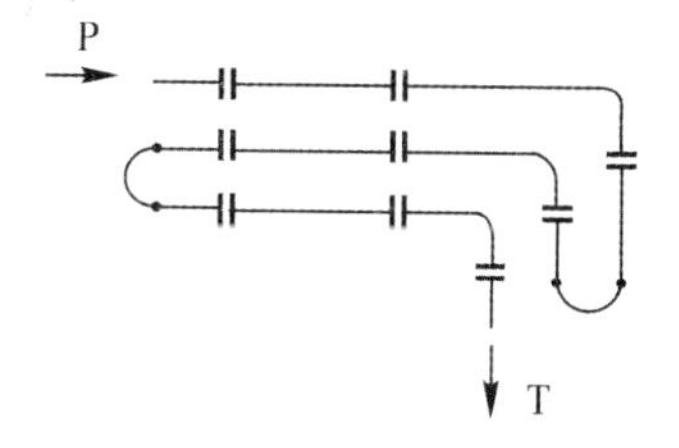

图 8-21　并联式→串联式冲洗回路

c. 冲洗工艺参数。包括冲洗压力、流量、温度等。在冲洗时，压力为 0.3～0.5 MPa，每间隔 2 h 升压一次，升压后的压力为 1.5～2 MPa，运行 15～30 min，再恢复低压冲洗状态，以加强冲洗效果；冲洗流量视回路形式、管径大小进行计算，保证管路中油流成紊流状态，管内油流的流速应在 3 m/s 以上；冲洗温度需用加热器将油箱内油温加热至 40～60℃，冬季施工油温可提高到 80℃，通过提高冲洗温度能够缩短循环冲洗时间。

为了彻底清除黏附在管壁上的氧化铁皮、焊渣和杂质，在冲洗过程中每间隔 3～4 h 用木锤、铜锤、橡胶锤或使用振动器沿管线从头至尾进行一次敲击振动。重点敲击焊口、法兰、变径、弯头及三通等部位。敲击时要环绕管壁四周均匀敲击，不得伤害管外表面，以振动器的频率为 50～60 Hz，振幅为 1.5～3 mm 为宜。

为了进一步加强冲洗效果，可用空气压缩机向管内充入 0.4～0.5 MPa 的压缩空气，造成管内冲洗油的紊流状态涡流，充分搅起杂质，增强冲洗效果。每班可充气两次，每次 8～10 min。空气压缩机出口处要装有精度较高的过滤器。

d. 循环冲洗注意事项。冲洗工作应在管路酸洗后 2～3 星期内尽快进行，以防管内产生新的锈蚀，影响施工质量。冲洗合格后应立即注入合格的工作油液，每 3 天需启动设备进行循环，以防止管道锈蚀；循环冲洗要连续进行，应三班连续作业，无特殊原因不得停止；冲洗用油一般选黏度较低的 10 号机械油。如管道处理较好，一般普通液压系统，也可使用工作油进行循环冲洗。对于使用磷酸酯、水-乙二醇、乳化液等难燃工作介质的系统，选择冲洗油要慎重，必须证明冲洗油与工作油不发生化学反应后方可使用。实践证明，采用乳化液为介质的系统，可用 10 号机械油进行冲洗。禁止使用煤油之类对管路有害的油品作冲洗液。

冲洗回路组成后，冲洗泵源应接在管径较粗一端的回路上，从总回油管向压力油管方向冲洗，使管内杂物能顺利冲出。自制的冲洗油箱应清洁并尽量密封，要设有空气过滤装置；油箱容量应大于液压泵流量的 5 倍。向油箱注油时推荐采用滤油机(车)对油液进行过滤。图 8-22 所示为 LY-B 型高精度滤油机的实物外形，它由电动机驱动的专用齿轮泵等组成，可用于液压系统在加油时的过滤、工作时的旁路过滤、投入运行前的循环过滤以及系统的油不经设备本身的泵过滤泵出等，其额定压力为 0.6 MPa，流量范围为 32～100 L/min，电机功率为 0.75～2.2 kW，可对油液进行粗过滤、一级过滤和二级过滤，过滤精度分别为 100μm、10～20μm 和 3～10μm。

图 8-22　LY-B 型滤油机(车)(北京航峰科伟公司产品)

冲洗管路的油液在回油箱之前需进行过滤，大规格管路回油过滤器的滤芯精度可在不同冲洗阶段根据油液清洁情况进行更换，可在 100μm、50μm、20μm、10μm、5μm 等滤芯规格中进行选择。

冲洗取样应在回油过滤器的上游取样检查。取样时间：冲洗开始阶段，杂质较多，可 6～8 h 取样一次；当油的清洁度等级接近要求时，可每 2～4 h 取样一次。

冲洗后应按有关规定和系统类型对冲洗质量进行检验；冲洗合格的管路，须将冲洗液（油）排除干净，并对管路两端应进行包封。

8.2 液压系统的调试

8.2.1 调试目的

新制造和安装的液压系统必须进行调试，使其在正常运转状态下能够满足主机工艺目的要求；当液压系统经维修、保养并进行重新装配之后，也必须进行调试才能投入运转使用。液压系统调试的主要目的：检查系统是否能够完成预定的工作运动循环；将组成工作运动循环的各个阶段的时间、输出的动力和运动（力或转矩）、位移及其起止点、速度、加速度和整个循环的总时间等参数调整到设计所规定的数值；测定系统的功率损失和温升是否妨碍主机的正常工作；检验输出的动力和运动的可调整性及操纵的可靠性等。

8.2.2 调试类型及一般顺序

液压系统的调试有出厂试验和总体调试两种类型。在调试前，应做好两项准备工作：一是根据使用说明书及有关技术资料，全面了解被试液压系统及主机的结构、功能、工作顺序、使用要求和操作方法，了解机械、电气、气动等方面与液压部分的联系，认真研究液压系统各组成元件的作用，读懂液压原理图（识读方法见 1.3 节），弄明白液压执行元件等在主机上的实际安装位置及其结构、性能和调整部位，仔细分析液压系统在各工况下的压力、速度变化及功率利用情况，熟悉系统所用液压工作介质的牌号和要求。二是对液压系统和主机进行外观检查（如液压元件和管道安装的正确性，液压装置的防护装置的完备性等），以避免某些故障的发生。外观检查中如发现问题，则应在改正后才能进行调试。

在液压系统调试中，应遵循系统及元件制造厂的相关要求，注意安全保护措施，以免发生人身及设备事故。

调试的一般顺序：先手动后自动；先调低压，然后调高压；先调控制回路，后调主回路；先调轻载，后调重载；先调低速，后调高速。对于多环控制系统，一般应先调内环后调外环；先调静态指标，后调动态指标。调试时需调试操作人员具备较扎实的理论基础和实际经验。系统的动态和静态测试记录可作为日后系统运行状况评估的依据。

8.2.3 出厂试验

液压系统制造完毕后，只有试验合格后才能投入使用或准予出厂，故液压系统的调试又可称为出厂试验。出厂试验的主要内容包括清洁度试验、耐压及密封试验、功能试验（含液压泵运行功能试验、液压回路功能试验、噪声试验）等。对于提供液压系统产品的制造厂可以用管道将液压系统与供试验用的执行元件连接起来进行调试（离线调试）。如果是主机制造厂，则液压系统应由供货方在主机上进行合同中指定的试验，试验时直接用管道将液压系统与安装在主机设备上的执行元件连接起来进行调试（在线试验），试验结束后应将试验结果提供给需求方。在主机上进行试验的项目及注意事项见表8-11。

表8-11　在主机上进行的试验

试验项目	注意事项
噪声	在额定工况下运行时，设备的最高声压级在离设备外壳1 m和离地面1.5 m的高度上的任何点处不得超过84 dB(A)。可针对背景噪声来修正实测值
泄漏	进行试验期间，除未成滴的轻微沾湿外，不得有可测出的外泄漏
温度	进行试验期间，在油箱中最靠近泵吸油口处测量并记录油液温度，测量并记录环境温度
功率消耗	至少在一个完整的机器循环中测量平均功率消耗和功率因数。需求方要求时，还应测量并记录尖峰功率需求和最低功率因数
温度控制	采用主动温度控制时，应在油箱中最靠近泵吸油口处测量并记录超出冷却介质温度的液压油液的温升。还应在规定的水压和冷却器压降下测量并记录冷却介质平均消耗量
污染分析	进行试验期间应定期提取液压油液样品进行颗粒污染分析并符合规定的清洁度等级

注：本表摘自美国标准NFPA/JIC2.24—1990。

1. 清洁度试验

按照有关标准（例如GB/T 14039—2002）对液压油液取样后，采用自动颗粒计数器或采用显微镜测量油液颗粒，确定该油液的污染度等级（见本书第2章表2-9），然后与典型液压系统的清洁度等级（见本书第2章表2-10）或液压元件清洁度指标（JB/T 7858）进行比对，如果污染度等级在典型液压系统的清洁度等级或液压元件清洁度指标范围内，即认为合格，否则即为不合格。

2. 耐压试验

耐压试验的主要目的是检查液压系统的泄漏和强度。耐压试验应在管道冲洗合格、系统安装完毕，并经空载运转后进行。试验要点见表8-12，其中，空载运转的目的是为耐压试验作准备，又是确保液压系统可靠运行的必要步骤，空载运转合格后，即可对系统进行压力试验。压力试验也应遵守空载运转中的①～③项。

表8-12　液压系统耐压试验及其注意事项

项目	序号	注意事项
空载运转	①	应使用液压系统规定的工作介质，并按设计规定的过滤精度进行过滤
	②	空载运转前，除向油箱注油外，还应给液压泵灌油。注入油箱的油液应达到规定的液位高度；向液压泵的进油口灌油时，应注意泵的旋转方向，并用手转动联轴器，直至泵的出油口出油不带气泡时为止；对于液压马达和有泄油口的液压泵，应通过漏油口给壳体内灌满油
	③	空载运转时，应将系统中的伺服阀、比例阀、液压缸和液压马达，用短路过渡板将其和循环回路隔离；蓄能器、压力传感器和压力继电器应拆去，接头用螺塞堵死，使这些元件脱离循环回路

续表

项目	序号	注意事项
空载运转	④	空载运转时，溢流阀的控制压力须调至能维持油液循环时克服管道阻力的最低值；流量阀和减压阀应调至最大开度
	⑤	驱动液压泵的电动机应点动启动。启动中，若系统没有压力，应检查电源是否接反；若压力急剧上升，则应检查溢流阀是否失灵，排除后继续点动启动电动机直到运转正常。对于有辅助补油泵的闭式液压系统，则应先启动补油泵再启动主泵
	⑥	空载运转过程中，应密切注视过滤器前后压差的变化，若压差增大则应随时冲洗或更换滤芯；若油温过高，应检查原因并予以解决
压力试验	①	对于工作压力低于 16 MPa 的液压系统，其试验压力为工作压力的 1.5 倍；对于工作压力高于 16 MPa 但不高于 25 MPa 的液压系统，其试验压力为工作压力的 1.25 倍；对于工作压力超过 25 MPa 但不超过 31.5 MPa 的液压系统，其试验压力为工作压力的 1.15 倍
	②	压力试验中，应逐级升高压力(例如每级 2 MPa)，每升高一级压力宜稳压 2～3 min；达到试验压力后，保压 10 min，然后降至工作压力；之后进行全面检查，以系统所有焊缝和接口处无漏油、管道无永久变形为合格
	③	为了保障安全，压力试验期间，不得锤击管道，在试验区域 5 m 范围内不得同时进行明火作业；如有故障需要处理，必须先卸压

3. 功能试验

一般先做液压泵功能试验，后做回路功能试验。各种调试项目均应由部分到整体逐项进行。试验应遵守相应的规程并做好详尽的调试记录。

(1)液压泵功能试验(见表 8-13)。

表 8-13　液压泵功能试验注意事项

序号	注意事项
1	试验时应先空转 10～20 min，再逐渐分级升压到溢流阀调节值
2	油箱的液位开关必须按设计高度定位，油温监控装置应完好。当液位变动或油温超过规定范围时，应能立即发出规定的报警信号并实现连锁动作
3	皮囊式、气液直接接触式和活塞式蓄能器须按规定的气体介质预充压力气体。皮囊式蓄能器应在充油之前充气；气液直接接触式和活塞式蓄能器应在充油之后并在其液位监控装置调试完毕后充气。重力式蓄能器宜在液压泵加载试运转后进行调试
4	液压泵的试验应在工作压力下运转 2 h 后进行。要求液压泵的壳体温度低于 70℃，各结合面应无漏油及异常振动、无噪声和发热，变量液压泵的变量调节机构应灵活可靠

(2)液压回路功能试验。通过操作各个液压控制阀，检查各个液压回路的功能，各液压阀在要求的设定范围内重复试验 3 次，如果某阀出现 1 次失误，则应在排除故障后重复试验 6 次。注意事项见表 8-14。

(3)液位与油温的控制和报警试验、液电转换元件试验。液位与油温控制和报警装置及压力继电器、各种传感器等液电转换元件的动作和信号应符合设计要求。

表 8－14　液压回路功能试验注意事项

序号	项目	注意事项
1	压力调试	回路压力调试应从压力调定值最高的主溢流阀开始，逐次调整每个回路的各种压力阀。对于“O”型、“Y”型等中位机能使压力口闭死的换向阀可直接调压，其他中位压力口与油箱连通的换向阀(如“M”型、“H”型)，须将换向阀切换到使液压缸处于缩回位置的一侧。调压中应使压力逐级平稳增高。压力调定值及以压力连锁的动作和信号应与设计相符。压力调定后，应将调压机构锁紧
		液压马达的转速调试时，应尽可能将液压马达与其驱动的工作机构脱开，在空载下点动。从低速到高速逐步调速，并注意空载排气，然后再反向运转，同时检查马达壳体的温升和噪声是否正常。空载运转正常后，再将马达与工作机构连接，并从低速到高速带负载运转。低速时如出现爬行现象，可检查工作机构是否有机械卡紧或干扰、润滑是否充分、系统排气是否彻底等
2	执行元件速度调试	液压缸的速度调试方法与液压马达类似。对带有缓冲调节装置的液压缸，在调速的同时应调整缓冲装置，直到满足平稳性要求。如液压缸是内部缓冲且不可调型，则须在试验台上调试合格后再装机调试；多缸同步回路，应先将各缸调整到相同起步位置，再进行速度调整；电液伺服和电液比例控制系统在泵站调试和系统压力调整完毕后，宜先用模拟信号操纵伺服阀或比例阀，试动执行元件，并应先点动后联动
		各回路执行元件的速度调试完毕，还应检查各液压执行元件的工作情况，要求在启动、换向和停止时平稳无冲击，不得有低速爬行现象，运行速度应符合设计要求。所有元件和管道不得有漏油、异常振动和噪声及发热，所有连锁装置应准确、灵敏、可靠

(4)噪声试验。液压泵(及其原动机)是液压系统及装置所有元件中的主要发声元件(见表 8－15)，其本身就是一个噪声源，称一次声源；而另一些元件如油箱和管道等，本身发声很小，不是独立的噪声源，但泵和溢流阀产生的机械和液体噪声会激发它们产生振动，从而产生和辐射出很强噪声，这类噪声源称二次声源。液压装置的噪声是一次声源和二次声源噪声的叠加。

表 8－15　液压元件产生噪声和辐射噪声的次序

元件名称	液压泵	液压控制阀			液压缸	过滤器	油箱	管路
		溢流阀	节流阀	换向阀				
产生噪声次序	1	2	3	4	6	6	7	5
传递辐射噪声次序	2	3	4	3	2	4	1	2

噪声控制也是液压元件及系统产品的质量评价指标之一。根据国际及我国的环境噪声标准，我国机械行业在规范液压元件和系统技术条件时，先后制定了包括各类液压泵在内的相关标准及规范，这些标准对液压元件的噪声容许值均进行了规定，例如表 8－16 为 JB/T 7043—2006 关于轴向柱塞泵的噪声值规定。

表 8-16　轴向柱塞泵的噪声值(摘自 JB/T 7043—2006 液压轴向柱塞泵)

类　型	斜盘式				斜轴式			
公称排量 $V/(\mathrm{mL\cdot r^{-1}})$	≤25	25～80	80～180	180～500	≤10	10～25	25～63	63～500
噪声/dB(A)	≤75	≤79	≤84	≤90	≤72	≤76	≤85	≤90

液压装置的噪声用声压级(简称声级)描述其大小或强弱,一般用便携式声级计(见图 8-23)中的 A 计权网络进行测定,称为 A 声级 L_A,单位:dB(A)。测量时应正确选择测试位置和测点数目(一般不少于 4 点),尽量消除和减少被测装置周围环境的影响。

指针式　　数字式

图 8-23　声级计外形图

1)测试位置的选择。在一般实验室或工作场所来进行测量时,为了使测量结果具有足够的准确性,应该避免其他声音的干扰和声音反射等影响。具体做法如下:

· 测点距被测装置表面水平距离为 1.0 m。测点高:当被测装置中心高(距离反射面或地面)小于 1 m 时,测点高规定为 1 m;当被测装置中心高大于 1 m 时,测点高与中心高相同。若噪声源尺寸较小(如小于 0.25 m),则测点应与被测装置表面较近(如 0.5 m)。力求传声器正对被测装装置的几何中心。

· 测点应在所测表面四周均布,一般不应少于 4 点。若相邻点测得的声级相差 5 dB(A)以上,则应在其间增加测点。噪声级取各测点的算术平均值(按此法算出的声级与能量平均法算出的声级之差不会大于 7 dB(A))。

· 若两噪声源相距较近(如液压泵及其驱动电动机),则测点宜距被测噪声源很近,如 0.2 m 或 0.1 m。

· 如需了解噪声源对人体的危害,可把测点选在操作者位置的人耳处,或者在操作者经常活动、工作的范围内,以人耳高度为准选择几个测点。

2)消除和减少环境的影响。

· 电源、气流、反射等的影响。如果仪器的电源电压不稳定,应使用稳压器;使用干电池时,若电压不足应予更换。室外测量宜选择在无风天气。风速超过 4 级时,可在传声器上戴上防风罩或包上一层绸布。传声器应避开风口和气流,应尽量排除测量现场的反射物,不能排除时,传声器应置于噪声源和反射物间的适当位置,并力求远离反射物,例如离墙壁最好在 1 m 以上。测量噪声时,传声器在所有测点都要保持同样的入射方向。

· 背景噪声及其修正。背景噪声又称本底噪声,是指被测噪声源停止发声时周围环境的噪声。一般情况下,当被测对象工作期间的合成噪声 L_{A1} 与背景噪声 L_{A2} 之差 $\Delta L(=L_{A1}-L_{A2})>10$ dB(A)时,不需对背景噪声进行修正,否则应对背景噪声进行修正。修正值 K 可从表 8-17 查得。

表 8-17　背景噪声的修正值

合成噪声和背景噪声级差 ΔL/dB(A)	1	2	3	4	5	6	7	8	9	10
修正值 K/dB(A)	6.9	4.4	3.0	2.3	1.7	1.25	0.95	0.75	0.6	0.4

从所测出的合成噪声 L_{A1} 中扣减背景噪声值 K 后，即为被测对象最终的噪声测试结果 L_A，亦即

$$L_A = L_{A1} - K \tag{8-1}$$

例如，在车间测得某斜盘式轴向液压泵(排量 100 mL/r)在额定压力和转速下的合成噪声为 $L_{A1}=84$ dB(A)，背景噪声 $L_{A2}=78$ dB(A)，因为 $\Delta L = L_{A1} - L_{A2} = 84-78=6$ dB(A)$<$10 dB(A)，故需对背景噪声进行修正，从表 8-17 查得对应的修正值 $K=1.25$ dB(A)，故按式(8-1)可算得被测液压泵的噪声声压级为 $L_A = L_{A1} - K = 84 - K = 82.75$ dB(A)。

将该测量结果与表 8-11 对排量在 80～180 mL/r 的轴向柱塞泵的容许噪声值(不高于 84 dB(A))进行比较，该泵噪声试验合格。

8.2.4　总体调试

行走机械液压系统的配管安装和调试一般由主机制造厂在厂内进行。大型固定设备通常是预装各部件，并进行局部调试后发货，而总体调试在用户现场进行。现场调试步骤、内容及要求见表 8-18。

表 8-18　液压系统现场调试步骤、内容及要求

步骤	内容及要求
1	开箱验收，清点到货内容是否与装箱单相符，部件、附件、随机工具以及合格证、使用说明书等文件是否齐全，目测检查有无运输中的损坏或污染
2	把机组和各部件安装就位并找正和固定
3	连接机器中的液压执行元件，冲洗较长的管子和软管
4	检查电源电压，然后连接动力线路和控制线路。根据需要连接冷却水源，检查泵的旋转方向的正确性
5	向油箱灌注规定的油液；加油不要超过最高液面标志，加油过程中要特别注意清洁，例如打开油桶前，要彻底清理桶顶和桶口，以防泥土与其他污染物进入油液；向油箱输送油液时，只能使用清洁的容器和软管；最好采用带有过滤器的输油泵；在油箱注油管提供 200 目的滤网，并确保过滤器是专为系统所需油液品种所使用
6	点动驱动电机或使内燃机怠速，检查旋转方向
7	在可能的最高点给液压系统放气。旋松放气塞(阀)或管接头，操作换向阀并使执行元件伸出缩回若干次，逐步加大负载，提高压力阀的设定值；当油箱中不再有泡沫、执行元件不再爬行、系统不再有异常噪声时，表明已放气良好，旋紧放气塞(阀)等
8	在管路内充满油液而所有执行元件都外伸的情况下，补油至油箱最低液面标志
9	根据需要给泵的壳体注油，打开吸油管截止阀
10	先把压力阀、流量阀和变量泵的压力调节器调整到低设定值，将方向控制阀置于中位

续表

步骤	内容及要求
11	蓄能器应充气到充气压力(见第6章)
12	进行机器跑合,逐渐提高设定值,直至按说明书最终调整压力控制阀(含压力继电器)、流量控制阀、液压泵变量调节器、时间继电器等;使机器满载运行几小时,监测稳态工作温度
13	重新拧紧螺栓和接头,以防泄漏
14	清理或更换滤芯

8.2.5 液压控制系统的调试要点

液压控制系统的调试要点见表8-19。

表8-19 液压控制系统的调试要点

序号	项目	注意事项
1	开机和正常停机	开机时应先使控制台(柜)通电,然后再启动液压源。如果先启动液压源而未使控制台处于控制状态,一方面由于伺服阀的零位偏置而使液压油进入液压缸(或液压马达)的一腔,导致活塞(或转子)向一个方向运动直到发生碰撞而停止,有时甚至发生撞缸或其他事故;另一方面一些电子器件需要预热,尤其是应变片电路,需预热半小时以上才能使零位比较稳定。因此,开机时首先应使控制台通电并检查仪表是否都处于正常情况。液压源启动前,应将溢流阀调至最低压力,使泵卸载启动,若有异常情况应立即停止液压源工作,检查并维修有关器件。当液压源启动情况正常后,调整系统压力到需要值。这样,开机过程全部完成。 需要停机时,一般是先停液压源,再切断控制台电源,若操作顺序相反,则可能发生撞缸之类事故
2	控制量的标定和调整	检测反馈元件是控制系统中的重要元件之一,整个控制系统的精度在很大程度上取决于它,必须对它进行标定和调整。对位移传感器、加速度计等性能比较稳定的元件,一般半年到一年应进行一次标定;而对用应变片电路构成的传感器和测量放大器,由于放大倍数较大,易产生零位飘移,因此应经常进行适当的调整,使之达到尽可能高的精度
3	判断反馈极性的正确性	若极性不对会使整个系统产生误动作。判断方法为调节指令装置,使伺服放大器产生一电压,则执行器应发生相应动作,即系统控制量(位置、速度或力)的变化趋势应与指令装置调节趋势相同,最后稳定在某一状态。否则,说明反馈极性不正确,应将任何一个电气元件的外部接头倒接,或把执行器的进回油管倒接
4	检查系统稳定性	把设计确定的控制信号由小到大加入伺服放大器,观察执行元件在伺服阀工作电流范围内的工作情况,如液压执行器产生振荡,说明系统不稳定,需减小放大器增益,或对校正装置的比例、微分、积分参数进行调节。有关校正装置参数的调节,需了解系统中校正的目的和系统特点。 如果系统有局部反馈环,则在检查整个系统稳定性前,应先检查局部闭环的稳定性。对局部闭环进行调整时,应把所有其他反馈通道断开,调整局部闭环的反馈增益使其达到稳定,然后接上主反馈通道,进一步对整个系统进行调整

续 表

序 号	项 目	注意事项
5	颤振信号的调节	加入颤振信号的作用是改善系统的分辨率。颤振电路在控制放大器中，通常颤振信号的频率和幅值是可调的。颤振频率应大大超过预计的主信号频率，而不应当与伺服阀或执行器的固有频率相重合，常取颤振频率为阀频宽的 2～3 倍；颤振幅度的调节可先将其调至最小，然后由小到大缓慢调节，同时用手触摸活塞杆或运动部件，直到手能感觉到高频振动，颤振幅度取此时之前的值。颤振信号大小要适当，太小时对系统不起作用，太大时会加剧执行器磨损
6	检查系统稳态精度	先将系统增益（主要是控制放大器增益）调至最小值，供油压力为设计压力，转动伺服放大器的增益刻度盘，提高增益直到系统产生振荡，增益额定值约取产生振荡时增益值的 1/3～2/3。比较实测的实际控制量与指令装置输入信号所对应的希望输出控制量，计算其控制精度，如不满足要求，根据设计的校正过程，仔细调整校正装置参数，直至系统精度达到要求
7	检查系统响应快速性	如有条件，利用频率特性测试仪测量系统在输入不同频率正弦信号时的输出与输入的幅值比和相位差，绘制实测系统的闭环波特图，求出系统频宽，检查是否满足要求。如不满足要求，可适当提高液压源的压力，或者把电液伺服阀的额定流量调大。但这是修正设计上的误差而采取的消极措施，对系统进行精确设计时应避免采用这种方法

8.2.6　液压系统的调整

液压系统的调整要在系统安装、试验过程中进行，在使用过程中也随时进行一些项目的调整。液压系统调整的一些基本项目及方法见表 8 - 20。

表 8 - 20　液压系统的调整

序 号	调整基本项目	方法要点
1	液压泵工作压力	调节泵的安全阀或溢流阀，使液压泵的工作压力比执行元件最大负载时的工作压力大 10%～20%
2	快速行程的压力	调节泵的卸荷阀，使其比快速行程所需的实际压力大 15%～20%
3	压力继电器的工作压力	在工作部件停止或顶在挡铁上时，调节压力继电器的弹簧，使其低于液压泵工作压力 0.3～0.5 MPa
4	换接顺序	调节行程开关、先导阀、挡铁、碰块等，使系统的换接顺序及其精度满足工作部件的要求
5	工作部件速度	调节流量阀、变量液压泵或变量液压马达、润滑系统及密封装置，使工作部件运动平稳，没有冲击和振动，不允许有外泄漏，在有负载下，速度降落不应超过 10%～20%

8.3　液压传动系统的运转维护

在主机及其液压系统磨损之前采取主动维护，与维修相比，是主动与被动、事前与事后的关系。故主动维护不但为设备的可靠运行提供保障，同时可大幅度降低维修成本，延长维修周期乃至设备的使用寿命。实践表明，液压元件或系统失效、损坏等问题多数是由于污染、维护不足和油液选用不当造成的。为保证液压系统处于良好性能状态，并延长其使用寿命，应对其合理使用，并重视对其进行日常检查和维护。

8.3.1　运转维护的一般注意事项(参见 1.6 节)

8.3.2　液压系统的检查(点检)

很多液压机械的露天作业环境相当恶劣，经常受到风吹日晒、雨雪乃至地质灾害的侵袭，受自然条件和工作环境的影响较大。为了减少故障发生次数及消除故障隐患，发挥其效能，应及时了解和掌握液压机械及整个系统的运行状况，预防故障发生的最好办法是加强主机及整个系统的检查(点检)。

点检是指按一定标准、一定周期对液压系统规定部位进行检查，以便早期发现系统的故障隐患，及时加以调整，使系统保持其规定功能的一种系统管理方法。系统点检既是一种检查方式，又是一种制度和管理方法，是重要的维修活动信息源，也是做好液压系统修理准备和安排修理计划的基础。液压系统点检中所指的“点”，是指系统的关键部位，通过检查这些“点”，能及时准确地获取系统技术状态的有关信息。

按照点检的周期和业务范围不同，点检分为日常点检、定期点检和专项点检等三类。日常点检是指由液压系统操作者和维修者每日执行的例行维护作业。其目的是及时发现主机和液压系统异常，保证系统和主机正常运转。点检时，利用人的感官(耳、目、手)、简单工具或装在系统上的仪表和信号标志(如电压、电流、压力、温度检测仪表和油箱液位等)来感知和观测。日常点检应严格按专用的点检卡片进行，检查结果记入标准的日常点检卡中。表 8－21 所列为汽车工业流水线中液压机械的日常点检项目和内容。

表 8－21　汽车工业流水线液压机械的日常点检项目和内容

点检时间	项　目	内　容
在启动前检查	液位	检查是否正常
	行程开关和限位块	检查是否紧固
	手动、自动循环	检查是否正常
	电磁阀	是否处于原始状态
在设备运行中监视工况	压力	检查是否稳定和在规定范围内
	振动、噪声	检查有无异常
	油温	检查是否在 35～55℃范围内，不得大于 60℃
	漏油	检查全系统有无漏油
	电压	检查是否保持在暂定电压的－5%～＋15%范围内

定期点检(定检)是指以液压系统专业维修人员为主,操作人员参加,定期对液压设备进行检查,记录主机及液压系统异常、损坏及磨损情况,确定维修部位及更换元件,确定修理类别及时间,以便安排修理计划的检查作业。定检对象是重点液压机械、故障多的设备和有特殊安全的设备。定检的主要目的是检查主机及系统的缺陷和隐患,确定修理方案和时间,保证主机和系统维修规定的功能。表 8-22 为汽车工业流水线中液压设备的定检的项目和内容。

表 8-22　汽车工业流水线液压机械的定检项目和内容

定检项目	内　容
螺钉及管接头	定期紧固:10 MPa 以上系统,每月一次;10 MPa 以下系统,每三个月一次
过滤器及通气过滤器	定期检查:一般系统每月一次;铸造系统每半月一次(另有规定者除外)
油箱、管道、阀板	定期检查:大修时检查
密封件	按环境温度、工作压力、密封件材质等具体规定进行检查
弹簧	按工作情况,元件质量等具体规定进行检查
油污染度检查	对已确定换油周期的设备,提前一周取样化验;对新换油,经 1 000 h 使用后,应取样化验;对精、大、稀设备用油,经 600 h 取样;取油样须用专用容器,并保证不受污染;取油样须取正在使用的“热油”,不取静止油;取油样数量为 300~500 mL/次;按油料化验单化验;油料化验单应纳入设备档案
压力表	按设备使用情况,规定检验周期
高压软管	根据使用情况,规定更换时间
电气控制部分	按电器使用维修规定,定期检查维修
液压元件	根据使用工况,规定对泵、阀、马达、缸等元件进行性能测定。尽可能采取在线测试办法测定其主要参数

专项点检一般指由液压系统专业维修人员(含工程技术人员),针对某些特定的项目(精度、功能参数等)进行定期或不定期的检查测定作业。其主要目的和内容是了解液压设备的技术性能和专业性能,例如精、大、稀液压设备和精加工设备的精度检查和调整,液压起重和行走设备、压力试验设备的定期负荷试验、耐压试验等。

8.3.3　液压系统的定期维护

定期维护是保证液压系统正常工作的重要措施,通常包括表 8-23 所列的五个方面。

表 8-23　液压系统的定期维护内容与要求

序 号	内 容	目的和要求
1	定期紧固	其目的是防止因外载变化、冲击振动等原因引起紧固螺钉、管接头松动,所引起的泄漏等故障。对于中高压液压机械,需定期紧固的部位是管接头,液压缸紧固螺钉和压盖螺钉,活塞杆或工作机构的止推调节螺钉,蓄能器连接管路,行程开关和挡块固定螺钉等,紧固周期为每个月一次;对于低压液压机械,紧固部位同上,但紧固周期一般为三个月一次

续表

序号	内容	目的和要求
2	定期检查和更换密封件	其目的是防止橡胶密封件自然老化或永久变形。一般应定期更换,但要讲究科学性,防止盲目性。对于重大流水线液压机械,正常运行周期(一般为二年)内,不允许发生停机故障,故要执行定期更换密封件制度,每次停机大修时,更换所有密封件。对于单机非连续运行的液压机械(例如工程机械),对检查有问题的密封件进行更换,无异常现象一般不予以更换;对所使用的密封件材料性能、寿命和使用环境条件要有深入了解,再制定出更换密封件的周期
3	定期清洗和更换液压元件	其目的是防止元件内部零件摩擦、磨损产生的金属磨耗物、密封件磨耗物等污染物积聚在元件流道内而损坏液压元件。在清洗周期时,要考虑使用条件和环境条件等因素。例如铸造机械和冶金机械,液压阀应三个月清洗一次,液压缸每隔一年清洗一次。其他液压设备应根据具体情况确定清洗周期。 定检时发现严重磨损的液压件,影响系统正常运行,经调整无效者应更换新件;定检时发现元件内某些零件(例如弹簧),疲劳到一定限度而丧失原有性能,也应更换新件
4	定期清洗油箱和管道	其目的是清除油箱内存留的污染物,清洗管子弯曲部位和油路块孔系内的污染物及胶质等。保证泵及其他元件正常工作。油箱:一般应半年清洗一次;可拆的管道、油路块、软管应拆下来清洗。应根据设备工作环境和污染情况确定清洗周期,例如大型自动线液压管道每隔三年应清洗一次
5	定期更换滤芯	不同档次的液压系统,过滤精度不同,但过滤器滤芯必须经常更换;更换周期视滤芯堵塞情况而定,不论时间长短,只要堵了,就应及时更换。特别重要的系统(如军品或航空系统),在定检时,滤芯虽然未到报废程度,但已有足够的污垢,也应更换

8.3.4 液压元件与系统的检修

1. 液压元件与系统检修的一般注意事项

由于液压元件标准化、系列化和通用化程度高,故一般具有可维修性。

(1)在液压系统使用中,由于各种原因产生异常现象或发生故障后,当用调整的方法不能排除时,可进行拆解修理或更换元件。即便元件在使用中,因磨损、疲劳或密封件老化失效,技术指标已达不到使用要求,尽管还未发展到完全不能用的程度,也应进行修理。否则,不仅使系统工作不可靠,而且会导致无法修复而报废的后果。

(2)经过修理的元件经过试验后,其技术指标和性能达到要求者仍可继续使用。

(3)除了清洗后再装配以及更换密封件或弹簧这类简单修理之外,重大的拆解修理要十分小心。对于液压技术的一般用户,若不具备一定技术条件和试验条件,切勿自行修理,最好到液压元件制造厂或有关大修厂检修。

(4)在检修时,应做好记录。这种记录对以后发生故障时查找原因有实用价值,同时也可作为判断该设备常用备件的有关依据。

(5)在修理时,要备齐如下常用备件:液压缸的密封件,液压泵和马达传动轴的密封件,各种密封圈,液压阀用弹簧,压力表,管路过滤元件,管路用的各种管接头、软管、螺塞、电磁铁以及蓄能器用的隔膜等。此外,还必须备好检修时所需的有关资料,如液压设备使用说明书、液压系统原理图、各种液压元件的产品样本、密封填料的产品目录以及液压油液的性能表等。

2. 液压元件的修理方法

液压元件的常用修理方法是更换修理法，即某个液压元件发生故障，并一时难于排除时，首先将该元件拆下，换上合格的元件，先使主机正常运转；然后再对拆下的液压元件进行检修，并在试验台架上进行性能测试，符合要求就可作为备件待用。采用更换修理法，要有更换的备件、修理用的易损件和测试用的试验台架。

(1)液压泵和液压马达可以修理的内容与方法见表 8－24。常用液压元件的配合间隙见表 8－25。

表 8－24　液压泵和液压马达可以修理的内用与方法

泵马达结构形式	可修理内容	修理方法
齿轮泵和齿轮马达	齿轮两侧面与泵盖之间磨损，轴向配合间隙比产品图纸规定值(见表 8－25)大 30%左右	研磨
	轴封或其他密封件失效	更换密封件
	容积效率降低 10%～15%	检修
叶片泵和叶片马达	定子环内表面磨损或有条痕引起振动噪声	用专用磨床或油石修磨
	个别叶片磨损、胶黏、折断	修磨或更换
	转子侧面有划痕、磨损点、金属胶合	修研，使转子、叶片的配合间隙达到规定值(见表 8－25)
	轴封或其他密封件失效	更换密封件
	容积效率降低达 10%～15%	检修
柱塞泵和柱塞马达	柱塞与缸体孔磨损，间隙比规定值(见表 8－25)增大 10%～15%	重新做柱塞，对孔进行配研修复，使间隙达到规定值
	配流盘有磨损或有条痕失效	研磨修复
	转子端面有划痕或磨损	研磨修复
	变量泵控制弹簧力不足，影响变量性能	更换弹簧
	变量控制阀的阀芯与阀体孔磨损，间隙比规定值(见表 8－25)增大 10%～20%	重新做阀芯并对孔进行配研修复，使间隙达到规定值
	轴封或其他密封件失效	更换密封件
	容积效率降低达 10%～15%	检修

表 8－25　常用液压元件的配合间隙(维修用)

<table>
<tr><th colspan="2">液压元件名称与部位</th><th>配合间隙/mm</th><th colspan="2">液压元件名称与部位</th><th>配合间隙/mm</th></tr>
<tr><td rowspan="4">中低压齿轮泵</td><td rowspan="2">齿顶圆与壳体内孔</td><td rowspan="2">0.05～0.10</td><td rowspan="4">柱塞泵</td><td rowspan="3">柱塞与缸体上的柱塞孔</td><td>$D \leqslant 12$，d 在 0.01～0.02</td></tr>
<tr><td>$D \leqslant 20$，d 在 0.015～0.03</td></tr>
<tr><td rowspan="2">轴向间隙</td><td rowspan="2">0.04～0.08</td><td>$D \leqslant 35$，d 在 0.02～0.04</td></tr>
<tr><td>配流盘与缸体之间(轴向)</td><td>0.01～0.02</td></tr>
</table>

续 表

<table>
<tr><th colspan="2">液压元件名称与部位</th><th>配合间隙/mm</th><th colspan="2">液压元件名称与部位</th><th>配合间隙/mm</th></tr>
<tr><td rowspan="4">中高压齿轮泵</td><td rowspan="2">齿顶圆与壳体内孔</td><td rowspan="2">0.05～0.10</td><td rowspan="4">中低压滑阀</td><td rowspan="4">阀芯与阀套</td><td>$D\leqslant16$,d 在 0.008～0.025</td></tr>
<tr><td>$D\leqslant28$,d 在 0.010～0.03</td></tr>
<tr><td rowspan="2">轴向间隙</td><td rowspan="2">0.03～0.05</td><td>$D\leqslant50$,d 在 0.012～0.035</td></tr>
<tr><td>$D\leqslant80$,d 在 0.015～0.04</td></tr>
<tr><td rowspan="4">中低压叶片泵</td><td>叶片与转子槽</td><td>0.02～0.03</td><td rowspan="4">高压滑阀</td><td rowspan="4">阀芯与阀套</td><td>$D\leqslant16$,d 在 0.005～0.015</td></tr>
<tr><td rowspan="2">叶片与配流盘</td><td rowspan="2">0.01～0.03</td><td>$D\leqslant28$,d 在 0.007～0.02</td></tr>
<tr><td>$D\leqslant50$,d 在 0.009～0.025</td></tr>
<tr><td>转子与配流盘(轴向)</td><td>0.02～0.04</td><td>$D\leqslant80$,d 在 0.011～0.03</td></tr>
</table>

注:D,d 分别表示柱塞、阀芯直径。

(2)液压缸可修理内容与方法。若活塞表面有划痕造成漏油,活塞杆表面锈蚀严重、镀层脱落可通过磨削、再镀铬进行修复。若活塞杆防尘圈损坏起不到防尘作用,可更换防尘圈。若活塞杆弯曲变形大于规定值(见表 8－25)20%时,可校正修复。若缸内泄漏超过规定值三倍以上,查找泄漏原因。可更换密封件或检查活塞与缸筒配合间隙,若过大则应以重做活塞的方法修复。若液压缸两端盖处有外泄漏,则可能是密封件老化失效、破损,或紧固螺钉松动或紧固螺钉过长未压紧端盖所导致。针对具体原因进行处理。对于带缓冲的缸,若缓冲效果不良,可检修缓冲装置。

(3)液压阀可修理的内容与方法。若是阀芯与阀孔磨损,致使配合间隙比规定值(见表 8－25)增大 20%～25%,则可重新制作阀芯,与孔进行配研修复,使间隙达到规定值。若是锥阀芯与阀座接触不良,封闭性能差,可配研修复。若是调压弹簧弯曲、变弱或折断,则应换新。若密封件老化、失效则换新。若出现工作失常(如阀芯卡死,阀失灵、动作迟缓),则可拆洗检修。

8.3.5 液压系统的泄漏与控制

1. 液压系统的泄漏及其危害

液压系统中的油液,由于某种原因越过了边界,流至其不应去的其他容腔或系统外部,称为泄漏。从元件的高压腔流到低压腔的泄漏称为内泄漏,从元件或管路中流到外部的泄漏称为外泄漏。按照泄漏机理不同泄漏可分为缝隙泄漏、多孔隙泄漏、黏附泄漏和动力泄漏等多种。液压系统泄漏的主要部位有管接头、固定接合面、轴向滑动表面密封处和旋转轴密封处等。泄漏的主要危害如下:

(1)浪费液压介质。例如在开展防漏治漏前,英国液压系统泄漏造成的经济损失达高达 1.8 亿元/年;美国液压系统泄漏达 38 000 L/年,直接经济损失合 6 000 万美元/年;日本液压油泄漏损失近 9 000 万美元/年。

(2)污染环境,限制了液压技术在医药、卫生、食品等领域的应用。

(3)降低系统的容积效率,影响液压系统的正常工作。

(4)影响和制约液压技术应用、声誉和发展，事实上，泄漏是某些液压元件高压化的瓶颈。

为了控制液压系统的泄漏，首先要对液压系统各组成部分的泄漏量加以限制。控制泄漏主要靠密封装置及其正确选用和使用，靠密封装置有效地发挥作用。液压密封件的使用维修要点见6.7节。

2. 液压系统泄漏控制的基本准则

液压系统产生泄漏的原因是多方面的，既有设计、制造、装配方面的问题，也有维护保养方面的问题，故必须在各个环节给予高度重视。液压系统泄漏控制的基本准则如下。

(1)正确设计。要根据对主机的工作要求和工作环境等，正确、合理地进行液压系统的功能原理设计和施工设计，采取必要的防漏措施、增设必要的防漏结构。尽量选用密封性好的液压元件并尽量减少管件等连接部位的数量。实践表明，液压控制阀组采用无管集成是简化管路布置、减少连接管件的有效途径。对于所选用的元件及管件应杜绝先天性泄漏。密封是保证液压系统正常工作的关键之一。在液压系统中，每个环节都离不开密封。故必须正确选用密封装置及合适的密封件及密封材料。密封部位的沟、槽、面的加工尺寸和精度、粗糙度应严格符合有关标准和规范的要求，这是保证密封装置起作用、杜绝泄漏的基本条件。正确选用管接头、管材和连接螺纹，合理布置液压管路系统。根据液压系统的环境温度及工况，合理选择温控装置，采取必要的防冲击、振动和噪声措施。

(2)正确加工和装配。油路块上液压阀的安装面应平直；密封沟槽的密封面要精加工，杜绝径向划痕。液压阀与油路块的连接及油路块间的连接预紧力应足以防止表面分离。正确制定液压装置的装配工艺文件，配置必要的装配工具，并严格按装配工艺执行。在液压装置装配前，应按有关标准检验系统元件的耐压性和泄漏量。若发现问题，要采取相应措施；问题严重者，应予以更换。保持液压元件及附件、密封件和管件的清洁，以防沾上颗粒异物和污染，并应检查密封面和连接螺纹的完好性。不宜将各接头拧得过紧，否则会使某些零件严重变形甚至破裂，造成泄漏。避免在装配过程中损坏密封件；正确布置和安装管路；保持装配环境清洁，避免污物进入系统。系统装配完毕，要试车检查，观察系统各部位有无泄漏。若发现泄漏，要采取相应措施，如板式连接元件结合面各油口要装O形密封圈，不得漏装，必要时可辅以密封胶治漏等。试车后，整个系统不渗、不漏才可装入主机使用。

(3)正确维护保养。要保持系统清洁，防止系统污染。必要时，可给液压站加防护罩。液压系统中的过滤器堵塞后要及时清洗或更换滤芯。更换或增添新油时，必须按规定经过滤后才能注入油箱。维修液压系统、拆修(或更换)液压元件时，应保持维修部位的清洁。维修完毕后，各连接部位应紧固牢靠。

(4)液压系统的泄漏控制措施(见表8-26)。

表8-26　液压系统的泄漏控制措施

泄漏部位	故障源	措　施
管接头泄漏	管接头未拧紧	拧紧管接头
	锥形管螺纹部分热膨胀	热态下重新拧紧
	接头震松	如果接头、螺帽未裂则重新拧紧，采用带有减振器的管夹作支承
	组合垫圈损坏	更换

续表

泄漏部位	故障源	措施
管接头泄漏	液压冲击	如接头无裂纹则重新拧紧；带蓄能器的系统，应对蓄能器重新充气；采用缓冲阀等缓冲元件
	管接头螺纹尺寸过松	检查尺寸，重新更换
	公制细牙螺纹管接头拧入锥牙孔中	更换，并用锥形管接头加密封带拧紧
	螺纹或螺孔在安装前磨损、弄脏或损坏	用丝攻或扳手重新修整螺纹或螺孔
	锥形管接头拧得太紧使螺纹孔口裂开	更换零件
静密封泄漏	密封件挤压或被咬伤	更换密封件，并检查：密封面是否平整；初始紧固力矩是否太小；压力脉动是否过大；正常工作压力是否超过 10 MPa，如超过则要加挡圈
	密封件严重磨损	更换密封件，并检查：密封面是否太粗糙；密封件的材料或硬度是否搞错
	密封件过硬或 O 形密封圈已有过量永久变形	更换密封件，并检查：系统油温是否过高；密封件的材料、硬度是否选择得适当
	密封接触面有伤痕、毛刺或有小槽、刀痕	修整密封接触面，消除痕迹，修去毛刺
	密封圈在安装时被切伤	密封槽边倒棱，修毛刺，安装密封圈时要涂润滑油或油脂。如果密封圈必须通过尖槽或尖锐的螺纹，要采用保护垫片或保护套
动密封泄漏	轴磨损	检查表面硬度是否过低；更换密封件后，在轴上加经淬火的轴套，否则要换轴
	轴表面粗糙	抛光轴表面
	轴损坏	换轴
	密封面上有粘胶和油漆	用细纱布擦净；装配和涂漆时将轴遮盖好
	密封唇割破或撕裂	更换动密封件；安装时用润滑油润滑密封面和轴；经过键槽、花键和尖槽时，要使用套筒
	密封唇弹簧损坏	更换旋转轴唇形密封圈，并检查：选用的旋转轴唇形密封圈尺寸是否合适，要避免密封唇和弹簧过分拉伸
	旋转轴唇形密封圆安装孔与轴的同轴度过大	进行校准或更换有关零件

附　　录

常用液压气动图形符号(GB/T 786.1 — 2009 摘录)(见附表 1～附表 5)。

附表 1　图形符号基本要素

名称及注册号	符　号	用途或符号描述	名称及注册号	符　号	用途或符号描述
实线 401V1	0.1M	供油管路,回油管路,元件外壳和外壳符号	垂直箭头 F026V1	 4M	流体流过阀的路径和方向
虚线 422V1	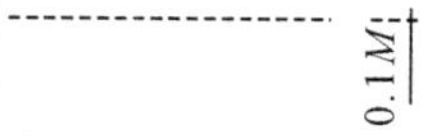 0.1M	内部和外部先导(控制)管路,泄油管路,冲洗管路,放气管路	倾斜箭头 F027V1	 4M 2M	流体流过阀的路径和方向
点画线 F001V1	 0.1M	组合元件框线	正方形 101V21	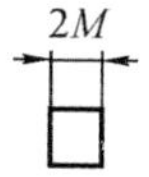 2M	控制方法框线(简略表示),蓄能器重锤
双线 402V1	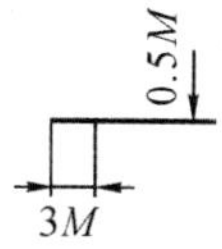 0.5M 3M	机械连接、轴、杆、机械反馈	正方形 101V12	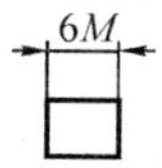 6M	马达驱动部分框线(内燃机)
圆点 501V1	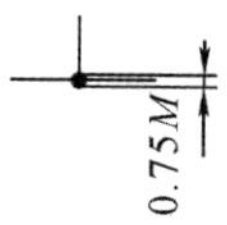 0.75M	两个流体管路的连接	正方形 101V15	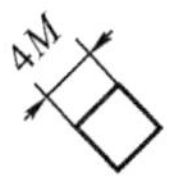 4M	流体处理装置框线(过滤器,分离器,油雾器和热交换器)
小圆 2163V1	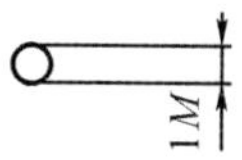 1M	单向阀运动部分,大规格	正方形 101V7	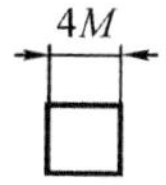 4M	最多四个主油口阀的功能单元

续表

名称及注册号	符号	用途或符号描述	名称及注册号	符号	用途或符号描述
中圆 F002V1	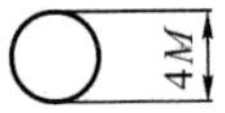 4M	测量仪表框线（控制元件，步进电机）	长方形 101V2	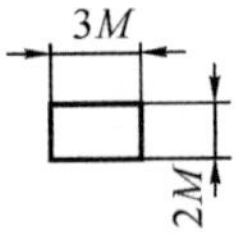 3M 2M	控制方法框线（标准图）
大圆 2065V1	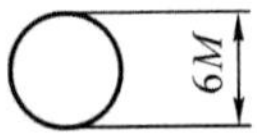 6M	能量转换元件框线（泵，压缩机，马达）	长方形 101V13	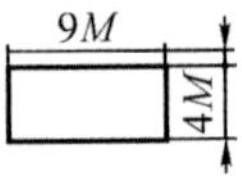 9M 4M	缸
半圆 F003V1	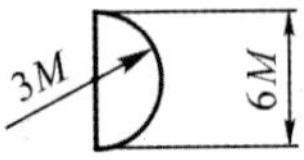 3M 6M	摆动泵或马达框线（旋转驱动）	不封闭长方形 F004V1	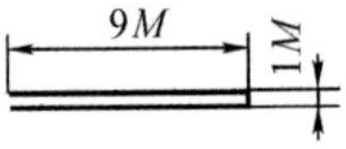 9M 1M	活塞杆
圆弧 452V1	 2.5M 4M	软管管路	长方形 101V1	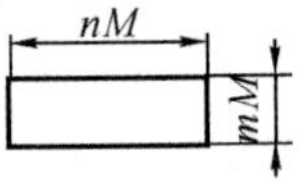 nM mM	功能单元
连接管路 RF050	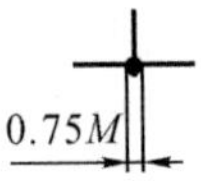 0.75M	两条管路的连接标出连接点	敞口矩形 F068V1	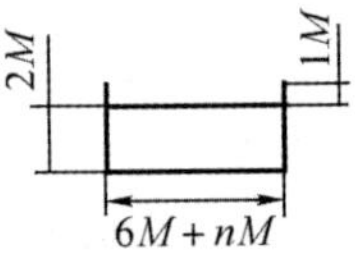 2M 1M 6M+nM	有盖油箱
交叉管路 RF051		两条管路交叉没有节点表明它们之间没有连接	半矩形 2061V1	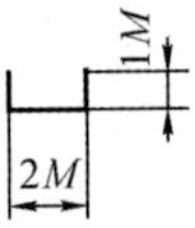 1M 2M	回到油箱
垂直箭头 F026V1	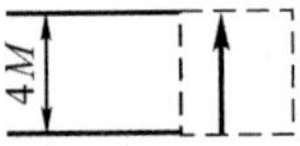 4M	流体流过阀的路径和方向	囊形 F069V1	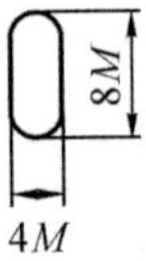 8M 4M	元件：压力容器，压缩空气储气罐、蓄能器，气瓶、波纹管执行器、软管气缸

附表 2　泵、马达、缸、增压器及转换器

名称及注册号	符号	名称及注册号	符号	名称及注册号	符号
单向旋转的定量液压泵或定量液压马达 X11260	泵 	空气压缩机 X11390	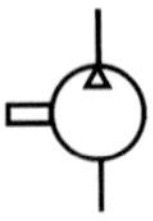	双作用双杆缸（活塞杆直径不同，双侧缓冲，右侧带调节）X 11460	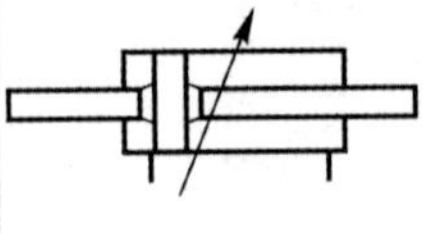
	马达 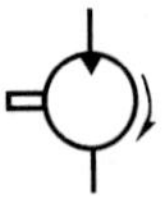	双向定量摆动气马达 X11410		单作用柱塞缸 X 11490	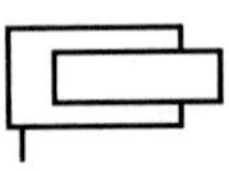

续表

名称及注册号	符　号	名称及注册号	符　号	名称及注册号	符　号
双向流动带外泄油路单向旋转的变量液压泵 X11240		真空泵 X11420	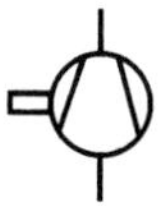	单作用伸缩缸 X 11500	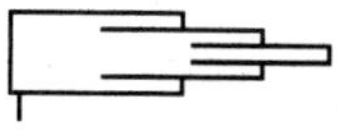
双向变量液压泵或液压马达单元（双向流动，带外泄油路，双向旋转）X11250	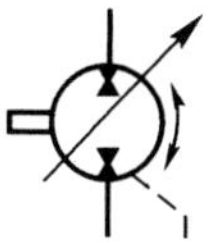	连续增压器，将气体压力 p_1 转换为较高的液体压力 p_2，X11430	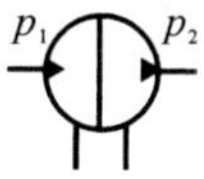	双作用伸缩缸 X 11510	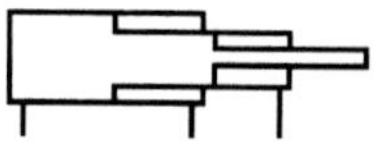
电液伺服控制的变量液压泵 X11310	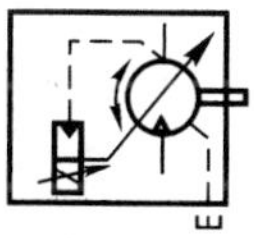	单作用单杆缸 X11440	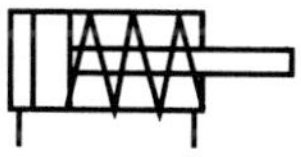	单作用压力介质转换器（将气体压力转换为等值的液体压力，反之亦然）X 11580	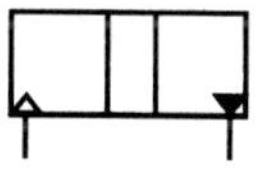
双向摆动缸或马达（限制摆动角度）X11280	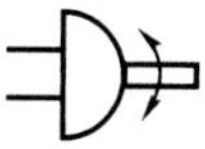	双作用单杆缸 X11450	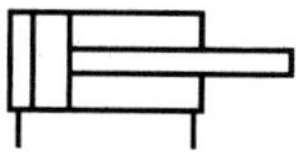	单作用增压器，将气体压力 p_1 转换为更高的液体压力 p_2，X11590	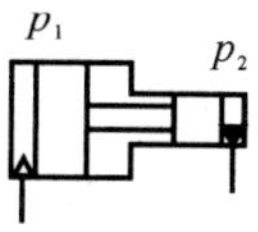

附表 3　控制机构

名称及注册号	符　号	名称及注册号	符　号	名称及注册号	符　号
具有可调行程限制装置的顶杆 X10020		双作用电气控制机构，动作指向或背离阀芯 X10130	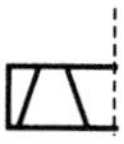	机械反馈 X10190	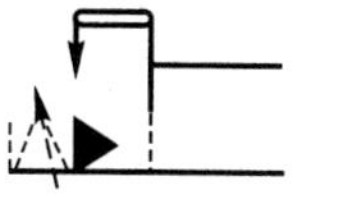
手动锁定控制机构 X10040	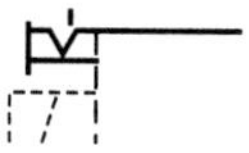	单作用电磁铁，动作指向阀芯，连续控制 X10140		具有外部先导供油，双比例电磁铁，双向操作，集成在同一组件，连续工作双先导装置的液压控制机构 X10200	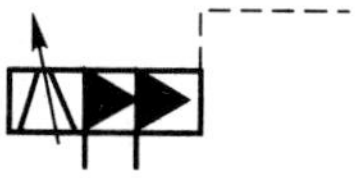

续表

名称及注册号	符　号	名称及注册号	符　号	名称及注册号	符　号
用作单方向行程操纵的滚轮杠杆 X10060	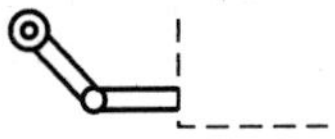	单作用电磁铁，动作背离阀芯，连续控制 X10150		气压复位，从阀进气口提供内部压力 X10080	
使用步进电机的控制机构 X10070	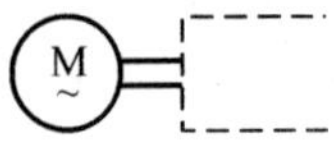	双作用电气控制机构，动作指向或背离阀芯，连续控制 X10160	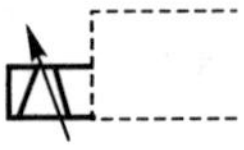	气压复位，从先导口提供内部压力 X10090 注：为更易理解，图中标示出外部先导线	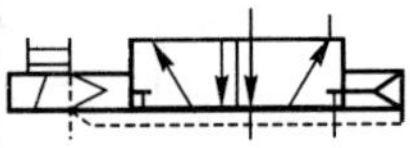
单作用电磁铁，动作指向阀芯 X10110	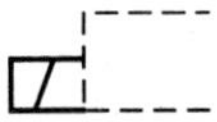	电气操纵的气动先导控制机构 X10170	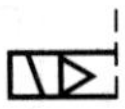	气压复位，外部压力源 X10100	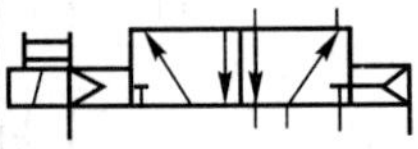
单作用电磁铁，动作背离阀芯 X10120	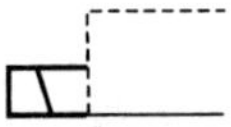	电气操纵的带有外部供油的液压先导控制机构 X10180	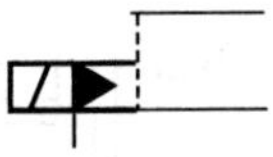	—	—

附表 4　控制元件

名称及注册号	符　号	名称及注册号	符　号	名称及注册号	符　号
二位二通推压换向阀（常闭） X10210	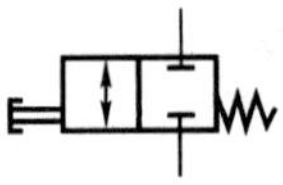	二位三通气动换向阀，差动先导控制 X10310	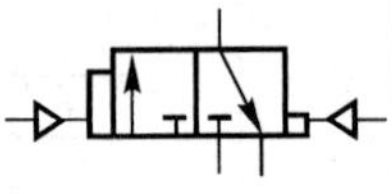	内部流向可逆调压阀（气动）X10540	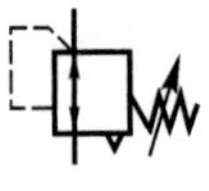
二位二通电磁换向阀（常开） X10220	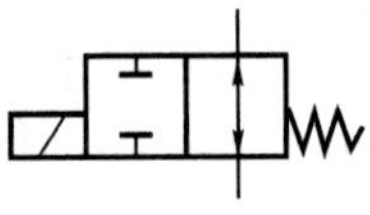	二位五通气动换向阀，先导电压控制，气压复位 X10410		先导式远程调压阀（气动） X10570	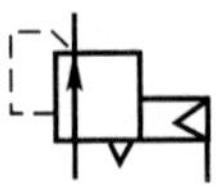

续表

名称及注册号	符号	名称及注册号	符号	名称及注册号	符号
二位四通电磁换向阀 X10230	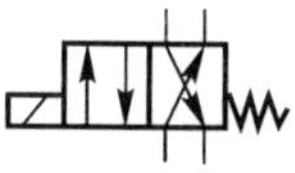	二位五通电-气换向阀 X10430		防气蚀溢流阀(用于保护两条供给管道) X10580	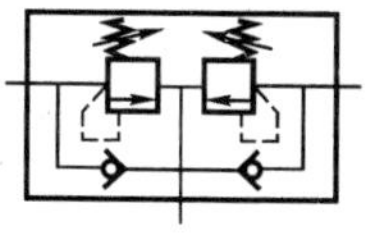
二位三通机动换向阀 X10270	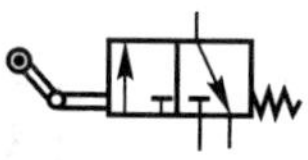	三位五通电-气换向阀 X10450	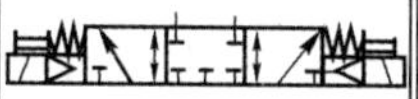	双压阀("与逻辑")X10620	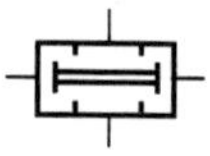
二位三通电磁换向阀 X10280	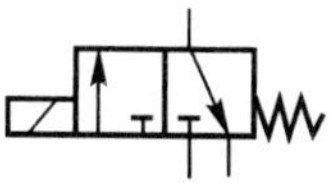	三位五通直动式气动换向阀 X10470		可调节流阀 X10630	
二位四通电液动换向阀 X10350	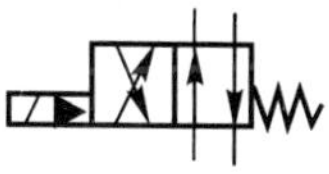	直动式溢流阀 X10500	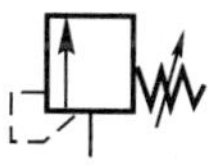	可调单向节流阀 X10640	
三位四通电液动换向阀 X10360		顺序阀 X10510	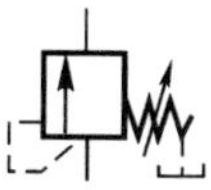	滚轮杠杆操纵流量控制阀 X10650	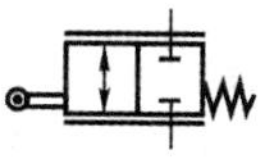
三位四通电磁换向阀 X10370	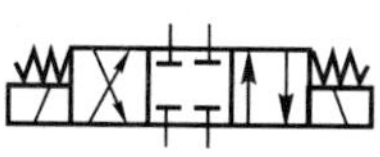	单向顺序阀 X10520	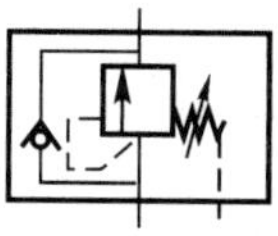	分流阀 X10680	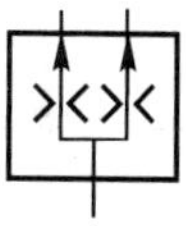
二位四通液动换向阀 X10380	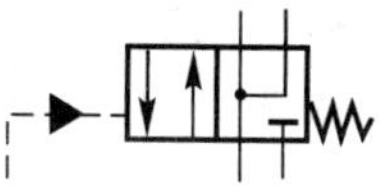	直动式二通减压阀 X10550	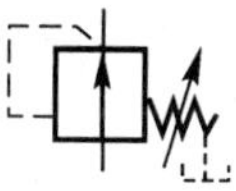	集流阀 X10690	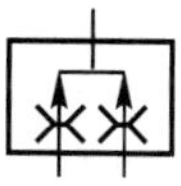
三位四通液动换向阀 X10390		先导式二通减压阀 X10560	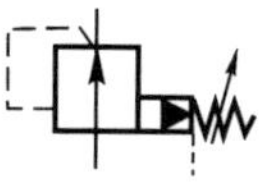	单向阀 X10700	
二位五通踏板控制换向阀 X10400	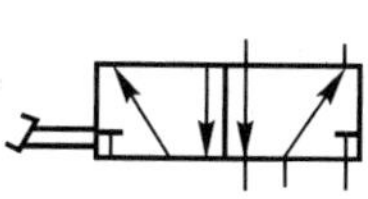	蓄能器充液阀 X10590	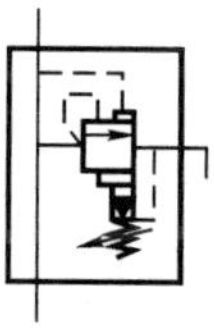	先导式液控单向阀 X10720	
三位五通手动换向阀 X10420	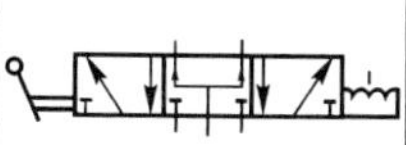	先导式电磁溢流阀 X10600	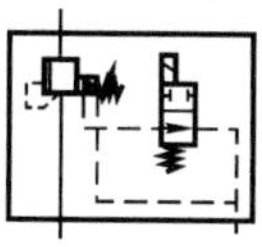	先导式双单向阀 X10730	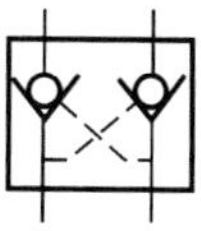

续表

名称及注册号	符　号	名称及注册号	符　号	名称及注册号	符　号
二位三通液压电磁换向座阀 X10490		三通减压阀(液压) X10610		梭阀("或"逻辑)X10740	
二位二通延时控制气动换向阀 X10250		外控顺序阀(气动) X10530		快速排气阀 X10750	
直动式比例方向控制阀 X10760		直控式比例溢流阀(电磁力直接作用在阀芯上) X10840		节流孔可变式比例流量控制阀(双线圈比例电磁铁控制，特性不受黏度变化影响)X10920	
先导式比例方向控制阀(带主级和先导级的闭环位置控制)X10780		先导式比例溢流阀(带电磁铁位置反馈) X10860		插装阀插件(压力和方向控制，座阀结构，面积比 1∶1) X10930	B A
先导式伺服阀(带主级和先导级的闭环位置控制，外部先导供油和回油) X10790		三通比例减压阀(带电磁铁闭环位置控制) X10870		插装阀插件(压力和方向控制，座阀结构，常开，面积比 1∶1) X10940	B A
先导式伺服阀(先导级带双线圈电气控制机构，双向连续控制，阀芯位置机械反馈到先导装置) X10800		直控式比例流量控制阀 X10890		方向控制阀插件(单向流动，座阀结构，内部先导供油，带可替换的节流孔(节流器)) X11010	B A

续 表

名称及注册号	符　号	名称及注册号	符　号	名称及注册号	符　号
直控式比例溢流阀（电磁铁控制弹簧长度）X10830		直控式比例流量控制阀（带电磁铁闭环位置控制）X10900	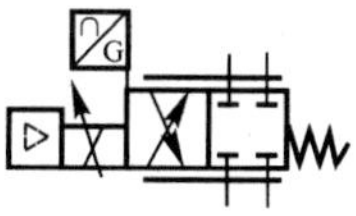	插装阀控制盖（带先导端口）X11050	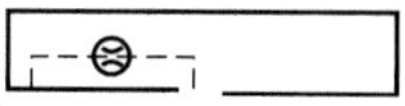

附表 5　辅件和动力源

名称及注册号	符号	名称及注册号	符号	名称及注册号	符号
软管总成 X11670		流量计 X11910	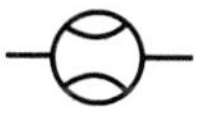	气源处理装置（包括手动排水过滤器、溢流调压阀、压力表和油雾器）（上图为详图，下图为简化图）X12160	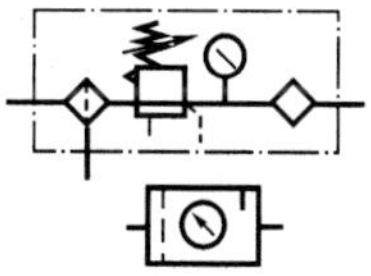
三通旋转接头 X11680	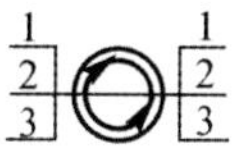	转速仪 X11930	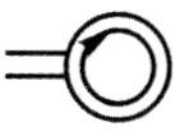		
快换接头（带两个单向阀，断开状态）X11710	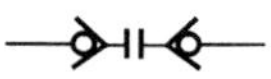	转矩仪 X11940		手动排水流体分离器 X12180	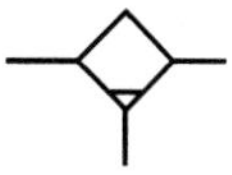
快换接头（带两个单向阀，连接状态）X11740	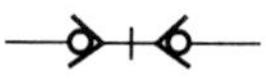	过滤器 X11980	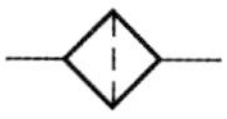	带手动排水分离器的过滤器 X12190	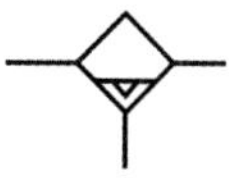
可调节的机械电子压力继电器 X11750		油箱过滤器 X11990		油雾分离器 X12220	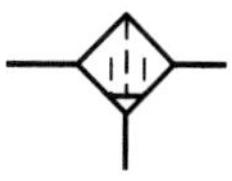
模拟信号输出压力传感器 X11770	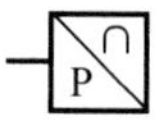	过滤器（带附属磁性滤芯）X12000	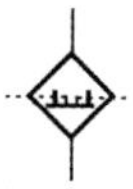	空气干燥器 X12230	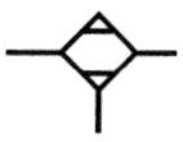

续表

名称及注册号	符　号	名称及注册号	符　号	名称及注册号	符　号
压力测量单元(压力表) X11820		过滤器(带光学阻塞指示器) X10210		油雾器 X12240	
压差计 X11830		冷却器(不带冷却液流道指示) X12260		隔膜式充气蓄能器 X12320	
温度计 X11850		冷却器(液体冷却) X12270		囊隔式充气蓄能器 X12330	
液位计 X11870		冷却器(电动风扇冷却) X12280	M	活塞式充气蓄能器 X12340	
带下游气瓶的活塞式充气蓄能器 X12360		液压源 RF060		真空发生器 X12380	
气罐 X12370		气压源 RF059		真空吸盘 X12420	

注:(1)GB/T 786《流体传动系统及元件图形符号和回路图》分为两部分,第 1 部分:GB/T 786.1 用于常规用途和数据处理的图形符号;第 2 部分:回路图,GB/T 786.2 正在制定中。

(2)本部分图形符号按 GB/T 20063《简图用图形符号》及 GB/T 16901.2《图形符号表示规则》中的规则来绘制。与 GB/T 20063 一致的图形符号按模数尺寸 $M=2.5$ mm,线宽为 0.25 mm 来绘制。为了缩小符号尺寸,图形符号按模数 $M=2.0$ mm,线宽为 0.25 mm 来绘制。但是对这两种模数尺寸,字符大小都应为高 2.5 mm,线宽 0.25 mm。可以根据需要来改变图形符号的大小以用于元件标识或样本。

(3)本部分每个图形符号按照 GB/T 20063 赋有唯一的注册号。变量位于注册号之后,用 V1、V2、V3 等标识。对于 GB/T 20063 仍未规定的注册号,使用基本的注册号。在流体传动领域,基本形态符号的注册号数字前用“F”来标识,应用规则的注册号数字前则由“RF”来标识。符号的样品用“X”标识,流体传动技术领域的范围为 X10000～X39999。

参考文献

[1] 张利平.液压气动技术速查手册[M].2 版. 北京:化学工业出版社,2016.

[2] 张利平.液压传动培训读本[M]. 北京:机械工业出版社,2016.

[3] 张利平. 液压气压传动与控制[M].西安:西北工业大学出版社,2012.

[4] 张利平.现代液压设备与系统故障诊断排除及典型案例[M].北京:化学工业出版社,2014.

[5] 张利平. 现代液压系统使用维护及故障诊断[M]. 北京:化学工业出版社,2017.

[6] Anthony Esposito. Fluid Power With Applicatins[M]. New Jersey: Prentice - Hall, In,1980.

[7] James E, Anders Sr. Industrial Hydraulics Troubleshooting[M]. McGraw - Hill, Inc, 1983.

[8] 张利平.液压阀原理、使用与维护[M].3 版. 北京:化学工业出版社,2015.

[9] 成大先. 机械设计手册[M].6 版:单行本. 液压控制. 北京:化学工业出版社,2017.

[10] 张利平. 液压泵与液压马达原理与使用维护[M].北京:化学工业出版社,2014.

[11] GB/T 786.1—2009/ISO 1219—1:2006.流体传动系统及元件图形符号和回路图 第一部分:用于常规用途和数据处理的图形符号[S].北京:中国标准出版社,2009.

[12] 张利平.压力卷管机压辊装置的电液压力控制系统[J]. 液压气动与密封, 1993(3):32 - 36.

[13] 张利平.新型电液数字溢流阀的开发研究[J]. 制造技术与机床, 2003(8):33 - 35.

[14] Zhang Liping. New Achievements in Fluid Power Engineering[M]. Beijing: International Academic Publishers, 1993.

[15] 张利平.一种新型整体式液压变速器[J]. 现代机械,1995(4):35 - 37.

[16] 张利平.全液压淬火机液压系统[J]. 液压与气动,2002(1):24 - 25.

[17] 张利平.一种电液数字流量阀的开发研制[J]. 制造技术与机床, 2006(1):20 - 21.

[18] 张利平.美国推出新型摆动液压气动马达[J]. 机床与液压,2002(6):109.

[19] 张利平.液压元件选型与系统成套技术[M]. 北京:化学工业出版社,2017.

[20] 成大先. 机械设计手册:液压传动[M].6 版.北京:化学工业出版社,2017.

[21] 成大先. 机械设计手册:润滑与密封[M].6 版.北京:化学工业出版社,2017.